AF551818

EUL VERLAG

TECHNOLOGIEMANAGEMENT, INNOVATION UND BERATUNG

Herausgegeben von Prof. Dr. Dr. h. c. Norbert Szyperski, Köln, vBP StB Prof. Dr. Johannes Georg Bischoff, Wuppertal, und Prof. Dr. Heinz Klandt, Oestrich-Winkel

Band 29
Felix Lowinski
Consulting for Equity – Analysis of an Innovative Compensation Scheme in the Consulting Industry
Lohmar – Köln 2006 • 220 S. • € 45,- (D) • ISBN 3-89936-450-3

Band 30
Tizian Bonus
Führung, Wandel und Innovationsbarrieren – Entwurf und empirische Untersuchung einer ökonomisch basierten Führungstheorie
Lohmar – Köln 2009 • 220 S. • € 55,- (D) • ISBN 978-3-89936-840-6

Band 31
Simon Alig
Wettbewerbsvorteile durch Innovationskooperationen – Eine ressourcen- und beziehungsorientierte Untersuchung in der deutschen Metall- und Elektroindustrie
Lohmar – Köln 2013 • 328 S. • € 62,- (D) • ISBN 978-3-8441-0246-8

Band 32
Silvia Adelhelm
Geschäftsmodellinnovationen – Eine Analyse am Beispiel der mittelständischen Pharmaindustrie
Lohmar – Köln 2013 • 304 S. • € 59,- (D) • ISBN 978-3-8441-0292-5

Band 33
Simon Hassannia
Komparative Analyse virtueller Methoden zur Nutzerintegration im Innovationsprozess
Lohmar – Köln 2015 • 316 S. • € 62,- (D) • ISBN 978-3-8441-0439-4

JOSEF EUL VERLAG

Komparative Analyse virtueller Methoden zur Nutzerintegration im Innovationsprozess

Inauguraldissertation zur Erlangung des akademischen Grades eines Doktors der Wirtschaftswissenschaften durch die Wirtschaftswissenschaftliche Fakultät der Westfälischen Wilhelms-Universität Münster

Vorgelegt von
Simon Hassannia

Münster, 2015

Dekanin:	Prof. Dr. Theresia Theurl
Erstgutachter:	Prof. Dr. Stefan Stieglitz
Zweitgutachterin:	Prof. Dr. Susanne Robra-Bissantz
Tag der mündlichen Prüfung:	24.11.2015

Reihe: Technologiemanagement, Innovation und Beratung · Band 33

Herausgegeben von Prof. Dr. Dr. h. c. Norbert Szyperski, Köln, vBP StB Prof. Dr. Johannes Georg Bischoff, Wuppertal, und Prof. Dr. Heinz Klandt, Oestrich-Winkel

Dr. Simon Hassannia

Komparative Analyse virtueller Methoden zur Nutzerintegration im Innovationsprozess

Mit einem Geleitwort von Prof. Dr. Stefan Stieglitz, Westfälische Wilhelms-Universität Münster

Bibliografische Information der Deutschen Nationalbibliothek

Die Deutsche Nationalbibliothek verzeichnet diese Publikation in der Deutschen Nationalbibliografie; detaillierte bibliografische Daten sind im Internet über <http://dnb.d-nb.de> abrufbar.

Dissertation, Westfälische Wilhelms-Universität Münster, 2015

D 6

ISBN 978-3-8441-0439-4
1. Auflage Dezember 2015

JOSEF EUL VERLAG GmbH
Brandsberg 6
53797 Lohmar
Tel.: 0 22 05 / 90 10 6-6
Fax: 0 22 05 / 90 10 6-88
E-Mail: info@eul-verlag.de
http://www.eul-verlag.de

Bei der Herstellung unserer Bücher möchten wir die Umwelt schonen. Dieses Buch ist daher auf säurefreiem, 100% chlorfrei gebleichtem, alterungsbeständigem Papier nach DIN 6738 gedruckt.

Geleitwort

Die Identifikation und Realisierung innovativer Ideen ist für Unternehmen ein wesentlicher Faktor, um auf Märkten bestehen zu können und um auf neuen Märkten erfolgreich zu sein. Dabei hat sich die Erkenntnis durchgesetzt: nicht nur die eigenen Mitarbeiter und Forschungsabteilungen sind in der Lage Innovationen zu generieren, sondern auch die Kunden. Eben diese Einbindung von Kunden und Mitarbeitern in unternehmerische Innovationsprozesse ist durch das Internet in erheblichem Ausmaß erleichtert worden und hat zudem neue Konzepte der Integration zu Tage gebracht. Nicht nur das Teilen von Ideen sondern auch das kollaborative Weiterentwickeln und Bewerten erfolgt nun auch in virtuellen Umgebungen.

Bisher sind die Prinzipien und Auswirkungen, die verschiedene technologische oder organisatorsiche Konzepte auf die Ideenanzahl und -qualität haben, aber noch weitestgehend unerforscht. Dies ist verwunderlich, da Unternehmen im großen Maße von diesen Entwicklungen betroffen sind. Andererseits ist aufgrund der noch relativen jungen Entwicklung und der sehr hohen Dynamik verständlich, dass das Feld weiterer intensiver Forschung bedarf.

Herr Hassannia hat sich in seiner Arbeit mit dieser Thematik auseinandergestetzt und betrachtet, in welcher Weise Innovationsprozesse durch virtuelle Integration von Mitarbeitern und unternehmensexternen Personen unterstützt werden können. Hierzu führte er eine umfangreiche und reichhaltig beschriebene Fallstudie bei der Deutschen Telekom AG durch. Aus seiner Analyse leitet er eine Reihe interessanter und höchst relevanter Wirkungseffekte ab, von denen er anschließend ausgewählte Effekte quantitativ überprüft indem er die Logfiles, die er im Rahmen seiner Fallstudie erhalten hat, auswertet.

Thematisch ist die Arbeit im Bereich der Open Innovation anzusiedeln und adressiert hier vorhandene Forschungslücken. Diese bestehen beispielsweise darin, dass Unterschiede zwischen Mitarbeitern und externen Teilnehmern in Innovationsprozessen bisher kaum im Hinblick auf die Quantität und Qualität ihrer Beiträge untersucht wurden. Auch gibt es bisher kaum Arbeiten, die sowohl die Ansichten und Erwartungen der organisierenden Manager reichhaltig erfassen und ergänzend quantitative Daten zur Untermauerung oder Ablehnung der aufgestellten Sichtweisen heranziehen. Das Thema ist somit sowohl aus der praktischen Sicht als auch im Hinblick auf die wissenschaftliche Betrachtung von hoher Aktualität und Wichtigkeit.

Die aus der Untersuchung von Herrn Hassannia hervorgehenden Ergebnisse, dazu, welche Nutzertypen in Ideenwettbewerben und Communities existieren und welchen Beitrag sie für die Anzahl und Qualität von Ideen leisten, sind neuartig und überaus relevant für Wissenschaft und Praxis.

Das Buch stellt einen wertvollen Beitrag für die Wissenschaftsdebatte für die Themenbereiche der Open Innovation und der Virtual Customer Integration dar. Die angewandte Methodik kann für nachfolgende Studien herangezogen und auf weitere Ansätze der Ideengenerierung ausgedehnt werden. Darüber hinaus sind die gewonnen Kenntnisse für Praktiker relevant, die einen mehrwertschöpfenden Einsatz von Ideenwettbewerben und virtuellen Communities planen oder bereits betreiben.

Ich wünsche der Veröffentlichung von Herrn Hassannia eine breite Aufmerksamkeit und eine gute Resonanz.

Münster, November 2015 Prof. Dr. Stefan Stieglitz

Vorwort

Die vorliegende Arbeit ist während meiner Zeit als externer Doktorand in der Forschungsgruppe Kommunikations- und Kollaborationsmanagement der Universität Münster entstanden. Meinem Doktorvater Prof. Dr. Stefan Stieglitz möchte ich für die hervorragende Betreuung, die wertvollen Ratschläge sowie den ermöglichten Freiraum im Rahmen meines Promotionsvorhabens meinen außerordentlichen Dank aussprechen. Zudem sind Prof. Dr. Susanne Robra-Bissantz für das Zweitgutachten und Prof. Dr. Jens Leker für den Beisitz in der Promotionsprüfung zu danken. Den teilgenommenen Experten, die sich für die Interviews bereit erklärt haben, danke ich für die gewonnenen Praxiserkenntnisse im Rahmen der empirischen Untersuchung. Aufgrund des Vertrauensschutzes ist eine namentliche Würdigung leider nicht möglich.

Für die kritischen Diskussionen, die inhaltlichen Anregungen, das Gegenlesen der Arbeit und den motivationsfördernden Austausch möchte ich mich insbesondere bei meinen Freunden Birol Arpa, Sebastian Frische, Dr. Alireza Alizadeh, Marcus Hackel, Arne Kostulski, Marc Harnisch, Gerhard Niemann, Rafiq Jan und meinen Brüdern Said und Sam Hassannia herzlich bedanken. Sie haben wertvolle qualitätsstiftende Beiträge beim Entstehen der Arbeit geleistet.

Ein ganz besonderer Dank gebührt meiner Ehefrau Stefanie Hassannia, die mich in jeder Phase der Promotion mit ihrer Liebe und Zuversicht verständnisvoll unterstützt hat. Meinen Eltern Sarah Chavoshi Zadeh und Hassan Hassannia danke ich für die liebevolle Fürsorge, die vielseitige Förderung und die andauernde Inspiration. Meine Dissertation widme ich dem Andenken an meinem Vater.

Münster, Dezember 2015 — Simon Hassannia

Inhaltsverzeichnis

Abbildungsverzeichnis

Tabellenverzeichnis

Abkürzungsverzeichnis

3D	dreidimensional
Aal-Prinzip	Andere-arbeiten-lassen-Prinzip
AG	Aktiengesellschaft
Aufl.	Auflage
BMW	Bayerische Motoren Werke
bzw.	beziehungsweise
CEO	Chief Executive Officer
ed.	Edition
E-Mail	elektronische Mail
FAQ	Frequently Asked Questions
f.	folgende
ff.	fortfolgende
Hrsg.	Herausgeber
ggf.	gegebenenfalls
GmbH	Gesellschaft mit beschränkter Haftung
i.d.R.	in der Regel
i.H.v.	in Höhe von
i.V.m.	in Verbindung mit
IBM	International Business Machines
ING	International Netherlands Group
Jg.	Jahrgang
K	Kunde
MIT	Massachusetts Institute of Technology

o.A.	ohne Angabe
pp.	pages
Prof.	Professor
RWTH	Rheinisch-Westfälische Technische Hochschule
S.	Seite
SVG	Scalable Vector Graphics
U	Unternehmen
u.a.	unter anderem
Vgl.	Vergleich
Vol.	Volume
WHU	Wissenschaftliche Hochschule für Unternehmensführung
WWW	World Wide Web
z.B.	zum Beispiel

1 Einleitung

1.1 Problemstellung und Zielsetzung

In zahlreichen wissenschaftlichen Arbeiten wird die Innovationsentwicklung als ein zentraler Faktor für den nachhaltigen Unternehmenserfolg postuliert.[1] Der hohe Stellenwert von Innovationen wird durch 1.200 CEOs von global agierenden Unternehmen als eine wesentliche Lösung bestätigt und angestrebt, um organisches Wachstum im globalen Wettbewerb zu erzielen.[2] Obwohl diese Thematik in der wissenschaftlichen Forschung und unternehmerischen Praxis eine hohe Aufmerksamkeit genießt, sind in Abhängigkeit von der Industrie Mißerfolgsraten in Höhe von 50% bis 90% zu verzeichnen.[3] Dabei spielen Innovationen insbesondere in Märkten mit kurzen bzw. kürzer werdenden Produktlebenszyklen bei zugleich hohen Investitionskosten eine entscheidende Rolle.[4] Um diesem zunehmenden Innovationsdruck im Hinblick auf die wachsenden Anforderungen an die Faktoren Qualität, Zeit und Kosten gerecht zu werden, sehen viele Forscher und Berater vor allem die aktive Einbindung von Nutzern in den Innovationsprozess als einen Erfolg versprechenden Ansatz.[5] Gemäß dem Paradigma der Open Innovation, ist für ein Unternehmen das Wissen aus unternehmensinternen wie unternehmensexternen Quellen strategisch relevant.[6] Hierbei übernehmen die Nutzer eigenständig innovative Tätigkeiten und lösen die ihnen gestellten Entwicklungsaufgaben in interaktiver und kreativer Weise. Demnach erweist sich die Integration von Nutzern als ein geeignetes Vorgehen, um das Spannungsfeld zwischen Innovationsdruck und Marktorientierung zu lösen.[7] Dabei können Nutzer in Abhängigkeit von der Innovationsphase ganz unterschiedliche Rollen einnehmen.[8] So können in der Phase der Ideengenerierung und Ideenselektion Aufgaben der Bedürfnisformulierung, Entwicklung und Bewertung von Produktideen an sie delegiert werden.[9] In der Phase der Ideenrealisierung könnten sie durch Anregungen, Gestaltungsempfehlungen oder durch eigene entwickelte Prototypen den

1 Vgl. Olson; Waltersdorff; Forr; Zaltman (2009), S. 509 f.; Christensen (2011), S. xi f.; Bessant; Tidd (2011), S. 4 f.; Gassmann; Sutter (2013), S. 1 f.

2 Vgl. PwC (2011), S. 1 ff.

3 Vgl. Fraunhofer IKP (2004); Reichwald; Piller (2009), S. 128; Gourville (2006), S. 100; GfK (2006), S. 1. Während die Floprate im Konsumgüterbereich in Deutschland bei ungefähr 70% liegt, beträgt sie in den USA sogar 90%. Im Bereich der Dienstleistungen sind hingegen Flopraten zwischen 50% und 80% zu verzeichnen.

4 Vgl. Backhaus; Voeth (2009), S. 215 ff.

5 Vgl.Chesbrough (2003a), S. 93; Prahalad; Ramaswamy (2004), S. 35; Vandenbosch; Dawar (2002), S. 36 ff; Wippermann; Jelden (2007), S. 37 f.

6 Vgl. Chesbrough (2011), S. 23 f.

7 Vgl. Veßhoff; Freiling (2009), S. 137.

8 Vgl. Gängl-Ehrenwerth; Faullant; Schwarz (2013), S. 373 f.

9 Vgl. Hüner (2013), S. 24 f.

Innovationsprozess des Unternehmens vorantreiben.[10] Auch in der Phase der Markteinführung ist deren Einsatz als Produkttester und potenzielle Referenzkunden denkbar.[11]

Die Bedeutung der virtuellen Nutzerintegration ist vor allem durch die Entwicklung neuer Informations- und Kommunikationstechnologien sowie durch die flächendeckende Etablierung des Internets signifikant gestiegen.[12] Die hohe Erreichbarkeit von Nutzern in Deutschland über das Internet wird einer Studie aus 2013 von TNS-Infratest zufolge durch eine Penetrationsrate von 76,5% bestätigt.[13] Das ermöglicht es Unternehmern wie Zulieferern und Herstellern, die aufgrund ihrer Positionierung auf frühen Wertschöpfungsstufen eine höhere Distanz zu ihren Endkunden haben, sich durch das Internet einen direkten Interaktionskanal zu ihren Kunden aufzubauen und dadurch Intermediäre zu überbrücken.[14] Entsprechend können Unternehmen das Internet als Schnittstelle zu Akteuren außerhalb der unternehmerischen Grenzen nutzen, um sich Zugang zu wertvollem Wissen und zum Kreativitätspotenzial der Nutzer für die Produktentwicklung zu verschaffen.[15] Zudem können multimediale Darstellungen von Produktideen und Prototypen, die durch die neuen Informations- und Kommunikationstechnologien ermöglicht werden, anhand realitätsnaher Abbildungen das Vorstellungvermögen der Nutzer bereits in sehr frühen Innovationsphasen anregen und damit zu einer effektiveren Kollaboration beitragen.[16] Durch die hohe Vernetzungsdichte des Internets kann der Diffusionsprozess bei Neuprodukteinführungen beschleunigt werden und somit sich positiv auf den Innovationserfolg einwirken.[17]

Zu den jüngst zu verzeichnenden technologischen Errungenschaften hat die Entwicklung des Web 2.0 sowohl eine hohe Beteiligungsbereitschaft der Internetnutzer als auch neue virtuelle Methoden hervorgebracht.[18] Dabei bilden vornehmlich Innovationswettbewerbe und virtuelle Communities als virtuelle Methoden für die Nutzerintegration in Innovationsprozessen eine vielversprechende Grundlage.[19] Beide Ansätze werden in der Regel auf der Basis internetbasierter Plattformen durchgeführt, die sich entweder an eine breite Öffentlichkeit und/oder an Mitarbeiter des Unternehmens richten.[20] Dabei bieten Innovationswettbewerbe die Möglich-

[10] Vgl. von Hippel; Ogawa; Jong (2011) S. 8 ff.
[11] Vgl. Fließ (2009), S. 172; Griese; Bröring (2011), S. 196.
[12] Vgl. Pikkemaat; Weiermair (2009), S. 164 ff.; Engstler; Nohr; Bendler (2014), S. 142.
[13] Vgl. TNS (2013a), S. 18 f.
[14] Vgl. Ernst (2004), S. 200.
[15] Vgl. Bartl (2006), S. 104 f.; Janzik; Herstatt, Raasch (2011), S. 47 ff.
[16] Vgl. Daecke (2009), S. 141 ff.
[17] Vgl. Helm; Möller; Rosenbusch (2011), S. 147 ff.
[18] Vgl. Alby (2008), S. 15 f.; Berthon et al. (2012), S. 262 f.
[19] Vgl. Möslein; Haller; Bullinger (2010), S. 273 f.; Mahr; Lievens (2012), S. 167.
[20] Vgl. Möslein; Neyer (2009), S. 99 ff.

keit in einem begrenzten Zeitraum viele potenzielle Innovatoren in einem leistungsorientierten Bewertungsverfahren einzubinden und die besten Ergebnisse zu prämieren.[21] Entsprechend wird der Leitgedanke verfolgt, dass Menschen in einem Wettbewerb ein höheres Maß an Selbstständigkeit und Kreativität aufbringen.[22] Demnach wird angenommen, dass durch den verfolgten Ansatz hochwertige Ergebnisse von den im Wettbewerb stehenden Mitstreitern zu erwarten ist. In Gegensatz zu den Innovationswettbewerben verfolgen virtuelle Communities einen kollektiveren und kooperativeren Ansatz. Virtuelle Communities stellen technologiegetriebene Gemeinschaften dar, innerhalb derer ein Informations- und Erfahrungsaustausch unter den Mitgliedern stattfindet.[23] Die produzierten Inhalte der Community sind dabei das Resultat fortwährender Interaktionen und kollaborativer Bemühungen.[24] Von den Befürwortern wird argumentiert, dass die erzielbaren Ergebnisse qualitativ hochwertiger sind, wenn unterschiedliche Mitglieder an dem Lösungsentwicklungsprozess partizipieren und sich gegenseitig verbessern.[25] Virtuelle Communities, die zum Zwecke der virtuellen Nutzerintegration in den Innovationsprozess eingebunden werden, zeichnen sich in der Regel durch eine stark ausgeprägte Innovationsorientierung aus, bei der die Community zielgerichtet zur Entwicklung und Einführung betriebsfähiger Lösungen beigeträgt.[26] Der Einsatz von Innovationswettbewerben und virtuellen Communities findet sich üblicherweise im Kontext von Innovations- und Marketingaktivitäten wieder.[27] So führt Henkel seit 2007 jährlich den Innovationswettbewerb „Henkel Innovation Challenge“, bei dem mittlerweile über 30.000 Studenten aus 30 Ländern weltweit zur Entwicklung zukünftiger Produkte und Technologien, die sich erfolgreich in das Markenportfolio des Unternehmens integrieren lassen, beitragen.[28] Ein erfolgreiches Beispiel für virtuelle Communities stellt „My Starbucks Idea“ dar, im Rahmen dessen bereits 150.000 Ideen von Nutzern über neue Produkte, wie Kaffee- oder Teevariationen, eingegangen sind, von den Communitymitgliedern diskutiert wurden und zu 277 Innovationen im Unternehmen geführt haben.[29]

---

21 Vgl. Wenger (2013), S. 3.
22 Vgl. von Hayek; Kerber (1996), S. 250.
23 Vgl. Büttgen; Grimm; Haberkorn (2009), S. 28.
24 Vgl. Dittler; Kindt; Schwarz (2007), S. 8.
25 Vgl. Lohrenz; Ozga; Berkhoff (2012), S. 1235 ff.
26 Vgl. Boudreau; Lakhani (2009), S. 70 f.
27 Vgl. Boudreau; Lacetera; Lakhani (2011), S. 843; Bretschneider (2012), S. 48; Mortara; Ford; Jaeger (2013), S. 1563.
28 Vgl. Henkel (2014), S. 1.
29 Vgl. Leboff (2014), S. 234.

Bislang liegen nur wenige Arbeiten vor, die theoretische Erklärungsansätze zur Begründung des Zustandekommens einer virtuellen Nutzerintegration heranziehen.[30] Vor allem vor dem Hintergrund des jungen Forschungsfelds der virtuellen Nutzerintegration mangelt es noch an theoretischen Fundamenten zur Erklärung des Phänomens. Daher besteht nachwievor ein Bedarf an der Entwicklung eines theoriefundierten Bezugsrahmens, um unterschiedliche Untersuchungsaspekte der kollaborativen Wertschöpfung im Kontext der Innovationsforschung erklären zu können.[31] Auch hat die Frage, wie erfolgswirksame Nutzerintegrationsmaßnahmen konkret gestaltet werden sollen, in der Literatur nur unzureichend Beachtung gefunden.[32] Gerade Aspekte, wie die Untersuchung unterschiedlicher Interaktionsfunktionen, steigern das Verständnis vom idealtypischen funktionalen Design einer Interaktionsplattform. Weitere Gesichtspunkte, wie die Differenzierung unterschiedlicher Nutzergruppen und die Beobachtung ihrer Leistungsbeiträge für die Produktentwicklung, bieten Unternehmen strategische Implikationen, beispielsweise bei der Abwägung, ob Maßnahmen nur innerhalb einer Organisation oder auch extern veranstaltet werden sollen. Auch könnte die dynamische Betrachtung der Nutzeraktivitäten im Zeitverlauf eines Wettbewerbs gegebenenfalls Einsichten zur erfolgreichen und dauerhaften Nutzeraktivierung gewähren.

In der Fachliteratur finden sich nur wenige Untersuchungen, die einen kombinierten Einsatz der Innovationswettbewerbe und virtuellen Communities geprüft, systematisiert und deren Beiträge zur Realisierung der Unternehmensziele analysiert haben. Bisherige Untersuchungen beschränken sich lediglich auf die Betrachtung einzelner Wirkungszusammenhänge.[33] Zahlreiche Beispiele zeigen auf, dass besonders die soziale Interaktionskomponente entsprechend dem Trend der „Shareconomy“ auch bei der Gestaltung von Innovationswettbewerben zum Einsatz kommt.[34] Während die Kombination der beiden betrachteten virtuellen Methoden in der Wissenschaft noch wenig Aufmerksamkeit gefunden hat, ist dieser ein oft angewandtes Verfahren in der unternehmerischen Praxis.[35] Allerdings ist keine hinreichende Prüfung der Beweggründe sowie eine fehlende systematische Analyse methodenspezifischer Wirkungsweisen zu beobachten. Zudem bestehen offene Fragen, inwieweit der verknüpfte Einsatz von Innovationswettbewerben und virtuellen Communities sich einem Unternehmen überhaupt als

30 Vgl. Bogers; Afuah; Bastian (2010), S. 865 ff.

31 Vgl. Adamczyk et al. (2012), S. 335.

32 Vgl. Terwiesch; Xu (2008), S. 1542; Ebner; Leimeister; Krcmar (2009), S. 354; Hrastinski; Edenius; Kviselius (2010), S. 1 f.; Hallerstede; Bullinger; Möslein (2012), S. 1738.

33 Vgl. Bullinger et al. (2010), S. 290 f.; Hutter et al. (2011), S. 6.

34 Vgl. Perlitz; Schrank (2013), S. 416. Eine Auflistung von Praxisbeispielen unter Kapitel 2.2.3.

35 Vgl. Boudreau; Lacetera; Lakhani (2011), S. 843; Bretschneider (2012), S. 48; Mortara; Ford; Jaeger (2013), S. 1563.

vorteilhaft erweist. So könnte beispielsweise eine wettbewerbsorientierte Nutzerintegrationsmaßnahme mit dem Anreizsystem der Prämierung einer geringen Anzahl an eingereichten Beiträgen zu einem Unterlassen von sozialen Interaktionen auf der Plattform führen oder sogar das Nutzerverhalten innerhalb der Community negativ beeinträchtigen.[36] Daher stellt Betreibern die Analyse der gegenseitigen Wirkungsbeziehungen beim kombinatorischen Einsatz eine wesentliche Bedeutung dar, die im Rahmen der Organisation und Gestaltung der Maßnahmen zu berücksichtigen ist und bisher nur unzureichend beleuchtet worden ist. Zudem in den wissenschaftlichen Arbeiten festzustellen, dass eine Vielzahl der durchgeführten Analysen sich lediglich auf die reine deskriptive Beschreibung von Fallstudien beschränkt ohne Einbeziehung weitergehender qualitativer und quantitativer Untersuchungen.[37] Demnach könnten neue Arbeiten, die sowohl aus qualitativen als auch aus quantitativen Elementen bestehen, den methodischen Mangel des gegenwärtigen Forschungsfelds adressieren und damit eine Bereicherung darstellen.[38]

Die vorliegende Arbeit baut auf ein zweistufiges Vorgehen zur Schließung dieser Forschungslücken auf. Anhand einer praxisorientierten und anwendungsbezogenen Fallstudie werden mittels einer qualitativen Inhaltsanalyse von Experteninterviews in einem ersten Schritt Wirkungseffekte hergeleitet mit dem Ziel der Exploration und in einem weiteren Schritt wesentliche Untersuchungspunkte durch weitergehende statistische Verfahren validiert. Es wird ein holistischer Ansatz verfolgt, bei dem zur Erkenntnissteigerung des komplexen Phänomens sozialer Interaktionen sowohl die Motive und die Gestaltungselemente als auch die Ergebnisse im Detail beleuchtet werden. Zur Adressierung dieser drei essenziellen Bestandteile einer virtuellen Nutzerintegration in Innovationsprozessen beschäftigt sich die vorliegende Arbeit daher mit folgenden forschungsleitenden Fragestellungen:

1: Welche Wirkungseffekte können das Zustandekommen der virtuellen Nutzerintegration aus der Sicht eines Unternehmens erklären?

2: Wie kann die Gestaltung der virtuellen Nutzerintegration innovationsfördernde Interaktionen zwischen einem Unternehmen und den partizipierenden Nutzern beeinflussen?

3: Wie wirkt sich die Kombination von virtuellen Communities und Innovationswettbewerben auf die Realisierung der Unternehmensziele eines Unternehmens aus? Welche metho-

[36] Vgl. Haller; Bullinger; Möslein (2011), S. 108.
[37] Vgl. Adamczyk et al. (2012), S. 355.
[38] Vgl. ebd. (2012), S. 355.

denspezifischen Synergien können dabei identifiziert und durch einen kombinatorischen Ansatz ausgeschöpft werden?

1.2 Aufbau der Arbeit

Zentraler Ausganspunkt der vorliegenden Arbeit ist der Einsatz von virtuellen Communities und Innovationswettbewerben als virtuelle Methoden für die Nutzerintegration in Innovationsprozessen. Ziel ist es Erfolgspotenziale für die Organisation einer virtuellen Nutzerintegration aus einer managementorientierten Perspektive herzuleiten und zu validieren. In diesem Zusammenhang werden speziell die Motive des Unternehmens sowie die konkrete Ausgestaltung von virtuellen Communities in Verbindung mit Innovationswettbewerben untersucht.

Nachdem in Kapitel 1.1 eine einleitende Beschreibung des Forschungsthemas und der Relevanz der Problemstellung erfolgt ist, werden in Kapitel 2.1 zunächst die theoretischen Grundlagen für Innovationen und Innovationsprozesse erläutert. Darauf aufbauend wird der Fokus auf die systematische Einordnung der virtuellen Nutzerintegration in Konstrukte der Innovationsforschung sowie auf die Vorstellung relevanter Ansätze gelegt. In diesem Zusammenhang werden zugleich die verbundenen Potenziale neuer Informations- und Kommunikationstechnologien für die virtuelle Nutzerintegration erörtert. Im Rahmen der Auseinandersetzung mit der Fachliteratur wird eine zur strukturierende Übersicht relevanter Ansätze bezüglich der Innovationsstrategien, der Öffnung des Innovationsprozesses und der virtuellen Nutzerintegration hergeleitet. Dabei erweist sich der Regelkreis zur internetbasierten Kooperation in Anlehnung an *Wobser* als ein geeigneter Ordnungsrahmen zur Sicherstellung der inhaltlichen Stringenz der aufgestellten Forschungsfragen. Der betrachtete Ordnungsrahmen lässt sich in die drei Phasen Interaktionsbereitschaft, Interaktionsgestaltung und Interaktionsergebnis untergliedern und ermöglicht eine direkte Anknüpfung der drei Forschungsfragen.

Die detaillierte Beschreibung der virtuellen Methoden und im Speziellen der virtuellen Communities und der Innovationswettbewerbe dient in Kapitel 2.2 dem Verständnis des Untersuchungsgegenstands. Zur Beantwortung der Forschungsfragen hinsichtlich der Ausgestaltung der beiden Ansätze wird eigens eine Typologisierung entwickelt, um im Rahmen der Fallstudie eine profilgerechte Untersuchung methodenspezifischer Einflussfaktoren im kombinierten Einsatz zur Erreichung der Unternehmensziele eruieren zu können. Die Bedeutung der untersuchten virtuellen Methoden in der Praxis sowohl im isolierten als auch im kombinierten Einsatz wird mithilfe einer Übersicht angewandter Methodenkombinationen veranschaulicht. Eine Abgrenzung der ausgewählten virtuellen Methoden gegenüber alternativen Ansätzen erfolgt im Anschluss. Im Kapitel 2.3 wird daran anlehnend der aktuelle Forschungsstand durch die Auseinandersetzung mit untersuchungsrelevanten Publikationen wiedergegeben, um eine Einordnung des Forschungsbeitrags der vorliegenden Arbeit durchführen zu können.

Insbesondere vor dem Hintergrund des eingangs festgestellten Mangels an theoretischen Erklärungsansätzen zum Zustandekommen der virtuellen Nutzerintegration zwischen Unternehmen und Nutzern stellt Kapitel 3 eine grundlegende theoretische Fundierung der Untersuchung sicher. Die Arbeit geht dabei von einem multiparadigmatischen Ansatz aus, bei dem unterschiedliche Theorien herangezogen werden, um einer paradigmengetriebenen Einschränkung der Untersuchungsperspektive in Anbetracht des explorativen Anspruchs der Arbeit vorzubeugen. Dabei werden nur solche Theorien berücksichtigt, die in einem komplementären Beitrag leisten und für die Untersuchung einen zusätzlichen Erkenntnisgewinn erzielen. In diesem Zusammenhang werden die theoretischen Erklärungsansätze der Interaktionstheorie, des Relational View, der neuen Institutionenökonomik und der Maslowschen Bedürfnispyramide einer kritischen Analyse unterzogen und auf den vorliegenden Untersuchungsgegenstand der virtuellen Nutzerintegration übertragen. Der Abschnitt endet mit einer Synopse der zusammenfassenden Erklärungsbeiträge mit der Sichtweise des Unternehmens im Vordergrund, die aus der theoretischen Diskussion für die vorliegende Untersuchung gewonnen wurden.

Kapitel 4 widmet sich der ausführlichen Deskription der zu untersuchenden Fallstudie, da die aufgestellten Forschungsfragen anhand der Fallstudienanalyse beantwortet werden. Das Kapitel beginnt mit der Beschreibung und Auswahl einer geeigneten Fallstudie. Hierzu wird die Ausrichtung der Arbeit auf die Telekommunikationsindustrie gelegt und entsprechend die Deutsche Telekom als ein etabliertes Telekommunikationsunternehmen ausgewählt. Eine Prüfung der Innovationsstrategie, der Innovationsprozesse sowie der innovationsorientierten Kompetenzen ermöglicht es, eine Einschätzung des Erfahrungsgrads des ausgewählten Unternehmens im Bereich Open Innovation vorzunehmen, wodurch auch die Identifizierung und Selektion eines geeigneten Projekts erfolgen kann, bei dem die spezielle Kombinationsform zwischen virtuellen Communities und Innovationswettbewerben zum Einsatz gekommen ist. Entsprechend der Auswahlkriterien wir die Fallstudie Ideabird für die Untersuchung herangezogen, die eine Maßnahme der Deutschen Telekom darstellt, bei der – gemeinsam mit den Nutzern –, neue technologiebasierte Lösungen entwickelt wurden.

In Kapitel 5 erfolgt zunächst eine Beschreibung der methodischen Grundlagen der qualitativen Inhaltsanalyse sowie der erforderlichen Gütekriterien im Rahmen der Auswertung. Für die Experteninterviews wird als strukturbildender Rahmen das von *Leimeister/Krcmar* und unter Erweiterung von *Stieglitz* entwickelte Vorgehens- und Steuerungsmodell des Community Engineering herangezogen, die in dem folgenden Abschnitt beschrieben wird.[39] Nach Beschreibung der Datenquellen wird die qualitative Inhaltsanalyse angewandt und Wirkungseffekte zur Beantwortung der Forschungsfragen aufgestellt und interpretiert. Die Herleitung eines Kombinationsmodells zum integrierten Einsatz von virtuellen Communities mit Innovationswettbewerben als gestaltungsempfehlender Leitfaden für Unternehmen schließt das Kapitel ab.

Das Kapitel 6 beginnt mit den methodischen Grundlagen der Logfile-Analyse, die zur Validierung ausgewählter Wirkungseffekte aus den Experteninterviews eingesetzt wird. Darauf aufbauend wird der empirische Datensatz der Logfiles beschrieben und weiterführende quantitative Einblicke in die Fallstudie erarbeitet. Zur Validierung der Wirkungseffekte mit Fokus auf die Ausgestaltung virtueller Nutzerintegrationsmaßnahmen werden im Ergebnisabschnitt des Kapitels die statistischen Verfahren der t-Tests, Rangkorrelations- und Varianzanalysen angewandt. Hieran anlehnend erfolgt bei der Diskussion der Ergebnisse eine inhaltliche Gegenüberstellung der quantiativen Ergebnisse mit den Experteneinschätzungen, um die gewonnenen Gestaltungsempfehlungen weiter zu fundieren.

Den Abschluss der Arbeit bildet in Kapitel 7 eine Zusammenfassung der zentralen Ergebnisse und ihrer Relevanz für die unternehmerische Praxis und die wissenschaftliche Forschung. Die Beschreibung der Limitationen der Arbeit ermöglicht es, zahlreiche Anknüpfungspunkte für einen weiteren Forschungsbedarf herauszuarbeiten (siehe Abbildung 1).

---

39 Vgl. Leimeister; Krcmar (2006), S. 420 f.; Stieglitz (2008), S. 132 ff.

Kapitel	Zielsetzung
Kapitel 1: Einleitung Problemstellung und Zielsetzung · Aufbau der Untersuchung	Relevanz der Problemstellung, Beschreibung des Vorgehens zur Erkenntnisgewinnung
Kapitel 2: Theoretische Grundlagen Nutzerintegration in Innovationsprozesse · Virtuelle Methoden zur Nutzerintegration · Forschungsstand	Vorstellung relevanter Ansätze, systematische Einordnung der Arbeit, Sicherstellung eines Verständnisses über virtuelle Methoden
Kapitel 3: Theoretische Erklärungsansätze Interaktionstheorie · Neue Institutionenökonomik · Relational View · Maslowsche Bedürfnishierarchie	Theoretische Fundierung der Arbeit und Übertragung von Erklärungsansätzen auf den Untersuchungsgegenstand
Kapitel 4: Fallstudie Fallstudienanalyse als Untersuchungsansatz · Auswahl der Fallstudie · Deskription der Fallstudie	Detaillierte Beschreibung der ausgewählten Fallstudie zur Beantwortung der Forschungsfragen
Kapitel 5: Qualitative Exploration Methodische Grundlagen · Leitfadenerstellung und Datenquellen · Qualitative Inhaltsanalyse · Ergebnisse und Diskussion	Gewinnung von Wirkungseffekten auf Basis einer qualitativen Inhaltsanalyse
Kapitel 6: Quantitative Validierung Methodische Grundlagen · Datenquellen · Quantitative Einblicke durch Logfile-Analyse · Ergebnisse und Diskussion	Ermittlung statistischer Signifikanzen von ausgewählten Wirkungseffekten mittels der Logfile-Analyse
Kapitel 7: Schlussbetrachtung Zusammenfassung · Implikationen · Limitationen und weiterer Forschungsbedarf	Zusammenfassung zentraler Ergebnisse und der Relevanz für Wissenschaft und Praxis, weitergehende Ansatzpunkte

Abbildung 1: Aufbau der Arbeit
Quelle: Eigene Darstellung.

2 Theoretische Grundlagen

Das Kapitel 2 hat als Zielsetzung zunächst ein Verständnis über das betrachtete Forschungsthema auf Basis einer umfangreichen Auseinandersetzung mit der Fachliteratur zu schaffen. Zudem wird das weitere Ziel verfolgt, eine systematische Einordnung und Darstellung der relevanten Bezugspunkte mit etablierten Modellen herzustellen sowie weiteren Forschungsbedarf aufzudecken. Im Kapitel 2.1 erfolgt neben begrifflichen Gesichtspunkten im Innovationsumfeld vor allem eine Beschreibung von etablierten und untersuchungsrelevanten Ansätzen. Durch die Betrachtung von Modellen hinsichtlich der Innovationsstrategien, der Öffnung des Innovationsprozesses und der virtuellen Nutzerintegration kann im Rahmen der Bestandsaufnahme ein ganzheitliches Bild über die Ursprünge des Forschungsthemas geschaffen werden. Das Kapitel 2.2 setzt den Fokus auf die Beschreibung der für die Untersuchung relevanten virtuellen Communities und Innovationswettbewerbe. Zur Eingrenzung des Untersuchungsbereichs erfolgt eine Typologisierung und eine Abgrenzung gegenüber alternativer Verfahren. Gegenstand des Kapitels 2.3 ist es insbesondere aktuelle Forschungsarbeiten darzustellen und eine Anknüpfung der eigenen Arbeit durchzuführen (siehe Abbildung 2).

Kapitel	Zielsetzung
Kapitel 2: Theoretische Grundlagen 2.1 Nutzerintegration in Innovationsprozesse 2.2 Virtuelle Methoden zur Nutzerintegration 2.3 Forschungsstand	• Systematische Einordnung der Arbeit in die Innovationsforschung • Vorstellung relevanter Ansätze zur virtuellen Nutzerintegration • Vorstellung und Typologisierung der virtuellen Communities und der Innovationswettbewerbe sowie Abgrenzung gegenüber alternativen Ansätzen • Darstellung des aktuellen Forschungsstand und Anknüpfung der eigenen Arbeit

Abbildung 2: Struktur des Kapitels 2
Quelle: Eigene Darstellung.

2.1 Nutzerintegration in Innovationsprozesse

2.1.1 Innovationen

Innovationen stellen für eine Volkswirtschaft einen wichtigen Wachstumstreiber dar und sichern zugleich die internationale Wettbewerbsfähigkeit einer Industrienation.[40] Aus einzelwirtschaftlicher Sicht sind sie eine wesentliche Voraussetzung für den dauerhaften Erfolg eines Unternehmens.[41] Ihnen wird ein Großteil des jährlichen Umsatzes zugerechnet.[42] Der Begriff Innovation leitet sich vom Lateinischen „innovatio“ her und wird als Erneuerung bzw. Zuwendung zu etwas Neuem verstanden.[43] Trotz zahlreicher Veröffentlichungen besteht in der Innovationsforschung nach wie vor eine Fülle von Definitionen, die je nach Betrachtungsperspektive und Untersuchungszweck stark divergieren.[44] Während das Innovationsfeld als vordergründig technisches oder naturwissenschaftliches Themengebiet betrachtet wurde, erweiterten vor allem die Arbeiten von *Schumpeter* den Betrachtungshorizont auf die Ökonomie und die Managementlehre.[45] Demnach wird die traditionell interne Sichtweise um organisatorische und marktorientierte Fragestellungen ergänzt und ermöglicht dadurch eine ganzheitliche Betrachtung der Problemstellung. *Schumpeter* stellt bei der Betrachtung der Innovationen als schöpferische Zerstörung des Bestehenden insbesondere das Handeln von Neuem und die Kombinationen des Bestehendem auf eine neue Art und Weise als konstitutives Merkmal hervor.[46]

Um trotz der Vielzahl unterschiedlicher und teilweise weit gefasster Definitionen ein besseres Verständnis der Problematik zu gewährleisten, haben sich in der wissenschaftlichen Literatur Kriterien zur Systematisierung gebildet, die die verschiedenen Arten von Innovationen näher beleuchten und genauer abgrenzen.[47] Nach *Hauschildt/Salomo* können Innovationen in inhaltliche, intensitätsbezogene, subjektive, prozessuale und normative Dimensionen differenziert werden (siehe Abbildung 3).[48]

In der inhaltlichen Dimension wird eine Einteilung in Prozess- und Produktinnovationen vorgenommen.[49] Letztere zielen als Resultat von Forschungs- und Entwicklungsbemühungen auf die Schaffung neuer Produkte und Dienstleistungen ab, die Kundenprobleme auf neuartige Art und Weise lösen.[50] Im Gegensatz dazu gründen sich Prozessinnovationen auf Änderungen, die aus der direkten oder indirekten betriebsinternen Wertschöpfung entstehen.[51] Somit kann der Zweck einer Prozessinnovation darin liegen, ein neues Produkt zu entwickeln oder aber

---

40 Vgl. Meffert; Burmann; Kirchgeorg (2012), S. 396.
41 Vgl. Cooper; Edgett (2007), S. 3. Demnach erwirtschaften die erfolgreichsten US-Unternehmen nahezu 50 % der jährlichen Profite durch Innovationen.
42 Vgl. ebd. (2007), S. 3.
43 Vgl. Bergmann; Daub (2006), S. 51.
44 Vgl. Hauschildt; Salomo (2010), S. 6 f. Die Autoren führen eine Übersicht zahlreicher Definitionen zu dem Begriff Innovation auf.
45 Vgl. ebd. (2010), S. 9.
46 Vgl. Schumpeter (1947), S. 149.
47 Vgl. Herzog (2011), S. 10.
48 Vgl. Hauschildt; Salomo (2010), S. 5.
49 Vgl. Corsten (1989), S. 3 f.
50 Vgl. Steinhoff (2006), S. 16.
51 Vgl. Schrader (2008), S. 10 ff.

konventionelle Produkte mit einem geringeren Ressourcenverbrauch zu produzieren.[52] Während Produktinnovationen traditionell mit organischem Wachstum in Zusammenhang gebracht werden, sind Prozessinnovationen durch die entstehenden Ablaufoptimierungen Restrukturierungen unterworfen.[53] Der Schwerpunkt dieser Arbeit wird im Folgenden auf die Produktinnovationen gelegt.

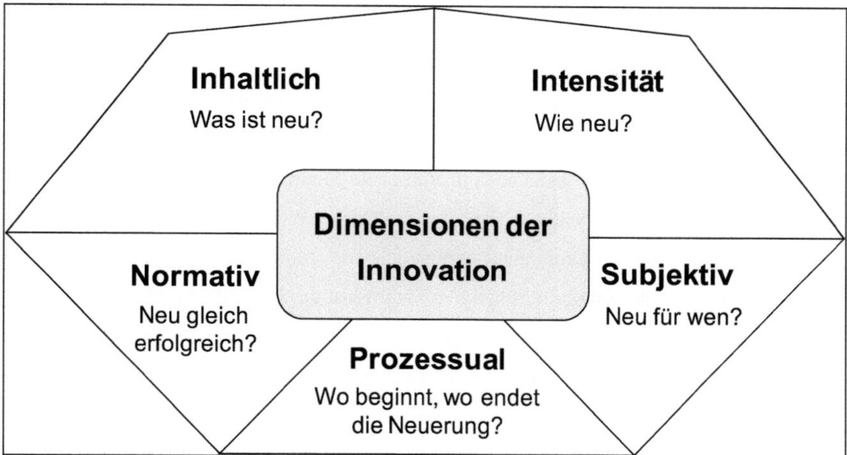

Abbildung 3: Dimensionen der Innovation
Quelle: Eigene Darstellung, in Anlehnung an Hauschildt; Salomo (2010), S. 5.

Zentralaspekt der Intensitätsdimension ist es, das Ausmaß der Neuartigkeit zu bewerten und die graduellen Unterschiede im Vergleich zum jeweiligen Ist-Zustand zu operationalisieren.[54] Eine breite terminologische Akzeptanz wird dem dichotomen Begriffspaar „radikale" und „inkrementelle Innovationen" zugesprochen.[55] Während inkrementelle Innovationen marginale Modifikationen auf Basis bereits eingeführter Produktkonzepte darstellen und dabei die Zielsetzung des Erhalts der Wettbewerbsposition zugrunde gelegt wird, ermöglichen radikale Innovationen die Eroberung bestehender und die Erschließung neuer Marktsegmente mit beträchtlichen Marktchancen, zugleich aber auch mit hohen Entwicklungsrisiken.[56] Diese Dichotome stellen trotz des inhaltlichen Erklärungsgehalts eine abstrahierende Vereinfachung der Praxis dar, bei der vielmehr mit unterschiedlichen Ausprägungsgraden entlang eines breiten Spektrums zwischen den beiden Extremen auszugehen ist.[57] Um diesem Aspekt

52 Vgl. Grupp (1997), S. 84.
53 Vgl. Raisch; Probst; Gomez (2010), S. 47.
54 Vgl. Hauschildt; Salomo (2010), S. 11 ff.
55 Vgl. Dewar; Dutton (1986); Koberg; Detienne; Heppard (2003); Dahlin; Behrens (2005).
56 Vgl. Meffert; Burmann; Kirchgeorg (2012), S. 398.
57 Vgl. Hirsch-Kreinsen (2010), S. 76.

gebührend Rechnung zu tragen, erfolgt im weiteren Verlauf der Untersuchung keine Eingrenzung in dieser Dimension.

In der subjektiven Dimension wird der Frage nachgegangen, für welche beurteilende Instanz die Innovation als neuartig empfunden wird.[58] Insbesondere weil die Einschätzung des Ausmaßes der Neuartigkeit von der individuellen Betrachtungsperspektive abhängt, ist eine entsprechende Differenzierung sinnvoll.[59] So können Subjekte in Abhängigkeit von den individuell aggregierten Erfahrungsbeständen und Erwartungsstrukturen je nach ihrem sozialen Kontext zu ganz unterschiedlichen Urteilen über die Neuheit eines Objektes kommen.[60] Daher beschränkt sich die Neuartigkeit der Ergebnisse nicht nur auf die Hervorbringung neuer Lösungen, sondern kann auch überarbeitete Modifikationen von bereits bestehenden Lösungen umfassen. Demnach ist die subjektive Wahrnehmung der Neuartigkeit gegenüber der tatsächlichen Originalität hervorzuheben.[61] In der fachlichen Diskussion zum Innovationsmanagement nimmt die subjektive Sichtweise des Innovationsverständnisses eine immer vordergründigere Rolle ein.[62] Aufgrund der Betrachtung der Problemstellung aus einem managementorientierten Blickwinkel orientiert sich die vorliegende Arbeit bei der Untersuchung der Neuartigkeit einer Innovation an der Einschätzung der Führungskräfte und Mitarbeiter eines Unternehmens, die bereits ein fundiertes Wissen und intensive Erfahrungen im relevanten Themenfeld aufgebaut haben.

Die prozessuale Dimension umfasst die Vorgehensweise zur Entwicklung und Einführung von Innovationen und beinhaltet sowohl strategische als auch operative Arbeitsschritte, die zur angestrebten Leistungserbringung notwendig sind.[63] Dabei charakterisiert die Summe aller Aktivitäten, die in einem logischen Zusammenhang zur Hervorbringung neuer Ideen und Lösungen stehen, den Innovationsprozess.[64] Demnach sind Innovationen klar von Erfindungen abzugrenzen, da letztere lediglich den initialen Impuls in der Produktentwicklung geben, weitere Schritte, wie die technische Realisierung und die Markteinführung, allerdings außer Acht lassen.[65] Insbesondere das Management von Diffusionsabläufen ist als ein elementarer

[58] Vgl. Hauschildt; Salomo (2010), S. 11 ff.
[59] Vgl. Bergmann; Daub (2006), S. 6.
[60] Vgl. Aderhold (2010), S. 116.
[61] Vgl. Goffin; Herstatt; Mitchell (2009), S. 30.
[62] Vgl. Schlaak (1999), S. 29 f.; Wiltinger; Wiltinger (2005), S. 193.
[63] Vgl. Großklaus (2008), S. 46 f.
[64] Vgl. Folgenden Pearson; Hauschildt (1992), S. 46.
[65] Vgl. Vinkemeier (1998), S. 19 f.

Bestandteil für die Akzeptanz und erfolgreiche Durchsetzung einer Innovation am Markt anzusehen.[66]

Der Innovationsprozess setzt sich aus mehreren Innovationsphasen zusammen, die inhaltlich und zeitlich idealtypisch nacheinander verlaufen.[67] Es existieren unterschiedliche Phasenmodelle, die vor allem nach Phasenanzahl und Granularität divergieren.[68] Dennoch ist in der Praxis kaum von reinen linearen Abläufen, sondern vielmehr von dynamischen und impulsgetriebenen Vorgängen mit wiederkehrenden Rückkopplungen zwischen den Phasen auszugehen.[69] Vor diesem Hintergrund wird von einer feinteiligen Differenzierung abgesehen. Stattdessen werden abstraktere Phasenmodelle berücksichtigt, die einerseits eine inhaltliche Strukturierung der erforderlichen Arbeitsschritte zur Innovationsgenerierung ermöglichen, und andererseits durch ihre vereinfachte Darstellung den praxisorientierten Bezug sicherstellen.[70] In der vorliegenden Arbeit wird daher der Phaseneinteilung nach *Büttgen* gefolgt,[71] die Innovationsprozesse unterteilt in:

1. Ideengenerierung und -selektion
2. Ideenrealisierung
3. Markteinführung

Die Ideengenerierung und -selektion als erste Phase des Innovationsprozesses beinhaltet zunächst die Suche und Generierung von Ideen, deren Potenziale für die nachfolgende Selektion nach Kriterien wie Realisierbarkeit und Wirtschaftlichkeit evaluiert werden. Bei der Ideenrealisierung, der zweiten Phase des Innovationsprozesses, werden die als Erfolg versprechend bewerteten Ideen in marktfähige Produktlösungen überführt. Dieser Schritt zeichnet sich in der Lösungsfindung durch eine iterative Vorgehensweise aus, bei der, ausgehend vom finalisierten Konzept, eine Vielzahl von physischen und/oder virtuellen Tests und Modifikationen durchlaufen wird, bis als Ergebnis dieser Phase ein Prototyp entwickelt wird, der die marktgerechten Anforderungen erfüllt.[72] In der dritten und letzten Phase des Innovationsprozesses werden reale Markttests durchgeführt, um anschließend das fertiggestellte Produkt am Markt erfolgreich einzuführen.

66 Vgl. Weis (2012), S. 37 f.
67 Vgl. Pearson; Hauschildt (1992), S. 46.
68 Vgl. Grimm; Büttgen (2009), S. 118. Die Autorinnen bieten eine literarische Übersicht unterschiedlicher Phaseneinteilungen zu Innovationsprozessen, die sich auf bis zu sechs Phasen mit teilweise weiterführenden Unterbereichen erstrecken.
69 Vgl. Borowiak; Herrmann (2010), S. 139.
70 Vgl. Borgmann (2012), S. 61.
71 Vgl. hierzu und im Folgenden Büttgen (2009a), S. 56 ff.
72 Vgl. Reichwald; Piller (2006), S. 103.

In der normativen Dimension werden Fragestellungen der Erfolgsbewertung und -messung einer Innovation nachgegangen.[73] Gerade die Tatsache, dass neue technische Errungenschaften nicht zwingend zu ökonomischem Erfolg führen, hebt die kommerzielle Sichtweise hervor.[74] Die Relevanz der Monetarisierung von Innovationen kann zudem durch zahlreiche Studien, die die hohen Flopraten von Innovationen in unterschiedlichen Industrien dokumentieren, begründet werden.[75] Dabei können bei der Markteinführung unter anderem Probleme der mangelnden Zahlungsbereitschaft, der nicht adressierten Kundenbedürfnisse oder auch eines nicht adäquaten Timings identifiziert werden.[76] Somit erscheint dem Management vor allem die Frage, wie Unternehmen es schaffen, Innovationsprozesse erfolgreich zu realisieren, als eine kritische Herausforderung.[77] Diesem Aspekt wird auf Basis eines ausführlichen Literaturüberblicks über unterschiedliche Innovationsstrategien und Kollaborationsansätze unter Hinzuziehung neuer technologiebasierter Anwendungen in den Kapiteln 2.1.2 bis 2.1.4 Rechnung getragen.

2.1.2 Innovationsstrategien

Die bewusste Gestaltung von Innovationstätigkeiten geht mit strategischen Entscheidungen einher, die sich auf Basis einer längerfristigen Früherkennung von Marktentwicklungen und einer daraus abgeleiteten Planung und konsequenten Durchführung begründen lassen.[78] Eine klar formulierte Innovationsstrategie ist ein wesentlicher Erfolgsfaktor.[79] Sie ermöglicht es dem Unternehmen, gerade bei grundlegenden Fragestellungen, wie der Gestaltung des Produktportfolios, seinen Fokus auf synergetische Produkte beizubehalten und vermeidet durch den rahmenbildenden Charakter das Treffen von losgelösten Einzelentscheidungen. Zudem dient die Berücksichtigung zukünftiger marktbeeinflussender Trends bei der Strategieformulierung auch im Falle einer tatsächlichen Abweichung durch die Analyse unterschiedlicher Szenarien a priori als eine wertvolle Orientierungsstütze.[80] Zur ausführlicheren Beschreibung der Innovationsstrategien erweist sich eine Auseinandersetzung mit dem grundlegenden

73 Vgl. North; Friedrich; Brahtz (2005), S. 71.

74 Vgl. Löhr (2013), S. 37 ff. Beispiele von technischen Errungenschaften, die keine marktliche Akzeptanz erhalten haben werden von dem Autor aufgeführt.

75 Vgl. Christensen; Raynor (2003), S. 73; GfK (2006), S. 1. So sind nach der Studie von GfK etwa 70% aller Neuentwicklungen im Bereich Fast Moving Consumer Goods als Flops zu bewerten. Vgl. Fraunhofer IKP (2004). Im Dienstleistungssektor liegen die Flopraten zwischen 50% und 80%.

76 Vgl. Jones; Bouncken (2008), S. 799.

77 Vgl. Bessant (2003), S. 761.

78 Vgl. Hauschildt; Salomo (2011), S, 47.

79 Vgl. hierzu und im Folgenden Cooper; Edgett (2009), S. 15 ff. Der Autor belegt anhand der Auflistung mehrerer empirischer Studien den Zusammenhang zwischen einer Innovationsstrategie und der Leistungsfähigkeit eines Unternehmens.

80 Vgl. Stern; Jaberg (2007), S. 36

Strategieverständnis sowie die Einordnung der Innovationsstrategie in das interfunktionale Geflecht eines Unternehmens als sinnvoll.

Das Verständnis des Strategiebegriffs lässt sich auf eine lange kontroverse Historie mit unterschiedlichen Auffassungen zurückführen.[81] Nach *Backhaus/Schneider* sind vor allem, die in der Literatur oft gewürdigten Arbeiten, die wesentliche Gegenpositionen einnehmen und das heutige ökonomische Strategieverständnis maßgeblich mit geprägt haben, die des klassischen Strategieverständnisses nach *Chandler*[82] und des dynamisch orientierten Strategieverständnisses nach *Mintzberg*[83], hervorzuheben.[84] Während *Chandler* bei der Beschreibung des Strategieentwicklungsprozesses eine präskriptive Perspektive einnimmt, vertritt *Mintzberg* im Gegensatz dazu eine deskriptive Sicht.[85] Die Strategiedefinition nach *Chandler* als „the determination of the basic long-term goals and objectives of an enterprise, and the adoption of courses of action and the resources necessary for carrying out these goals“[86] impliziert, charakteristisch für das klassische Strategieverständnis, eine a priori formale Planbarkeit von zukünftigen Umweltzuständen auf Basis rein rationaler Überlegungen.[87] Demnach erfordert dieser eher statisch orientierte Ansatz zum Zeitpunkt der Strategieentwicklung eine weitestgehend zutreffende Prognose, um eine effektive Abstimmung eines vollständig geplanten Maßnahmenbündels und die Zuteilung der erforderlichen Ressourcen sicherstellen zu können.[88]

Die unterstellte Annahme der Planbarkeit ist der kritisierte Ausgangspunkt für das Strategieverständnis nach *Mintzberg*, der die Unsicherheit zukünftiger Ereignisse als eine erfolgsrelevante Bedingung versteht und eine im Zeitverlauf bestehende Inkonsistenz von Umweltbedingungen feststellt.[89] Somit ist die Strategie nicht explizit, sondern bedingt vielmehr eine Flexibilität, die eine kontinuierliche Strategiemodifikation innerhalb eines im Zeitverlauf iterativen Prozesses erst ermöglicht.[90] Mintzberg verdeutlicht dies in seiner Beschreibung des Strategiefindungsprozesses durch die Unterscheidung zwischen (1) beabsichtigter und realisierter Strategie, (2) beabsichtigter und nicht realisierter Strategie und (3) realisierter und nicht beabsichtigter Strategie. Demnach unterliegt die anfangs beabsichtige Strategie im

81 Vgl. Leker (2000), S. 72.
82 Vgl. Chandler (1962).
83 Vgl. Mintzberg (1978).
84 Vgl. Backhaus; Schneider (2009), S. 11 ff.
85 Vgl. Spengler (2009), S. 37.
86 Chandler (1962), S. 13.
87 Vgl. Welge, Al-Laham (2003), S. 13.
88 Vgl. Koba (2008), S. 28.
89 Vgl. Ruhnke (2014), S. 222 f.
90 Vgl. Granig; Hartlieb (2012), S. 16.

Zeitverlauf veränderten Rahmenbedingungen, die auf Basis von dynamischen Lernprozessen zu einer abweichenden realisierten Strategie führen mit sowohl beabsichtigten als auch unbeabsichtigten Elementen. In diesem Zusammenhang beschreibt *Mintzberg* Strategien als „a pattern in a stream of decisions",[91] die den Aspekt hervorheben, dass Strategien sich als Summe von Entscheidungen erst retrospektiv erklären lassen.[92]

In Abgrenzung zu der Strategie stellen die Ziele eines Unternehmens erstrebenswerte Sollzustände dar, die mit deren Hilfe langfristig realisiert werden sollen.[93] Somit leitet die Strategie die notwendigen Rahmenbedingungen als Orientierung für die nachgelagerten operativen Einheiten ein.[94] Dabei gibt es eine Vielzahl von Strategien auf unterschiedlichen Ebenen eines Unternehmens. *Backhaus/Schneider* differenzieren zwischen den drei Hierarchieebenen des Unternehmens, der Geschäftsfelder und der Funktionen.[95] Die Unternehmensstrategie entspricht der Aggregation verschiedener Teilstrategien aus Geschäftsfeldern und Funktionsbereichen, wie Produktion, Marketing und Vertrieb.[96] Somit ist die Innovationsstrategie als eine Teilstrategie der Unternehmensstrategie zu verstehen, die darüber Auskunft geben soll, wo und wann Innovationen zur Verfolgung unternehmerischer Ziele sinnvoll sind.[97] Für eine effektive Realisierung der Innovationsstrategie ist es entsprechend erforderlich, diese mit den anderen Substrategien des Unternehmens abzustimmen.[98] Dabei besteht bei der Kaskadierung und Abstimmung der Substrategien stets die zu beachtende Gefahr der Fehlinterpretation durch die Empfänger, die sich aufgrund der Komplexität bei der Übertragung realer Umweltzustände sowie der Einschränkung der kognitiven Fähigkeiten und der Informationszugänge ergeben kann.[99]

In der Fachliteratur werden Innovationsstrategien üblicherweise in unterschiedlichen Ausprägungsformen charakterisiert, die sich in ihrer Ausrichtung nach den Dimensionen Markt, Wettbewerb, Zeit, Technologie und Kooperation differenzieren lassen.[100] Trotz der unterschiedlichen Ausrichtungsformen bestehen oftmals inhaltliche Schnittmengen, so dass insbesondere in dynamischen Märkten eine rein isolierte Betrachtung einer Dimension die

91 Mintzberg (1978), S. 934.
92 Vgl. Backhaus; Schneider (2009), S. 14.
93 Vgl. Bogaschewsky; Rollberg (1998), S. 20 f.
94 Vgl. Hinterhuber (2004), S. 3.
95 Vgl. Backhaus; Schneider (2009), S. 16 f.
96 Vgl. Granig; Hartlieb (2012), S. 16.
97 Vgl. Goffin; Herstatt; Mitchell (2009), S. 167.
98 Vgl. Gabler (2014).
99 Vgl. Hacker (2007), S. 201.
100 Vgl. Müller (2009), S. 17 f.; Granig; Hartlieb (2012), S. 18 f.; Gassman; Granig (2013), S. 11.

adäquate Reaktions- und Handlungsfähigkeit eines Unternehmens einschränken würde.[101] Vor dem Hintergrund der hier betrachteten Zielsetzung der virtuellen Nutzerintegration zur Entwicklung neuer Produkte und Dienstleistungen, gilt es im Folgenden zunächst die innovationsstrategischen Ausprägungsformen kurz vorzustellen, um unterschiedliche Strategien, die bei Unternehmen im Rahmen der kollaborativen Wertschöpfung eine Rolle spielen können, näher zu beleuchten.

Eine marktorientierte Strategieausrichtung befasst sich im Wesentlichen mit der Frage, mit welchen Produkten oder Dienstleistungen ein Unternehmen sich auf welchen Märkten positionieren möchte.[102] Auf der Produktseite steht insbesondere die Bestimmung über Art und Grad der Innovation im Fokus der Analyse.[103] Das Differenzierungspotenzial der Neuartigkeit weist dabei ein breites Kontinuum auf und reicht von inkrementellen bis hin zu radikalen Innovationen.[104] Auf der Marktseite ergibt sich gerade vor dem Hintergrund gesättigter Märkte mit hohen Wettbewerbsintensitäten die erfolgskritische Herausforderung, sich durch die Entwicklung von Innovationen Zugang zu neuen Märkten mit günstigeren Rahmenbedingungen zu schaffen.[105] Diese Vorgehensweise verfolgt weniger die Orientierung an Wettbewerbern, sondern vielmehr eine Neudefinition des relevanten Markts nach Kundennutzen.[106] Demnach sind weniger technologische Errungenschaften Ausgangspunkt für den Erfolg, sondern vielmehr die Opportunität, bestehende Lösungen durch neuartige Modifikationen des Leistungsangebots zu substituieren, die einen höheren Kundennutzen stiften sollen.

Bei wettbewerbsorientierten Strategien bildet die gegenwärtige Wettbewerbssituation eines Unternehmens den zentralen Ausgangspunkt für die Analyse.[107] Sich vom Wettbewerb abzuheben wird dabei als erfolgskritische Voraussetzung zur Erreichung einer dominanten Marktposition verstanden.[108] Nach *Porter* wird dieses Ziel vor allem durch die Verfolgung der Kosten-, der Qualitätsführerschaft sowie der Konzentration auf Nischen erreicht.[109] Die Kostenführerschaft impliziert, dass das Unternehmen gegenüber Wettbewerbern signifikante Preisvorteile durch die Erzielung vergleichsweise geringerer Stückkosten realisiert, woraus

---

101 Vgl. Hutterer (2012), S. 73 ff.
102 Vgl. Macharzina; Wolf (2005): S. 266.
103 Vgl. Müller (2009), S. 17 f.
104 Vgl. Granig; Hartlieb (2012), S. 18 f.
105 Vgl. Kim; Mauborgne (2005), S. 11 ff. Die Autoren verwenden dabei die Begriffe „rote Ozeane“ und „blaue Ozeane“. Während Erstere Märkte mit hohem Wettbewerbsdruck und einer Preis-Kosten-Falle charakterisieren, stellen Letztere nicht erschlossene Märkte dar mit signifikanten Wachtsums- und Profitabilitätspotenzialen.
106 Vgl. hierzu und im Folgenden Lettmann (2013), S. 120.
107 Vgl. Müller (2009), S. 32 f.
108 Vgl. Granig; Hartlieb (2012), S. 19.
109 Vgl. Porter (1985), S. 11 ff.

sich Maßnahmen, wie Prozessinnovationen und Standardisierungskonzepte, zur nachhaltigen Produktivitätssteigerung ableiten lassen.[110] Dagegen konzentriert sich die Qualitätsführerschaft auf die Erbringung von Leistungen, die vom Nachfrager wahrgenommen werden und zugleich eine hohe Entscheidungsrelevanz besitzen.[111] Derartige Entscheidungen haben ebenfalls weitreichende Folgen für das Innovationsmanagement eines Unternehmens, da sich daraus hohe Qualitätsanforderungen auf Attribute, wie Design, Funktionalität und Stabilität, eines Produktes herleiten lassen.[112] Schließlich übt die Konzentration auf Nischen ebenfalls einen Einfluss auf die Innovationsentwicklung aus, da von einem gesamtmarktorientierten Ansatz abgesehen wird und stattdessen der Problemlösung einzelne Bedürfnisstrukturen zugrundegelegt werden.[113]

Der Faktor Zeit wird vor dem Hintergrund immer kürzer werdender Produktlebenszyklen im Innovationswettbewerb zunehmend als ein entscheidender Erfolgsfaktor angesehen.[114] Bei der zeitorientierten Strategieausrichtung werden unterschiedliche Szenarien bezüglich des Zeitpunkts der Markteinführung der Innovation in die Überlegung mit einbezogen.[115] In Abhängigkeit vom gewählten Markteintritt wird grundsätzlich zwischen Pionieren und Folgern unterschieden.[116] *Lieberman/Montgomery* sprechen dabei von einem sogenannten „First-Mover-Advantage", der sich aus potenziellen Vorteilen aus einem frühen Markteinstieg, wie mangelnde Konkurrenzprodukte, oder dem Aufbau von Wechselbarrieren gegenüber einem neuen Anbieter ergibt.[117] Demgegenüber stehen die Nachteile, wie die Übernahme eines höheren Marktrisikos und eines höheren Aufwands in Forschung & Entwicklung (F&E) sowie im Marketing, die man in Kauf nehmen muss, wenn man sich als Erstanbieter eines neuen Produktes am Markt positionieren will.[118] Eine klare dominante Strategie für eine Führerschaft oder für eine Folgerschaft kann jedoch durch empirische Belege aus der Praxis nicht eindeutig ermittelt werden, da für beide Ansätze zahlreiche bestätigende, aber auch widerlegbare Beispiele gefunden wurden.[119] Neben der Betrachtung des Zeitpunkts der Einführung spielen darüber hinaus auch Fragestellungen hinsichtlich der geplanten Zeitdauer

---

110 Vgl. Horsch (2003), S. 34.
111 Vgl. Zerres; Zerres (2006), S. 21 f.
112 Vgl. Gelbmann; Vorbach (2007), S. 167 f.
113 Vgl. Dietrich; Schirra (2006), S. 46.
114 Vgl. Kraus (2005), S. 43.
115 Vgl. Stummer; Günther; Köck (2010), S. 85 f.
116 Vgl. Olleros (1986), S. 7 f.; Buchholz (1998), S. 25 f. Nach Buchholz finden sich weitere Unterkategorisierungen bei den Folgern durch die Unterscheidung zwischen Früh- und Spätfolgern. Zudem können die Folger auch in Abhängigkeit zu Produkteigenschaften gegenüber denen des Pioniers in modifizierende und imitierende Folger unterschieden werden.
117 Vgl. Lieberman; Montgomery (1988), S. 41 ff.
118 Vgl. Gelbmann; Vorbach (2007), S. 169 f.
119 Vgl. Horsch (2003), S. 71; Perillieux (2006), S. 29.

von Innovationsaktivitäten sowie der Zeitzuverlässigkeit, also der Einhaltung von Terminen, die externen Stakeholdern und Interessenten kommuniziert wurden, eine bedeutende Rolle.[120]

Bei den technologieorientierten Innovationsstrategien stehen solche Entscheidungen im Mittelpunkt, die determinieren, wie Unternehmen neue Produkte und Dienstleistungen auf der Grundlage von zuvor aufgebautem Technologiewissen entwickeln können.[121] Dabei hat die strategische Investition in Technologiefelder, insbesondere in High-Tech-Industrien, einen maßgeblichen Einfluss auf den nachgelagerten Erfolg der Innovation.[122] Die hohe strategische Relevanz der Technologieentscheidung verdeutlicht *Christensen* in seinem Erklärungsansatz der disruptiven Technologien, bei dem erfolgreiche Unternehmen ihre marktbeherrschende Stellung verlieren können, aufgrund ihrer Fokussierung auf bestehende etablierte Lösungen und der Vernachlässigung alternativer Technologien, die sich aber im Zeitverlauf als marktlich überlegene Lösungen herausstellen.[123] Dabei basieren disruptive Innovationen oft auf das zu Grunde liegende Geschäftsmodell des konkurrierenden Produkts, allerdings weisen bestimmte Modifikationen auf, die ihre disruptive Wirkung am Markt erst ermöglichen.[124] So kann diese Wirkung darin liegen, dass ein bestimmtes Problem wesentlich einfacher, komfortabler und günstiger als die gängigen Verfahren gelöst wird.[125] Demnach sind disruptive Innovationen anfangs weniger auf Massenmärkten und vielmehr auf Nischenmärkten ausgerichtet, wodurch sie für Großunternehmen vorerst als unattraktiv eingestuft werden, aber stellen nach weiteren Zyklen der Leistungssteigerung auch eine Bedrohung für größere Märkte und damit auch für die etablierten Unternehmen dar.[126] Beispielsweise haben zahlreiche disruptive Innovationen durch einen neuen Wertbeitrag bzw. weitere adressierte Kundennutzen mit den am Markt etablierten Produkten wie E-Mails zum Postdienst, mobile CD-Player zu Walkman, digitale Media Player zu mobile CD-Player oder digitale Suchmaschinen zu Gelbe Seiten erfolgreich konkurrieren können.[127]

Neben der grundsätzlichen Problemstellung der Abwägung zwischen den Strategieansätzen Market-pull und Technology-push besteht zudem die Herausforderung, rechtzeitig in die neue Technologie zu wechseln.[128] Nach *Tschirky* unterliegt die Verbreitung der Technologien

[120] Vgl. Müller (2009), S. 67 f.
[121] Vgl. Albers; Gassmann (2005), S. 5.
[122] Vgl. Kleinaltenkamp et al. (2006), S. 121.
[123] Vgl. Christensen (2003), S. 111 ff.
[124] Vgl. Kressin (2012), S. 53.
[125] Vgl. Steinhauser; Ramin; Hüsig (2015), S. 259 f.
[126] Vgl. ebd. (2015), S. 260.
[127] Vgl. Islam; Ekekwe (2012), S. 6.
[128] Vgl. Albers; Gassmann (2005), S. 10.

einem Lebenszyklus ähnlich dem von Produkten.[129] Entlang des Reifegrads der Technologie führt er die Kategorisierung in Schrittmachertechnologien (Einführungsphase), Schlüsseltechnologien (Penetrationsphase), Basistechnologien (Reifephase) und bedrohte Technologien (Degeneration) auf. Je nachdem um welchen Technologietyp es sich handelt, können sich unterschiedliche Implikationen auf den erforderlichen F&E-Investitionsaufwand, das Entwicklungspotenzial und das technische Risiko ergeben.[130] Die Komplexität der Technologieentscheidung im Unternehmen resultiert somit aus der Vielzahl konkurrierender Technologien in unterschiedlichen Reifephasen sowie aus der Ungewissheit über den tatsächlichen Verlauf des einzelnen Technologielebenszyklus.

Um den steigenden Anforderungen an Innovationen hinsichtlich der angebotenen Qualität, der dafür benötigten Zeit und der entstehenden Kosten gerecht zu werden, wenden sich Unternehmen zunehmend einer kooperationsorientierten Innovationsstrategie zu.[131] Neben der eigenen Entwicklung und dem externen Erwerb von Innovationen sind Innovationskooperationen eine weitere Alternative, im Rahmen einer Innovationsstrategie zu neuen Lösungen zu gelangen.[132] Dabei besteht ein Kontinuum an Kooperationsformen, die von zwischenbetrieblicher Zusammenarbeit mit wenigen Unternehmen auf horizontaler oder vertikaler Ebene[133] bis hin zu umfangreicheren Kooperationsnetzwerken mit zahlreichen unterschiedlichen Akteuren, einschließlich selbstständig handelnder Personen, reichen.[134] Die Ausgestaltung der Kooperation lässt sich neben der Auswahl der Kooperationspartner unter anderem auch in funktionale Kooperationsbereiche, wie die vertragliche bzw. mündliche Art der Absprachen sowie die Dauer der Zusammenarbeit, einteilen.[135] Die hier aufgeführten verschiedenen Strategieausrichtungen müssen stets integrativ und holostisch vom Unternehmen betrachtet werden, da gemeinsame Abhängigkeiten zu einander bestehen, welche auf den Erfolg der Innovationsstrategie einwirken kann.[136]

2.1.3 Öffnung des Innovationsprozesses

Unternehmen sehen sich immer weniger mit der Frage konfrontiert, *ob* Innovationstätigkeiten per se erforderlich sind, sondern vielmehr *wie* diese umzusetzen sind. Wie *Drucker* in

---

[129] Vgl. hierzu und im Folgenden Tschirky (1998), S. 238.
[130] Vgl. Bullinger; Warnecke; Westkämper (2003), S. 276 f.
[131] Vgl. Wippermann; Jelden (2007), S. 37 f.
[132] Vgl. Gotthardt (2007), S. 98.
[133] Vgl. Kleinaltenkamp; Plinke (2002), S. 174 f.
[134] Vgl. Wobser (2003), S. 7 f.; Brand (2009), S. 12 f. Brand begründet die zunehmende Entstehung von Kooperationsnetzwerken mit den neuen Möglichkeiten der IuK-Technik und verdeutlicht dieses anhand des Beispiels von Open-Source-Projekten.
[135] Vgl. Hagenhoff (2004), S. 13.

pointierter Weise zum Ausdruck brachte „How to innovate is the key question."[137] Nachdem ein grundlegendes Verständnis von den Begrifflichkeiten der Innovation und der Innovationsstrategien erarbeitet wurde, soll im Folgenden die operative Umsetzung von Innovationsprozessen einer eingehenden Analyse unterzogen werden. Es sollen im Speziellen Konzepte Berücksichtigung finden, die sich mit der Öffnung des Innovationsprozesses beschäftigen, um so eine systematische Einordnung der virtuellen Nutzerintegration in den Innovationsprozess als konkreten Untersuchungsgegenstand der vorliegenden Arbeit herleiten zu können.

Zum besseren Verständnis der Konzepte der Öffnung des Innovationsprozesses ist es zunächst erforderlich, die Quellen näher zu differenzieren, von denen Unternehmen ihre relevanten Ressourcen beziehen. Grundsätzlich kann zwischen betriebsinternen und betriebsexternen Quellen unterschieden werden.[138] Erstere beziehen sich vor allem auf vom Unternehmen steuerbare Ressourcen, wie Personal, Sachanlagen und Patente.[139] Letztere setzen sich aus sehr unterschiedlichen Quellen zusammen, die dem Unternehmen nicht direkt zuzuordnen sind, und reichen von Zulieferern, Kunden und Wettbewerbern bis hin zu öffentlichen Institutionen wie Universitäten.[140] Die fundamentale Gemeinsamkeit der im Rahmen des Abschnitts zu erörternden Konzepte liegt darin, dass postuliert wird, dass die Entwicklung erfolgreicher Innovationen auf zahlreichen wertvollen Ressourcen außerhalb unternehmerischer Grenzen aufbaut und sich eine nach außen gerichtete Orientierung der Innovationsprozesse somit als dominante Strategie erweist.[141]

Mittlerweile finden sich zahlreiche Konzepte, die sich im Speziellen auf die Öffnung des Innovationsprozesses beziehen und fortfolgend kurz vorgestellt werden sollen. Dabei ist das Konzept der Open Innovation nach *Chesbrough* als eines der sehr oft zitierten Ansätze zu dem Thema sowohl in der Wissenschaft als auch in der Praxis anzusehen.[142] Die wissenschaftliche Relevanz seit der Veröffentlichung dieses Konzepts Ende des Jahres 2004 kann indikatorisch daran referenziert werden, dass, während im Jahr 2007 etwa 160 wissenschaftliche Beiträge zu diesem Thema vorlagen, sie 2013 bereits auf 1.443 angestiegen sind.[143] Diese eindeutige Entwicklung geht einher mit der medialen Aufmerksamkeit. Führte der Suchbe-

---

136 Vgl. Noé (2013), S. 16.
137 Drucker (1998), S. 149.
138 Vgl. Kruse (2012), S. 1221 f.
139 Vgl. Herstatt (1991), S. 10.
140 Vgl. Knack (2006), S. 152 ff. Eine ausführliche Übersicht und Kategorisierung unterschiedlicher externer Quellen findet sich bei Kruse (2012), S. 1226.
141 Vgl. West; Bogers (2010), S. 5 f.
142 Vgl. Chesbrough (2003a).
143 Suchanfrage nach „Open Innovation" auf der Webseite http://ebscohost.com unter Verwendung der Suchfunktion mit der Filtereinstellung für das Erscheinungsdatum.

griff „Open Innovation" im Oktober 2007 zu 383.000 Treffern,[144] verzeichnete die Suchmaschine Google im Februar 2014 bereits ca. 1.040.000 Treffer.[145]

Chesbrough verzeichnet einen grundsätzlichen Paradigmenwechsel von einem ursprünglich nach innen gerichteten Innovationsprozess (Closed Innovation) hin zu einem zunehmend nach außen offenen und kooperationsorientierten Innovationsprozess (Open Innovation) in Unternehmen.[146] Das Paradigma der Closed Innovation, bei dem der Schwerpunkt der Entwicklung neuer Produkte ausschließlich auf interne Ressourcen lag, war vor allem im 20. Jahrhundert dominant.[147] Dieser Ansatz zielte darauf ab, bei der Realisierung erfolgreicher Innovationen vor allem ein hohes Maß an Kontrolle und Steuerung zu garantieren und als Unternehmen ausschließlich eigene Ideen zu kreieren, zu entwickeln und zu vermarkten.[148] Diese Einstellung führte zugleich dazu, dass gegenüber unternehmensexternen Ressourcen eine entsprechend kritische Haltung eingenommen wurde:[149] „If you want something done right, you've got to do it yourself."[150] Das Paradigma der Closed Innovation ist mittlerweile einem zunehmenden Wandel unterworfen, der sich durch für die Innovationsentwicklung branchenabhängig erschwerenden Rahmenbedingungen, wie steigende technologische Intensität,[151] komplexere Innovationsprozesse,[152] zunehmende Marktsättigung, und einen durch Globalisierung bedingten Anstieg der Wettbewerbsintensität[153] bei zugleich sinkenden Budgets für Forschung und Entwicklung begründen lässt.[154] Der durch diese Erosionsfaktoren bedingte erhöhte Innovationsdruck fördert die Transformation, dass Unternehmen sich immer mehr offenen und flexibleren Innovationsmodellen zuwenden.[155]

Beim Open-Innovation-Paradigma wird der Ansatz der Öffnung des Innovationsprozesses verfolgt, um dadurch gezielt unternehmensexterne Ressourcen zur Steigerung der Innovationsfähigkeit des Unternehmens zu nutzen. Demnach ist für ein Unternehmen nicht nur das aus betriebsinternen Quellen verwertete Wissen relevant – auch Quellen außerhalb der

[144] Vgl. Ili (2009), S. 77.
[145] Suchanfrage nach „Open Innovation" auf der Suchmaschine www.google.de am 18. Februar 2014.
[146] Vgl. Chesbrough (2003a), S. 43.
[147] Vgl. ebd. (2003a), S. 34 ff.
[148] Vgl. Chesbrough (2003b), S. 36.
[149] Vgl. ebd. (2003a), S. 24.
[150] Ebd. (2003a), S. xx.
[151] Vgl. Gassmann (2006), S. 224.
[152] Vgl. Howells; James; Malik (2003), S. 398.
[153] Vgl. Hill (2006), S. 12 ff.
[154] Vgl. Gassmann; Enkel (2006), S. 132.
[155] Vgl. Chesbrough (2003a), S. 93. Zur Veranschaulichung: Der Konsumgüterhersteller Procter & Gamble hat aufgrund wachsender Kosten in Forschung und Entwicklung bei zugleich sinkenden Umsätzen die Vorgabe aufgesetzt, dass 50 % der neuen Produktenwicklungen ihren Ursprung außerhalb des Unternehmens finden müssen. Siehe hierzu Sakkab (2002), S. 38 ff.

unternehmerischen Grenzen gewinnen an Bedeutung. Um den wachsenden Anforderungen an Innovationen erfüllen zu können, stellen insbesondere Interaktionen mit dem Unternehmensumfeld einen erfolgsversprechenden Ansatz dar.[156] Dabei wird der wesentliche Grundgedanke verfolgt: „Not all the smart people work for us. We need to work with smart people inside and outside our company."[157] Neben der Nutzung externer Ressourcen (Outside-In) werden bei dem Open-Innovation-Ansatz zugleich externen Akteuren interne Ressourcen bereitgestellt, damit das Unternehmen sich durch die Lizensierung von internem Know-how oder den Aufbau von Start-up-Unternehmen mit Expertise, Personal und finanziellen Mitteln Zugang zu neuen Märkten verschafft (Inside-Out).[158] Abbildung 4 fasst die zwei gegensätzlichen Paradigmen grafisch zusammen.

Während das Konzept der Open Innovation nach *Chesbrough* jegliche externe Quellen eines Unternehmens zur Steigerung der Innovationsfähigkeit berücksichtigt, konzentrieren sich die Ansätze der User Innovation nach *von Hippel*[159] und der interaktiven Wertschöpfung nach *Reichwald/Piller*[160] vor allem auf den Kunden als wertvollen Partner bei der Umsetzung des Innovationsprozesses.[161] Zudem stellt das Open-Innovation-Konzept besonders Fragen der Kommerzialisierung von Innovationen mithilfe von Externen in den Vordergrund und nimmt damit eine primär unternehmenszentrierte Sicht ein.[162]

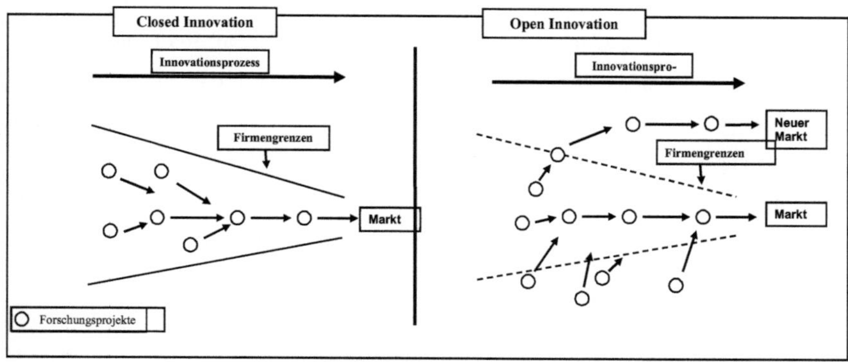

Abbildung 4: Closed Innovation und Open Innovation
Quelle: Eigene Darstellung, in Anlehnung an Chesbrough (2003a), S. xxv.

156 Vgl. Ili; Albers (2010), S. 43 f.; Wippermann; Jelden (2007), S. 37 f.
157 Chesbrough (2003a), S. xxivi.
158 Vgl. ebd. (2003a), S. xxiii ff.
159 Vgl. von Hippel (1976).
160 Vgl. Reichwald; Piller (2006).
161 Zahlreiche empirische Studien belegen die Kundeneinbindung als stabilen Erfolgsfaktor der Innovationsforschung. Siehe hierzu Gales; Mansour-Cole (1995), S. 99 ff.; Karle-Komes (1997), S. 100 ff.; Gruner; Homburg (1999), S. 132 ff.; Reichart (2002), S. 274 ff.
162 Vgl. West; Bogers (2010), S. 5 f.

In seinen ersten Publikationen zum Lead-User-Ansatz Ende der 1970er-Jahre wurde *von Hippel* beim Entstehungsprozess zahlreicher Innovationen auf die Impulse von Kunden aufmerksam, die er als maßgeblich identifizierte.[163] Bereits damals postulierte er eine aktive Mitwirkung der Anwender bei der Entwicklung von Innovationen und lenkte dadurch bereits früh die Ausrichtung der Innovationsforschung auf den Kunden.[164] Demnach eigneten sich Kunden nicht nur zur Formulierung unbefriedigter Bedürfnisse, sondern seien auch in der Lage und zugleich dazu motiviert, erfinderische Problemstellungen kreativ zu lösen.[165]

Von Hippels zentraler Denkansatz legt den Fokus vor allem auf die Eigenschaften besonders innovativer Anwender, sogenannter Lead User, von deren Ideen Unternehmen profitieren. Somit nimmt das Konzept in Abgrenzung zu Open Innovation insbesondere eine nutzerzentrierte Perspektive ein und beleuchtet weniger gewinnmaximierende Fragestellungen, sondern befasst sich vielmehr mit dem Nutzen der Lead User aus der durch die Interaktion mit dem Unternehmen entwickelten Innovation.[166] Der Begriff Lead User bezeichnet Anwender, deren Bedürfnisse gegenüber denen des Massenmarktes weit fortgeschritten sind und die mit einem Mangel an geeigneten auf dem Markt befindlichen Produkten konfrontiert sind. Aufgrund der daraus resultierenden unbefriedigten Bedürfnisse werden Lead User selber erfinderisch bzw. haben ein hohes Interesse und Bereitschaft an der Entwicklung einer Lösung zu partizipieren.[167] Die Initiierung zur Kontaktaufnahme kann sowohl vom Unternehmen als auch von den Nutzern selbst ausgehen. Diese Thematik greift *von Hippel* in seinen polaren Modellen des „Manufacturer Active Paradigm“ und des „Customer Active Paradigm“ auf.[168] Während beim ersten Ansatz der Hersteller federführend die Initiative, Koordination und Umsetzung der wesentlichen Aufgaben übernimmt, kommt ihm beim Customer Active Paradigm eine eher passive Rolle zu, da er von den Nutzern lediglich zur Produktion kontaktiert wird. Gleichwohl geben andere Studien Hinweise darauf, dass auch Kunden, die nicht dem Profil eines Lead Users entsprechen, durch die Originalität und Kreativität ihrer Beiträge ebenfalls hochwertige Ergebnisse für Unternehmen erzielen können.[169]

Reichwald/Pillers Ansatz der interaktiven Wertschöpfung nimmt ebenfalls primär den Kunden in den Blick, pointiert jedoch im Vergleich zum Lead-User-Ansatz stärker den

[163] Vgl. von Hippel (1976), S. 231; von Hippel (1978b), S. 40 ff.
[164] Vgl. von Hippel (1988), S. 107 ff.
[165] Zahlreiche Erfindungen können auf frühere Arbeiten von Kunden zurückgeführt werden, unter anderem in der Medizintechnik, der Softwarebranche und der Sport- und Freizeitindustrie. Diese Erkenntnisse lassen sich durch empirische Untersuchungen belegen. Vgl. hierzu Lüthje; Herstatt (2004), S. 556 f.
[166] Vgl. West; Bogers (2010), S. 7.
[167] Vgl. von Hippel (1988), S. 106 f.
[168] Vgl. hierzu und im Folgenden von Hippel (1978a), S. 242 ff.

interaktiven Prozess der gemeinsamen Wertschöpfung für innovationsorientierte Aufgaben zwischen Unternehmen und Kunden.[170] Er erweitert zudem das Konzept der Open Innovation um nachgelagerte Produktionsprozesse durch die Berücksichtigung der Produktindividualisierung, in der Literatur auch als Mass Customizing bezeichnet.[171] Die Autoren verfolgen einen ganzheitlichen Ansatz und beschränken das Prinzip der interaktiven Kundeneinbindung nicht auf den Innovationsprozess, sondern übertragen diesen Gedanken konsequent auf nachgelagerte Wertschöpfungsprozesse mit besonderem Schwerpunkt auf individualisierte Serienanfertigungen. Die Autoren *Reichwald/Pillers* vertreten die Ansicht, dass eine konsequente Einbindung des Kunden entlang des Wertschöpfungsprozesses Unternehmen bei der Realisierung von Wettbewerbsvorteilen unterstützt.[172]

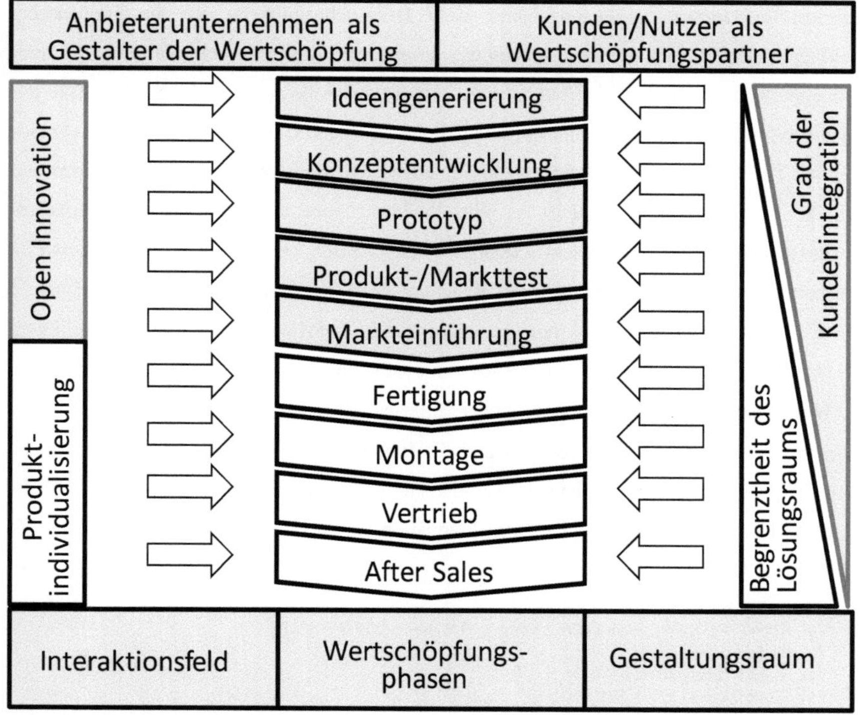

Abbildung 5: Integration des Kunden in die interaktive Wertschöpfung
Quelle: Eigene Darstellung, in Anlehnung an Reichwald; Piller (2009), S. 236.

169 Vgl. Bartl (2006), S. 270 ff.; Kristensson; Gustafsson; Archer (2004), S. 11.
170 Vgl. Reichwald; Piller (2009), S. 127.
171 Vgl. ebd. (2009), S. 9.
172 Vgl. ebd. (2009), S. 172 f.

Wie in Abbildung 5 dargestellt, werden als Gestaltungsvariablen zum einen der Grad der Kundenintegration, und zum anderen die Begrenztheit des Lösungsraums aufgeführt. Während die Stufen des Innovationsprozesses in der anfänglichen Wertschöpfungsphase der Open Innovation durch einen offenen Lösungsraum und einen hohen Grad der Kundenintegration charakterisiert sind, sind beide Gestaltungsvariablen in der Wertschöpfungsphase der Produktindividualisierung aufgrund einer in der Stufe weitestgehend vorangeschrittenen Lösungsentwicklung nur noch eingeschränkt.

Das Konzept der Cumulative Innovation wurde bereits zu Beginn der 1980er-Jahre von zahlreichen Autoren aufgegriffen[173] und versteht die Entstehung von Innovationen als einen evolutorischen Prozess, der durch Imitation und Modifikation entlang verschiedener Unternehmen und Industrien gekennzeichnet ist.[174] Demnach vollzieht sich die Entwicklung radikaler Innovationen weniger disjunktiv, sondern ist vielmehr das Resultat mehrerer sequentieller Fortschritte.[175] Der wesentliche Aspekt des Ansatzes liegt in der Annahme der positiven Wirkung von Spillovers zwischen konkurrierenden Unternehmen auf den technologischen Fortschritt,[176] die im Rahmen der Forschung und Entwicklung austreten können und die die Innovationsfähigkeit und das Wirtschaftswachstum einer ganzen Volkswirtschaft begünstigen können.[177] In diesem Zusammenhang werden bei dem Ansatz üblicherweise normative Handlungsempfehlungen zur Regelung der Wissensverbreitung ausgesprochen.[178] *Scotchmer* unterscheidet drei Arten von sequentiellen Innovationen: (1) Basisinnovationen, als Quelle für viele darauf aufbauende Innovationen in einem Verhältnis von 1 : N, (2) Innovationen, als Ergebnis zahlreicher einzelner Überlegungen und Vorarbeiten von Entwicklern in einem Verhältnis N : 1 und (3) Innovationen, die durch den Generationenwechsel zwar aufeinander aufbauen, aber maßgebliche Verbesserungen aufweisen.[179] Während das Konzept, ähnlich wie das Open-Innovation-Paradigma, sowohl eine Outside-In- als auch Inside-Out-Betrachtung einnimmt, grenzt es sich von den anderen Ansätzen vor allem

173 Vgl. Allen (1983); Scotchmer (1991); Murray; O'Mahony (2007).
174 Vgl. Plagens (2001), S. 88.
175 Vgl. Galasso; Schankerman (2013), S. 1 f.
176 Vgl. West; Bogers (2010), S. 9 f.
177 Vgl. Jones (2005), S. 1069 f.; Gert; Klepper (1982), S. 646. Die Autoren Gert/Klepper belegen empirisch, dass viele bedeutende Innovationen aus zuvor entwickelten Patenten und kleineren Innovationen entstanden sind.
178 Vgl. Levin (1982), S. 9 ff. So wird das Beispiel herangezogen, dass ein wesentlicher Grund für den rapiden Technologiefortschritt in der Halbleiter-Industrie die schwach ausgeprägten Intellectual-Property-Rights-Regelungen zur damaligen Zeit gewesen sind. Vgl. Clement; Schreiber (2010), S. 146 f. Während die Gegner des Patentwesens argumentieren, dass Patente das Aufgreifen und Verbessern von Innovationen durch Konkurrenten verhindern, argumentieren Befürworter des Patentwesens, dass Lizenzierungsmodelle eine Weiterentwicklung bei angemessener Vergütung des Eigentuminhabers ermöglichen.
179 Vgl. Scotchmer (2004), S. 144 ff.

dadurch ab, dass es einen speziellen Fokus auf den sowohl beabsichtigten als auch unbeabsichtigten zwischenbetrieblichen Austausch von Wissensströmen legt.[180]

Das Open-Business-Dynamics-Konzept nach *Christensen* betrachtet Unternehmen bei der Verfolgung offener Innovationsstrategien aus einer institutionellen Sichtweise.[181] Der Autor kritisiert, dass etablierte Modelle des strategischen Managements, wie *Porter*'s 5 Forces[182], Produktlebenszyklus[183] und Innovationslebenszyklus,[184] die industriellen Grenzen als klar definierte und stabile Größen mit exogenem Charakter auffassten und unternehmerisches Handeln darauf keinerlei Einfluss ausübt.[185] Er konstatiert aber auch, dass diese statisch definierten Industriegrenzen in den letzten Jahren aufgrund zunehmender unternehmerischer Geschäftsdynamiken an Gewicht verloren haben. Diese Geschäftsdynamiken begründet *Christensen* durch beobachtbare Konvergenzen als Ausdehnung bzw. Divergenzen als Unterteilung von einst definierten Industriegrenzen.[186] Demnach können Unternehmen bei der Verfolgung offener Innovationsstrategien entgegen einer rein intern orientierten Innovationsstrategie sich zunehmend komplementäre Ressourcen und Fähigkeiten außerhalb der eigenen Domäne aneignen, die sie zur Entwicklung neuer integrierter Produktbündel befähigen und zugleich die Grenzen der Industrie neu determinieren können. Die zunehmende Entwicklung hin zu dynamischen Industriegrenzen steigert für Unternehmen die Bedeutung der Aneignung kollaborativer Kompetenzen im Rahmen des Innovationsprozesses, um einerseits bestehende Industriegrenzen pro-aktiv überschreiten zu können, und andererseits reaktiv gegenüber potenziellen Wettbewerbern aus anderen Segmenten im Falle einer Konvergenz vorbereitet zu sein.[187]

2.1.4 Virtuelle Nutzerintegration in den Innovationsprozess

Während in den Kapiteln 2.1.2 und 2.1.3 die grundsätzlichen Ausprägungsformen der Innovationsstrategien und bedeutende Ansätze zur Öffnung des Innovationsprozesses als erste Einordnung der Arbeit in ein übergeordnetes Gebilde vorgestellt wurden, sollen nun im folgenden Kapitel solche Ansätze näher beleuchtet werden, die einen für die vorliegende

180 Vgl. West; Bogers (2010), S. 10 f.
181 Vgl. Christensen (2010).
182 Vgl. Porter (1985).
183 Vgl. Gort; Klepper (1982).
184 Vgl. Abernathy; Utterback (1978).
185 Vgl. hierzu und im Folgenden Christensen (2010), S. 2 f.
186 Vgl. ebd. (2010), S. 15 ff. Christensen führt zahlreiche Beispiele auf, unter anderem wie Smartphone-Hersteller durch strategische Allianzen digitale Kamerafunktionen integrieren konnten und dadurch die Märkte für Smartphones und Kameras konvergierten.
187 Vgl. ebd. (2010), S. 23 f.

Untersuchung relevanten Fokus auf neuere Informations- und Kommunikationstechnologien bei der Einbindung von Nutzern in die Produktentwicklung legen.

Der Ansatz der internetbasierten Anwenderkooperation nach *Wobser* beinhaltet im Kern ein Regelkreismodell, bei dem wesentliche prozessuale Schritte im Rahmen der Interaktion zwischen Hersteller und Anwender im zeitlichen Verlauf betrachtet werden.[188] Die Betrachtungsperspektive ist dyadisch angelegt, da sie zwei miteinander interagierende Parteien berücksichtigt. Konstituierende Annahmen des Modells beruhen darauf, dass grundsätzlich für beide Seiten Vor- und Nachteile einer Kooperation bestehen und dass vor einer Interaktion eine Abwägung dieser Vor- und Nachteile in die Wege geleitet wird. Dabei hängt die Intensität der Zusammenarbeit auf beiden Seiten vom Überschuss an Vorteilen ab, so dass man von einem Kontinuum an Kooperationsintensitäten sprechen kann. Weitere Annahmen des Regelkreismodells umfassen vor allem Gestaltungsaspekte der Interaktion mit Blick auf inhaltliche Fragestellungen und unterschiedliche Ausprägungsformen der Kooperation. Ein zentrales Charakteristikum des Regelkreismodells sind die logischen Verknüpfungen zwischen den einzelnen Interaktionsschritten. So besteht einerseits eine gegenseitige Einflussnahme zwischen der Interaktionsbereitschaft und der Interaktionsgestaltung, da die Motivation der Teilnehmer a priori die Bereitschaft zur intensiven Zusammenarbeit nach sich zieht, diese Bereitschaft wird aber zugleich durch die konkrete Ausgestaltung der Interaktion beeinflusst. Andererseits wirken sich die aufgrund vergangener Interaktionsergebnisse gesammelten Erfahrungen, die eine bessere Einschätzung der Vor- und Nachteile ermöglichen, ebenfalls auf die Bereitschaft für eine Zusammenarbeit aus, so dass man zusammenfassend von einem Regelkreis sprechen kann.[189] Das Modell zeichnet sich insbesondere durch seine handlungs- und gestaltungsorientierte Sichtweise aus und deckt die drei hier zu untersuchenden Fragestellungen durch eine integrative Betrachtungsweise ab. Wie in Abbildung 6 veranschaulicht, bietet das betrachtete Regelkreismodell geeignete Anknüpfungspunkte, da alle aufgestellten Forschungsfragen der Untersuchung in dem Modell in integrativer Weise Berücksichtigung finden. Demnach lässt sich das Modell in drei generische Phasen beschreiben, in die Phase der Interaktionsbereitschaft (Forschungsfrage 1), der Interaktionsgestaltung (Forschungsfrage 2) und des Interaktionsresultats (Forschungsfrage 3).

Der prozessuale Ablauf sowie die Betrachtung der logischen Verknüpfungen stellen eine Strukturierung und die inhaltliche Stringenz der Forschungsfragen sicher. Auch lässt sich die ausgerichtete Analyse der dyadischen Beziehungskonstellation adäquat auf die vorliegende

[188] Vgl. Wobser (2003), S. 88 ff.

Untersuchung übertragen, da ebenfalls Austauschbeziehungen zwischen zwei gegenüberstehenden Akteuren in Form des Unternehmens und der Nutzer betrachtet werden. Die stufenweise Einteilung des Interaktionsprozesses in generischen Abläufen ermöglicht zudem eine grundsätzliche Überführung auf weitere Anwendungsfälle.

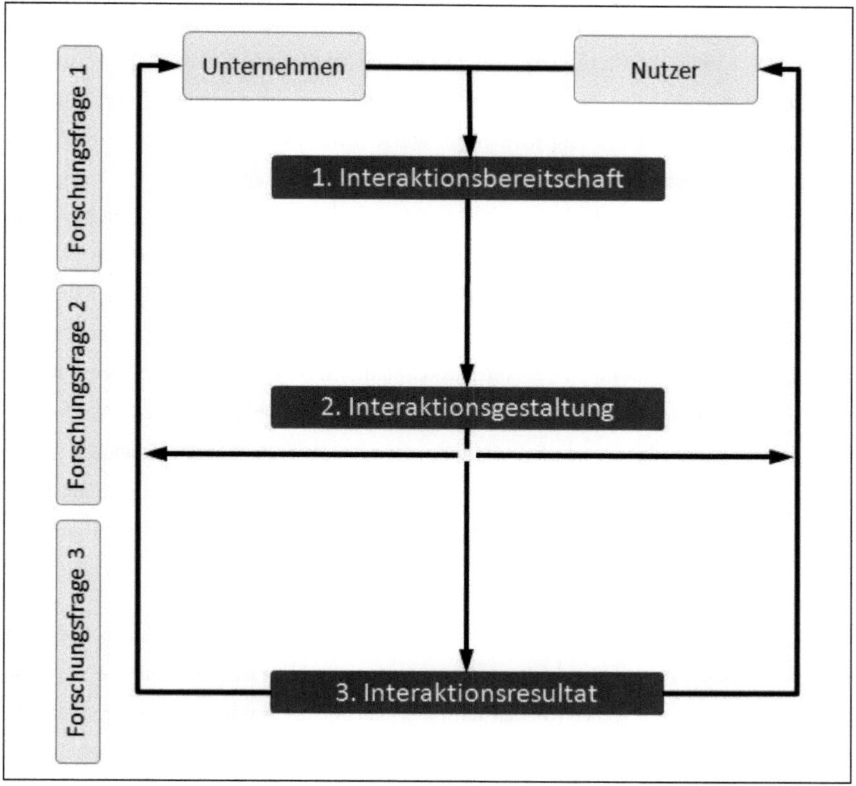

Abbildung 6: Systematisierung der zu beantwortenden Forschungsfragen in Anlehnung an das Regelkreismodell der internetbasierten Kooperation

Quelle: Eigene Darstellung, in Anlehnung an Wobser (2003), S. 91.

Darüber hinaus erfüllt die gestaltungsorientierte Sichtweise des Modells die Anforderungen, konkrete Handlungsempfehlungen für ein Erfolg versprechendes Design zur virtuellen Nutzerintegration zu generieren. Neben der dadurch ermöglichten Darstellung der zeitlichen und inhaltlichen Abfolge der wesentlichen Interaktionsphasen, die sich im Rahmen einer Zusammenarbeit mit Nutzern vollziehen, wird auch deren Interkonnektivität im dynamischen Interaktionsverlauf ersichtlich. Demnach haben die konkrete Ausgestaltung und die erzielten

[189] Vgl. ebd. (2003), S. 89 f.

Ergebnisse einen Einfluss auf die Teilnahmebereitschaft beider Interaktionsparteien sowohl für bestehende als auch für Folgemaßnahmen.

Ein vor allem in der Fachliteratur der virtuellen Nutzerintegration oft gewürdigter Ansatz ist der Co-Creation-Ansatz nach *Prahalad/Ramaswamy*.[190] Die Autoren bekräftigen die Notwendigkeit einer Transformation von der traditionellen unternehmenszentrierten Wertschöpfung des letzten Jahrhunderts hin zu neueren Formen, in denen individualisierte Co-Creation-Erfahrungen dem Kunden einen einzigartigen Nutzen bei der Gestaltung des Angebots erbringen und somit einen eigenständigen wirtschaftlichen Mehrwert generieren.[191] Im Zeitalter des vernetzten Kunden besteht die Erwartungshaltung eines ständigen Dialogs mit dem Unternehmen, in dem Kunden eine aktive Rolle bei der Produktgestaltung eingeräumt wird und dessen Erfahrungen und Kritiken bei nachfolgenden Entwicklungen bedacht werden.[192] Der Ort der Wertschöpfung verlagert sich hin zu der Schnittstelle, an der sich individuelle Interaktionen zwischen Unternehmen und Kunden vollziehen.[193] Bei dem Co-Creation-Ansatz stellt das Internet als Interaktionsplattform zur kontinuierlichen Übermittlung personalisierter Kundenerlebnisse und simultanen Aufnahme der Kundenfeedbacks bei der Modifikation der Produkte und Dienstleistungen eine essenzielle Voraussetzung dar.[194] Die Herausforderung eines Unternehmens liegt darin, seinen Kunden mittels der Interaktionsplattformen eine hochwertige Erlebnisqualität im Rahmen des Co-Creation-Prozesses anzubieten.[195]

Gemäß *Prahalad/Ramaswamy* durchlaufen Unternehmen im Rahmen der Orientierung an Kundenerlebnissen fünf Stufen, in denen sie mit steigender Stufe eine zunehmende Expertise bei der Betreuung heterogener Kunden mit unterschiedlichen Erwartungsstrukturen aufbauen.[196] Während die ersten zwei Stufen, „Reactive“ und „Responsive“, eher unternehmensintern ausgerichtet sind, vollzieht sich eine deutliche Steigerung des Kundenerlebnisses erst in den nächsten Stufen, „Anticipatory“ und „Shaping“, auf denen nutzerfreundliche und emotional einnehmende Kundenerlebnisse realisiert werden. Die höchste Stufe, als „Co-

[190] Vgl. Prahalad; Ramaswamy (2004). Erste Vorarbeiten zum Co-Creation-Ansatz lassen sich unter Normann; Ramirez (1993) und Wikström (1996) zurückführen, deren praktische Anwendung aufgrund mangelnder Informations- und Kommunikationstechnologien noch begrenzt war.

[191] Vgl. Prahalad; Ramaswamy (2013), S. 96 ff.; Prahalad; Ramaswamy (2004), S. 2. Ein wesentlicher Gedanke, der hier aufgegriffen wird, baut auf den Arbeiten der Erlebnisökonomie auf. Dabei beschreiben Pine/Gilmore Produkte lediglich als Grundlage zur Erzielung individuell wertvoller Erlebnisse. Hierzu unter Pine; Gilmore (1999), S. 2 ff.

[192] Vgl. Prahalad; Gouillart (2010), S. 3.

[193] Vgl. hierzu und im Folgenden Prahalad; Ramaswamy (2004), S. 16.

[194] Vgl. Reichwald; Piller (2009), S. 5.

[195] Vgl. Prahalad; Ramaswamy (2004), S. 16.

[196] Vgl. hierzeu und im Folgenden ebd. (2004), S. 128 ff.

Shaping individual Expectations“ bezeichnet, charakterisiert das Zielbild des Ansatzes, bei dem der Wertschöpfungsprozess dialogbasiert und partizipativ stattfindet und Kunden nicht nur als Produktabnehmer, sondern als Co-Produzenten involviert werden.

Ein weiteres in Wissenschaft und Praxis verstärkt aufgegriffenes Konzept ist das des Crowdsourcing nach *Howe*.[197] Der Begriff stellt eine Wortkombination aus Outsourcing und Crowd dar und spiegelt somit den Kerngedanken des Ansatzes wider, nämlich die Auslagerung von unternehmerischen Aufgaben an Dritte. Der Autor führt in seinem zuerst erschienenen Artikel in 2006 zahlreiche Beispiele von Unternehmen an, wie eBay, MySpace, Amazon und InnoCentive, die auf Basis des Crowdsourcing-Ansatzes virtuelle Plattformen und eigenständige Geschäftsmodelle erfolgreich entwickelt haben. „All these companies grew up in the Internet age and were designed to take advantage of the networked world.“[198] Somit werden mithilfe externer Akteure neue Sourcingstrategien aufgeführt, die im Rahmen der Problemlösung durch einen Aufruf an eine größere Gruppe initiiert werden.[199] Diese Gruppe, die über das Internet adressiert wird, ist nicht vordefiniert und kann durchaus aus Hobbyisten und Amateuren bestehen.[200] *Leimeister* führt eine funktionale Unterscheidung der Crowdsourcing-Ansätze in den Kategorien Crowdfunding, Crowdvoting und Crowdcreation auf.[201] Crowdfunding verfolgt primär das Ziel der Finanzierung von Projekten, die mittels einer Vielzahl monetärer Beiträge durch Interessenten unterstützt werden.[202] Crowdvoting zielt eher auf den Abruf von Meinungen und Erfahrungen der Crowd zur Bewertung und Empfehlung von Produkten und Dienstleistungen ab.[203] Crowdcreation ruft hingegen zur eigenständigen Entwicklung von Ideen, Designs und Konzepten auf.[204]

Im Gegensatz zum Co-Creation-Ansatz entsteht als Ergebnis der Interaktionen bei dem Crowdsourcing-Ansatz nicht unmittelbar ein individuelles Gut, das für den teilnehmenden

---

197 Vgl. Howe (2006); Howe (2008).
198 Howe (2006).
199 Vgl. Gassmann; Friesike; Häuselmann (2012), S. 6.
200 Vgl. Hogrefe (2013), S. 164 f.
201 Vgl. hierzu und im Folgenden Leimeister (2012), S. 389 f.
202 Mittlerweile besteht eine Vielzahl von Crowdfunding-Plattformen, die sich unter anderem nach Themenausrichtung, Finanzierungsbedingungen und Anreizgestaltung für die Investoren differenzieren. Solche Plattformen sind zum Beispiel: www.kickstarter.com, www.wikimedia.de, www.startnext.de, www.indie GoGo.com, www.artistshare.com, www.seedmatch.de, www.fundedbyme.com.
203 Dabei kann Crowdvoting sowohl aus eigenständigen Plattformen, wie www.testeo.de, als auch aus integrierten Features von Online-Anbietern, wie www.amazon.de, bestehen.
204 Unter der Kategorie des Crowdcreation haben sich zahlreiche Intermediäre wie www.innocentive.de oder www.atizo.de etabliert, die zur gestalterischen Lösung von Problemstellungen über eine Crowd verfügen und gegen eine monetäre Vergütung des Auftraggebers, in der Regel durch ein Unternehmen vertreten, eine Zusammenarbeit anbieten.

Akteur in seinen Konsumaktivitäten von Interesse ist.[205] Ein weiteres Unterscheidungsmerkmal liegt darin, dass bei dem Co-Creation-Ansatz in erster Linie eine Unternehmenssicht eingenommen wird und der Fokus auf gemeinschaftliche Wertschöpfungen liegt, die durch personalisierte Interaktionen zwischen Unternehmen und Konsumenten ein individuell bedeutsames Erlebnis übermitteln und dem Unternehmen zukünftige Wettbewerbsvorteile schaffen sollen.[206] Crowdsourcing-Ansätze hingegen erfordern keinen Impuls durch ein Unternehmen, sondern können von Privatpersonen selbst initiiert und koordiniert werden.[207] Der Ursprung des Crowdsourcing-Ansatzes geht auf die Open-Source-Bewegung zurück, bei der es sich um einen Zusammenschluss von Interessengemeinschaften handelt, in denen anspruchsvolle Tätigkeiten bei der Entwicklung von Software durch Privatpersonen erfolgreich verrichtet und dabei qualitativ hochwertige Ergebnisse erzielt werden.[208] Diese Beispiele belegen, dass die Mechanismen der Selbstorganisation, definiert als autarke Systeme, die dynamisch und adaptiv eigenständige Strukturen einnehmen und aufrechthalten,[209] auch innerhalb einer größeren Gruppe von Freizeitarbeitern ohne extern vorgegebene Zuweisungen Anwendung finden können.[210]

Der Ansatz des Wisdom of the Crowd nach *Surowiecki* aus 2004 beschreibt im Gegensatz zu den vorigen Ansätzen die grundsätzlichen Potenziale, die aus Gruppenarbeiten hervorgehen können.[211] Vor allem vor dem Hintergrund der rapide fortschreitenden technologischen Entwicklungen ergeben sich neue Optionen, schnell und ohne großen Aufwand virtuelle Teams zu bilden, kollaborative Aufgaben zu gestalten und interaktiv zu lösen.[212] Der Grundthese des Ansatzes zufolge sind unter bestimmten Voraussetzungen Entscheidungen, die auf Basis der Ansammlung von Wissen innerhalb einer Gruppe getroffen werden, Einzelentscheidungen überlegen. Demnach wird das Single-Point-of-Failures-Risiko reduziert, Fehleinschätzungen von Individuen werden also durch die Abstimmung mit den zahlreichen Beiträgen der anderen Teilnehmer bereinigt.[213]

---

205 Vgl. Kleemann et al. (2012), S. 29.
206 Vgl. Prahalad; Ramasway (2004), S. 16.
207 Vgl. Stampfl (2012), S. 109 f.
208 Vgl. Howe (2008), S. 8.
209 Vgl. De Wolf; Holvoet (2005), S. 7. Erste theoretische Fundierungen zur Selbstorganisation insbesondere in der Systemtheorie und Kybernetik zu finden. Diesbezüglich weiterführende Literatur unter von Bertalanffy (1976); von Foerster (1960); Wiener (1961). Aktuellere Arbeiten unter Gershenson (2007); Erdi (2007); Kernbach (2008).
210 Vgl. Stampfl (2011), S. 84 f.
211 Vgl. Surowiecki (2004).
212 Vgl. Hettler (2010), S. 6.
213 Vgl. Giesa; Schiller Clausen (2014), S. 227 ff.; Stampfl (2012), S. 110.

Surowiecki nennt vier Voraussetzungen, die für die Nutzbarmachung des Potenzials ausschlaggebend sind.[214] Zum einen gilt die Sicherstellung der Meinungsvielfalt in den Beiträgen der Gruppe, gestützt durch einen individuellen Informationsbestand und der eigenen Interpretation des Sachverhalts. Des Weiteren muss bei der Meinungsfindung die Unabhängigkeit von den anderen Teilnehmern oder der Gruppenmeinung gewährleistet werden. Die Einhaltung der Dezentralisierung wird als dritte Voraussetzung aufgeführt und kann dadurch beschrieben werden, dass die Teilnehmer unterschiedliche Spezialisierungen und Fachwissen aufbringen und Herangehensweisen zur Problemlösung verfolgen sollten. Die Aggregation wird als vierte Voraussetzung genannt. Sie bezeichnet die Notwendigkeit geeigneter Mechanismen zur Selektion des relevanten Wissens und zur kollektiven Entscheidungsfindung.[215] Anzumerken ist an dieser Stelle, dass es bei dem Ansatz des Wisdom oft the Crowd weniger darum geht, eine Vielzahl von Teilnehmern zur Aufbringung von Einzelleistungen zu mobilisieren, wie etwa beim Crowdsourcing-Ansatz, sondern vielmehr um den kollaborativen Prozess hin zur Erzielung einer gemeinschaftlich abgestimmten Gruppenleistung.[216]

Eine der ersten Arbeiten, die speziell die unterschiedlichen Kundenrollen bei der virtuellen Integration entlang der unterschiedlichen Phasen des Innovationsprozesses in den Blickpunkt gerückt hat, ist der Ansatz der Virtual Customer Integration nach *Ernst*.[217] Der Autor fasst die Kundeneinbindung als ein ökonomisches Optimierungsproblem auf, da jegliche Interaktionen mit Kunden dem Unternehmen zusätzliche Kosten verursachen.[218] In seiner Untersuchung kommt *Ernst* zu dem Resultat, dass die internetgestützte Kundeneinbindung zahlreiche positive Wirkungen auf die Effizienz und Effektivität in den Innovationsphasen Ideengenerierung und -bewertung, Konzeptdefinition und Projektauswahl, Entwicklung, Test und Markteinführung ausübt. Als normative Handlungsempfehlung bekräftigt er bei der Nutzung des Internets als Interaktionsplattform, im Gegensatz zu traditionellen Ansätzen, eine wesentlich stärkere Integration der Kunden zur Realisierung des höchstmöglichen Nutzens für ein Unternehmen. Während in empirischen Arbeiten bisher die Kundeneinbindung vor allem in den frühen und späten Innovationsphasen als erfolgswirksam angesehen wurde, argumentiert er, dass internetgestützte Methoden wie Toolkits den Unternehmen auch den Weg ebnen, Kunden in der mittleren Phase der Produktentwicklung erfolgswirksam einzusetzen.

214 Vgl. hierzu und im Folgenden Surowiecki (2004), S. 10 ff.
215 Vgl. Surowiecki (2004), S. 70.
216 Vgl. Schwenk (2008).
217 Vgl. hierzu und im Folgenden Ernst (2004).
218 Siehe hierzu auch die empirischen Ergebnisse zur Wirkung der Kundeneinbindung auf die Produktprofitabilität unter Ernst (2001), S. 305 ff.

Die Virtual Customer Initiative ist eine Forschungsgruppe der Sloan Management School an der Massachusetts Institute of Technology (MIT), die sich bereits sehr früh mit der Entwicklung und Anwendung unterschiedlicher virtueller Methoden zur Nutzerintegration auseinandergesetzt hat.[219] Die Zielsetzung der Initiative liegt darin, durch geeignete internetgestützte Methoden die Benutzerfreundlichkeit, Genauigkeit und Geschwindigkeit im Rahmen der Aufnahme und Verwertung des Kundeninputs für die Produktentwicklung zu erhöhen.[220] Entlang der Gütekriterien „Communication“ (Kommunikation zwischen den am Innovationsprozess beteiligten Akteuren), „Conceptualization“ (multimediale Darstellung der Entwürfe und Features) und „Computation“ (dynamische Anpassungsfähigkeit des Erhebungsverfahrens) beschreiben die Autoren die Dominanz neuerer webbasierter Methoden zur aktiven Nutzerintegration gegenüber traditionellen Verfahren aus der Marktforschung.[221] Aus der Initiative sind mehrere virtuelle Methoden, wie webbasierte Conjoint-Analysen, Information Pump und Listening-In, hervorgegangen, die in Kapitel 2.2.4 näher vorgestellt werden.

Der E-Customer-Innogration-Ansatz nach *Rüdiger* baut auf den drei Dimensionen Kundentyp, Zeitpunkt und Art der Kundeneinbindung auf.[222] Jede der drei Dimensionen hat mehrere Ausprägungsformen, die dem Unternehmen bei der Gestaltung der Maßnahme eine Vielzahl von Kombinationsmöglichkeiten erlauben. In der Dimension Kundentyp wird nach der Absatzstufe, der Einbindungsdauer und des Aktivitätsgrads differenziert. In der zeitlichen Dimension wird zwischen den Phasen der Ideenfindung, der Ideenbewertung und -auswahl, der Entwicklung, des Produkttests und der Markteinführung differenziert. Schließlich bietet die dritte Dimension, die Art der Kundeneinbindung, zahlreiche Unterscheidungsmöglichkeiten, die in Regelmäßigkeit, Institutionalisierung, Kontinuität, Zugangsart, Anonymität der Akteure, Interaktionsintensität, technische Grundlage und Kundeninteraktionen voneinander abweichen. Die beschriebene Systematisierung des Ansatzes ist vor allem als morphologische Analyse zu verstehen, um die virtuelle Kundeneinbindung weiter konkretisieren und den Gestaltungsspielraum der Interaktionen veranschaulichen zu können.[223]

Das Customer Innovation Cube nach *Reichwald et al.* ist ein weiterer Ansatz, der einen logischen Rahmen zur Systematisierung virtueller Methoden zur Kundeneinbindung liefert.[224] Demnach spannen die drei Ebenen Innovationsphase, Kundenbeitrag und Kundeneigenschaf-

---

219 Vgl. Dahan; Hauser (2002); Urban; Hauser (2003); Hauser (2008); Dahan; Soukhoroukova; Spann (2010).
220 Vgl. MIT Sloan (2014).
221 Vgl. Dahan; Hauser (2002), S .333 ff.
222 Vgl. Rüdiger (2001).
223 Vgl. Bartl (2006), S. 44.
224 Vgl. Reichwald et al. (2004).

ten einen dreidimensionalen Raum bzw. Würfel, der die Unternehmen bei der Gestaltung der Interaktionen unterstützen soll. Die Innovationsphasen lassen sich in die Ideen-, Konzept-, Prototyp- und Markteinführungsphase gruppieren. Die Kundenbeiträge werden in die Kategorien Entscheidung, Information und Kreation unterteilt. Bei der Auswahl geeigneter Kunden führen die Autoren die Eigenschaftsmerkmale „praktisches Anwendungswissen" und „technisches Objektwissen" an und bilden je nach Ausprägung die vier Kundenprofile Intuitive (hohes Anwendungswissen, geringes Objektwissen), Pro (hohes Anwendungswissen, hohes Objektwissen), Freshman (geringes Anwendungswissen, geringes Objektwissen) und Nerd (geringes Anwendungswissen, hohes Objektwissen).[225] Die Darstellung soll der Klassifizierung und Bewertung webbasierter Anwendungsfälle dienen. Um den Stellenwert des Konzepts für die Praxis herauszustellen, übertragen die Autoren es beispielhaft auf Firmen wie 3M, Swarovski und ausführlicher auf den Sportartikelhersteller SpoCo.[226]

Die Autoren *Hemetsberger/Godula* entwickeln zur Klassifizierung und Einschätzung virtueller Methoden einen sogenannten QLL Framework (Qualitative – Longitudinal – Lateral).[227] Auf der longitudinalen Dimension werden die Innovationsphasen aufgeführt, die in Anlehnung an den Stage-Gate-Prozess von *Cooper* in die Stufen „Ideation & Specification", „Idea Screening & Conception", „Investigation and Design", „Development" „Testing & Validation", „Market Launch & Full Production", „Assembly" und „Distribution" eingeteilt werden. [228] Auf der lateralen Ebene wird nach explizitem und implizitem Kundenwissen differenziert, das bei der Anwendung der virtuellen Methoden mit den Kunden geteilt und absorbiert wird. In der qualitativen Dimension hingegen werden Beurteilungskriterien zur Einschätzung der Eignung virtueller Methoden für die Anforderungen des Unternehmens an ein solches Projekt herangezogen, die unter anderem in Art und Beeinflussbarkeit des Wissenstransfers, der Kosten und Geschwindigkeit der Kundeneinbindung, der Genauigkeit der Fragestellungen, der Integrationsdauer und Vertraulichkeit der Informationen beschrieben werden.[229] Die Autoren ermöglichen mit dem Konzept eine mehrdimensionale Einordnung virtueller Methoden zur Kundeneinbindung und bereichern den Entscheidungsprozess im Rahmen der Auswahl geeigneter Methoden insbesondere durch die Einbeziehung der Unternehmensanforderungen in der qualitativen Dimension.[230]

---

[225] Vgl. ebd (2004), S. 16.
[226] Vgl. ebd (2004), S. 18.
[227] Vgl. Hemetsbeger; Godula (2005).
[228] Vgl. Cooper (2001).
[229] Vgl. Hemetsbeger; Godula (2007), S. 35.
[230] Vgl. Hemetsbeger; Füller (2006), S. 407.

Abbildung 7 fasst alle vorgestellten Konzepte der Kapitel 2.1.2, 2.1.3 und 2.1.4 grafisch zusammen, die für die vorliegende Untersuchung von Relevanz sind. Eine solche Auflistung sichert eine umfassende Einordnung des Untersuchungsgegenstands in theoretische Konzepte, die sich mittelbar oder unmittelbar mit der virtuellen Nutzerintegration in Innovationsprozesse befassen.

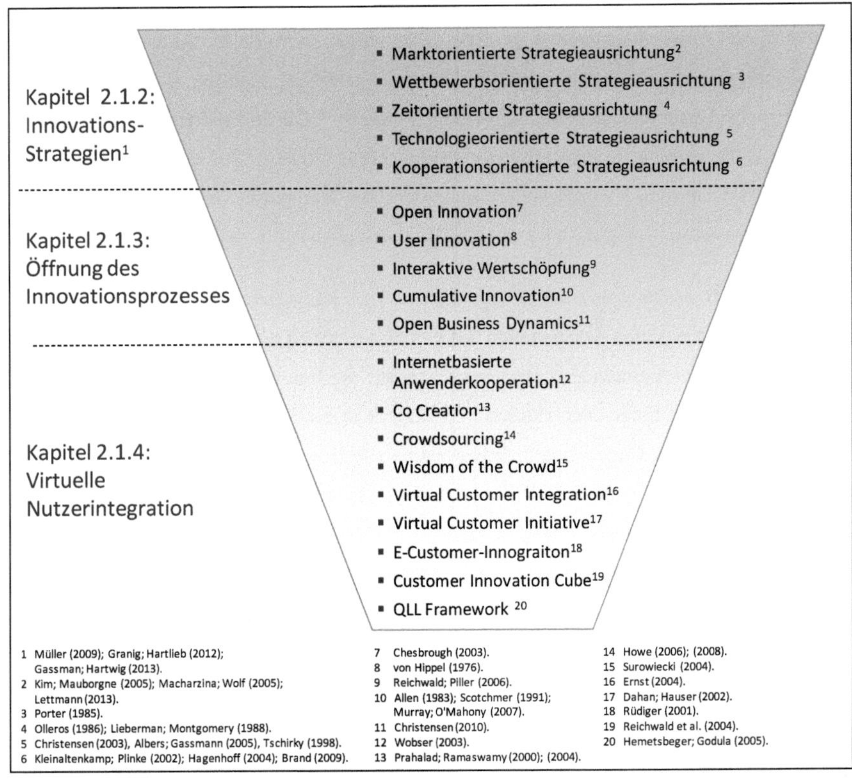

Abbildung 7: Strukturierung und Einordnung der Untersuchung in die Fachliteratur
Quelle: Eigene Darstellung.

2.2 Virtuelle Methoden zur Nutzerintegration

2.2.1 Virtuelle Communities

Virtuelle Communities sollen im Rahmen der vorliegenden Untersuchung als Methode zur virtuellen Nutzerintegration in Innovationsprozesse einer eingehenden Betrachtung unterzogen werden. Dabei existieren Communities, als Gruppen von miteinander in Kontakt tretenden Individuen,[231] weitaus länger als das Internet selbst. Historisch betrachtet, wurden bereits seit der Antike informelle Gemeinschaften gebildet.[232] Diese verfolgen das Ziel durch den sozialen Austausch soziale, politische und ökonomische Motive zu realisieren.[233] Innerhalb gebildeter Gruppen werden Informationen und Erfahrungen auf Basis gemeinsamer Interessen und Werte ausgetauscht.[234] Aus dem organisatorischen Blickwinkel sind virtuelle Communities informelle und selbst-organisierende Netzwerke, innerhalb derer die Nutzer in kooperativer und kollaborativer Weise repetitiv miteinander interagieren.[235] Somit sind die produzierten Inhalte einer Community das Ergebnis partizipativer Prozesse und maßgeblich durch die Eigeninitiative vieler einzelner Mitglieder geprägt.[236] Dabei determinieren sowohl explizite als auch implizite Regeln und Rituale den Handlungsrahmen der Mitglieder und reduzieren dadurch die Unsicherheiten beim Informationsaustausch.[237]

Bedingt durch die disziplinübergreifenden Forschungs- und Anwendungsfelder, die sich mit virtuellen Communities befassen, existiert mittlerweile eine Vielzahl von Synonymen, wie „Online-Communities“[238], „Web-Communities“[239] oder „virtuelle Gemeinschaften“[240]. Dabei geht der Begriff der virtuellen Community auf die frühen Arbeiten von *Rheingold* zurück, der mit Verweis auf die persönlichen Beziehungen in virtuellen Umgebungen insbesondere die soziale Perspektive in den Vordergrund seiner Analyse stellte.[241] Das soziale Geflecht von Communities wird um elektronische Medien als Interaktionsplattform erweitert, die eine orts- und zeitunabhängige Kommunikation zwischen den Mitgliedern der Gruppe ermöglichen.[242] Vor dem Hintergrund dieser hohen Flexibilität sowie der proaktiven Nutzung des Internets sind in den vergangenen Jahren eine Reihe virtueller Communities um unterschiedlichste Themen entstanden.[243]

Durch die eigene Profilgestaltung der Teilnehmer erfolgt innerhalb der Community bereits ex ante eine Informationsübermittlung von persönlichen Daten, die, abhängig von den Anforderungen des Betreibers, in Umfang und Detailgrad variieren können.[244] Aus der distanzorien-

---

231 Vgl. Chiu et al. (2011), S. 134 f.
232 Vgl. Wirbelauer; Gehrke (2010), S. 181 ff.
233 Vgl. Zwass (2014), S. ix ff.
234 Vgl. Kerres; Rehm (2015), S. 33 ff.
235 Vgl. Keinz; Hienerth; Lettl (2012), S. 22.
236 Vgl. Dittler; Kindt; Schwarz (2007), S. 8.
237 Vgl. Stieglitz (2008), S. 73 f.
238 Vgl. Safadi; Faraj (2014).
239 Vgl. Kavanaugh (2014).
240 Vgl. Heger; Reuter (2013).
241 Vgl. Rheingold (1993), S. 413.
242 Vgl. Leimeister (2014), S. 230 ff.
243 Vgl. Füller (2008), S. 56.
244 Vgl. van Bebber (2013), S. 65 ff.

tierten Kommunikation resultiert eine Anonymität zwischen den Teilnehmern, in der eine weitere Besonderheit virtueller Communities besteht.[245] Denn die mangelnde Überprüfbarkeit der Authentifizierung ermöglicht den Nutzern die Gestaltung eines fiktiven Selbstbilds, das von der realen Identität abweichen kann.[246]

Für *Homans* sind Aktivität, Interaktion und Gefühl drei wesentliche Einflussgrößen zur prozessualen Bildung von Gruppen, die in einer interdependenten Beziehung zueinander stehen.[247] Während sich die Aktivität auf die gemeinsamen Handlungen der Individuen bezieht, wird in seinem Begriffsverständnis die Interaktion als jegliche verbale und nonverbale Kommunikation mit reziprokem Bezug zueinander beschrieben. Das Gefühl, als dritte Komponente, umfasst innere Zustände des Menschen, wie Emotionen und Sympathien, und kann nur mittelbar anhand seiner Aktivitäten und Interaktionen ermittelt werden. Der Zusammenhang dieser drei Größen lässt sich wie folgt beschreiben: Das Ausmaß der Interaktionen erhöht die Zuneigung der Individuen zueinander, die wiederum in neue gemeinsame Aktivitäten mündet und zugleich weitere Interaktionen nach sich zieht. Demnach können auch innerhalb virtueller Communities soziale Bindungen zwischen Mitgliedern entstehen, die sich durch gemeinsame Aktivitäten und fortwährende Interaktionen begründen lassen.[248]

Je nach Funktion und thematischer Ausrichtung lassen sich virtuelle Communities in unterschiedliche Typen klassifizieren. Nach *Markus* erfolgt eine adäquate Abgrenzung in sozial-, professionell- und kommerziell-orientierte Communities.[249] Erstere bauen auf dem grundlegenden Bedürfnis von Menschen auf, soziale Kontakte zu knüpfen und diese Beziehungen auszubauen. Zum anderen können hierbei auch die Unterhaltungen der Mitglieder über gemeinsame Interessen und Hobbies als konstituierendes Merkmal begründet sein. Im Gegensatz dazu wird bei den virtuellen Communities mit professioneller Ausrichtung der Fokus auf den Informations- und Wissensaustausch vor dem Hintergrund beruflicher Motive gelegt. Die professionell-orientierten Communities unterteilen sich in Lern- und Expertennetzwerke. Erstere sind in der Regel zeitlich begrenzt. Deren Mitglieder streben die erfolgreiche Absolvierung und Zertifizierung von Leistungen im schulischen und universitären Bereich an.[250] Hingegen sind Expertennetzwerke eher im beruflichen Umfeld anzutreffen. Ziel

245 Vgl. Huber; Regier; Kissel (2009), S. 18.
246 Vgl. Fire et al. (2014), S. 1 ff.
247 Vgl. hierzu und im folgenden Homans (1960), S. 59 ff.
248 Vgl. Wang; Chen (2012), S. 573 f.
249 Vgl. Markus (2002), S. 52.
250 Vgl. Dawnson (2010), S. 736 ff.

der Mitglieder solcher Netzwerke ist es, durch den Austausch mit anderen Fachkundigen außerhalb der eigenen Abteilung das Wissen zu bestimmten Themenbereichen weiter zu vertiefen und sich daraus Vorteile bei der Bewältigung der eigenen beruflichen Aufgaben zu verschaffen.[251] Expertennetzwerke sind auch in geografisch dezentralen Projektorganisationen ein oft angewandtes Organisationsinstrument, bei denen in geschlossenen und virtuellen Arbeitsgruppen die Zusammenarbeit koordiniert wird und Erfahrungen ausgetauscht werden.[252]

Virtuelle Communities mit kommerzieller Ausprägung sind Gemeinschaften, deren Betreiber hauptsächlich wirtschaftliche Interessen verfolgen.[253] Diese können einerseits die unmittelbare Erwirtschaftung von Erlösen über einfache und kurzfristige Online-Handelstransaktionen betreffen.[254] Andererseits können darüber vom Betreiber auch eher langfristige und zugleich ökonomisch-relevante Absichten, wie etwa Ziele der Produktentwicklung, Kundenbindung und Imagepflege verfolgt werden.[255] Zwischen den Interaktionsparteien wird in Business-to-Business und Business-to-Consumer unterschieden. Während bei Business-to-Consumer auch Informations- und Unterhaltungsmotive innerhalb der Community wirksam werden, liegt die Ausrichtung im Business-to-Business vor allem auf Effizienz und Effektivität.[256] Unternehmen nutzen Communities mit einer Business-to-Business-Ausrichtung zur Koordination ihrer vertikalen Wertschöpfungsstrukturen oder zur Kooperationsgestaltung mit anderen Unternehmen auf gleicher horizontaler Ebene.[257]

Im Rahmen der Neuproduktentwicklung können sich Unternehmen somit Zugriff zu bereits existierenden virtuellen Communities verschaffen oder den Aufbau und die Etablierung einer eigenen Community forcieren, in der sie mit einer hohen Visibilität die direkte Interaktion mit Nutzern suchen. Der Innovationsgrad virtueller Communities kann sich dabei stark unterscheiden von eher wenig innovativen Netzwerken mit Fokus auf einen reinen Erfahrungsaustausch bis hin zu solchen mit einer hohen Beitragsorientierung auf die Ideen-, Design- und Produktentwicklung des Unternehmens. In der vorliegenden Arbeit bilden kommerziell-orientierte Communities mit der Ausrichtung auf Business-to-Consumer sowie auf die Initiative des Unternehmens als Betreiber einer virtuellen Community den Untersuchungsschwerpunkt.

---

251 Vgl. Cyganski; Hass (2011), S. 88 f.
252 Vgl. Hass; Kilian (2011), S. 89 f.; Kremer; Janneck (2013), S. 362 f.
253 Vgl. Hartleb (2009), S. 25.
254 Vgl. Heinemann (2014), S. 141.
255 Vgl. Laroche et al. (2012), S. 1756 ff.

Nach *Preece* wird innerhalb einer virtuellen Community anhand der zugeteilten Verantwortung und des Nutzungsverhaltens zwischen den Benutzertypen Moderatoren und Mediatoren, Professionals und Lurker differenziert.[258] Moderatoren und Mediatoren üben im Wesentlichen unterstützende Tätigkeiten bei der Steuerung der Community aus.[259] Während die Moderatoren aktiv die Anbahnung einer Interaktion anregen und auf die Einhaltung der Community-Policy achten, treten Mediatoren vereinzelt in schlichtender Funktion bei Konflikten mit Mitgliedern auf. Die als Professionals bzw. Experts bezeichneten Anwender können die ihnen gestellten Aufgaben aufgrund ihres fundierten Wissens adqäuat lösen und können zugleich bei inhaltlichen Fragen und Problemstellungen unterstützen.[260] Lurker hingegen sind durch ihre passive Rolle und mangelnde Teilnahmebereitschaft bei gemeinschaftlichen Aktivitäten charakterisiert.[261] Auch wenn Lurker den Großteil einer Community ausmachen und sich teilweise sehr gut mit den dortigen Themeninhalten und Benutzern auskennen, bringen sie sich selbst mit eigenen Kommentaren nur selten aktiv ein.

Die technologische Grundlage virtueller Communities kann sowohl auf zweidimensionalen wie auf dreidimensionalen Plattformen fundieren. Eine besondere Eignung für den Aufbau einer virtuellen Community auf zweidimensionalen Plattformen wird webbasierten Diskussionsforen zugesprochen.[262] Diese kommen besonders dann in Betracht, wenn es um den Austausch von Informationen und Wissen sowie um die Entstehung eines sozialen Gemeinschaftsgefühls geht, das sich aus der regelmäßigen Interaktion zwischen den Mitgliedern entwickelt. Dem Administrator einer Community obliegen privilegierte Rechte hinsichtlich der Layoutgestaltung und der Zensur der Diskussionsbeiträge. Die Nutzer der virtuellen Community können themenbasiert entlang der Unterforen, in denen sich die einzelnen Diskussionsstränge befinden, navigieren. Dabei werden die Beiträge asynchron an einem zentralen Ort zusammengetragen und langfristig nach ihren inhaltlichen Themen strukturiert und archiviert.[263] Demnach steht es den Nutzern auch frei, sowohl neue Themenstränge zu eröffnen als auch bestehende aufzurufen und zu kommentieren. Zur Veranschaulichung der Relationen zwischen den eröffneten Beiträgen erfolgt die Gestaltung der Internetforen auf Basis einer hierarchisch geordneten Baumstruktur.[264] Darüber hinaus können die Nutzer

[256] Vgl. Bone et al. (2015), S. 23 ff.
[257] Vgl. Li; Penard (2014), S. 1 f.; Reimers et al. (2014), S. 394 ff.
[258] Vgl. Preece (2000), S. 83 ff.
[259] Vgl. Lai; Chen (2014), S. 298 f.
[260] Vgl. Lappas; Liu; Terzi (2011), S. 216 ff.
[261] Vgl. Heo; Lee (2013), S. 142.
[262] Vgl. hierzu und im Folgenden Stieglitz (2008), S. 94 ff.
[263] Vgl. Loncar; Barrett; Liu (2014), S. 93 f.
[264] Vgl. Kollmann (2011), S. 51.

relativ einfach sowohl textbasierte als auch visuelle Inhalte wie Grafiken und Bilder hochladen und in der Community teilen.[265] Durch die thematische Abgrenzung unterschiedlicher Gesprächsfäden und der zeitlich chronologischen Anordnung der Nutzerbeiträge können Diskussionen übersichtlich sowie nach einem längeren Zeitraum genau verfolgt werden.[266] Für das zielgerichtete Auffinden bestimmter Themeninhalte bieten Diskussionsforen zusätzliche Suchfunktionen an, mit denen man nach Suchbegriffen suchen und die Ergebnismenge über optionale Filter eingrenzen kann.[267]

Aufgrund ihrer übersichtlichen Struktur und der Möglichkeit, dass dadurch auch längere Dialoge zwischen dem Unternehmen und den Nutzern geführt werden können, eignen sich die technologischen Eigenschaften von Internetforen für die virtuelle Nutzerintegration. So hat beispielsweise BMW zur Ausschöpfung von Innovationspotenzialen außerhalb seiner unternehmerischen Grenzen die „virtuelle Innovationsagentur", eine virtuelle Community auf der technischen Basis eines Internetforums, etabliert.[268] Die Mitglieder stellen eigene innovative Ideen, Entwürfe und Prototypen vor, die innerhalb des Netzwerks mit anderen Mitgliedern besprochen und bewertet werden. Diese werden im Nachgang von dem Unternehmen auf Realisierbarkeit und Marktpotenzial eruiert und bei Umsetzung monetär incentiviert.

Dreidimensionale Plattformen bilden jüngst eine neue technische Grundlage für die Gestaltung und Organisation virtueller Communities. Sogenannte virtuelle Welten ermöglichen bei der Durchführung sozialer Interaktionen innerhalb der Community die Anwendung neuer funktionaler und grafischer Features. Der Nutzer wird anstelle eines Benutzerprofils mittels eines individuellen Avatars dargestellt und kann diesen frei in Echtzeit in einem dreidimensionalen Raum steuern.[269] Die Mitglieder können nicht nur ihren Avatar, sondern auch ihre dreidimensionale Umgebung mithilfe eines Editors aktiv gestalten.[270] Die Kommunikation zwischen den Nutzern erfolgt synchron über integrierte Text- und Voice-Chats.[271] Insbesondere durch den kombinierten Einsatz komplexer audio-visueller Features, wie VoIP-basierte Sprachkommunikation oder hochwertige dreidimensionale Designs, resultiert die Wahrnehmung einer immersiven Umgebung.[272] Mittlerweile gibt es zahlreiche virtuelle Welten, die

---

265 Vgl. Büttgen (2009b), S. 239.
266 Vgl. Hofmann; Hoberg; Rickermann (2012), S. 67.
267 Vgl. Hettler (2010), S. 93 f.
268 Vgl. Ertl (2010), S. 65 f. Die BMW-Plattform unter www.pio-neering-innovation.de/via/bin/index.html.
269 Vgl. Büttgen (2009a), S. 58.
270 Vgl. Chesneyet al. (2014), S. 2 f.
271 Vgl. Schisler (2011), S. 257.
272 Vgl. Stieglitz; Lattemann; Fohr (2010), S. 1.

sich, je nach Zweck, Region und Zielgruppe, unterschiedlich spezialisiert haben.[273] In der Vergangenheit hatte die von den Linden Labs programmierte virtuelle Welt Second Life, die als Client-Software erhältlich ist, weltweit die höchste Popularität erlangt.[274] Insbesondere durch die Darstellung von Gestiken und Mimiken der Avatare können Konversationen zwischen den Mitgliedern mit verbalen und non-verbalen Elementen, ähnlich wie bei einem Face-to-Face-Treffen, realitätsnah abgebildet werden.[275]

Der Einsatz virtueller Communities auf Basis dreidimensionaler Plattformen ist auch für unternehmensinitiierte Neuproduktentwicklungen relevant und wurde in der Praxis temporär von Unternehmen unterschiedlicher Industrien verfolgt.[276] Unter dem Begriff „Avatar-based innovation" wird der gezielte Einsatz dieser Plattform verstanden, der die Ausschöpfung des kreativen Potenzials kollektiv agierender Avatare im Rahmen der Ideengenerierung, der Prototypenentwicklung, der Produkttests und des Produktdesigns im Blick hat.[277] Dabei können Nutzer die ihnen gestellten Aufgaben für die Neuproduktentwicklung eher auf spielerische als auf deskriptive Art und Weise lösen.[278] Allerdings bestehen derzeit noch unternehmensseitige Vorbehalte gegenüber der Anwendung dieser innovativen Technologie zur kollektiven Zusammenarbeit mit Nutzern.[279] Diese lassen sich unter anderem auf die noch geringe technologische Akzeptanz und die Sicherheitsbedenken bei der organisationsübergreifenden Kollaboration zurückführen.[280]

2.2.2 Innovationswettbewerbe

In den letzten Jahren erfreuen sich Innovationswettbewerbe im Rahmen der virtuellen Nutzerintegration bei der Durchführung von Innovationsaktivitäten großer Beliebtheit.[281] Diese zunehmende Beliebtheit misst sich einer Studie von *McKinsey* zufolge daran, dass die Anzahl der organisierten Wettbewerbe in den letzten 35 Jahren stark angestiegen ist und das Volumen der ausgestellten Preisgelder sich sogar verfünfzehnfacht hat.[282] Dabei prägen wettbewerbliche Mechanismen das menschliche Verhalten und stellen einen entscheidenden

273 Vgl. Noor (2010), S. 667 f. Die Autoren geben in ihrem Beitrag eine Übersicht ausgewählter Plattformen mit den unterschiedlichsten Ausprägungen. Als alternative virtuelle Welten zu Second Life werden beispielsweise Active Worlds, Open Simulator oder Protosphere genannt.

274 Vgl. Warburton (2009), S. 414 f.

275 Vgl. Stieglitz; Brockmann (2011), S. 5.

276 Vgl. Eisenbeiss et al. (2012), S. 4 ff.

277 Vgl. Kohler et al. (2011), S. 160 ff.

278 Vgl. Kohler et al. (o.A.), S. 3 f.

279 Vgl. ebd., S. 14 f.

280 Vgl. Fuchß, Schütz, Stieglitz (2011), S. 9.

281 Vgl. Ernst; Soll; Spann (2004), S. 129; Walter; Back (2011), S. 1.; Boudreau; Lacetera; Lakhani (2011), S. 843; Schroll; Römer (2011), S. 59.

282 Vgl. Bays et al. (2009), S. 16.

motivationalen Faktor dar.[283] Die grundlegenden Prinzipien von Wettbewerben finden sich in zahlreichen gesellschaftlichen Bereichen, wie beispielsweise im wirtschaftlichen, staatlichen und akademischen Umfeld, wieder.[284] Im wirtschaftlichen Bereich konkurrieren Unternehmen in Forschung und Entwicklung um neue Technologien und Produkte, die sie als Erste patentieren, auf den Markt bringen und vertreiben oder lizenzieren möchten.[285] Ebenso stehen Bewerber auf dem Arbeitsmarkt um die ausgeschriebene Stelle in einem kompetitiven Verhältnis zueinander. Im staatlichen Sektor sind Projektausschreibungen ein oft angewandtes Mittel, bei denen Unternehmen und Hochschulen um die Auftragsvergabe werben. Auch im akademischen Umfeld kämpfen Wissenschaftler durch die eingereichten Beiträge um die begrenzte Anzahl von Publikationsmöglichkeiten in Konferenzen und Journals. Der Grundgedanke, dass sich Wettbewerbe bei der Entwicklung von Innovationen als förderlich erweisen, hat eine lange Geschichte und reicht bis in das 15. Jahrhundert hinein, wo er unter anderem in Anwendungsgebieten der Agrarwirtschaft, Nahrungs-, Automobil-, Energieindustrie oder auch der Medizin zum Tragen kam.[286]

In der wissenschaftlichen Auseinandersetzung mit Wettbewerben hat bereits *Schumpeter* in seinem Beitrag zur Theorie der wirtschaftlichen Entwicklung dem Wettbewerb eine wesentliche Innovationsfunktion eingeräumt, entgegen der zu der Zeit vorherrschenden Ansicht einer von Preis und Mengen geprägten Allokationsfunktion.[287] Demnach sind Innovationen ein Prozess der schöpferischen Zerstörung und das Ergebnis wettbewerbsdynamischer Prozesse, die maßgeblich den wirtschaftlichen Erfolg einer Volkswirtschaft determinieren.[288] Somit wird das Marktgleichgewicht weniger durch exogene Impulse erodiert, sondern vor allem endogen durch wettbewerbsgetriebene und ökonomieimmanente Dynamiken. Durch seine Postulierung der Einbeziehung des technischen Fortschritts in die Wettbewerbsforschung hat er die Grundlage für die evolutionstheoretische Wettbewerbstheorie gelegt.[289] Diese Überlegungen wurden von *Clark* in seiner Theorie des dynamischen Wettbewerbs aufgegriffen, in der er den Wettbewerb als einen kontinuierlichen Prozess von Innovations- und Imitationsphasen beschreibt.[290] Demnach sind die innovationsbedingten Pioniergewinne zeitlich begrenzt, bis die Imitation durch den Wettbewerb eintritt. Diese abwechselnden Muster treten

283 Vgl. Scheffer; Kuhl (2006), S. 23 f.
284 Vgl. Hill (2006), S. 64 ff.
285 Vgl. hierzu und im Folgenden Sisak (2009), S. 82 f.
286 Vgl. Adamczyk (2012), S. 4. Zudem bietet die Autorin auf den Seiten 27–29 eine umfangreiche chronologische Übersicht ausgewählter Innovationswettbewerbe von 1567–1997, die sie den entsprechenden Industrien zuordnet.
287 Vgl. Brockmeier (1998), S 117 ff.
288 Vgl. Schumpeter (1997), S. 128 f.
289 Vgl. Delhaes; Fehl (1997), S. 3.

in wiederkehrenden Zyklen immer wieder auf. Nach *von Hayek/Kerber* ist die gesellschaftliche Evolution als das Resultat unterschiedlicher miteinander im Wettbewerb stehender Lösungsansätze zu verstehen, bei denen sich die dominante Lösungsvariante durchsetzt und am Markt bewährt.[291] Demnach entsprechen Wettbewerbe einem Entdeckungsverfahren und sind Auslöser für die Entstehung neuen Wissens.[292] Darüber hinaus bieten sie den Teilnehmern Anreize, die sie zur Erbringung außerordentlicher Leistungen befähigen.[293]

Den vorgestellten Beiträgen ist zu entnehmen, dass im wissenschaftlichen Diskurs bereits seit dem frühen 20. Jahrhundert Befürworter hervorgegangen sind, die von einem wirksamen und interdependenten Zusammenhang zwischen Wettbewerben und Innovationen ausgegangen sind. Unternehmen können diese wettbewerblichen Mechanismen bei der Neuproduktentwicklung im Rahmen von Innovationswettbewerben gezielt einsetzen. Innovationswettbewerbe gehören dabei einer übergeordneten Bezeichnungskategorie an, da sie nicht nur auf einzelne Innovationsphasen beschränkt sind, sondern ihr Einsatzpotenzial übergreifend entlang des gesamten Produktentwicklungsprozesses ausschöpfen können.[294] Hingegen haben sich in der Literatur die Bezeichnungen Ideen-Wettbewerbe und Design-Wettbewerbe für die gezielte Adressierung phasenspezifischer Unterkategorien etabl.[295]

Innovationswettbewerbe stellen eine onlinebasierte Aufforderung eines Betreibers dar, die sich an die breite Öffentlichkeit oder an speziell ausgewählte Gruppen richtet und zur Lösung themenspezifischer Problemstellungen einlädt.[296] Die Themenauswahl sollte dabei vor allem in Abhängigkeit von der Zieldefinition breit oder eng gefasst werden, da diese maßgeblich die Streuung der eingereichten Nutzerbeiträge bestimmt.[297] Während sich bei inkrementellen Innovationen thematisch eher eng definierte Vorgaben empfehlen, ist es sinnvoll, bei der Exploration radikaler Innovationen eine offene und weit gefasste Problemstellung anzugeben. Eingrenzung der Zielgruppen kann dabei entweder direkt oder indirekt erfolgen. Eine direkte Zielgruppenbeschränkung spiegelt sich in Wettbewerben wider, bei denen beispielsweise ein bestimmter Wohnort, Alter, Sprachkenntnisse oder auch Berufs- und Bildungsstatus als Teilnahmevoraussetzung gelten.[298] Hingegen sind bei den indirekten Zielgruppenbegrenzun-

290 Vgl. Clark (1980).
291 Vgl. von Hayek; Kerber (1996), S. 250.
292 Vgl. von Hayek (2007), S. 132 ff.
293 Vgl. Bleicher (2004), S. 663.
294 Vgl. Haller; Bullinger; Möslein (2011), S. 105 f.
295 Vgl. ebd. (2011), S. 105; Franke; Hienerth (2006), S. 4 f.; Füller; Jawecki; Bartl (2006), S. 442 f.
296 Vgl. Reichwald; Piller (2006), S. 173.
297 Vgl. hierzu und im Folgenden Bretschneider; Ebner; Leimeister; Krcmar (2007), S. 8.
298 Vgl. Wenger (2013), S. 47.

gen die Themenauswahl sowie die zur Bewerkstelligung der Aufgabenstellung benötigten Kompetenzen und Wissen entscheidend.[299]

In der Regel wird ein abgeschlossener und vordefinierter Zeitrahmen festgelegt, der sich von wenigen Wochen über mehrere Monate erstrecken kann.[300] Gleichzeitig werden den Nutzern a priori die Fristen zur Einreichung, Bewertung und Prämierung der Beiträge kommuniziert. Zur Beurteilung der Beiträge wird ein Gremium mit themenbezogenen Experten gebildet, das die Nutzerbeiträge auf Basis festgelegter Kriterien bewertet und die Beiträge mit dem höchsten Potenzial für die Prämierung selektiert.[301] Auf der Grundlage dieser Kriterien werden den Anwendern für ihre Beiträge Punkte vergeben, die am Ende des Bewertungsprozesses in Ranglisten zusammengefasst werden.[302] Dabei erhalten die bestplatzierten Teilnehmer mit den höchsten Punkten üblicherweise Sachpreise oder eine monetäre Vergütung. Darüber hinaus werden die ersten Platzierungen öffentlich bekannt gegeben, um die Reputation der Nutzer und somit deren Teilnahmebereitschaft zu steigern. Somit besteht der wesentliche Unterschied gegenüber virtuellen Communities darin, dass deren organisatorische Mechanismen auf dem Kollaborationsprinzip basieren, während bei Innovationswettbewerben das Wettbewerbsprinzip im Kern der Methode verankert ist.[303]

In der Literatur herrschen unterschiedliche Auffassungen zum effektiven Design von Innovationswettbewerben vor, welches aus Unternehmenssicht das höchste Ergebnispotenzial mit sich bringt. Insbesondere hinsichtlich des Grads der Öffnung eines Innovationswettbewerbs wird dargelegt, dass eine hohe Anzahl von teilnehmenden Nutzern die Erfolgswahrscheinlichkeit des einzelnen Individuums aufgrund der begrenzten Incentivierungsmöglichkeit verringert. Diese Wahrnehmung der geringen Erfolgsaussichten wirkt sich wiederum negativ auf das individuelle Bemühen der Teilnehmer bei der Aufgabenlösung aus, die summa summarum zu einer für Unternehmen suboptimalen Ergebnisqualität der Maßnahme führt.[304] Somit ist es, so die Argumentation des sogenannten „Competition Effect“, ratsam, eine Begrenzung der Teilnehmer a priori vorzunehmen.[305] Dem widersprechen aktuelle Beiträge, die nicht nur das individuelle Bemühen, sondern vor allem die Originalität und Diversität des Lösungswegs als entscheidende Ingredienzen für den Lösungserfolg einer Problemstellung in

299 Vgl. Bartl (2006), S. 76; Boudreau; Lacetera; Lakhani (2011), S. 861.
300 Vgl. Bullinger; Neyer; Rass; Möslein (2010), S. 292.
301 Vgl. Piller; Wagner; Antons (2012), S. 180 f.; Blohm; Bretschneider; Huber; Leimeister; Krcmar (2009), S. 3 ff.
302 Vgl. hierzu und im Folgenden Walcher (2006), S. 40.
303 Vgl. Bretschneider (2012), S. 54.
304 Vgl. Taylor (1995), S. 885.
305 Vgl. Boudreau; Lacetera; Lakhani (2008), S. 6.

den Vordergrund stellen.[306] Nach der sogenannten „Parallel Path Strategy" steigt die Lösungswahrscheinlichkeit dann an, je mehr voneinander divergierende Ansätze bei der Problemlösung verfolgt werden.[307] Die Empfehlung der Parallelisierung unterschiedlicher Lösungswege kann sogar auf das Management unternehmensinterner Organisationen bei der Innovationsentwicklung übertragen werden.[308] Die Bildung unterschiedlich abgegrenzter Einheiten wird demnach als Erfolg versprechend angesehen, da dadurch routinierte Arbeitsmuster durchbrochen und voreiligen Commitments vorgebeugt werden kann.[309] Die Gestaltung von Innovationswettbewerben ohne explizite Limitierung der Teilnehmeranzahl lässt sich in der Praxis anhand zahlreicher Beispiele, die die Autoren in ihrem Beitrag auflisten, bestätigen.[310]

Ein besonderes Merkmal von Innovationswettbewerben stellt die isoliert dyadische Beziehung zwischen dem Unternehmen und den einzelnen Nutzern dar.[311] Das bedeutet, dass aufgrund des wettbewerblichen Charakters im Rahmen des Lösungsfindungsprozesses sowie bei der Übertragung der Beiträge an das Unternehmen keine Interaktionen zwischen den Nutzern untereinander stattfinden.[312] Unternehmen, die den Einsatz von Innovationswettbewerben für die Neuproduktentwicklung unterstützen, verfolgen den Grundgedanken, dass teilnehmende Akteure eines Wettbewerbs durch ihre kompetitive Beziehung zu anderen Nutzern ein größeres Maß an Kreativität und Eigenständigkeit für die Aufgabenbewältigung aufbringen.[313] Darüber hinaus zeichnen sich Innovationswettbewerbe vor allem durch eine vergleichsweise einfache Struktur und Umsetzbarkeit aus.[314]

Wie in Kapitel 2.2.1 beschrieben, bieten sich Unternehmen bei der Realisierung von Innovationswettbewerben sowohl zweidimensionale als auch dreidimensionale Plattformen an. Während dreidimensionale Plattformen lediglich fallweise und experimentell für Innovationswettbewerbe innerhalb virtueller Welten getestet wurden,[315] sind zweidimensionale

306 Vgl. Boudreau; Lacetera; Lakhani (2011), S. 844.
307 Vgl. Nelson (1961), S. 353. Der Autor prägte in seinem Beitrag erstmalig den Begriff des „parallel parth strategy". Aktuellere Artikel, die sich mit diesem Ansatz befassen, unter Leiponen; Helfat (2010), S. 225; Terwiesch; Xu (2008), S. 1531 ff.
308 Vgl. Ellermann (2004), S. 85 ff.
309 Vgl. Teece (1999), S. 153 f.
310 Vgl. Boudreau; Lacetera; Lakhani (2011), S. 843.
311 Vgl. Fichter (2005), S. 77.
312 Vgl. Ihl; Piller (2010), S. 9 f.
313 Vgl. von Hayek; Kerber (1996), S. 250.
314 Vgl. Ernst; Soll; Spann (2004), S. 132.
315 Vgl. Daecke (2009), S. 4 ff.; Lattemann; Fetscherin; Lang (2008), S. 58 f. Die Autoren führen erste Unternehmensbeispiele auf, die die virtuelle Welt Second Life als Plattform für die Organisation von Wettbewerben zur Produktentwicklung eingesetzt haben.

Webplattformen eine oft genutzte technische Grundlage in der Praxis.[316] Dabei werden auf einer webbasierten Benutzeroberfläche digitale Dienste wie Ajax (Asynchronous Javascript and XML) und Flash angeboten, die den benutzerfreundlichen Austausch von Informationen zwischen Unternehmen und Nutzern im Rahmen der Aufgabenausschreibung und Lösungsübermittlung ermöglichen.[317] Die virtuelle Interaktion mit dem Unternehmen auf der Plattform erfolgt asynchron und erlaubt dadurch nicht nur eine orts-, sondern auch eine zeitunabhängige Kommunikation.[318] Durch die zunehmende Verbreitung breitbandbasierter Internetanschlüsse wird, abhängig von den Wettbewerbsbestimmungen, auch die Option angeboten, neben textbasierten Inhalten für die Lösungsdarstellung auf der Plattform auch anspruchsvollere Formate, wie Bild, Ton und Video, einzureichen. Eine Anmeldung bei einem Innovationswettbewerb erfordert eine Registrierung, in der die Kontaktdaten des Teilnehmers sowie weitere personenbezogene Daten, wie Name, Geschlecht, Alter und Wohnort, erfragt werden. Zur Vereinfachung der Auswertung macht bei der Einreichung der Lösung auf der Webplattform eine Selbsteinschätzung Sinn, in der die Teilnehmer insbesondere bei themenübergreifenden Problemstellungen den von der Lösung profitierenden Bereich sowie deren konkreten Nutzen angeben müssen.

Das Unternehmen Henkel führt beispielsweise jährlich einen globalen und explizit auf Studenten ausgerichteten Innovationswettbewerb. Auf einer zweidimensionalen Webplattform wird zur Einreichung innovativer Ideen für zukünftige Produkte und Technologien des Unternehmens eingeladen. In diesem Zusammenhang wird neben der Konzeptbeschreibung und den dadurch begünstigten Bereichen auch nach zukünftigen Markttrends gefragt. Dabei können Nutzer auf der Benutzeroberfläche neben textbasierten Beschreibungen auch weitere Formate zur Ideenpräsentation hochladen. Zur Stimulierung der Nutzer, am Wettbewerb teilzunehmen, werden den Bestplatzierten bestimmte Belohnungen, wie Sachpreise und Mentoring, in Aussicht gestellt.

Bretschneider et al. fassen den Ablauf zur Gestaltung und Durchführung eines Innovationswettbewerbs in fünf wichtige Punkte und einer logischen Reihenfolge zusammen.[319] In einem ersten Schritt sollte allen Überlegungen voran die konkrete Zielsetzung, die das Unternehmen mit der Maßnahme verfolgt, definiert werden. Darauf aufbauend können Problemstellung und Durchführungsdauer, die die Reichweite, Qualität und Streuung der Nutzerbeiträge beeinflus-

316 Eine Übersicht zahlreicher Innovationswettbewerbe auf Basis zweidimensionaler Webplattformen unter http://www.openinnovators.de/ideenwettbewerbe.html.

317 Vgl. Stanoevska-Slabeva (2008), S. 224; Hüsig; Kohn (2011), S. 410.

318 Vgl. Ney (2006), S. 97 f.; Storm van's Gravesande (2006), S. 59 f.

319 Vgl. hierzu und im Folgenden Bretschneider; Ebner; Leimeister; Krcmar (2007), S. 7 ff.

sen, festgelegt werden. Im Folgeschritt gilt es, die sozialen, ökonomischen, technischen und informatorischen Rahmenbedingungen zur erfolgreichen Umsetzungen der Maßnahme zu festzulegen. So sind juristische Unsicherheiten, wie Urheberrechtsfragestellungen, aber auch die ex ante bereitgestellten Informationen zur Unterstützung der Teilnehmer bei der Lösungsfindung wichtige zu klärende Aspekte. Auf Basis dieser Rahmenbedingungen leiten sich technische Anforderungen ab, die bei der Entwicklung der Online-Plattform zu berücksichtigen beachten sind. Um eine hohe Teilnahme am Wettbewerb zu gewährleisten gilt es im vierten Schritt geeignete Anreize zur Nutzeraktivierung anzubieten, die sich gezielt an die intrinsischen und extrinsischen Motive der Anwender richten. In einem letzten Schritt gilt es, für die Bewertung der eingereichten Beiträge adäquate und zielabhängige Kriterien zu definieren und die Bewertung mithilfe ausgewählter Experten in Form einer Jury durchführen zu lassen (siehe Abbildung 8).

Objektive und nachvollziehbare Kriterien wirken sich, wenn es um die Festlegung zielabhängiger Kriterien geht, unmittelbar auf den Erfolg von Innovationswettbewerben aus.[320] Das Fehlen solcher im Voraus definierter Kriterien würde ansonsten einen negativen Einfluss auf das Wetteifern um die besten Ränge ausüben. Nach einer Studie von *Bays et al.* zeigt sich, dass die Definition von „fairen“ Kriterien, die sich durch ihre Objektivität und Einfachheit auszeichnen, für den Großteil der Unternehmen eine wesentliche Herausforderung darstellt. In diesem Zusammenhang greifen viele Wettbewerbsbetreiber auf sehr komplexe Bewertungsmechanismen und Verhaltensregeln zur Berücksichtigung aller Eventualitäten zurück, die allerdings dadurch auch die Interesssenten von einer Teilnahme abhalten und die Nachvollziehbarkeit der grundsätzlichen Zielsetzung erschweren. Als ein extrem gegensätzliches Vorgehen besteht auch die Option, von einer Definition jeglicher im Vorfeld zu treffender Bewertungskriterien abzusehen, um den Lösungsraum möglichst offen zu halten.[321]

320 Vgl. hierzu und im Folgenden Bays et al. (2009), S. 54 f.
321 Vgl. Lüttgens et al. (2012), S. 10.

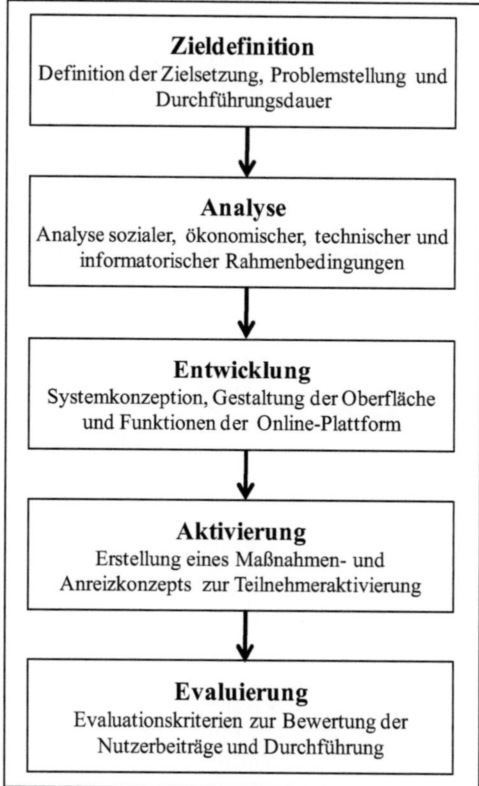

Abbildung 8: Ablauf eines Innovationswettbewerbs
Quelle: Eigene Darstellung, in Anlehnung an Bretschneider et al. (2007), S. 9.

2.2.3 Typologie virtueller Communities und Innovationswettbewerbe

In Anlehnung an die Forschungsfrage 3 stellt sich die Frage inwiefern ein kombinierter Einsatz aus virtuellen Communities und Innovationswettbewerbe auf die Realisierung der Unternehmensziele auswirkt und welche methodenspezifischen Einflussfaktoren in der Kombination synergetische Wirkungseffekte ermöglichen. Die Entwicklung einer Typologie, die im Folgenden hergeleitet wird, stellt eine Grundlage zur Beantwortung der Frage.

Während die Untersuchung eines kombinierten Einsatzes von virtuellen Communities und Innovationswettbewerben in der wissenschaftlichen Literatur nur unzureichend Beachtung findet, ist er in der unternehmerischen Praxis ein oft angewandter Ansatz.[322] In Abbildung 9

[322] Vgl. Boudreau; Lacetera; Lakhani (2011), S. 843; Bretschneider (2012), S. 48; Mortara; Ford; Jaeger (2013), S. 1563.

wird zur Veranschaulichung eine Auflistung von Methodenkombinationen anhand einer Vielzahl von Praxisbeispielen aufgeführt, in denen bei der Innovationsthemenstellung kombinierte virtuelle Methoden zur Nutzerintegration zum Einsatz gekommen sind. Dabei konnte beobachtet werden, dass der kombinierte Einsatz über unterschiedliche Branchen, Nationen und Organisationsgrößen hinweg verfolgt wurde. Zudem konnte festgestellt werden, dass die soziale Interaktionskomponente überwiegend im Rahmen der Maßnahmen zur virtuellen Nutzerintegration anzutreffen war. Dieses Indiz kann durch den Trend der „Shareconomy" gestützt werden, bei dem das gemeinsame Teilen, Kommentieren und Bewerten von Erfahrungen und Ideen zunehmend Verbreitung findet.[323]

Kombination	Praxisbeispiele
Innovations-wettbewerbe kombiniert mit virtuellen Communities	• Ideabird (Deutsche Telekom)[1] • Future Contest (Intel)[2] • Smart Grid Contest (Siemens)[3] • LED Emotionalize (Osram)[4] • YouCity (Bombardier)[5] • Tchibo Ideas (Tchibo)[6] • Pearlfinder (Beiersdorf)[7] • Imaging Innovation Exchange (GE)[8] • Red' mit (Interspar)[9] • Innosite (Danish Architecture Centre)[10] • Engineering Contest (Pöttinger)[11] • PalmSecure Innovation Contest (Fujitsu)[12]

(1) www.ideabird.com
(2) www.futurecontest.intel.com
(3) www.smartgridcontest.com
(4) www.led-emotionalize.com
(5) www.youcity.bombardier.com
(6) www.tchibo-ideas.de
(7) www.ideabird.com
(8) www.futurecontest.intel.com
(9) www.smartgridcontest.com
(10) www.led-emotionalize.com
(11) www.youcity.bombardier.com
(12) www.tchibo-ideas.de

Abbildung 9: Methodenkombinationen aus virtuellen Communities und Innovationswettbewerben

Quelle: Eigene Darstellung.

Um den methodenspezifischen Einfluss auf die Erreichung unternehmerischer Ziele ermitteln und mittels einer komparativen Analyse untersuchen zu können, ergibt sich die Notwendigkeit, die Methoden anhand ihrer wesentlichen Merkmalsausprägungen voneinander abzugrenzen, um diese zugleich als richtungsweisende Grundlage für die anschließende Exploration der Synergien auf Basis eines kombinatorischen Einsatzes im empirischen Abschnitt der Arbeit nutzen zu können

323 Vgl. Perlitz; Schrank (2013), S. 416.

Eine intensive Literaturprüfung ergab einen grundsätzlichen Mangel an einer geeigneten Typologisierung, die eine adäquate Abgrenzung der virtuellen Communities von den Innovationswettbewerben zur profilgerechten Untersuchung gewährleistet. So beschränken sich beispielsweise *Kranz/Janello/Picot* bei ihrer Systematisierung virtueller Methoden auf virtuelle Communities und klassifizieren diese nach den Öffnungsgraden unternehmensintern und -extern sowie nach geschlossenen und offenen Teilnehmerkreisen.[324] *Chakravorti* beschäftigt sich in seiner Typologisierung mit virtuellen Methoden, die sich nur an Kollaborationen mit Netzwerken orientieren und das Unternehmen bei der Verfolgung reiner Marketingziele unterstützen, und differenziert nach intrinsischer und extrinsischer Teilnehmermotivation sowie zentraler und dezentraler Entscheidungsfindung.[325] Hingegen unterscheiden die Autoren *Ihl/Piller* nach der Kollaborationsbasis, dem Freiheitsgrad der Innovationsaufgabe und dem Innovationsprozess.[326] Der Freiheitsgrad hängt stark von dem entsprechenden Kontext ab und scheint für eine generalisierte Methodenabgrenzung ungeeignet zu sein. Zudem werden in der vorliegenden Arbeit die Einsatzpotenziale virtueller Methoden in unterschiedlichen Innovationsphasen untersucht, so dass eine Phaseneingrenzung ex ante als nicht zielführend erscheint. Allerdings erweist sich die Basis der Kollaboration, das heißt die Abgrenzung nach dyadischen Interaktionen gegenüber netzwerkbasierten Interaktionen, als ein geeignetes Differenzierungsmerkmal, um durch das Unternehmen eingebundene Parteien zu beleuchten. *Bretschneider* sieht in seiner Analyse zu ausgewählten virtuellen Methoden im Funktions- bzw. Organisationsprinzip ebenfalls ein geeignetes Kriterium, das eine adäquate Abgrenzung inhaltlicher Art ermöglicht.[327] Auch diesem Aspekt wird im Rahmen der vorliegenden Arbeit bei der Typologisierung virtueller Methoden nachgegangen.

In Anlehnung an die vorangeführten Überlegungen auf Basis der Literaturrecherche erweisen sich somit bei der Abgrenzung der virtuellen Communities von den Innovationswettbewerben die Klassifikationskriterien der Interaktionsbeziehung und der Organisationprinzipien als geeignet. Die Dimension der Interaktionsbeziehungen berücksichtigt die sozialen Beziehungskonstellationen und gibt Aufschluss darüber, welche Interaktionsparteien miteinander interagieren. Die Dimension der Organisationsprinzipien dient vielmehr als inhaltliche Rahmenbedingung, nach der sich die Abhandlung der Interaktionen innerhalb der Kollaboration vollzieht. Dies gewährt einen Einblick in die Art und Weise, wie die Interaktionsparteien miteinander interagieren und in welchem Verhältnis sie zueinander stehen.

324 Vgl. Kranz; Janello; Picot (2009), S. 42.
325 Vgl. Chakravorti (2010), S. 101.
326 Vgl. Ihl; Piller (2010), S. 9 ff.
327 Vgl. Bretschneider (2012), S. 54.

Interaktionsbeziehungen in der engeren Ausprägung bestehen in einer dyadischen Beziehung aus reinen Unternehmen-Nutzer-Interaktionen mit Ausschluss einer Interaktionsmöglichkeit zwischen den Nutzern untereinander. Hingegen sind in der weiten Ausprägung auf der Unternehmensplattform auch Nutzer-Nutzer-Interaktionen zugelassen. Insbesondere im Zeitalter des Web 2.0 ist in der sozialen Betrachtungsebene ein kritisches Element der gemeinsamen Zusammenarbeit zu sehen, das bei der Gestaltung der Interaktionsfreiheitsgrade einer gründlichen Abwägung bedarf.[328] Während Innovationswettbewerbe sich üblicherweise auf reine Unternehmen-Nutzer-Interaktionen beschränken, bieten virtuelle Communities zusätzlich die Option der Interaktionen zwischen den Nutzern an.

Hinsichtlich der Organisationsprinzipien sind diese bei den beiden virtuellen Methoden unterschiedlich ausgeprägt. In Innovationswettbewerben stehen die teilnehmenden Nutzer nach dem Wettbewerbsprinzip in einem konkurrierenden Verhältnis um die begrenzten Gewinne des Wettbewerbs zueinander,[329] bei dessen Abschluss ihre Einzelleistung bewertet wird.[330] Im extremen Gegensatz dazu stehen virtuelle Communities. Die organisationalen Mechanismen werden hier maßgeblich durch das Kollaborationsprinzip determiniert.[331] Demnach werden die Anwender bei der Bewältigung der Problemstellungen zum Austausch der Ideen und zur gemeinschaftlichen Kooperation eingeladen. Abbildung 10 fasst die aufgeführten Klassifikationskriterien und die Wirkungsausprägungen grafisch zusammen.

Aus Unternehmenssicht kann der Einsatz virtueller Methoden den Interaktionsprozess und damit den Wissenstransfer maßgeblich prägen. Bei der Auswahl der virtuellen Methode ist entsprechend das zu bevorzugende Design des Interaktionsprozesses abzuwägen. Dabei kann das Unternehmen durch die Methodenselektion der virtuellen Communities die Nutzer-Nutzer-Interaktionen zulassen, die potenzielle gruppendynamische Effekte nach sich ziehen könnten.[332] In der Literatur wird argumentiert, dass bei der Zusammenarbeit von autonomen Akteuren mit dezentral verteilten Kompetenzen und Wissensbeständen Emergenz-Effekte entstehen, wodurch die individuelle, aber auch kollektive Lösungsqualität gesteigert werden kann.[333] Durch den Informationsaustausch mit einer Vielzahl unterschiedlicher Parteien wird der bestehende Problemlösungsprozess flexibilisiert, wodurch sich neue Lösungswege

[328] Vgl. Kilian; Hass; Walsh (2008), S. 12.
[329] Vgl. Gaßner; Richter (2007), S. 67 ff.; Bretschneider (2012), S. 54.
[330] Vgl. Wenger (2013), S. 73 f.
[331] Vgl. Martin; Nußdorfer (2006), S. 15 ff.; Hutter et al. (2011), S. 5 f.; Bretschneider; Zogaj; Leimeister (2012), S. 1.
[332] Vgl. Gerybadze (2007), S. 205 ff.
[333] Vgl. Schrage (1995), S. 33; Stoller-Schai (2003), S. 4; Dombrowski (2011), S. 28 ff.

ergeben können.[334] Demnach ist das Ergebnis der Gruppe als qualitativ hochwertiger einzustufen als die Summe der Einzelleistungen.[335]

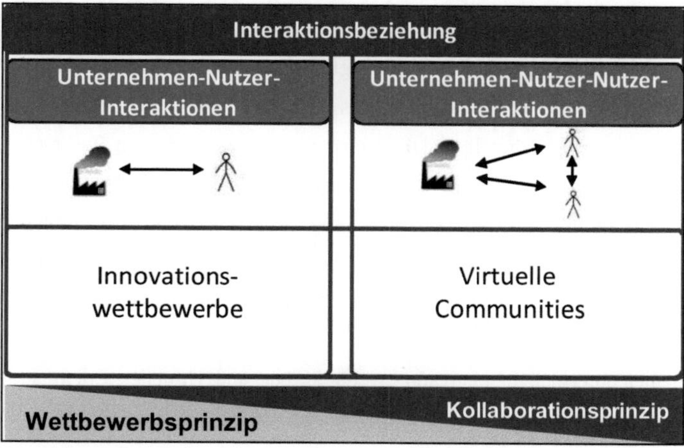

Abbildung 10: Typologisierung von virtuellen Communities und Innovationswettbewerben
Quelle: Eigene Darstellung.

Im Gegensatz dazu kann das Unternehmen durch den Einsatz von Innovationswettbewerben den Fokus auf die Steuerbarkeit und Kontrolle der Interaktionsprozesse legen, die durch eine Beschränkung auf reine dyadische Interaktionsbeziehungen mit Nutzern gewährleistet werden können.[336] Der Kontrollverlust durch die Eigendynamiken aus den Nutzer-Nutzer-Interaktionen kann aus Unternehmenssicht auch zu ungünstigen Ergebnissen führen,[337] wie es das Beispiel von „Mein-Pril-Contest“ gezeigt hat.[338] Im Rahmen dieses Wettbewerbs wurden die Nutzer dazu animiert, für eine limitierte Edition Designs zu kreieren, gegenseitig zu bewerten und dadurch die Auswahl der besten Modelle für die Markteinführung mitzubestimmen. Allerdings berücksichtigte die Jury die Community-Bewertungen nicht angemessen und entschied sich bei der Prämierung für weitaus weniger beliebte, dafür aber markenkompatible Designs, was zu negativen Reaktionen innerhalb und außerhalb der Community geführt hat. Mit Zunahme des Teilnehmerkreises steigt auch das Risiko, dass vertrauliche Informationen, die innerhalb der Kollaboration generiert und ausgetauscht wurden, von Anwendern anderweitig zu Lasten des Unternehmens genutzt werden.[339] Aufgrund unkalkulierbarer

[334] Vgl. Dombrowski (2011), S. 28 ff.
[335] Vgl. Hemetsberger (2008), S. 341 f.
[336] Vgl. Soll (2006), S. 49; Schröder; Hölzle (2010), S. 262.
[337] Vgl. Jain (2010), S. 3.
[338] Vgl. hierzu und im Folgenden Haller (2013), S. 10 ff.
[339] Vgl. Wobser (2003), S. 64 f.

Dynamiken könnte daher insbesondere vor dem Hintergrund der Öffnung von Innovationsprozessen aus Unternehmenssicht eine grundsätzliche Präferenz zur Bewahrung von Kontrollmechanismen bestehen, die strategische Gesichtspunkte beinhalten.[340] Aufgrund der dyadischen Interaktionsbeziehung kann auf der Plattform im Rahmen der wertschöpfenden Interaktion auf unmittelbare Vernetzungsmöglichkeiten zwischen den Nutzern verzichtet werden, was einer Verselbstständigung prozessualer Dynamiken möglicherweise entgegenwirkt. Befürworter dyadischer Interaktionsprozesse bringen in diesem Zusammenhang das Argument vor, dass, entgegen der Auffassung des Emergenzeffekts, eine individuelle Auseinandersetzung mit der Aufgabenstellung und Zusammentragung der Problemlösung bei der Ideenentwicklung zu originelleren und qualitativ überlegeneren Ergebnissen führt.[341]

2.2.4 Einordung zu alternativen virtuellen Methoden

Neben den hier untersuchten Innovationswettbewerben und virtuellen Communities stehen Unternehmen bei der Aufnahme von Nutzerwissen und bei den Interaktionen mit Nutzern eine Vielzahl weiterer virtueller Methoden zur Verfügung. Daher soll in diesem Abschnitt eine Einordnung in die Vielfalt alternativer und zur Disposition stehender virtueller Methoden vorgenommen werden, die durch eine abschließende Systematisierung zu einem besseren Verständnis der ausgewählten Untersuchungsobjekte beiträgt.

Die Netnographie baut auf dem ethnographischen Forschungsansatz auf und kommt bei der Auswertung von veröffentlichten schriftlichen Beiträgen unter anderem auf Webseiten, Foren oder Newsgroups zum Einsatz.[342] Die Besonderheit dieser Methode besteht darin, dass der Forscher das Kommunikationsverhalten der Nutzer online untersucht, ohne sich dabei aktiv an der Konversation zu beteiligen und unter Umständen bei der Erhebung sogar wahrgenommen zu werden, um dadurch ungefilterte Informationen und Meinungen der Nutzer einzuholen.[343] *Kozinets* beschreibt das methodische Vorgehen als einen mehrstufigen Prozess aus „Entrée", „Data Collection and Analysis", „Providing Trustworthy Interpretation", „Research Ethics" und „Member Checks".[344] Bei Neuproduktentwicklungen können dadurch Nutzerbedürfnisse ermittelt und mögliche Trends frühzeitig aufgedeckt werden.

---

340 Vgl. West; O'Mahony (2008), S. 8 f.; Schröder; Hölzle (2010), S. 262 f.

341 Vgl. Soll (2006), S. 55; Lamm; Trommsdorff (1973), S. 380. Die Autoren führen auf S. 367 verschiedene empirische Studien auf, die diese Auffassung bekräftigen.

342 Vgl. Kozinets (2010), S. 51 f.

343 Vgl. Mühlbacher; Füller; Jawecki (2007), S. 100.

344 Vgl. Kozinets (2002), S. 4 ff.

Beim Web Mining handelt es sich um einen Ansatz, der sich vor allem auf die systematische und automatisierte Generierung und Auswertung von Datenbeständen richtet, die aus dem World Wide Web extrahiert und auf Basis statistischer Methoden ausgewertet werden.[345] Als eine Sonderform des Data Mining verfolgen Unternehmen bei dem Einsatz des Web Mining vor allem das Ziel, aus einer Fülle an Webinhalten, die für Unternehmenszwecke relevanten Informationen zu ermitteln,[346] die sich beispielsweise im Kontext der Produktentwicklung auf die Identifizierung von Interessen und Erwartungen der Nutzer beziehen können. Dabei kann die Analyse sich etwa auf die Auswertung von Seiteninhalten (Web Content Mining), Seitenstrukturen (Web Structure Mining) oder Nutzerverhalten (Web Usage Mining) ausrichten.[347] Durch das Web Mining eröffnen sich somit Unternehmen neue Möglichkeiten, den Suchprozess zur Identifizierung externer Informationsquellen effektiver zu gestalten und den Aufwand bei der Auswertung relevanter Informationen für die Produktenwicklung zu reduzieren.[348]

Die Methode Information Pump stellt im Grunde eine virtuelle Fokusgruppe dar, die auf Basis webbasierter Spielmechanismen insbesondere in den frühen Phasen der Produktentwicklung geeignet ist und durch die Aktivierung von Anreizen eine aufmerksame und wahrheitsgemäße Beteiligung der Nutzer zu erzielen versucht.[349] Die Zielsetzung des Information Pump liegt darin, die Ausdrucksweisen der Anwender zur Beschreibung bestehender Produkte und neuer Konzepte zu erfassen. Den teilnehmenden Nutzern wird zwar das gleiche Basiskonzept vorgestellt, jedoch wird, abhängig von der eingangs definierten Rollenzuweisung, ein anderer Blickwinkel eingenommen, um die Kommunikation innerhalb der Gruppe auf die fundamentalen Eigenschaften des Konzepts zu lenken.

Webbasierte Conjoint-Analysen erweitern die bewährte Methode der Conjoint-Analyse zur Erfassung und Operationalisierung der Nutzerpräferenzen um neue technische Möglichkeiten der dynamischen Gestaltung der zu bewertenden Stimuli, der multimedialen Vorführung von Produkten und Features sowie der Interaktion mit den Produkten im Web.[350] Insbesondere kann ein Anstieg der Benutzerfreundlichkeit gegenüber des ursprünglich umständlichen, auf

[345] Vgl. Graubner-Müller (2011), S. 10 ff. Statistische Methoden, die bei der Auswertung der Webinhalte Anwendung finden können, sind beispielsweise die Assoziationsanalysen, die Clusteranalyse oder künstliche neuronale Netze. Weiterführende Literatur hierzu findet sich unter Gabriel; Gluchowski; Pastwa (2009).

[346] Vgl. Caramia; Felici (2006), S 2 f.

[347] Vgl. hierzu und im Folgenden Hippner; Merzenich; Wilde (2004), S. 273 f.

[348] Vgl. Finzen; Kasper; Kintz (2010), S. 8 f.

[349] Vgl. hierzu und im Folgenden Dahan; Hauser (2002), S. 348 f.

[350] Vgl. ebd. (2002), S. 336 ff.

„Kärtchen“ basierenden Ansatzes erzielt werden, da nun durch wenige Clicks der Bewertungsprozess durchlaufen werden kann.[351]

Die Fast Polyhedral Adaptive Conjoint Estimation baut ebenfalls auf der Conjoint-Analyse auf, ermöglicht es jedoch, durch den Einsatz modifizierter mathematischer Verfahren mit einer geringeren Anzahl von Fragestellungen eine ähnliche Ergebnisqualität zu erreichen bzw. die Nutzer eine entsprechend größere Anzahl von Produktfeatures testen zu lassen, um daraus präzise die Kundenpräferenzen zu operationalisieren.[352]

Das Virtual Concept Testing versetzt den Entwicklern in die Lage, Produkte in konzeptionellem Fertigungsstand oder als Prototyp vor der Markteinführung durch Nutzer testen zu lassen.[353] Demnach wird, im Gegensatz zur webbasierten Conjoint-Analyse, ein holistisches Vorgehen angestrebt, bei dem nicht vereinzelte Produktattribute, sondern gleich ein gesamtes Bündel an Produktfeatures zur Bewertung vorgestellt wird. Im Rahmen eines sequenziellen Verfahrens äußern die Nutzer ihre Präferenzen durch simulierte Kaufentscheidungen zu divergierenden Preisen. Mit zunehmendem technologischen Fortschritt steigen die Potenziale des Virtual Concept Testing, da Produktdarstellungen bereits während der frühen Konzipierungsphase realitätsnaher umsetzbar werden.

Die Einbindung von Preismechanismen spielt auch bei virtuellen Börsen (Securities trading of concepts) eine wesentliche Rolle.[354] Bei dem Verfahren kann ebenfalls ab der Konzipierungsphase den teilnehmenden Nutzern ein Produkt mit variierenden Produktmerkmalen vorgestellt werden und zum Kauf in Form von Aktien angeboten werden.[355] Der Preis einer Aktie ermittelt sich als Ergebnis eines dynamischen Prozesses zwischen den getätigten Käufen bzw. Verkäufen. Dem Unternehmen wird anhand der gehandelten Aktienpreise ermöglicht, die Präferenzen der Nutzer über die unterschiedlichen Produktmerkmalsausprägungen transparent zu gestalten. Virtuelle Börsen machen daher vor allem dann Sinn, wenn es um die Beantwortung kurz- bis mittelfristiger Prognoseprobleme geht, da sie unmittelbar die Erwartungen der Nutzer über zukünftige Markt- und Umweltzustände widerspiegeln.[356]

Corporate Blogs und Corporate Video Channels stellen für Unternehmen weitere Möglichkeiten dar mit Nutzern im Internet in den Dialog zu treten. Hier werden, ähnlich wie bei Tagebü-

351 Vgl. Schreier (2005), S. 10.
352 Vgl. Dahan; Hauser (2002), S. 340 f.
353 Vgl. ebd. (2002), S. 345 f.
354 Vgl. ebd. (2002), S. 346 ff.
355 Vgl. Spann; Skiera (2005), S. 7 f.
356 Vgl. Spann (2002), S. 4.

chern, nur in umgekehrter chronologischer Reihenfolge, auf Webseiten Nachrichten von Unternehmen in regelmäßigen Abständen veröffentlicht.[357] In Abgrenzung dazu werden bei Corporate Video Channels die multimedialen Möglichkeiten bei der Erstellung der Nachrichten stärker durch den Fokus auf Bewegbilder eingebunden.[358] Während Unternehmen beide Ansätze primär als externes Kommunikationsinstrument nutzen, besteht auch die Möglichkeit, anhand der Einbindung von technischen Features, wie die Veröffentlichung von Kommentaren und Bewertungen, von den Lesern unmittelbares Feedback bezüglich der erstellten Inhalte auf der Plattform einzuholen.[359]

Innovation Intermediaries und Marktplätze fungieren als Vermittler zwischen Unternehmen (Wissensnachfrager) und Nutzern (Wissensanbieter) im Rahmen von innovationsorientierten Problemstellungen.[360] In der Funktion eines Knowledge Brokers verfügen Innovation Intermediaries und Marktplätze üblicherweise über eine webbasierte Plattform mit einer Gemeinschaft an kooperationsbereiten Nutzern und unterstützen somit Unternehmen bei der Suche und Ausschöpfung von innovationsrelevantem Wissen außerhalb unternehmerischer Grenzen.[361] Insbesondere für klein- und mittelständische Unternehmen stellt dieser Ansatz einen besonderen Anreiz dar, da gleich ein ganzer Pool kollaborationsbereiter Akteure bereitsteht, wodurch sich die Lösungssuche effizienter gestalten lässt.[362]

Als eine weitere Methode der virtuellen Nutzerintegration im Innovationsprozess sei an dieser Stelle auf die Toolkits verwiesen. Sie entsprechen internetgestützten Werkzeugen, die Nutzern vom Unternehmen zur Verfügung gestellt werden, um selbstständig Bedürfnisse in innovative Produkte transferieren zu können.[363] Die Ausgestaltung von Toolkits kann durch ein breites Kontinuum von eher einfach programmierten bis hin zu komplexeren Konfigurationen mit größerem Lösungsraum determiniert sein.[364] Diese virtuellen Werkzeuge befähigen den Nutzer, auf iterative Weise durch trial-and-error unterschiedliche Möglichkeiten für die

357 Vgl. Zerfaß (2005), S. 3. Der Studie von Technorati Media zufolge repräsentieren Corporate Blogs nur 8% der weltweiten Blogs. Somit machen Corporate Blogs gegenüber anderen Blogs wie die von Hobbyisten oder von professionellen Bloggern nach wie vor nur einen geringen Anteil aus. Siehe hierzu unter Technorati Media (2011).

358 Vgl. Scott (2007), S. 224 ff.

359 Vgl. Lamb; Hair; McDaniel (2011), S. 358 f.

360 Vgl. Chesbrough (2006), S. 135 ff.

361 Vgl. Chanal; Caron-Fasan (2010), S. 320 ff. Zahlreiche Plattformen haben sich mit ganz unterschiedlichen Spezialisierungen auf dem Markt etabliert, wie beispielsweise www.innocentiveom, www.ninesigma.com, www.jovoto.com, www.atizo.com, www.challengepost.com, www.mofilm.com, www.tongal.com, www.eyeka.com, www.talenthouse.com, www.zooppa.com.

362 Vgl. Möslein; Neyer (2009), S. 95 f.

363 Vgl. Reichwald; Piller (2006), S. 156.

364 Vgl. Prügl; Schreier (2005), S. 7.

Lösung eines gegebenen Problems bei der Neuproduktentwicklung zu testen.[365] Das Toolkit sendet dem Anwender kontinuierliche Feedbacks, bis der finale Entwicklungsstand erreicht ist.

Wie in Abbildung 11 skizziert, lassen sich die virtuellen Methoden in die Dimensionen „Stärke des Unternehmensauftritts" und „Intensivitätsgrad der Nutzerintegration" unterscheiden. Die Abszisse bildet die Stärke des Unternehmensauftritts ab, d.h. inwieweit eine Visibilität des Unternehmens bei den Interaktionen mit den Nutzern gegeben ist. Diese kann von passiven Methoden, bei denen der Nutzer zum Teil nicht wahrnimmt, dass seine Beiträge von dem Unternehmen ausgewertet werden, über eine eher mittlere Ausprägung auf Plattformen durch Dritte mit begrenzten Präsenzmöglichkeiten bis hin zu Methoden reichen, bei denen das Unternehmen eine eigene Plattform betreibt und damit einen hohen Freiraum bei der Gestaltung der eigenen Präsenz hat und entsprechend transparent und aktiv auf die Nutzer zugehen kann. Die Ordinate veranschaulicht den Grad der Intensität der Nutzerintegration und unterscheidet Methoden mit einer geringen Integrationsintensität, bei denen eher wenige Interaktionen zwischen Unternehmen und Nutzern stattfinden, von Methoden mit einem hohen Intensitätsgrad, die sehr intensive und zum Teil lang andauernde Interaktionen mit Nutzern möglich machen.

2.3 Forschungsstand

Vor dem Hintergrund des relativ jungen Forschungsfelds der virtuellen Nutzerintegration besteht bei der konkreten Ausgestaltung der Innovationswettbewerbe in Kombination mit virtuellen Communities noch ein Mangel an wissenschaftlichen Untersuchungen, die durch die vorliegende Arbeit adressiert werden sollen. Dabei sind zahlreiche managementorientierte Aspekte im Rahmen der Interaktionsbeziehungen zwischen Unternehmen und Nutzern beispielsweise mit Hinblick auf die kollaborative Wertschöpfung bei der Produktentwicklung nur wenig erforscht und entsprechend mögliche Wirkungsbeziehungen bei der Umsetzung noch unberücksichtigt. Daher erfolgt in diesem Abschnitt eine zusammenfassende Beschreibung von wissenschaftlichen Beiträgen der letzten Jahre, die sich diesem Themenbereich widmen, um darauf aufbauend bestehende Forschungsdefizite deutlich zu machen. Die Suche nach geeigneter Literatur erfolgte über die (Meta-) Suchmaschinen EBSCO, DigiBib, WiSO und Google Scholar und unter der Verwendung von Suchbegriffen wie „Innovationswettbewerbe", „communitybasierte Wettbewerbe" oder „Idea Contests". Die Erörterung dient zugleich als Einordnung des vorliegenden Forschungsvorhabens sowie als eine Konkretisie-

[365] Vgl. Franke; Piller (2004), S. 404 f.; Katz; von Hippel (2002), S. 822.

rung der betrachteten Untersuchungsgegenstände in der durchzuführenden Analyse der Arbeit.

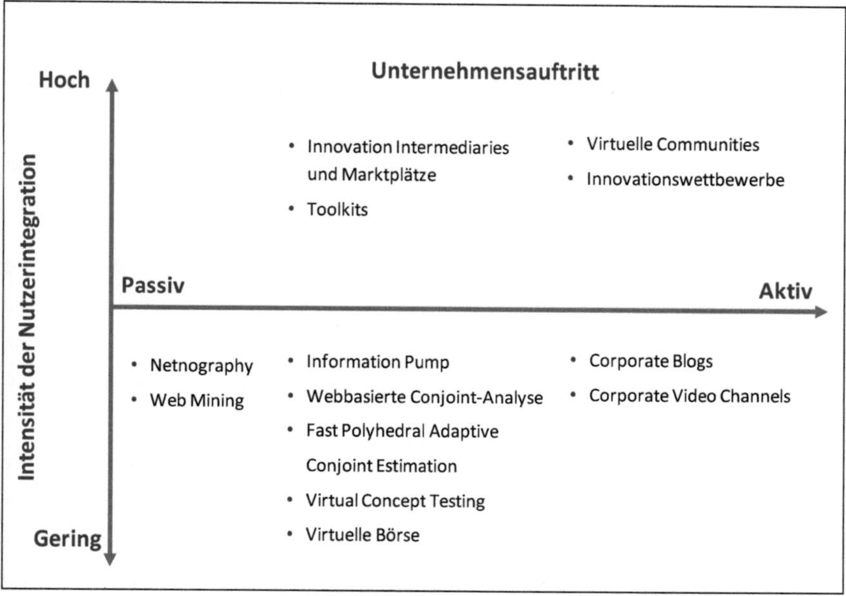

Abbildung 11: Übersicht und Strukturierung der virtuellen Methoden
Quelle: Eigene Darstellung.

In einem wissenschaftlichen Beitrag von *Wenger* werden 154 Innovationswettbewerbe vor dem Hintergrund der Gestaltung von Gewinnen und deren Wirkung auf die Anzahl teilnehmender Nutzer analysiert.[366] Auf Basis einer Literaturrecherche leitet der Autor eine Systematisierung von sieben Grundtypen von Innovationswettbewerben her, die sich im Wesentlichen durch maßnahmenimmanente Zielsetzungen und adressierte Zielgruppen differenzieren lassen.[367] In seiner Analyse betrachtet er die durchgeführten Innovationswettbewerbe und geht dabei auf die Unterschiede wie beispielsweise Branche des Betreibers, Laufzeit, Wettbewerbsphasen und Wert der Gewinne ein. Dabei wurde festgestellt, dass etwa die Hälfte der Organisatoren ausschließlich monetäre Gewinne anbieten.[368] Hingegen setzten nur ein Fünftel ausschließlich nicht-monetäre Gewinne unter anderem in Form von Training, Coaching, Reisen, Verbrauchsgüter oder Berufsanstellungen ein. Die restlichen Wettbewerbe boten entweder gar keine Gewinne an oder Mischformen von monetären und nicht-monetären Gewinnen. Bezüglich der Gewinnstruktur konnte ermittelt werden, dass die häufigste

[366] Vgl. hierzu und im Folgenden Wenger (2013).
[367] Vgl. ebd. (2013), S. 55 f.
[368] Vgl. ebd. (2013), S. 135.

Gewinnanzahl bei einem Median von fünf Gewinnen liegt und in der Regel zwischen ein bis sechs Gewinnen variiert.[369] Durch weiterführende statistische Analysen bezüglich des Gestaltungsverhaltens der Organisatoren und des Teilnahmeverhaltens der Nutzer konnte herausgestellt werden, dass Organisatoren für Wettbewerbe, die außer der reinen Ideengenerierung auch eine Prototypenentwicklung voraussetzen und eine längere Laufzeit der Wettbewerbsphase erfordern, dafür höherwertige Gewinne anbieten.[370] Demnach wurde von den Veranstaltern angestrebt, den höheren Aufwand für die Beteiligung entsprechend mit höherwertigen Prämierungen adäquat zu kompensieren.

In dem Beitrag von *Scheiner et al.* wurde mit Hinblick auf die Anreize zur Nutzeraktivierung insbesondere der Einsatz von Spielmechaniken innerhalb von Innovationswettbewerben untersucht.[371] Demnach stellen spielerische Mechanismen eine Möglichkeit dar die Motivation zur freiwilligen Lösung von Aufgaben zu steigern und die Einsatzbereitschaft auch längerfristig aufrecht zu halten.[372] Auf Basis einer Literaturrecherche erfolgt eine konkrete Auflistung von Mechaniken, die oft in Spielen eingesetzt werden. Hierzu zählen Spielpunkte, soziale Punkte, einlösbare Punkte, Abzeichen, Ranglisten, Austausch und Levels. Zur Eruierung über den bisherigen Einsatz von Spielmechaniken in der Praxis wurden Experteninterviews aus Unternehmen, die direkt Innovationswettbewerbe organisiert haben oder zur kommissarischen Entwicklung beauftragt wurden, durchgeführt. Die Ergebnisse zeigen auf, dass in der Praxis zwar eine weite Verbreitung solcher Mechanismen gegeben ist allerdings bisher noch eine unzureichende Fundierung sowie weitere Potenziale im Rahmen der Erfolgsmessung zu beobachten sind.[373] Die befragten Experten führen dabei sowohl positive Aspekte wie der Stärkung der Nutzeraktivitäten und des Austauschs unter den Teilnehmern als auch mögliche Herausforderungen wie das Hervorrufen von unerwünschtem Verhalten oder der Einsatz wirkungsloser Anreize auf.[374]

Richter et al. untersuchen in ihrer Arbeit die Motive von Nutzern zur Teilnahme an Innovationswettbewerben, um Einsichten über die Bereitschaft und die Erfahrungen aus den Interaktionen mit dem Unternehmen zu gewinnen.[375] Insbesondere setzen die Autoren den Fokus ihrer Untersuchung darauf, Beweggründe zu ermitteln, die Aussage über andauernde Interaktionen über mehrere Maßnahmen hinweg bzw. im gegenteiligen Fall über den Abbruch der Interakti-

369 Vgl. ebd. (2013), S. 141.
370 Vgl. ebd. (2013), S 164 ff.
371 Vgl. hierzu und im Folgenden Scheiner et al. (2012).
372 Vgl. ebd. (2012), S. 782.
373 Vgl. ebd. (2012), S. 785 ff.
374 Vgl. ebd. (2012), S. 787 f.

onen mit dem Unternehmen liefern.[376] Hierzu wurde eine Umfrage mit Nutzern geführt, die in mehreren in Folge betriebenen Innovationswettbewerben des Schmuckherstellers Swarovski teilgenommen haben. Die Ergebnisse unterstreichen die Bedeutung der Erwartungshaltung von Nutzern vor allem im Zeitpunkt vor einer Teilnahme an einem Innovationswettbewerb und zudem auch die Relevanz der gesammelten Erfahrungen aus früheren Innovationswettbewerben. So konnte festgestellt, dass für eine erstmalige Teilnahme die Motive der Erlangung der ausgestellten Prämien und die Neugier für die Interaktionen bedeutsam sind.[377] Diese spielen allerdings für eine andauernde Teilnahme eine geringere Rolle. Hingegen ist der Spaß der Nutzer an gemeinschaftlichen Aktivitäten mit dem Unternehmen für die Ideengenerierung ausschlaggebend für die wiederholte Teilnahmebereitschaft.

In der Publikation von *Wendelken et al.* wurden die Motive unternehmensinterner Nutzer des Wettbewerbsbetreibers zur freiwilligen Teilnahme an einer virtuellen Community zur Innovationsentwicklung untersucht.[378] Hierzu wurden Experteninterviews von Mitarbeitern des Unternehmens Habermaaß, als ein mittelständiger Hersteller für Spielzeugwaren, Bekleidung und Möbeleinrichtungen, durchgeführt.[379] Dabei wurden für die Befragung sowohl Mitarbeiter, die teilnahmen als auch solche die eingeladen wurden aber keine Bereitschaft für eine Partizipation aufgezeigten, berücksichtigt. Es konnten in beiden Gruppen sowohl extrinsische als auch intrinsische Motive für eine mögliche Teilnahme identifiziert werden. Dabei ist bei intrinsischen Motiven die Tätigkeit selbst als Antriebsfaktor anzusehen und bei extrinsischen Motiven die Konsequenz, die sich aus einer Tätigkeit ergibt, viel mehr der handlungstreibende Parameter.[380] Bei den Teilnehmern konnten extrinsische Motive wie Weiterentwicklung der beruflichen Karriere, Reputationsaufbau im Unternehmen und Anerkennung von der Peer Group ermittelt werden, die allerdings nicht ausschlaggebend bei den Nicht-Teilnehmern waren.[381] Diese betonten hingegen Gründe wie die mangelnde monetäre Kompensation der Leistungserbringung und die tendenziell hinderliche Arbeitsatmosphäre, die innerhalb der jeweiligen Abteilung bezüglich einer Teilnahme an derartigen Initiativen ohne unmittelbaren Bezug zum Kerngeschäft gegeben war. Bei den Teilnehmern ließen sich intrinsische Motive wie Spaß an der Nutzerintegrationsmaßnahme, Gemein-

---

375 Vgl. hierzu und im Folgenden Richter et al. (2013).
376 Vgl. ebd. (2013), S. 78.
377 Vgl. ebd. (2013), S. 82 ff.
378 Vgl. hierzu und im Folgenden Wendelken et al. (2014).
379 Vgl. ebd. (2014), S. 224.
380 Vgl. Bartl (2006), S. 141; Bruhn (2009), S. 115.
381 Vgl. Wendelken et al. (2014), S. 228.

schaftsgefühl mit der Community und Austausch mit Gleichgesinnten beobachten.[382] Demgegenüber akzentuierten Nicht-Teilnehmer viel mehr Gesichtspunkte wie den erforderlichen Aufwand, den Zeitmangel, die Bedeutung der privaten Freizeit sowie den Mangel an benötigtem Fachwissen. Diese gewonnenen Ergebnisse liefern insbesondere Unternehmen erste Anhaltspunkte für eine erfolgsversprechende Anreizgestaltung bei der Aktivierung der eigenen betriebsinternen Nutzer.

Die Autoren *Bartl et al.* betrachteten in ihrer Arbeit die Einstellungen und die Motive des Unternehmens mit Hinblick auf die Durchführung von Nutzerintegrationsmaßnahmen.[383] Dabei wurden im Rahmen einer webbasierten Umfrage Innovationsmanager im deutschsprachigen Raum aus Industrien wie beispielsweise Banken, Versicherungen, Automobil und Transport für die Untersuchung einbezogen.[384] Es konnte festgestellt werden, dass auch wenn bislang noch etwa die Hälfte der Befragten noch keine Erfahrungen mit virtuellen Nutzerintegrationsmaßnahmen gesammelt hat, es dennoch eine positive Einstellung gegenüber dem Grundgedanken des Ansatzes besteht. Insbesondere wurden die Vorteile der Aufnahme von Bedürfnisinformationen, der effizienten Gewinnung einer Ideenvielfalt, der breiteren Entscheidungsgrundlage und der Reduzierung von Marktunsicherheiten genannt.[385] Demgegenüber wurden die wahrgenommen Nachteile des geringen Innovationsgrads der Ideen, Mangel an Geheimhaltung, Abstimmungsschwierigkeiten bei den Urheberrechten sowie eine möglicherweise beschränkte Fähigkeit der Bedürfnisformulierung der Nutzer genannt.[386] Zudem konnte festgestellt werden, dass aus einer positiven Grundhaltung nicht zwangsläufig auch eine entsprechende Handlung ausgelöst wird. Die Autoren begründen diese Beobachtung mit dem möglichen Einfluss der Vorgesetzten und der Peer Group innerhalb der Organisation, da derartige Maßnahmen üblicherweise auch weitere Abteilungen mit einbeziehen und eine fehlende Akzeptanz sich negativ auf die Karriereentwicklung der Innovationsmanager auswirken könnte. Aufbauend auf den Ergebnissen unterstreichen die Autoren den Bedarf weiterer Untersuchungen mit der Hervorhebung von Fallstudienanalysen, um durch tiefgreifende Analysen die genauen Hintergründe der Motive der Manager nachvollziehen zu können und diese mit dem organisationsspezifischen Kontext zur Erkenntnisgewinnung verknüpfen zu können.[387]

---

[382] Vgl. ebd. (2014), S. 229.
[383] Vgl. hierzu und im Folgenden Bartl et al. (2012).
[384] Vgl. ebd. (2012), S. 1036 ff.
[385] Vgl. ebd. (2012), S. 1039 ff.
[386] Vgl. hierzu und im Folgenden ebd. (2012), S. 1043.
[387] Vgl. ebd. (2012), S. 1044.

Einen Fallstudienansatz über die Motive von Unternehmen bei der Nutzerintegration verfolgte der Forschungsbeitrag von *Ernst/Voigt/Neumann* mit der Fokussierung auf die Sportwarenindustrie.[388] Dabei wurden auf Basis von qualitativen Experteninterviews die realisierten Einsatzfelder im Kontext des Open Innovation-Ansatzes erfragt sowie im speziellen die Integration von Lead Usern bei Herstellern der Branche untersucht.[389] Mit Hilfe einer Literaturrecherche klassifizierten die Autoren zunächst die Unternehmensmotive zur Nutzerintegration in akquisitorische, effektivitätsbezogene und effizienzbezogene Bereiche.[390] Ersteres umfasst beispielsweise die Steigerung der Kundenbindung, Förderung der Marktexpansion oder die Verbesserung von Absatzprognosen. Zweiteres beinhaltet Motive wie Gewinnung von Nutzerwissen bei der Produktanwendung oder der Steigerung der Qualität und Leistungsfähigkeit des Produktes. Letzteres adressiert insbesondere die Nutzenkomponenten der Reduzierung des Time-to-Markets und der Reduktion der Kosten für Forschung und Entwicklung. Bei der Analyse des Open Innovation-Erfahrungsgrads der untersuchten Hersteller konnte festgestellt werden, dass nur eine geringe Ausprägung vorweisbar war.[391] So wurden vorzugsweise Interaktionen mit Lead Usern in Workshops ohne jeglichen Einsatz von virtuellen Methoden geführt. Als Gründe für die Bedenken der Manager bezüglich der Nutzung virtueller Methoden wurden mögliche Risiken bei der Offenlegung von Innovationsideen, der höhere erwartete Administrationsaufwand und die höheren erwarteten Kosten, die bei der Organisation anfallen würden, genannt. Die Autoren kommen zum der Schlussfolgerung, dass die beobachteten begrenzten methodischen Fähigkeiten sowie Erfahrungswerte zur virtuellen Nutzerintegration ausschlaggebend für die reservierte Haltung sein könnten.[392] Entsprechend bestünde eine hohe Bedeutung in der Motivation der Mitarbeiter zur erstmaligen Auseinandersetzung und der interaktiven Einbindung von externen Wissensträgern auf Basis neuer Medien. Hierzu können weitere Forschungsarbeiten mit Hilfe von Fallstudienanalysen aus anderen Industrien neue kontextbezogene Erkenntnisse mit Hinblick auf die speziellen Branchengegebenheiten liefern und insbesondere durch die Einbindung von Managern mit bereits erworbenen Erfahrungswerten erweiternde Erkenntnisse bezüglich des erwarteten und beobachteten Kosten-Nutzen-Kalküls aufzeigen.

Die Akquirierung und Realisierung der Ideen von externen Nutzern, die im Rahmen von Innovationswettbewerben generiert werden, wurde in dem wissenschaftlichen Beitrag von

388 Vgl. hierzu und im Folgenden Ernst; Voigt; Neumann (2012).
389 Vgl. ebd. (2012), S. 2583.
390 Vgl. ebd. (2012), S. 2580 f.
391 Vgl. ebd. (2012), S. 2583.
392 Vgl. ebd. (2012), S. 2585.

Mortara/Ford/Jaeger untersucht.[393] Die Autoren haben mittels Experteninterviews Unternehmensvertreter aus fünf Fallstudien, bei der communitybasierte Innovationswettbewerbe zum Einsatz gekommen sind, insbesondere nach den akquisitorischen Mechanismen der Ideenaneignung sowie der Ideenumsetzung nach Abschluss der Maßnahme befragt ff.[394] Dabei konnten zum einen unterschiedliche Regelungen der Urheberrechte festgestellt werden, da die Teilnahmebedingungen unter anderem die Beibehaltung der Urheberrechte durch den Gewinner, den unmittelbaren Übergang der Urheberrechte an die Veranstalter gegen eine monetäre Kompensation sowie die Verwendung von Lizensierungsmodellen umfassten.[395] Zum anderen konnte ein ambivalentes Ergebnis hinsichtlich der gewonnenen und umgesetzten Ideen in den Unternehmen gezogen werden. So konnten sowohl Fälle aufgezeigt werden, bei denen das Unternehmen finanzielle und personelle Investitionen zur Realisierung getätigt hatte und auch dadurch Umsätze generieren konnte als auch solche bei denen keine Realisierung der Ideen erfolgt ist.[396] Die Autoren führen möglich Gründe auf, dass die Entwicklung und Kommerzialisierung der gewonnen Ideen sich insbesondere in neu etablierten Geschäftsfeldern als sinnvoll erweise. Auch wurden mögliche Gründe gegen die Ideenrealisierung aufgeführt wie die Bedenken der Manager bezüglich einer möglichen Kannibalisierung von bereits eingeführten Produkten sowie dem Not-Invented-Here-Syndrom, als ablehnende Einstellung gegenüber Ideen aus externen Quellen.[397]

Eine erste Analyse der Leistungsfähigkeit unterschiedlicher Nutzergruppen im Rahmen von Innovationswettbewerben wurde von *Poetz/Schreier* untersucht.[398] Die Autoren führten eine Fallstudienanalyse eines Herstellers von Babynahrung durch, um unterschiedliche Qualitätsbeiträge zwischen den Ideen von unternehmensinternen und -externen Teilnehmern zu ermitteln.[399] Im Rahmen der Auswertung der Ideen durch eine Jury konnten für beide Nutzergruppen jeweils ca. 50 Ideen auf die Kriterien der Neuigkeit, Kundennutzen, Realisierbarkeit sowie der gleichgewichteten Gesamtqualität bewertet werden.[400] Es konnte mittels statistischer Verfahren festgestellt werden, dass im komparativen Vergleich die unternehmensexternen Teilnehmer eine insgesamt höhere Ideenqualität aufwiesen, die sich durch einen ausgeprägten Neuigkeitsgrad und Kundennutzen auszeichnete.[401] Aufgrund der hohen Bedeutung

393 Vgl. hierzu und im Folgenden Mortara; Ford; Jaeger (2013).
394 Vgl. ebd. (2013), S. 1567.
395 Vgl. ebd. (2013), S. 1574.
396 Vgl. ebd. (2013), S. 1574 f.
397 Vgl. ebd. (2013), S. 1575.
398 Vgl. hierzu und im Folgenden Poetz; Schreier (2012).
399 Vgl. ebd. (2012), S. 249 ff.
400 Vgl. ebd. (2012), S. 252.
401 Vgl. ebd. (2012), S. 253.

der teilnehmenden Nutzergruppen für den Erfolg von Innovationswettbewerben unterstrichen die Autoren weiteren Forschungsbedarfs zur Berücksichtigung der Qualitätsbeiträge teilnehmender Nutzergruppen auch für andere Branchen. So könnte möglicherweise ein anderes Ergebnis bei wissensintensiveren Industriefeldern zu verzeichnen sein, bei denen unternehmensinterne Teilnehmer aufgrund ihrer hoch spezifischen Wissensbestände einen deutlichen Informationsvorteil gegenüber Externen haben. Zudem wird die Relevanz weiterer Forschungsarbeiten bei der Identifizierung und Gewinnung qualitativ hochwertiger Nutzergruppen im Rahmen von Innovationswettbewerben akzentuiert.[402] So könnte die aufgebrachte Motivation von Nutzern bei den Interaktionen mit dem Unternehmen ausschlaggebende Indizien zur Identifizierung der präferierten Nutzer mit hohen Qualitätsbeiträgen darstellen. Wie aus der empirischen Basis der beschriebenen Fallstudie zu entnehmen ist, wurde nur eine begrenzte Stichprobe analysiert, sodass weitere Untersuchungen mit einer höheren Gesamtzahl eingereichter Ideen weitere Erkenntnisse liefern könnten. Zudem könnte die Beobachtung des Nutzerverhaltens beispielsweise nach der Häufigkeit des produzierten Feedbacks innerhalb der Community oder der eingereichten Ideen Aufschluss über die Ermittlung hochmotivierter und leistungsstarker Nutzer liefern und damit dem Unternehmen als mögliche Identifikationskriterien dienen.

Die Autoren *Riedl et al.* untersuchen in ihrer Arbeit die Wirkung der Gestaltung unterschiedlicher Ratings, die von Nutzern durchgeführt werden und als ein möglicher Prädiktor bei der Auswahl der eingereichten Ideen durch das Unternehmen dienen könnten.[403] Hierzu erfolgt eine Gegenüberstellung von zwei Rating-Verfahren, bei dem zum einen mehrdimensionale Bewertungskriterien und zum anderen ein eindimensionales Bewertungskriterium, die im Rahmen eines Innovationswettbewerbs bei der Bewertung eingereichter Ideen angewandt wurde.[404] Dabei wurden die beobachteten Bewertungsergebnisse mit denen einer unabhängigen Expertengruppe als Kontrollgruppe verglichen.[405] Zudem wurden im Rahmen eines Webexperiments die Nutzer, die die unterschiedlichen Ratings durchgeführt haben, zur Beantwortung einer Umfrage herangezogen. Unter anderem konnte herausgefunden werden, dass mehrdimensionale Bewertungskriterien eine höhere Entscheidungsgüte als ein eindimensionales Bewertungskriterium aufweisen und sich somit eher als Prädiktor für ein Unternehmen auszeichnen.[406] Darüber hinaus wurde der Einsatz mehrdimensionaler Bewertungskrite-

402 Vgl. ebd. (2012), S. 253 f.
403 Vgl. hierzu und im Folgenden Riedl et al. (2013).
404 Vgl. ebd. (2013), S. 10 f.
405 Vgl. ebd. (2013), S. 15.
406 Vgl. hierzu und im Folgenden ebd. (2013), S. 28.

rien von den Nutzern bevorzugt. Auch konnte anhand einer Monte-Carlo-Simulation ermittelt werden, dass durchschnittlich 20 Bewertungen für eine Idee für ein stabiles Ranking benötigt werden und weitere Bewertungen nur mit einer geringfügigen Steigung der Prognosegenauigkeit einhergehen.

Weitere Vergleiche zwischen den Bewertungsergebnissen von Nutzern und Experten wurde in der Arbeit von *Schuurman et al.* aufgegriffen.[407] Hierzu wurde eine Fallstudie zum Themenfeld „Smart Cities", also inwiefern digitale Technologien das zukünftige Zusammenleben in städtischen Gebieten verbessern können, untersucht. Dabei wurde ein Innovationswettbewerb für die Stadt Ghent in Belgien organisiert, bei der die dortigen Bewohner auf einer Plattform Ideen einreichen und diese miteinander diskutieren konnten. Von den eingesammelten Ideen wurden die besten 30 Ideen, die jeweils von den Nutzern und den Experten bewertet wurden miteinander verglichen. Zunächst wurde bei den bewerteten Ideen aus beiden Gruppen zur städtischen Modernisierung ein insgesamt geringer Innovationsgrad ermittelt.[408] Darüber hinaus konnte in der komparativen Analyse der selektierten Ideen beider Gruppen festgestellt werden, dass mit Hinblick auf die Bewertungskriterien des Innovationsgrads und der Realisierbarkeit keine nennenswerten Unterschiede zu beobachten sind.[409] Allerdings zeichneten sich die Ideen der Gruppe der Nutzer durch einen signifikant höheren Anwendernutzen aus. Die Autoren führen die Schlussfolgerung, dass die Bewertungen der Gruppe der Nutzer für den Veranstalter als ein Indikator zur Identifizierung von Ideen mit einem hohen Anwendungsnutzen darstellen kann.[410]

Die Ermittlung wesentlicher Einflussfaktoren von Innovationswettbewerben war der Ausgangspunkt der Analyse von *Saxton/Oh/Kishore*.[411] In diesem Zusammenhang wurden Crowdsourcing-Plattformen auf denen Innovationswettbewerbe betrieben wurden analysiert und dabei eine Vielzahl von unterschiedlichen Merkmalsausprägungen ermittelt. Der erste Aspekt umfasst das Geschäftsmodell unter Berücksichtigung der zu entwickelten Dienstleistungen und Produkte, die an die Nutzer übertragen werden.[412] So kann das Geschäftsmodell nach einem sogenannten „Intermediary model" ausgerichtet sein, bei der Anbieter wie beispielsweise InnoCentive.com oder NineSigma.com für die Auftraggeber eine Plattform an bereits bestehenden Nutzern zur gemeinsamen Ideengenerierung und Produktentwicklung

407 Vgl. hierzu und im Folgenden Schuurman et al. (2012).
408 Vgl. ebd. (2012), S. 57 f.
409 Vgl. hierzu und im Folgenden ebd. (2012), S. 57.
410 Vgl. ebd. (2012), S. 5 58 f.
411 Vgl. hierzu und im Folgenden Saxton; Oh; Kishore (2013).
412 Vgl. ebd. (2013), S. 9.

anbieten. Der zweite Aspekt ist die Rolle der eingebundenen Nutzer, die je nach Aufgabenstellung und präferierter Zielgruppe unter anderem Forscher, Entwickler, Designer oder Tester adressieren können. Des Weiteren unterscheiden die Autoren nach dem Kollaborationsgrad, bei dem die Ausprägung der kollektiven Zusammenarbeit bei der Lösungsentwicklung betrachtet wird. Auch wird auf das Kompensationsmodell eingegangen, das sowohl monetäre als auch nicht-monetäre Gewinne beinhalten kann. Vertrauensbildende Mechanismen wie Unternehmen-Nutzer-Bewertungen aus früheren Interaktionen oder Treuhänder, die als vertrauensfördernde Drittpartei fungieren, stellen einen weiteren interaktionsbeeinflussenden Gesichtspunkt dar. Als letzter Aspekt wird auf den Einsatz von Interaktionsfunktionen wie den Ratings und Comments eingegangen, die sich ebenfalls nach ihrer Verfügbarkeit auf der der Plattform unterscheiden werden.[413] Die Autoren unterstreichen dabei den Forschungsbedarf den Wirkungsgrad dieser unterschiedlichen Einflussfaktoren auf den Erfolg der Maßnahmen anhand weiterer Untersuchungen empirisch zu prüfen.[414]

In dem wissenschaftlichen Beitrag von *Majchrzak/Malhotra* werden ebenfalls verschiedene Unterscheidungsmerkmale von Innovationswettbewerben aufgeführt.[415] In diesem Zusammenhang wird auf unterschiedliche Architekturen eingegangen, die bei der Einbindung von Nutzern zum Einsatz kommen können. Hierzu wird die erste Dimension der Produktion definiert, bei der betrachtet wird, inwiefern die Community bei der Beitragserstellung der webbasierten Plattform partizipiert.[416] Diese können durch Ideen in Text- oder Bildform, durch Kommentare zur Diskussion der hochgeladenen Ideen oder durch Votings als eine Ideenbewertung durch die Community erfolgen.[417] Zudem können mögliche Moderatoren zum Einsatz kommen, um die Lösungsentwicklung und den gemeinschaftlichen Austausch zu fördern. Die zweite Dimension adressiert den Co-Creation-Prozess, der im Wesentlichen Anreize und Verfügungsrechtsvereinbarungen umfasst.[418] Die Anreizgestaltung wird demnach in der Form ausgerichtet, dass entweder die qualitativ besten Ideen oder die aktivsten Nutzer innerhalb der Community beispielsweise nach der höchsten Anzahl der erstellten Kommentare prämiert werden. Die Regulierung der Verfügungsrechte kann dahingehend variieren, dass entweder die Nutzer die vollständigen Verfügungsrechte für die Aussicht auf den Erhalt der Prämierungen an das Unternehmen übertragen oder selbst einen prozentualen Anteil der

413 Vgl. ebd. (2013), S. 13.
414 Vgl. ebd. (2013), S. 14.
415 Vgl. hierzu und im Folgenden Majchrzak; Malhotra (2013).
416 Vgl. ebd. (2013), S .258 f.
417 Vgl. ebd. (2013), S .259.
418 Vgl. ebd. (2013), S .259 f.

eigenen Ideen beibehalten.[419] Anhand von drei Innovationswettbewerben „IBM Innovation Jams“, „Lego Mindstorms“ und „Heineken Idea Brewer“ zeigen die Autoren wie sich die betrachteten Gesichtspunkte bei den herangezogenen Beispielen voneinander unterscheiden.[420] Darüber hinaus wird auf potenzielle Problemstellungen im Rahmen der Organisation und Umsetzung von Innovationswettbewerben eingegangen, die eine geringe Kollaboration unter den Mitgliedern oder geringe Feedback-basierte Ideenweiterentwicklung beinhalten können.[421] Hierbei könnte eine einseitige Incentivierung der reinen Ideenproduktion zu einer hohen Ideengenerierung, aber mangelnden Kollaboration unter den Teilnehmern führen. Abschließend unterstreichen die Autoren weiteren Forschungsbedarf und gehen dabei unter anderem auf die besondere Relevanz von communitybasierten Innovationswettbewerben, bei denen sowohl wettbewerbliche als auch kooperative Mechanismen zum Einsatz kommen und demnach die Nutzer zur Teilnahme besonders motiviert sein könnten aber zugleich aufgrund der begrenzten Gewinne gegebenenfalls keine Bereitschaft zum Wissensaustausch innerhalb der Community aufweisen würden.[422]

Eine gegenüberstellende Untersuchung eines webbasierten Innovationswettbewerbs in Vergleich zu einer konventionellen Fokusgruppendiskussion führten *Schweitzer et al.*[423] Ziel der Arbeit war es anhand der Ergebnisauswertungen zu ermitteln, in welchen Situationen ein Innovationswettbewerbs gegenüber einer Fokusgruppendiskussion zu bevorzugen ist und vice versa. Hierbei wurden beide Maßnahmen von dem Mobilfunkhersteller Emporia zur Entwicklung von bedarfsgerechten Endgeräten für die Zielgruppe der Senioren umgesetzt und die erzielten Ergebnisse miteinander verglichen.[424] Es konnte festgestellt werden, dass der Innovationswettbewerb eine vergleichsweise etwa viermal höhere Anzahl an Ideen zu geringeren Kosten pro Idee generiert hat.[425] Durch die etwa achtmal höhere Anzahl an mobilisierten Teilnehmern konnte zudem eine insgesamt höhere Diversität eingereichter Beiträge eingesammelt werden. Somit wäre ein Innovationswettbewerb einer Fokusgruppendiskussion zu bevorzugen, wenn das Unternehmen möglichst eine Vielzahl unterschiedlicher und kreativerer Ideen entwickeln möchte. Hingegen ermöglicht eine Fokusgruppendiskussion eine unmittelbare Identifizierung der teilnehmenden Nutzer sowie eine detaillierte Ausarbeitung zielgruppenorientierter Kundenbedürfnisse, die bei einem Innovationswettbewerb

[419] Vgl. ebd. (2013), S .260.
[420] Vgl. ebd. (2013), S .260 ff.
[421] Vgl. ebd. (2013), S .262 f.
[422] Vgl. ebd. (2013), S .264.
[423] Vgl. hierzu und im Folgenden Schweizer et al. (2012).
[424] Vgl. ebd. (2012), S. 35.
[425] Vgl. hierzu und im Folgenden ebd. (2012), S. 36.

aufgrund der zum Teil beobachteten Anonymität der Mitglieder und der geringen Interaktionen auf der Plattform nur in begrenzter Form stattfindet.[426] Demnach sind Fokusgruppendiskussionen eher zu präferieren, wenn die detaillierte Formulierung und das tiefgreifende Verständnis bestimmter Kundenbedürfnisse stärker als die Sammlung einer Vielzahl an Ideen und dem damit verbundenen Lösungswissen priorisiert wird.

In dem Forschungsbeitrag von *Adamczyk et al.* wurde zunächst das Ziel verfolgt auf Basis einer Bestandsaufnahme wissenschaftlicher Arbeiten zum Thema virtuelle Nutzerintegration mit speziellem Fokus auf Innovationswettbewerbe unterschiedliche Forschungsströme aufzuzeigen und zusammenzufassen.[427] In diesem Zusammenhang wurden fünf Kategorien, die sich in den Perspektiven der Ökonomie, Management, Bildung, Innovation und Nachhaltigkeit differenzieren lassen, hergeleitet.[428] Darauf aufbauend wurden unterschiedliche Gestaltungselemente von Innovationswettbewerben aufgezeigt, die sich unter anderem in bestehende Gestaltungselemente wie dem genutzten Medium (online, offline), dem veranstaltenden Organisator (Unternehmen, öffentliche Einrichtungen, Individuen) und den teilnehmenden Nutzern (Individuen, Teams) unterscheiden lassen.[429] Zudem wurden auch neuere Gestaltungselemente aufgeführt, die Gesichtspunkte wie der Gewinnung der Aufmerksamkeit mittels Webseiten, Blogs, E-Mails, soziale Netzwerke, Mundpropaganda und der Anzahl wiederholender Wettbewerbe durch den Veranstalter berücksichtigen.[430] Im abschließenden Abschnitt des Beitrags gehen die Autoren auf weiteren Forschungsbedarf für die definierten Forschungsströme ein. Insbesondere in der Gruppe, die die Managementperspektive einnimmt und auch Gegenstand der vorliegenden Arbeit bildet, wird der Bedarf unterstrichen in weiteren Arbeiten vor allem auf die Frage einzugehen, wie eine Gestaltung von Innovationswettbewerben konkret vorgenommen wird, um eine möglichst hochwertiges Ergebnis für den Betreiber zu realisieren.[431] Hierzu könnten auch die Interaktionsfunktionen, die in der Community einen sozialen Austausch bei der gemeinschaftlichen Lösungsentwicklung ermöglichen, eine besondere Rolle spielen und sollten daher in zukünftigen Arbeiten weiter erforscht werden.[432] Die Autoren betonen zudem den Mangel an theoriefundierten Bezugsrahmen, die die Interaktionen mit Nutzern vor und während des Innovationswettbewerbs zur Innovationsentwicklung begründen könnten und weisen darüber hinaus den Bedarf von

---

426 Vgl. ebd. (2012), S. 37 f.
427 Vgl. hierzu und im Folgenden Adamczyk et al. (2012).
428 Vgl. ebd. (2012), S. 341 ff.
429 Vgl. ebd. (2012), S. 349 f.
430 Vgl. ebd. (2012), S. 350 ff.
431 Vgl. ebd. (2012), S. 353.
432 Vgl. ebd. (2012), S. 353 f.

methodisch umfangreicheren Analysen auf, die sich nicht nur auf die Fallstudiendeskription beschränken, sondern auch umfangreichere qualitative und quantitative Untersuchungen zur Erkenntnisgewinnung anwenden.[433]

Die fallstudiengestützte Analyse des Nutzerverhaltens zur Differenzierung unterschiedlicher Nutzergruppen war die Zielsetzung des Forschungsbeitrags von *Hutter et al.*[434] Unter dem entwickelten Konzept des „Communition“ unterscheiden die Autoren das Verhalten der Nutzer in kompetitiven und kooperativen Verhaltensmustern, da Nutzer einerseits in einer Wettbewerbssituation miteinander konkurrieren und andererseits durch integrierte Interaktionsfunktionen wie den Comments gegenseitiges Feedback bei der Entwicklung und Verbesserung der eingereichten Ideen liefern können.[435] Hierzu wurde ein angewandter Innovationswettbewerb in Kombination mit einer virtuellen Community des Unternehmens Osram, als ein Hersteller für Leuchtmittel, untersucht.[436] Auf Basis einer qualitativen Inhaltsanalyse wurden die Kommentarbeiträge zwischen den interagierenden Nutzer untersucht. Dadurch erfolgte eine inhaltliche Kategorisierung der Textbeiträge in unterschiedlichen Gruppen mit kooperativen und/oder kompetitiven Ausprägungen. Es konnte festgestellt werden, dass trotz der nur begrenzten Anzahl an bereitgestellten Gewinnen, die Nutzer zu einem Großteil (etwa die Hälfte) der Beiträge ausschließlich kooperativ und nur ein geringer Teil (etwa ein Zehntel) ausschließlich kompetitiv interagierten.[437] Darauf aufbauend wurden sowohl die Anzahl der produzierten Kommentare als auch die Anzahl der Ideen von einer begrenzt ausgewählten Stichprobe aus der Community unter Anwendung einer Social Network Analyse untersucht. Es konnten dabei vier Nutzergruppen mit unterschiedlichen Ideen- und Feedbackhäufigkeiten identifiziert werden.[438] Auch konnte beobachtet werden, dass die Gruppe mit einer hohen Feedbackanzahl und Ideenanzahl zwei der drei bereitgestellten Design-Auszeichnungen gewonnen hatte. Aus der Beobachtung des Indizes leiteten die Autoren die Schlussfolgerung her, dass diese Gruppe auch die höchste Ideenqualität für ein Unternehmen liefere aber unterstrichen zugleich den Forschungsbedarf weiterer Arbeiten, die diese Überlegungen empirisch stützen würden.[439] Da die Aussagekraft durch die reine Betrachtung der gewonnenen Auszeichnungen nur ein Indiz darstellt, könnte hierbei eine Bewertung der Qualität sämtlicher eingereichter Ideen der Nutzer mit den unterschiedlichen Aktivitätsgraden eine

433 Vgl. ebd. (2012), S. 355.
434 Vgl. hierzu und im Folgenden Hutter et al. (2011).
435 Vgl. ebd. (2011), S. 3 ff.
436 Vgl. ebd. (2011), S. 6 f.
437 Vgl. ebd. (2011), S. 9.
438 Vgl. hierzu und im Folgenden ebd. (2011), S. 14.
439 Vgl. ebd. (2011), S. 14 ff.

stärker validierte Einsicht ermöglichen. Zudem wurde beobachtet, dass die Kommentare größtenteils kooperative Elemente beinhalteten und auf die Verbesserung der eingereichten Ideen der Mitstreiter ausgerichtet waren.[440] Hierbei könnten weitergehende qualitative und quantitative Analysen den Einfluss des produzierten Feedbacks auf die Qualität der Ideeninhaber prüfen und den hier beschriebenen Beitrag bestätigende oder falsifizierende Erkenntnisse liefern. Außerdem beschränken sich die Autoren bei der Betrachtung des Feedbacks vornehmlich auf die Kommentarfunktion. Auch denkbar wäre bei einer weiteren Untersuchung den Einfluss des Feedbacks nicht nur auf die produzierten Kommentare, sondern auch auf weitere Interaktionsfunktionen wie den Ratings oder Profilnachrichten zu erweitern, um ein facettenreiches Verständnis zu erhalten.

Die Beschreibung der angeführten Forschungsbeiträge ermöglicht einen Einblick der bisherigen Erkenntnisse über das Forschungsthema der virtuellen Nutzerintegration für Innovationsprozesse mit besonderem Fokus auf communitybasierte Innovationswettbewerbe. Hiermit kann sowohl ein weiterer Forschungsbedarf identifiziert als auch eine entsprechende Einordnung des vorliegenden Untersuchungsvorhabens durchgeführt werden. Es wurden unterschiedliche Forschungsdefizite ersichtlich, die eine Grundlage für die vorliegende Arbeit bilden und im Folgenden zur Konkretisierung des durchzuführenden Forschungsvorhabens zusammengefasst werden. Zunächst wurde in den wissenschaftlichen Publikationen die Bedeutung von Fallstudienanalysen hervorgehoben, um sich auf vereinzelte Industrien spezialisieren und detaillierte Analysen zum besseren Verständnis kontextbezogener Hintergründe näher beleuchten zu können. So wurden bei der Unternehmensmotivation zur Durchführung einer virtuellen Nutzerintegrationsmaßnahme unterschiedliche Motive aufgeführt, die sich möglicherweise in akquisitorische, effektivitäts- und effizienzorientierte Gesichtspunkte zusammenfassen lassen. Dennoch bleibt die Frage unbeantwortet in welcher Industrie welche speziellen Motive in der Praxis ausschlaggebend sind. So könnten komplexere technologiegeprägte Produktfelder wie der Telekommunikationsbranche ganz unterschiedliche Zielsetzungen als die betrachteten Industrien der aufgeführten Forschungsbeiträge aufzeigen. Somit besteht ein weiterer Bedarf an Untersuchungen, die sich speziellen Industrien widmen und den dort gegebenen Unternehmensmotive aufzeigen und stärker ergründen. Darüber hinaus könnten tiefgehende Fallstudienanalysen auch mögliche Ursachen für die Erwartungshaltung der Initiatoren identifizieren, die sich beispielsweise aus der Betrachtung der situationsbezogenen Gegebenheiten wie des speziellen Geschäftsfelds, Kundenmarkts, Wettbewerbssituation, Erfahrungsgrads des Unternehmens mit neueren Medien begründen lassen. Hieraus

440 Vgl. ebd. (2011), S. 16.

könnte ein weitergehendes und dezidiertes Verständnis über die ausschlaggebenden Unternehmensmotive zu dem Forschungsfeld gewonnen werden.

Zudem wurde die Bedeutung der einbezogenen Nutzergruppen für den Erfolg virtueller Nutzerintegrationsmaßnahmen ersichtlich. Herbei konnten zwei interessante Differenzierungsmerkmale der Nutzergruppen für eine nähere Analyse ermittelt werden. Sowohl die Unterteilung der Nutzer nach ihrer Betriebszugehörigkeit in interne und externe Nutzer als auch die Unterteilung solcher nach dem Aktivitätsverhalten anhand der produzierten Ideen und Feedbacks weisen erste vielversprechende Erkenntnisse im Rahmen der Interaktionen mit dem Unternehmen auf. Nichts desto trotz bestehen nur wenige Arbeiten mit begrenzten Stichproben, die die Qualitätsbeiträge dieser unterschiedlichen Nutzergruppen ermittelt haben. Somit besteht der Bedarf nach weiteren Untersuchungen, die neben qualitativen Untersuchungen vor allem auch quantitative Auswertungen der Nutzerbeiträge auf Basis größerer Stichproben zur Ermittlung validierter Ergebnisse sicherstellen.

Ein wesentlicher Vorteil zum kombinierten Einsatz von Innovationswettbewerben und virtuellen Communities könnte die Möglichkeit der sozialen Interaktionen zwischen den Nutzern untereinander im Rahmen der Lösungsentwicklung darstellen. Demnach könnte vor allem die Ausgestaltungen der Plattform mit Hinblick auf die Interaktionsfunktionen wie den Comments oder Ratings sich gegebenenfalls positiv auf die Lösungsqualität der produzierten Ideen innerhalb der Community auswirken. Allerdings besteht zum besseren Verständnis des Untersuchungsgegenstands der Bedarf an Fallstudienanalysen, um weitergehende Erkenntnisse unter Berücksichtigung kontextbezogener Einflüsse ermitteln zu können. Auch unterstützen sowohl Experteneinschätzungen als auch statistische Analysen dabei mögliche Wirkungsbeziehungen auf die Lösungsqualität detailliert auszuwerten. Ein weiterer Forschungsdefizit, der bislang in der Literatur nur kaum Aufmerksamkeit gefunden hat, ist der Untersuchungsaspekt, welche weiteren methodenspezifischen Synergien sich auf den gemeinsamen Einsatz von Innovationswettbewerben und virtuellen Communities zurückführen lassen, um aus der Unternehmensperspektive entscheidungsunterstützende Gestaltungsempfehlungen beider Verfahren herleiten zu können. Ein kombinierter Einsatz könnte einen besonderen Einfluss auf die wahrgenommenen Nutzeraktivitäten und das beobachtbare Nutzerverhalten ausüben und sich entsprechend auf die gestellten Unternehmensziele auswirken.[441]

---

[441] Vgl. Haller; Bullinger; Möslein (2011), S. 106 ff.

Unter Berücksichtigung der identifizierten Forschungsdefizite und den dargelegten Überlegungen werden die drei forschungsleitenden Fragestellungen der vorliegenden Arbeit aufgestellt:

1: Welche Wirkungseffekte können das Zustandekommen der virtuellen Nutzerintegration aus der Sicht eines Unternehmens erklären?

2: Wie kann die Gestaltung der virtuellen Nutzerintegration innovationsfördernde Interaktionen zwischen Unternehmen und den partizipierenden Nutzern beeinflussen?

3: Wie wirkt sich die Kombination von virtuellen Communities und Innovationswettbewerben auf die Realisierung der Unternehmensziele eines Unternehmens aus? Welche methodenspezifischen Synergien können dabei identifiziert und durch einen kombinatorischen Ansatz ausgeschöpft werden?

3 Theoretische Fundierung der Untersuchung

Ziel des Kapitels 3 ist es ein theoretisches Fundament für die Untersuchung herzuleiten. Ausgangspunkt bildet dabei der noch zu verzeichnete Mangel an einer theoretischen Fundierung zur Beschreibung des jungen Forschungsfelds der virtuellen Nutzerintegration insbesondere mit etablierten theoretischen Erklärungsansätzen aus der Wissenschaft. Hierzu erfolgt in Kapitel 3.1 zunächst eine Erläuterung über die Auswahl der theoretischen Bezugspunkte für die vorliegende Untersuchung. In den folgenden Kapiteln werden zur Berücksichtigung sowohl der Unternehmensperspektive als auch der Nutzerperspektive die Erklärungsansätze der Interaktionstheorie, der neuen Institutionenökonomik, des Relational View und der Maslowschen Bedürfnishierarchie näher erläutert und auf den vorliegenden Untersuchungskontext übertragen. Das abschließende Kapitel 3.6 stellt eine Zusammenfassung dar und führt eine Synopse der Erklärungsbeiträge für die Untersuchung auf (siehe Abbildung 12).

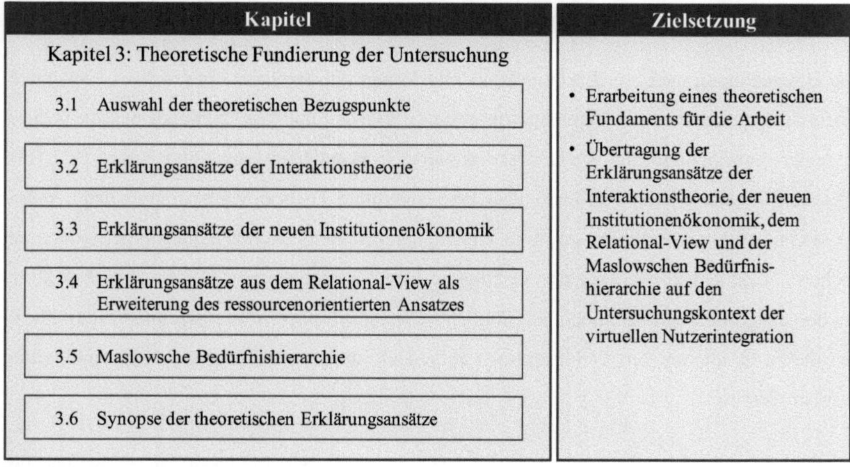

Abbildung 12: Struktur des Kapitels 3
Quelle: Eigene Darstellung.

3.1 Auswahl der theoretischen Bezugspunkte

Zur theoretischen Untermauerung des Forschungsvorhabens bedarf es zunächst einer Auseinandersetzung mit relevanten Theorieansätzen, die für den Untersuchungskontext übertragbare Erklärungsansätze liefern. Dieser Aspekt gewinnt gerade vor dem Hintergrund des Mangels an theoretischen Bezugspunkten des allgemeinen Forschungsfelds der innovationsgetriebenen Nutzerintegration immer mehr an Bedeutung.[442] Zur wissenschaftlichen Fundierung der

[442] Vgl. Bogers; Afuah; Bastian (2010), S. 865; Haller (2013), S. 24.

Untersuchung können hinsichtlich der Anzahl und des Auswahlverfahrens geeigneter Theorien verschiedene methodische Vorgehensweisen herangezogen werden, derer man sich bedienen kann. In der vorliegenden Arbeit finden Theorien aus unterschiedlichen Forschungsbereichen Berücksichtigung. Damit soll einer rein disziplinabhängigen Einschränkung der Untersuchungsperspektive vorgebeugt werden. Dies entspricht ferner der Leitidee des theoretischen Pluralismus.[443], die das Risiko mit sich bringt, dass unterschiedliche Ansätze ohne kompatible Konformität mit einander integriert werden.[444] Dieser Gesichtspunkt kann allerdings durch die ausführliche Auseinandersetzung mit den ausgewählten Theorien und ihrer adäquaten Übertragung auf den Untersuchungsgegenstand begegnet werden. Dem hier beschriebenen Ansatz steht der theoretische Monismus gegenüber,[445] also die Verwendung einer einheitlichen Theorie, bei der ihre Befürworter vornehmlich die Übersichtlichkeit und die logische Stringenz in den Vordergrund stellen.[446] Allerdings birgt dieses Vorgehen ebenfalls Risiken, die sich in der reinen Betrachtung theoriekonformer Tatbestände und dadurch der Vernachlässigung theoriekonträrer Befunde widerspiegeln.[447]

Die Hinzuziehung mehrerer Erklärungsmodelle fördert entsprechend eine weitaus kritischere Auffassung gegenüber paradigmengetriebenen Grundvorstellungen.[448] Hierzu brachte *Albert* in seiner Aufarbeitung zur Wertureilskontroverse in pointierter Form zum Ausdruck: „[Da man sich] niemals sicher sein kann, dass eine bestimmte Theorie wahr ist, auch dann, wenn sie die ihr gestellten Probleme zu lösen scheint, dann lohnt es sich stets, nach Alternativen zu suchen".[449] Zudem können bei der Verfolgung einer pluralistischen Forschungsperspektive bei den ausgewählten Denkmodellen mögliche Schwächen oder vernachlässigte Fragestellungen durch die alternativen Teildisziplinen aufgedeckt und durch eine adäquate Kombination gestützt werden.[450]

Bei dem theoretischen Pluralismus wird üblicherweise zwischen konkurrenzorientierten und komplementären Ansätzen als gegensätzliche Betrachtungsweisen unterschieden.[451] Ersterer postuliert, dass zur Förderung des Erkenntnisfortschritts eine kritische Konfrontation unterschiedlicher Theorien vorzunehmen ist, um dann diejenige zu berücksichtigen, die sich nach

443 Vgl. Feyerabend (1970), S. 305; Schurz (1993), S. 5.
444 Vgl. Freiling (2001), S. 15 f.
445 Vgl. Hans (1980), S. 12; Radnitzky (1971), S. 138.
446 Vgl. Spinner (1974), S. 72 ff.; Kuhn (2003) S. 14.
447 Vgl. Schurz (1993), S. 7; Hans (1980), S. 54; Albert (1991), S. 62.
448 Vgl. Feyerabend (2008), S. 71 ff.
449 Albert (1991), S. 59.
450 Vgl. von der Oelsnitz (1997), S. 20.
451 Vgl. Sauer (2004), S. 98; Gioia; Pitre (1990), S. 584 ff.

dem entsprechenden Erklärungsgehalt als dominant ausweist.[452] Hingegen ist beim zweiten Ansatz eine Koexistenz mehrerer Theoriegebäude aus verschiedenen Teildisziplinen möglich, sofern dadurch für den Untersuchungsgegenstand ein höherer Erklärungsgehalt erzielbar ist.[453] Dabei ist weder eine direkte Beziehung noch eine Integration der ausgewählten Ansätze für die Auswahl und Kombination voraussetzend.[454]

Um der allgemeinen Kritik eines übermäßig ausgeprägten Theorieeklektizismus, also einer willkürlichen Auswahl von Erklärungsansätzen entgegenzuwirken,[455] ist es erforderlich, die Zielsetzung der Untersuchung genauer zu reflektieren. Zum Verständnis des Forschungsproblems hinsichtlich der Voraussetzungen und Wirksamkeit virtueller Methoden ist es insbesondere bei dem explorativen Anspruch der Arbeit entscheidend, die Betrachtungsperspektive auf eine abstraktere Untersuchungsebene zu ziehen, da rein isolierte Methodenanalysen erfolgskritische Umwelt- und Gestaltungsparameter nicht hinreichend einbeziehen würden. Daher gilt es im Hinblick auf das Gesamtverständnis des Phänomens der virtuellen Nutzerintegration, eine vielschichtige Exploration durchzuführen, die sich neben methodenorientierten Aspekten auch mit organisationalen, prozessualen und motivationalen Aspekten auseinandersetzt. Vor diesem Hintergrund erweist sich gerade die Betrachtung mehrerer Denkmodelle aus benachbarten Wissenschaften für den Erkenntnisgewinn als vorteilhaft.[456] Zur ganzheitlichen Erklärung der Interaktionen zwischen Unternehmen und Nutzern eignet sich besonders eine dyadische Betrachtung, um Handlungsmotive beider Parteien beleuchten zu können. Dabei wird dennoch konsequent eine managementorientierte Perspektive eingenommen, um Handlungsempfehlungen zur Interaktionsgestaltung ableiten zu können.

Die Interaktionstheorie wird als Basistheorie zur grundlegenden Fundierung des Ordnungsrahmens verwendet. Sie erklärt das allgemeine Zustandekommen von Interaktionsbeziehungen und ist somit auch im vorliegenden Fall zur Erklärung der allgemeinen Handlungsmotive der virtuellen Nutzerintegration auf Seiten der Unternehmen und der Nutzer übertragbar. Die daraus abgeleiteten Kosten-Nutzen-Kalküle der jeweiligen Interaktionsparteien bieten wiederum adäquate Anknüpfungspunkte, die anhand weiterer erkenntnisbringender Theorien ergänzt werden können. Da das Unternehmen mit der virtuellen Nutzerintegration primär strategische und ökonomische Ziele verfolgt, kann hier vor allem das Relational View als

452 Vgl. Hans (1980), S. 44 ff.
453 Vgl. Homburg (2000), S. 69.
454 Vgl. Fritz (1992), S. 27 ff.
455 Vgl. Aufderheide (2004), S. 51; Diefenbach (2003), S. 249.
456 Die hier betrachteten Theorien basieren auf den Teildisziplinen der Betriebswirtschaftslehre, Volkswirtschaftslehre, Sozialwissenschaften und Medienwissenschaften.

erweiterter Ansatz der ressourcenorientierten Theorie, die sich allgemein mit der Wettbewerbsdifferenzierung auf Basis organisationsübergreifender Beziehungen beschäftigt, weitergehende Erkenntnisse liefern. Damit die Risiken bzw. die Kosten aus der Risikominimierung einer virtuellen Nutzerintegration nicht unberücksichtigt bleiben, werden Ansätze aus der neuen Institutionsökonomik, im Speziellen die Transaktionskosten- und die Prinzipal-Agenten-Theorie, herangezogen. Insbesondere vor dem Hintergrund effizienztheoretischer Überlegungen, der Berücksichtigung bestehender Informationsasymmetrien und damit einhergehend der potenziellen Opportunismusneigungen innerhalb der Interaktionsbeziehung liefern diese Ansätze hilfreiche Erkenntnisse für die vorliegende Untersuchung. Im Gegensatz zu den Motivstrukturen der Unternehmen sind die der Nutzer weitaus facettenreicher und tangieren neben ökonomischen Überlegungen vorwiegend verhaltenspsychologische Elemente. Daher erweisen sich motivationstheoretische Modelle wie die Maslowsche Bedürfnispyramide als erkenntnisfördernde Konstrukte, um das Verhalten der Nutzer vor und während einer Interaktionsbeziehung nachvollziehen zu können.

Abbildung 13 fasst die aufgeführten Überlegungen in einem theoretischen Ordnungsrahmen zusammen, die in den folgenden Kapiteln ausführlich ausgearbeitet werden. Zusammenfassend kann konstatiert werden, dass nur solche Theorien Berücksichtigung gefunden haben, die das Erklärungsmodell um zusätzliche relevante Erkenntnisse bereichern konnten. Da jeder der ausgewählten Forschungsansätze sich zur Begründung bestimmter Teilaspekte der Untersuchung eignet und sich ergänzend in das Gesamtkonstrukt einfügt, wird der komplementäre theoretische Pluralismus als eine geeignete Methodologie angesehen und im Rahmen der weiteren Untersuchung angewandt.

3.2 Erklärungsansätze der Interaktionstheorie

Zur Untersuchung der virtuellen Nutzerintegration bedarf es zunächst einer Basistheorie, die als theoretisches Fundament für die darauf aufbauenden und weiter differenzierten Untersuchungsaspekte dienen kann. Basistheorien haben im Gegensatz zu Supertheorien keinen universellen Gültigkeitsanspruch, sondern liefern eine grundlegende theoretische Verankerung und ermöglichen dadurch eine basale Strukturierung der beobachtbaren Phänomene.[457] Zur Erklärung der Entstehung der virtuellen Nutzerintegration im Rahmen der Produktentwicklung werden Erkenntnisse aus der Interaktionsforschung herangezogen. Die Ansätze der Interaktionstheorie erweisen sich gerade vor dem Hintergrund der gegenseitigen Beeinflussung und der interaktiven Beitragsgenerierung zwischen Unternehmen und Nutzern als eine

[457] Vgl. Weber (2003), S. 19 f.

adäquate theoretische Stütze. Ihre Eignung kann sich zudem auch in Publikationen bestätigen lassen, die sich mit dem Nutzerverhalten bei der Anwendung virtueller Methoden beschäftigen.[458]

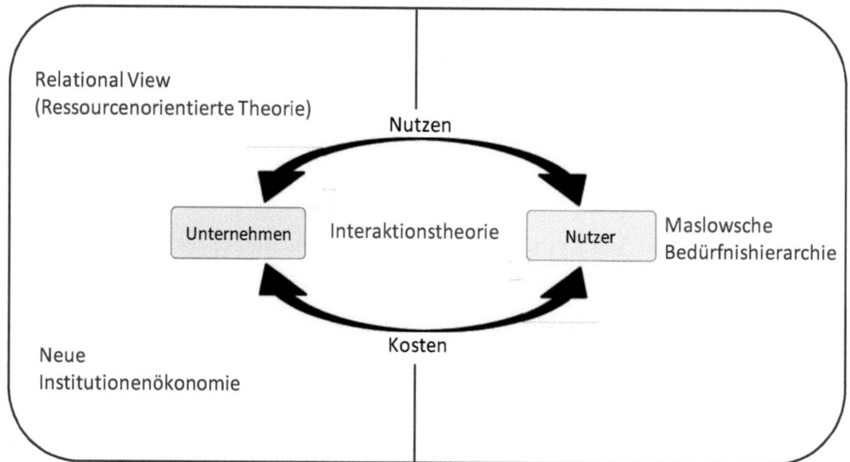

Abbildung 13: Zuordnung theoretischer Erklärungsansätze auf den Kontext der virtuellen Nutzerintegration mit dyadischer Interaktionsbetrachtung

Quelle: Eigene Darstellung.

Die Interaktionstheorien wurden vornehmlich durch die frühen sozialwissenschaftlichen Arbeiten von *Homans* und *Blau* nachhaltig geprägt.[459] Der Ansatz von *Homans*, als eine Basistheorie der Interaktionsforschung,[460] wurde auf einem abstrakten Niveau konzipiert und dient in erster Linie der allgemeinen Erläuterung der grundlegenden Verläufe sozialer Beziehungen zwischen zwei interagierenden Parteien.[461] Die dyadische Sichtweise ist dabei einer isolierten Sichtweise vorzuziehen, da die Interaktion in einem wechselseitigen Austauschprozess erfolgt und somit das Ergebnis beider Interakteure maßgeblich beeinflusst.[462] Vor allem durch die Analyse der Interaktion unter Berücksichtigung sozialer und psychologischer Aspekte wird die rein ökonomische Sichtweise komplettiert.[463] Dabei wird der einzelne Akteur mit seinen individuellen Entscheidungsmöglichkeiten in den Mittelpunkt der Betrachtung gestellt.[464] Diese akteurszentrierte Ausrichtung ist von strukturfunktionalistischen Handlungsmodellen abzugrenzen, bei denen das Verhalten des Individuums primär durch die

[458] Vgl. Hemetsberger (2001), S. 354; Bagozzi; Dholakia (2002), S. 4 ff.; Bartl (2006), S. 15 ff., Wobser (2003), S. 90 ff.

[459] Vgl. Homans (1958), Blau (1967).

[460] Vgl. Möller (2002), S. 39.

[461] Vgl. Homans (1972), S. 10 ff.

[462] Vgl. Backhaus; Voeth (2009), S. 104 ff.

[463] Vgl. Homans (1958), S. 597 f.; Blau (1967), S. 100.

Aufstellung institutionalisierter Vorgaben determiniert wird.

Interaktionen beruhen auf freiwilligen Handlungen, bei denen sowohl materielle als auch immaterielle Ressourcen ausgetauscht werden.[465] *Backhaus* definiert den Interaktionsprozess anhand der folgenden Kerneigenschaften:

- Bei einer Interaktion agieren mindestens zwei Partner miteinander,
- deren verbale und nicht-verbale Handlungen
- in einem interdependenten Verhältnis stehen.[466]

Die betrachteten Akteure versuchen, im Rahmen des Interaktionsprozesses einen maximalen Nutzen zu generieren und sind nur dann zu einer Teilnahme motiviert, wenn ihnen eine Belohnung und eine damit einhergehende Nutzensteigerung in Aussicht gestellt wird.[467] Da neben dem Nutzen auch monetäre und nicht-monetäre Kosten (letztere bspw. in Form eines kognitiven Aufwands) entstehen können, trifft das Individuum vor jeder Interaktion eine interne Abwägung dieser Komponenten.[468] Somit liegt nur dann eine Bereitschaft für einen Austausch vor, wenn aus dem Kosten-Nutzen-Vergleich mindestens ein positiver Nettonutzen hervorgeht.[469] Dabei impliziert das Entscheidungskalkül die Annahme, dass die Akteure bereits im Vorfeld zukünftige Ereignisse im gesamten Interaktionsprozess antizipieren und rationale Entscheidungsfindungen realisieren können.[470]

Des Weiteren spielen bei der Entscheidungsfindung auch periodenübergreifende Einflussfaktoren eine maßgebliche Rolle.[471] Hat ein Akteur in der Vergangenheit einen negativen Nettonutzen erzielt und somit eine nicht zufriedenstellende Erfahrung mit einer bestimmten Partei gesammelt, wird dieser bei seiner nächsten Interaktionsabwägung sein Kosten-Nutzen-Verhältnis gegenüber der bestimmten Partei negativ beeinflussen lassen.[472] Eine langfristige Stabilität der Beziehung ist mithin nur dann gegeben, wenn beide Seiten ein kontinuierlich zufriedenstellendes Ergebnis in Form eines positiven Nettonutzens erreichen können.

Thibaut/Kelley befassen sich eingehender mit der relativen Betrachtung bestehender Alterna-

---

464 Vgl. Abels (2004), S. 148.
465 Vgl. Homans (1961), S. 13.
466 Vgl. Backhaus (2003), S. 140.
467 Vgl. Blau (1967), S. 88 ff.
468 Vgl. Homans (1958), S. 603.
469 Vgl. Lerner; Tirole (2000), S. 20.
470 Vgl. hierzu und im Folgenden Abels (2004), S. 148.
471 Vgl. Homans (1961), S. 55.
472 Vgl. Homans (1972a), S. 61 ff.

tiven und akzentuieren bei ihrer Analyse eine dynamisch komparative Sichtweise.[473] Die untersuchten Interaktionsparteien verfügen stets über zwei Handlungsoptionen, die sich entweder in der Beteiligung am sozialen Interaktionsprozess oder im Verzicht der angebotenen Möglichkeit und der Ausübung alternativer Tätigkeiten niederschlagen. Ein besonderes Merkmal ihres Modells ist die Einbeziehung zweier Vergleichsniveaus, die sich durch das „comparison level", als Durchschnittswert der gesammelten Erfahrungen mit einem Interaktionspartner, und das „comparison level for alternatives", als Vergleichswert der bestehenden Alternativen, definieren lassen.[474] Demnach wird die Entscheidung zur angebotenen Interaktion positiv ausfallen, wenn das zu erwartende Ergebnis nicht nur höher als die bereits gemachten Erfahrungen mit dem entsprechenden Interaktionspartner ist, sondern auch höher als seine bestehenden Alternativen.[475] Dieses Entscheidungskalkül lässt Abhängigkeitsverhältnisse zutage treten, da sich auch bei negativen Erfahrungen mit einem Anbieter eine positive Teilnahmeentscheidung einstellen kann, sofern keine besseren Alternativen zur Verfügung stehen. *Hirschmann* erweitert diese Überlegungen dahingehend, dass bei Unzufriedenheit innerhalb von Abhängigkeitsverhältnissen neben der Abwanderung auch die Option der Beschwerde gegenüber dem Anbieter, mit dem Ziel der Leistungsanpassung, besteht.[476] Dabei wird angenommen, dass die Wahrscheinlichkeit der Beschwerde steigt, je höher die Aussicht auf Erfolg erscheint und je stärker das Abhängigkeitsverhältnis zum Anbieter ist.[477] Wechselbarrieren lassen sich dabei vor allem durch die Attraktivität von Alternativen, die wahrgenommene Bedeutung der angebotenen Leistung sowie die ökonomischen und psychischen Bindungen an den Anbieter begründen.[478]

Die Interaktionsforschung unterliegt dennoch einigen Kritikpunkten. Zunächst besteht bei der Interaktionsforschung kein übergreifender Konsens hinsichtlich eines allgemeingültigen Ansatzes, sie ist vielmehr durch eine vielschichtige Wissenslandschaft mit unterschiedlichen Anwendungsfällen geprägt.[479] Des Weiteren sind die einzelnen Komponenten der Kosten-Nutzen-Werte nicht hinreichend konkretisiert, so dass sich ihre Quantifizierung und Aggregation nicht unmittelbar umsetzen lässt.[480] Ebenso sind die genauen kognitiven Mechanismen und Entscheidungsprozesse im Rahmen der Kosten-Nutzen-Abwägung unzureichend

[473] Vgl. Thibaut; Kelley (1959).
[474] Vgl. ebd, S. 21 ff.
[475] Vgl. ebd, S. 23 f.
[476] Vgl. Hirschmann (1974), S. 4.
[477] Vgl. ebd. (1974), S. 28 ff.
[478] Vgl. Schütze (1992), S. 94.
[479] Vgl. Backhaus; Voeth (2009), S. 106 ff.
[480] Vgl. Malewski (1977), S. 2 ff.; Schanz (1977), S. 170 ff.

beleuchtet.[481] Somit fehlt es an einer empirischen Überprüfbarkeit der Erklärungsmodelle, die sich unter anderem auf einen Mangel an adäquaten Datengewinnungsmethoden zurückführen lässt.[482] Die Interaktionstheorie nach *Homans* beschränkt sich auf eine rein dyadische Betrachtung, berücksichtigt im Rahmen des Interaktionsprozesses keinen multipersonellen Kontext und entzieht sich ferner der Analyse komplexer Dynamiken durch die Einflussnahme weiterer Interaktionsparteien.[483]

Trotz der aufgeführten Kritikpunkte eignet sich die Interaktionstheorie als grundlegender Ordnungsrahmen für die weitere Untersuchung, da sie aufgrund ihrer abstrakten und vereinfachten Darstellung allgemeine Gesetzmäßigkeiten beschreibt.[484] Zudem liefert das Denkmodell wichtige deskriptive Erkenntnisse, die zum besseren Verständnis der virtuellen Nutzerintegration beitragen und die Ableitung von Handlungsempfehlungen möglich machen. Der Grundgedanke des Kosten-Nutzen-Vergleichs vor jeder Interaktion lässt sich auch auf die Zusammenarbeit zwischen Unternehmen und Nutzer übertragen, da diese zum einen auf rein freiwilliger Basis erfolgt, im Gegensatz zu Produkten mit auferlegten Self-Service-Bedingungen, bei denen den Kunden zwangsläufig Aufgaben übertragen werden.[485] Zum anderen bewerten beide Seiten im Rahmen des Innovationsprozesses die sich aus der Kollaboration ergebenden Vor- und Nachteile und leiten die Interaktion nur bei einem Vorteilsüberschuss ein. Dabei wird im Interaktionsprozess vor allem Wissen ausgetauscht.[486] Im Bestreben, das implizite und explizite Wissen der Anwender zu absorbieren und in die Produktentwicklung zu übertragen, verfolgt das Unternehmen in erster Linie strategische und ökonomische Ziele, die sie den benötigten Ressourcen und unterschiedlichen Risiken, wie fehlende Konsensfindung oder defizitäre Koordination, gegenüberstellen muss.[487] Hingegen bewegt die Nutzer neben finanziellen Aspekten eine Vielzahl weiterer Motive mit intrinsischer und extrinsischer Ausprägung.[488] Diese müssen ebenfalls den für die Interaktion notwendigen materiellen und immateriellen Ressourcen gegenübergestellt werden. Dabei kann die Initiierung zur Kollaboration sowohl vom Unternehmen als auch von den Nutzern ausgehen. Dieser Aspekt wird in den von *von Hippel* aufgestellten polaren Modellen des „Manufacturer-Active-Paradigm" und des „Customer-Active-Paradigm" besonders aufgegrif-

[481] Vgl. Götz (1995), S. 95.
[482] Vgl. Backhaus; Voeth (2009), S. 115 f.
[483] Vgl. Schanz (1977), S. 167 ff.
[484] Vgl. Miebach (2010), S. 444.
[485] Vgl. Reichwald; Piller (2009), S. 45.
[486] Vgl. Vollmann; Lindemann; Huber (2012), S. 6.
[487] Vgl. Ili; Albers (2010), S. 46 ff.
[488] Vgl. Füller (2010), S. 106.

fen (siehe dazu Kapitel 2.1.4).[489] In der vorliegenden Arbeit werden solche Anwendungsfälle beleuchtet, bei denen die Initiative unternehmensseitig ausgeübt wird.

Da mittlerweile in der Praxis industrieübergreifend zahlreiche attraktive Initiativen zur Nutzerintegration angeboten werden und zudem der Kollaboration mit Unternehmen keinerlei Verpflichtung auferlegt ist, wird grundsätzlich von einer eher geringen Wechselbarriere ausgegangen.[490] Diese Annahme hebt eine wettbewerbsorientierte Sichtweise um die Gewinnung bereitwilliger Nutzer in den Vordergrund und postuliert aus Unternehmenssicht die Notwendigkeit einer komparativen Betrachtung mit konkurrierenden Interaktionsangeboten, die den Nutzern zur Verfügung stehen, anstatt einer rein isolierten Betrachtung der eigenen angebotenen interaktionsabhängigen Kosten-Nutzen-Komponenten. Dementsprechend stellt sich für das Unternehmen zunächst die Herausforderung, neben der Sicherstellung des eigenen positiven Nettonutzens aus einer Nutzereinbindung auch die Kosten und Nutzen auf der Nutzerseite zu identifizieren, um auch dem Nutzer in einem ersten Schritt aus isolierter Sicht einen positiven Nettonutzen zu gewährleisten, damit dieser eine grundsätzliche Teilnahmebereitschaft überhaupt in Erwägung zieht.[491] Im Folgeschritt gilt es, um von den Nutzern gegenüber konkurrierenden Maßnahmen bevorzugt zu werden, diesen einen höheren positiven Nettonutzen auch gegenüber alternativen Interaktionsmöglichkeiten anzubieten. Somit lässt sich zusammenfassend folgendes unternehmerisches Entscheidungskalkül für eine erfolgreiche Nutzerintegration festhalten: Als notwendige Bedingung gilt die Sicherstellung eines positiven Nettonutzens sowohl bei dem Unternehmen selbst als auch bei dem Nutzer. Darüber hinaus gilt als hinreichende Bedingung die Erzielung eines höheren komparativen Nettonutzens bei dem Nutzer gegenüber seiner nächstbesten Alternative (siehe Abbildung **14**).

3.3 Erklärungsansätze der neuen Institutionenökonomik

Die Ansätze der neuen Institutionenökonomik, denen die Transaktionskostentheorie und die Prinzipal-Agenten-Theorie zuzuordnen sind, versprechen eine weitere theoretische Stütze für die vorliegende Arbeit darzustellen. Die Gestaltung der virtuellen Nutzerintegration aus der Perspektive des Unternehmens hebt vor allem institutionelle Fragestellungen in den Mittelpunkt der Betrachtung. Bei der kollaborativen Wertschöpfung zwischen Unternehmen und

489 Vgl. hierzu und im Folgenden von Hippel (1978a), S. 242 ff.
490 Vgl. Roth (2012). Beispielsweise führt Roth auf der Webseite tiki-toki.com eine mehrjährige Zeitleiste mit der Übersicht einer Vielzahl von Crowdsourcing-Initiativen bekannter Marken auf.

Nutzer üben sowohl formelle als auch informelle Vereinbarungen einen grundlegenden Einfluss auf den Erfolg der gemeinsamen Anstrengungen aus.[492] Während die Bedeutung formeller Vereinbarungen sich bei der Verteilung der Urheberrechte beispielhaft an den gemeinsam erarbeiteten Ergebnissen messen lässt, bildet die grundsätzliche Einstellung der Nutzer gegenüber kollektiven Anstrengungen mit Unternehmen einen beispielhaft informellen Faktor ab. Insbesondere werden, wie in den folgenden Kapiteln gezeigt wird, aufgrund der Auseinandersetzung mit Informationsasymmetrien und möglichen Risiken in Interaktionsprozessen vielseitige Anknüpfungspunkte für die vorliegende Untersuchung ersichtlich.

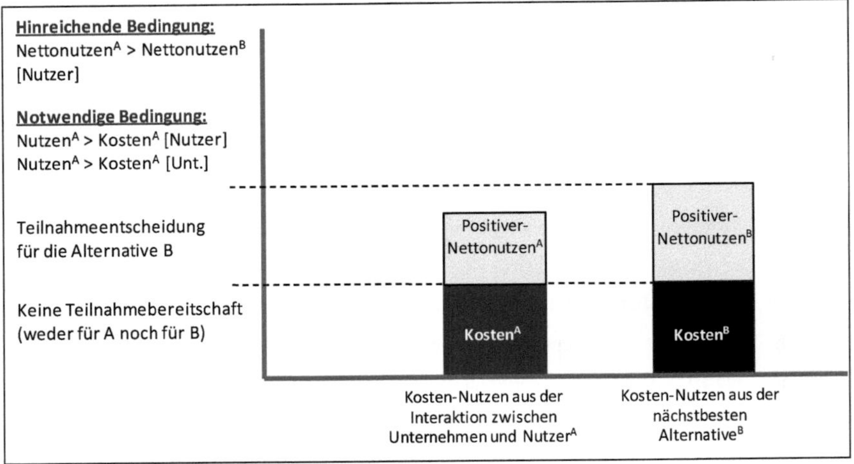

Abbildung 14: Kosten-Nutzen-Verhältnis als Grundlage zur Erzielung einer Teilnahmebereitschaft
Quelle: Eigene Darstellung, in Anlehnung an Backhaus; Voeth (2009), S. 17 ff.

Die neoklassischen Theorien, die bis zur Mitte des 20. Jahrhunderts die Wirtschaftswissenschaften maßgeblich beeinflusst haben, befassten sich mit dem wirtschaftlichen Handeln unter der Zielsetzung der Allokationseffizienz auf Basis von Nachfrage-, Produktions- und Kostenfunktionen.[493] Durch die Annahme vollkommener Informationen und der Vernachlässigung realitätsnaher Problemstellungen, wie etwa der Transaktionskosten, konnten mathematisch

[491] Vgl. Backhaus; Voeth (2011), S. 12 f. Die Autoren sprechen bei der Erfüllung beider Bedingungen von komparativen Konkurrenzvorteilen. Ihre Analyse der Wettbewerbsdifferenzierung hat die Ausrichtung auf Industriegütermärkte, lässt sich aber aufgrund ihrer generischen Heuristik auch auf den vorliegenden Fall übertragen.

[492] Vgl. Reichwald; Piller (2006), S. 79 f.

[493] Vgl. Swoboda (2005), S. 40.

genaue Ergebnisse erzielt werden.[494] Die Bedeutung und Entstehung von Institutionen spielten dabei eine nur untergeordnete Rolle.[495]

Die neue Institutionenökonomik, die als Erweiterung der Neoklassik angesehen werden kann, stellt hingegen diese Bedeutung unter wirtschaftlichen Gesichtspunkten in den Vordergrund der Betrachtung.[496] Im Kern wird die Fragestellung hinsichtlich der Selektion geeigneter Organisationsformen bei der Bewältigung arbeitsteiliger Aufgaben analysiert.[497] Die Notwendigkeit der Arbeitsteilung respektive Spezialisierung ist vordergründig das Resultat ressourcenknappheitsbedingter betriebs- und volkswirtschaftlicher Probleme.

Institutionen agieren dabei sowohl im marktlichen (unter anderem in Form von Märkten und Unternehmen) als auch im politischen Umfeld (in Form von Verfassung und Staat).[498] Politische Institutionen beinhalten die wesentlichen Anwendungsgebiete der neuen politischen und der Verfassungsökonomik und sollen in der vorliegenden Arbeit nicht weiter erforscht werden.[499] Marktliche Institutionen basieren auf den Ansätzen der Transaktionskosten-Theorie, der Prinzipal-Agenten-Theorie und der Property-Rights-Theorie, die nicht klar voneinander abzugrenzen sind, sich oftmals überlappen und zum Teil sogar aufeinander aufbauen.[500]

Der Begriff Institution beschreibt ein System von Gesetzen oder Verträgen, die das Verhalten der Individuen beschränken und in beabsichtigte Richtungen kanalisieren.[501] Die aufgestellten Regeln können sowohl in formeller als auch informeller Ausprägung in Erscheinung treten.[502] Dieser Definition zufolge können ihnen ebenfalls Verhaltensabsprachen, Normen, Sitten und Bräuche zugeordnet werden. Mit den Institutionen gehen Motivations- und Koordinationsprobleme einher, zu deren Lösung man der Information und der Kommunikation bedarf.[503] Bei erfolgreicher Etablierung von Institutionen können vielseitige Vorteile am Markt erzielt werden. Darunter fallen die steigende Produktion sowie der Austausch von Gütern und damit

494 Vgl. Richter; Furubotn (2003), S. 13 f. Die Autoren widmen sich in Kapitel 1.2 der angegebenen Quelle wichtigen institutionellen Fragestellungen, die in der Neoklassik aufgrund der vereinfachenden Annahme fehlender Transaktionskosten nicht behandelt werden können.
495 Vgl. Erlei; Leschke: Sauerland (2007), S. 26.
496 Vgl. Richter; Furubotn (2003), S. 1.
497 Vgl. Picot; Reichwald; Wigand (2003), S. 38.
498 Vgl. Woratschek; Roth (2005), S. 146 f.
499 Eine weiterführende Literatur zu nicht-marktlichen Institutionen unter Erlei; Leschke: Sauerland (2007), S. 42 ff.
500 Vgl. Picot et al. (2012), S. 57; Woratschek; Roth (2005), S. 147.
501 Vgl. Erlei; Leschke; Sauerland (2007), S. 22.
502 Vgl. North (1992), S. 4.
503 Vgl. Picot; Reichwald; Wigand (2003), S. 39 f.

verbundene Wohlstandzuwächse.[504] Weitere Effekte, wie die Reduzierung von Unsicherheit und verbesserte Vorhersehbarkeit von Ereignissen auch im Hinblick auf wechselseitige Verhaltenserwartungen, begünstigen ex ante die Entscheidungssituation.[505]

Institutionsökonomische Ansätze weisen vor allem die Gemeinsamkeiten des methodologischen Individualismus, der individuellen Nutzenmaximierung und der begrenzten Rationalität auf.[506] Bei dem methodologischen Individualismus werden soziale Gebilde auf Basis von individuellen Bedürfnissen, Motiven und Handlungen von Subjekten, die diesen Systemen angehören, analysiert.[507] Die individuelle Nutzenmaximierung besagt, dass Akteure im Rahmen ihrer Handlungsoptionen stets bestrebt sind, die Alternative zu wählen, die ihnen den höchstmöglichen Nutzen gewährt. Dieser Annahme nahestehend und hierbei ebenso relevant ist die des Opportunismus, die als Verfolgung des Eigennutzens unter Anwendung bewusster Täuschung ohne jegliche Rücksicht auf andere definiert wird.[508] Dabei kann zwischen aktiven und passiven Formen des Opportunismus differenziert werden.[509] Während bei dem aktiven Opportunismus Verbote, die sich aus Abmachungen ableiten lassen, überschritten werden, handelt es sich bei dem passiven Opportunismus um die bewusste Unterlassung vereinbarter Anweisungen.

Die zentrale Annahme der Informationsvollkommenheit aus der Neoklassik, die wegen ihrer restriktiven Realitätsnähe erheblich kritisiert wurde, ist in der neuen Institutionenökonomik um die Annahme unvollkommener Informationen und einer begrenzten Rationalität verändert worden.[510] Die Einschränkung impliziert, dass durch die Suche nach problemrelevanten Informationen Suchkosten entstehen, sodass sich die unbegrenzte Wissensaufnahme zur Erzielung des Optimums als zu kostspielig erweist.[511] Aufgrund der limitierten kognitiven Fähigkeit des Individuums, Wissen zu verarbeiten, können zudem Entscheidungen nicht vollständig rational getroffen werden.[512] Dies hat zur Folge, dass das aus der Nationalökonomie des 18. Jahrhunderts stammende Menschenbild des Homo Oeconomicus nicht beharrlich sein Nutzenoptimum verfolgt, sondern vielmehr nach einer befriedigenden Lösung strebt.[513]

504 Vgl. Erlei; Leschke: Sauerland (2007), S. 33.
505 Vgl. Kleinaltenkamp; Marra (1995), S. 108 f.
506 Vgl. Picot; Dietl; Franck (2008), S. 40 ff.
507 Vgl. Schumpeter (1908), S. 88 ff.
508 Vgl. Williamson (1985), S. 54.
509 Vgl. Wathne; Heide (2000), S. 40 f.
510 Vgl. Möller (2004), S. 52 f.; Woratschek; Roth (2005), S. 146.
511 Vgl. Richter; Furubotn (2003), S. 4.
512 Vgl. Simon (1957), S. 199 ff.
513 Vgl. Simon (1956), S. 129 f. Der Autor bezeichnet diese Vorgehensweise zur Entscheidungsfindung unter Berücksichtigung der modifizierten Limitationen als „satisficing", einer Wortkombination aus „satisfy" und „suffice".

Der durch die Suche entstehende Aufwand wird bei der Lösungsfindung in Betracht gezogen und entwickelt sich somit zu einem entscheidungsrelevanten Parameter. Auch die Unsicherheit über den Eintritt zukünftiger Ereignisse und die möglichen Konsequenzen kann als ein weiteres Element zur Begründung einer begrenzten Rationalität angesehen werden.[514]

Die Betrachtung der Realität vor dem Hintergrund unvollkommener Informationen lässt den Schluss einer asymmetrischen Informationsverteilung zwischen den am Markt agierenden Akteuren zu. Da fast jede Transaktion am Markt ungleiche Informationsstände aufweist, ist auch die Gefahr des opportunistischen Verhaltens innerhalb dieser Transaktionsbeziehungen stets gegeben.[515] Die Untersuchung dieser Asymmetrien und deren Auswirkungen ist Kernbestandteil der Informationsökonomik und wird zugleich in den Teildisziplinen der neuen Institutionenökonomie unter Berücksichtigung der Einflüsse durch Transaktionskosten unter anderem bei der Informationsbeschaffung und -verarbeitung aufgegriffen.[516]

Neuen Informations- und Kommunikationstechnologien wird angesichts des Institutionenwandels insbesondere bei der Betrachtung von Unternehmen und Märkten eine essenzielle Rolle eingeräumt, da die traditionellen Grenzen innerhalb und außerhalb der Unternehmen sich verschieben und zu neuen modifizierten Wertschöpfungsprozessen führen.[517] Dies hat ferner zur Folge, dass sich Unternehmen immer mehr neuen Geschäftsmodellen zuwenden, die den Wettbewerb zwischen unterschiedlichen Wertschöpfungsstrukturen einheizen, wodurch Branchen sich langfristig einem strukturellen Wandel unterziehen.[518] Dabei erweisen sich aufgrund senkender Kommunikationskosten vor allem kollaborative Wertschöpfungsmodelle zwischen Unternehmen und Nutzern als vielversprechende Alternativen.[519] Beispielsweise basiert das Konzept des Unternehmens Threadless auf einer neuen Form der interaktiven Wertschöpfung, bei der die Produkte in Form von T-Shirts auf kollaborative Weise mit den Teilnehmern der Community entwickelt und vertrieben werden.[520]

Diese Entwicklung hat ihren Ursprung in einer Vielzahl von Tendenzen. Die Arbeitsteilung innerhalb von Unternehmen entwickelt sich, ausgehend von starren hierarchiegeprägten Strukturen mit klar definierten Abteilungen bzw. Aufgaben hin zu abteilungsübergreifenden

514 Vgl. Langer (2011), S. 60 f.
515 Vgl. Fließ (2000), S. 269 f.
516 Vgl. Woratschek; Roth (2005), S. 146. Die Auseinandersetzung mit der Transaktionskostentheorie und der Prinzipal-Agenten-Theorie als Teildisziplinen der neuen Institutionenökonomik erfolgt in Kapitel 3.1.1 bis 3.1.2.
517 Vgl. hierzu und im Folgenden Picot et al. (2012), S. 2 ff.
518 Vgl. Clement; Schreiber (2010), S. 38 f.
519 Vgl. Baldwin; von Hippel (2010), S. 25 f.
520 Vgl. Reichwald; Piller (2009), S. 2.

Projektarbeiten in virtuellen Teams.[521] Die steigende weltweite Vernetzungsdichte ermöglicht den Zugang zu neuen Märkten, verschafft den Zugriff auf zentral gelagerte Wissensdepots, erleichtert eine räumlich und zeitlich unabhängige Kollaboration und vereinfacht zudem die Auslagerung von Wertschöpfungsstufen ins Ausland.[522] Diese beispielhaften Entwicklungen verändern die bekannten Koordinations- und Motivationsprobleme und schaffen dadurch neue zu bewältigende Herausforderungen.

3.3.1 Transaktionskostenökonomik

Der Ansatz der Transaktionskostenökonomik geht auf die Veröffentlichung von *Coase* aus 1937 zurück[523] und wurde zu Beginn der 1960er-Jahre durch die wirtschaftswissenschaftliche Diskussion über die Unternehmung als Organisationseinheit wieder aufgegriffen.[524] Der Transaktionskostenansatz ist ein interdisziplinärer Ansatz, der unterschiedliche Disziplinen, wie die Wirtschaftswissenschaften, die Organisationslehre und Aspekte des Vertragsrechts, umfasst.[525] Der Schwerpunkt des Ansatzes liegt auf einer vergleichenden Analyse der Kosten unterschiedlicher institutioneller Einrichtungen bei der Durchführung und Koordination von Transaktionen[526] vor dem Hintergrund einer begrenzten Rationalität und eines opportunistischen Verhaltens von Entscheidungssubjekten.[527] Die Effizienz von Institutionen wird dabei als adäquates Kriterium zur Ermittlung ihrer Qualitätsgüte herangezogen.

Die Transaktion ist dabei Ausgangspunkt und zugleich zentraler Untersuchungsgegenstand der Transaktionskostenökonomik. In der Literatur liegen sehr unterschiedliche Auffassungen hinsichtlich ihrer Definition vor.[528] *Commons*, der eine breitere Auffassung des Begriffes vertritt, begreift Transaktionen als die Übertragung von Property Rights.[529] m Vergleich dazu bezieht *Wiliamson* neben der rechtlichen Betrachtung auch den physischen Transfer von Gütern und Dienstleistungen über eine technisch separierbare Schnittstelle mit ein.[530] Die Kosten, die dabei anfallen, werden als Transaktionskosten aufgefasst.[531]

---

521 Vgl. Müller (2013), S. 153.
522 Vgl. Clement; Schreiber (2010), S. 52 f.
523 Vgl. Coase (1937), S. 388 ff.
524 Vgl. Erlei; Leschke; Sauerland (2007), S. 41.
525 Vgl. Williamson (1981), S. 573.
526 Vgl. Ebersch; Gotsch (2002), S. 225.
527 Vgl. Richter (1990), S. 572 ff.
528 Vgl. Göbel (2002), S. 29.
529 Vgl. Commons (2009): S. xxi ff.
530 Vgl. Williamson (1985), S. 1.
531 Vgl. Roth (2005), S. 155 f.

Relevant für die Untersuchung ist die Unterscheidung zwischen Markttransaktionskosten und Unternehmenstransaktionskosten.[532] Erstere entstehen bei der Inanspruchnahme des Marktes und des entsprechenden Preismechanismus und fallen sowohl vor Vertragsabschluss im Rahmen der Suche, Informationsbeschaffung, Vereinbarung und Entscheidung als auch nach Vertragsabschluss bei der Überwachung, Durchsetzung und Abwicklung an. Unternehmenstransaktionskosten sind vor allem Kosten, die bei der Verwendung von Dienstleistungsverträgen zwischen Unternehmen und Arbeitnehmern entstehen. Darunter fallen auch Kosten zur Ermittlung der Arbeitsqualität, aber auch zur Steuerung, Kontrolle und Incentivierung der Mitarbeiter.[533] Die Kosten, die intern im Unternehmen anfallen, werden auch als Bürokratie-[534] oder Organisationskosten[535] bezeichnet. Gemein haben hierarchische und marktliche Transaktionskosten, dass sie Folge einer durch Arbeitsteilung geprägten Umwelt sind, in der die Notwendigkeit zum Austausch von Leistungen besteht.[536]

Sowohl die Eigenschaften der Transaktionen als auch das institutionelle Arrangement determinieren die Höhe der Transaktionskosten.[537] Zur Ermittlung der Organisationsform mit den geringsten Transaktionskosten werden die Transaktionseigenschaften und die vorgelagerten Produktionskosten ceteris paribus konstant gehalten. Neben den polaren Governance-Strukturen, die sich in Form des Marktes und der Unternehmung manifestieren, bilden zwischen diesen Extrempunkten unterschiedliche hybride Formen wie Kooperationen ein Kontinuum an Koordinationsmöglichkeiten, die bei der Analyse und Empfehlungsaussprechung mitberücksichtigt werden müssen.[538] Die virtuelle Einbindung der Nutzer in den Innovationsprozess ist der hybriden Koordinationsform zuzuordnen. Sie stellt eine besondere Form der Kooperation dar, da dem Unternehmen kein weiteres kollaborierendes Unternehmen als Transaktionspartner gegenübersteht, sondern eine bestimmte Anzahl von Nutzern.[539] Diese besondere Form erfüllt die Anforderungen einer breiten Auslegung zwischenbetrieblicher Kooperationen, die sich nach *Wobser* wie folgt definieren lassen: „Eine Kooperation bezeichnet alle Tätigkeiten der Zusammenarbeit, die von rechtlich selbstständigen Unternehmen und Personen freiwillig mit dem Ziel durchgeführt werden, gegenüber einem isolierten Vorgehen

532 Vgl. hierzu und im Folgenden Richter; Furubotn (2003), S. 58 ff. Politische Transaktionskosten inkludieren jegliche Kosten, die bei der Gewährleistung der politischen Kontrolle entstehen.
533 Vgl. Göbel (2002), S. 132.
534 Vgl. Erlei (1998): S. 68.
535 Vgl. Bössmann (1982): S. 665 ff.
536 Vgl. Richter; Furubotn (2003), S. 55.
537 Vgl. hierzu und im Folgenden Picot; Reichwald; Wigand (2003), S. 49.
538 Vgl. Williamson (1991): S. 269.
539 Vgl. Wobser (2003), S. 7 ff.

zusätzliche Vorteile zu erlangen."[540] Anzumerken sei an dieser Stelle, dass sich gerade bei Nutzern die zu erwartenden Vorteile nicht nur auf ökonomische Vorteile beschränken.[541]

In Abgrenzung zur hierarchischen Kooperationsform besteht seitens der eingebundenen Nutzer keine formelle Zugehörigkeit zum Unternehmen, zum Beispiel in Form eines Arbeitsvertrages mit entsprechenden hierarchischen Sanktionierungsinstrumenten, die Interaktion erfolgt vielmehr auf Basis ihrer freiwilligen Kooperationsentscheidung.[542] Des Weiteren unterliegt die Interaktion zwischen Unternehmen und Nutzern im gesamten Kollaborationsprozess keinem preislichen Marktmechanismus, der die konstituierende Voraussetzung marktlicher Koordinationsformen bildet.[543] Die hier betrachteten Transaktionen überschreiten zudem eine rein kurzfristige Orientierung, wie sie beispielsweise in einem Spot-Mart üblich ist.[544] Dem initialen Wissenstransfer schließen sich durch die Auswahl Erfolg versprechender Nutzerbeiträge weitere Arbeitsschritte im Rahmen der Umsetzung an, die wiederum nachgelagerte Abstimmungsprozesse nach sich ziehen.

Während bei der Hierarchie die Routine und bei dem Markt der Preis als normative Basis zugrunde gelegt werden, sind bei der Hybride die komplementären Stärken ausschlaggebend.[545] In dieser komplementären Interaktionsbeziehung verfügen die Nutzer insbesondere über Bedürfnisinformationen, die dem Unternehmen in Ergänzung zu seinen Entwicklungs- und Lösungskompetenzen wertstiftend übermittelt werden.[546] Auch hält sich im marktlichen Umfeld aufgrund der kurzfristigen Transaktionen und der zahlreichen Wettbewerber das Risiko des Opportunismus in Grenzen, so dass mit geringeren negativen Konsequenzen für das Unternehmen zu rechnen ist.[547]

Zur Bestimmung der Ausprägung der Transaktionskosten wird üblicherweise nach den Dimensionen Spezifität, Unsicherheit und Häufigkeit unterschieden,[548] wobei ersterer in der Theorie die größte Bedeutung beigemessen wird.[549] Die Spezifität resultiert aus der mangelnden Austauschbarkeit einer Ressource und entspricht der Werteabweichung einer getätigten

540 Wobser (2003), S. 8.
541 Vgl. Füller (2010), S. 106.
542 Vgl. Stieglitz (2008), S. 30.
543 Vgl. Unterschütz (2004), S. 25 f.
544 Vgl. Wirtz (2001), S. 176 ff.
545 Vgl. Powell (1996), S. 221.
546 Vgl. Reichwald, Piller (2009), S. 47 ff.
547 Vgl. Jost (2001), S. 234.
548 Vgl. Williamson (1990), S. 59.
549 Vgl. ebd. (1990), S. 64.

oder geplanten Investition zu ihrer nächstbesten Verwendung.[550] Diese wird von *Picot* um die wettbewerbsrelevante Betrachtung der strategischen Bedeutung einer Transaktion erweitert.[551] Denn die strategische Bedeutung der Transaktion erhöht oder relativiert die Folgen der Transaktionsspezifität. Je höher die Spezifität, desto eher erscheint eine hybride oder hierarchische Organisationsform sinnvoll, da das daraus resultierende asymmetrische Abhängigkeitsverhältnis einen steigenden Bedarf zur Absicherung gegenüber einem opportunistischen Verhalten der Transaktionspartner nach sich zieht.[552]

Die Anzahl der Wiederholungen ein und derselben Transaktion wird unter der Dimension Häufigkeit berücksichtigt und übt ebenfalls einen Einfluss auf die Transaktionskosten aus.[553] Vor allem bei immer wiederkehrenden Transaktionen scheint eine Integration von Vorteil zu sein, da sich auf diese Weise die damit verbundenen Such-, Anbahnungs- und Verhandlungskosten vor Vertragsabschluss vermeiden lassen. Anzumerken ist, dass aufgrund von Skalen- und Lerneffekten eine Zunahme der Häufigkeit mit einer Senkung der anteiligen Transaktionskosten für jede verrichtete Transaktion einhergeht.[554] Außerdem ist die Häufigkeit einer Transaktion stets in Relation zu den anderen Transaktionsdimensionen zu bringen, da sie als verstärkender Faktor fungiert.[555]

Die Unsicherheit der Transaktion gilt als ein weiterer Einflussfaktor für die Ermittlung der Kostenhöhe. Dabei ist eine Abgrenzung zwischen exogenen und endogenen Unsicherheiten durchzuführen.[556] Exogene Unsicherheiten sind Umweltunsicherheiten, die auf der Komplexität und Dynamik der Umwelt beruhen und von keinem Transaktionspartner beeinflussbar sind. Hingegen beziehen sich endogene Unsicherheiten auf das Verhalten der Akteure innerhalb der Transaktionsbeziehung. Insbesondere deren unterstellter Opportunismus gilt als Kernursache der Verhaltensunsicherheit.[557]

Neben den aufgeführten Transaktionseigenschaften hat auch die Transaktionskostenatmosphäre als Infrastruktur der Austauschprozesse Auswirkungen auf die Kosten.[558] Sie umfasst die soziokulturellen und technischen Aspekte, die bei der Leistungsbereitstellung wirksam sind. So kann sich ein bestehendes hohes Vertrauen zwischen den Transaktionspart-

[550] Vgl. Erlei; Leschke: Sauerland (2007), S. 204. Die Werteabweichung wird auch als „Quasi-Rente" bezeichnet.
[551] Vgl. Picot (1990), S. 299.
[552] Vgl. Picot; Reichwald; Wigand (2003), S. 50 f.
[553] Vgl. Bühner (2004), S. 117.
[554] Vgl. Arndt (2008), S. 29.
[555] Vgl. Fischer (1993), S. 99; Williamson (1990), S. 69.
[556] Vgl. hierzu und im Folgenden Salman (2004), S. 38 ff.
[557] Vgl. Kühne (2007), S. 33.

nern kostensenkend auswirken, da in diesem Fall auf Kotrollmaßnahmen verzichtet wird.[559] Insbesondere die Informations- und Kommunikationskanäle, die für die vorliegende Untersuchung entscheidend sind, üben einen maßgeblichen Einfluss auf die Interaktionen aus und prägen dadurch die empfohlene Organisationsform,[560] die wie nachstehende Abbildung verdeutlicht.

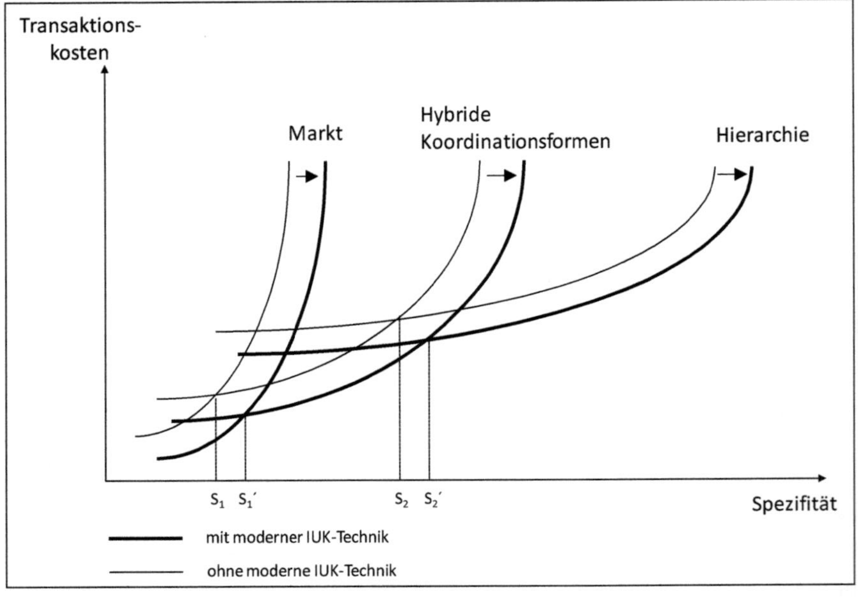

Abbildung 15: Move-to-the-market durch sinkende Transaktionskosten
Quelle: Picot; Ripperger; Wolff (1996), S. 71.

Wie in der Abbildung 15 veranschaulicht, wird die optimale Organisationsform anhand eines Vergleichs der Transaktionskostenfunktionen der Organisationsformen Markt, Hybrid und Hierarchie ermittelt. Es wird angenommen, dass mit Zunahme der Spezifität auch die Transaktionskosten steigen. Die Handlungsempfehlung für eine effiziente Steuerung der Transaktionskosten lautet demnach: Bei Transaktionen, die wegen ihrer geringen Komplexität und strategischen Bedeutung eine niedrige Spezifität aufweisen, wird der Markt (solange $< S_1$ gilt) empfohlen.[561] Dies lässt sich auch auf ihren aus den Eigenschaften der Transaktion resultierenden geringen Absicherungsbedarf zurückführen. Ist hingegen die Spezifität stark ausgeprägt, wäre die Hierarchie zu empfehlen, um die Folgekosten, die im Rahmen der

558 Vgl. Picot et al. (2003), S. 76 f.
559 Vgl. Stieglitz (2008), S. 36.
560 Vgl. Picot; Reichwald; Wigand (2003), S. 52.
561 Vgl. Picot et al. (2003), S. 86.

Nachverhandlungen zur Erzielung einer „lückenlosen" Vertragsgestaltung zur Absicherung der hohen Quasi-Rente entstehen würden, zu vermeiden (solange > S_2 gilt).[562] Weitere Gründe, die in bestimmten Situationen eine hierarchische Organisationsform als vorteilhaft erscheinen lassen, sind die gestiegenen Investitionsanreize, die leichtere Überprüfung der abgenommenen Leistung und die einfachere Gesamtkoordination.[563] Zudem ist der Handlungsspielraum im Rahmen der beauftragten Tätigkeit zu bedenken, denn je höher der Handlungsspielraum ist, desto eher erweist sich eine unternehmensinterne Abwicklung als vorteilhaft.[564]

Neue Informations- und Kommunikationskanäle können dabei die Transaktionskosten auf unterschiedlichen Ebenen begrenzen. Zum einen sinken durch die einfachere Verfügbarkeit von Informationen die Suchkosten und in ähnlichem Umfang erhöht sich die Markttransparenz.[565] Die neuen technikbasierten Möglichkeiten, die es erlauben, Informationen zu verdichten und Abstimmungen mit geringerem Aufwand durchzuführen, reduzieren zudem die Notwendigkeit, die Koordination über hierarchische Strukturen vornehmen zu lassen.[566] *Picot/Reichwald/Wigand* führen als weitere Gründe neben der Senkung der Marktzutrittsbarrieren anhand der zunehmenden Konnektivität auch die Automatisierung von Prozessschritten an.[567] Des Weiteren ist eine Abnahme der Spezifität der neuen Technologien zu beobachten, die sich durch eine systemübergreifende Kompatibilität und einheitliche Standards begründen lässt.[568] Die aufgeführten Effekte gehen letztlich aus einer Rechtsverschiebung der kritischen Grenzen von S_1 (S_2) zu S_1^* (S_2^*) hervor, die in der Literatur als „move-to-the-market"-Hypothese aufgefasst wird.[569]

Allerdings bestehen durch neuere Medien auch gegenläufige Effekte, die die aufgezeigte Rechtsverschiebung abschwächen. Denn trotz der abnehmenden Spezifität neuer Informations- und Kommunikationskanäle ist die organisationale Integration zwischen unterschiedlichen Akteuren auf spezifisches Human- und Sachkapital angewiesen.[570] Auch der Informationsanteil an Produkten nimmt im Rahmen der Entwicklung neuer Technologien zu und verstärkt die Relevanz von Skaleneffekten bei der Informationsproduktion, die durch eine

562 Vgl. Erlei; Leschke: Sauerland (2007), S. 212 f.
563 Vgl. Erlei; Jost (2001), S. 52 f.
564 Vgl. Fink; Schneidereit; Voß (2001), S. 86.
565 Vgl. Clement; Schreiber (2010), S. 83 ff.
566 Vgl. Malone; Yates; Benjamin (1989), S. 168 f.
567 Vgl. hierzu und im Folgenden Picot; Reichwald; Wigand (2003), S. 71 ff.
568 Vgl. Piller (2006), S. 329.
569 Vgl. Malone; Yates; Benjamin (1987), S. 484 ff.
570 Vgl. Bauer; Stricker (1998), S. 439.

Konzentration gewährleistet werden könnte.[571] Die vereinfachte Verfügbarkeit und der Informationsaustausch führen dazu, dass die Akteure sich im Rahmen einer Kooperation wesentlich besser abstimmen und kontrollieren können.[572] Des Weiteren neigen technologische Systeme eher zur Bewältigung wiederkehrender und automatisierbarer Prozesse, die sich zudem vertraglich festhalten lassen.[573] Hingegen erhöhen dynamischere und komplexere Aufgaben, die im Vorfeld nicht klar definiert werden können, das Risiko eines opportunistischen Verhaltens und dadurch auch den Bedarf an einer geringeren Anzahl von Kooperationsparteien. Die gegenläufigen Wirkungen führen im Ergebnis zu einer zunehmenden Bedeutung der hybriden Organisationform, die auch unter der These „move-to-the-middle"[574] zusammengefasst wird.[575]

Nach den theoretischen Überlegungen werden fortfolgend die dargestellten Transaktionskostendimensionen auf die virtuelle Nutzerintegration im Innovationsprozess übertragen, um aus Sicht der Transaktionskostentheorie die Eignung hybrider Koordinationsformen eruieren zu können. Die virtuelle Nutzerintegration erfordert in erster Linie Investitionen im Bereich des Human- und Sachkapitals, da die Koordination der kooperativen Aufgaben mit externen Nutzern einen zusätzlichen Betreuungsaufwand mit sich bringt.[576] Zudem erfordert eine zielgerechte Absorption externen Wissens eine organisationale Integration in die bestehenden internen Innovationsprozesse, deren Aufwand auch transaktionskostensteigernd wirkt. Die Leistungsbeziehungen in den frühen Phasen der Zusammenarbeit mit virtuellen Nutzern sind mit relativ geringen bilateralen Abhängigkeiten verbunden und ermöglichen somit anfänglich eine hohe Austauschbarkeit der Anwender, ohne dass es zu bedeutenden nachteiligen Konsequenzen kommt. Allerdings steigt die ex-post-Spezifität dann an, wenn Erfolg versprechende Nutzerbeiträge im weiteren Verlauf des Innovationsprozesses selektiert und darauf aufbauend weitere spezifische Investitionen für deren Entwicklung, Vermarktung und Vertrieb getätigt werden.[577]

Die strategische Bedeutung, die sich verstärkend auf die Spezifität auswirkt, kann grundsätzlich bei Innovationen, die den Fortbestand eines Unternehmens sicherstellen,[578] als hoch eingestuft werden. Diese Bedeutung hob beispielsweise *McKinsey* in einer Studie hervor, in

571 Vgl. Picot; Reichwald; Wigand (2003), S. 72 f.
572 Vgl. Clemons; Reddi; Row (1993), S. 15 ff.
573 Vgl. Bakos; Brynjolfsson (1998), S. 63.
574 Vgl. Clemons; Reddi; Row (1993), S. 17 ff.
575 Vgl. Mertens et al. (2005), S. 11.
576 Vgl. hierzu und im Folgenden Piller (2006), S. 329.
577 Vgl. Enkel (2006), S. 178 ff.; Schuh (2012), S. 105 f.
578 Vgl. Gerdon (2009), S. 154 f.

der 43% der über 9.000 befragten internationalen Manager Innovationen als den wichtigsten Erfolgsfaktor für zukünftiges Wachstum bewerteten.[579] Gleichwohl wird die strategische Bedeutung durch die verhältnismäßig geringen sensiblen Inhalte aufgrund der öffentlichen Einladung an einen weiten Adressatenkreis im Netz und der dadurch einschränkenden Vertraulichkeit relativiert.[580] Innovationen gehen im Allgemeinen wegen ihrer hohen Ergebnisunsicherheit mit enormen Investitionsrisiken einher.[581] Zahlreiche Studien belegen die hohen Flopraten, die sich nicht nur auf eine bestimmte Industrie beschränken, sondern branchenübergreifend zu beobachten sind.[582] Insbesondere bei der freiwilligen Zusammenarbeit mit externen Nutzern, die durch ein geringes Sanktionierungspotenzial charakterisiert ist, besteht eine relativ hohe Unsicherheit hinsichtlich des Nutzerverhaltens entlang der Kollaborationsphasen.[583] Auffallend ist ferner die hohe Prognoseunsicherheit bezüglich der Qualität der erzielbaren Ergebnisse, aufgrund der Anonymität der Anwender.[584]

Der Einsatz virtueller Methoden kann vor dem Hintergrund der andauernden Notwendigkeit, sich Zugang zu knappen und unternehmensrelevanten Ressourcen außerhalb des Unternehmensumfelds zu verschaffen, entsprechend als eine regelmäßige Maßnahme zur kontinuierlichen Absorption von implizitem und explizitem Bedürfnis- und Lösungswissen der Nutzer für die Produktentwicklung betrachtet werden.[585] Vor allem im Nutzerwissen, das dem Unternehmen für seine kontinuierlichen Innovationsbestrebungen nicht zur Verfügung steht, ist eine kritische Ressource zu sehen. Daraus ergibt sich die Notwendigkeit eines regelmäßigen Austauschs mit den Nutzern, der eine Sicherstellung dieser Ressource gewährleisten soll.[586] Allerdings bedarf es dabei einer individuellen Durchsicht und Bewertung der Nutzerbeiträge, um deren Potenziale auf Kriterien wie Innovationsgrad, Marktpotenzial oder strategisches Fit zum Unternehmen evaluieren zu können. Die sich daraus ergebende erschwerende Automatisierung der Beitragsevaluierung reduziert grundsätzlich die Möglichkeit, unmittelbare Skaleneffekte aus der Nutzerinteraktion realisieren zu können.[587]

In Anlehnung an die erörterten Wirkungsweisen der Move-to-the-market-Hypothese kann im Rahmen der virtuellen Nutzerintegration von einer geringen technischen Investition ausgegangen werden. Etablierte technische Standards und internetbasierte Möglichkeiten des

579 Vgl. Marwaha; Setz; Tanner (2005), S. 19.
580 Vgl. Bley (2010), S. 322.
581 Vgl. Anz (2008), S. 77.
582 Vgl. Fraunhofer IKP (2004), Reichwald; Piller (2009), S. 128; Gourville (2006), S. 100; GfK (2006), S. 1.
583 Vgl. Wolf (2006), S. 153.
584 Vgl. Schottmüller-Einwag (2009), S. 12.
585 Vgl. Daecke (2009), S. 95.
586 Vgl. Reichwald; Piller (2006), S. 79.

Datenverkehrs stellen eine wesentlich vereinfachte Kommunikation über Unternehmensgrenzen hinweg dar.[588] Gemeinsame Normen und Werte, als weitere Bestandteile der Transaktionsatmosphäre, können das gegenseitige Vertrauen zwischen den Kooperationsparteien fördern und kostensenkende Effekte erzielen.[589] Allerdings sind Transaktionen im Internet, resultierend aus ihrer grundsätzlichen Anonymität und Distanz, im Gegensatz zu persönlichen Treffen mit Vertrauensdefiziten vorbehaftet,[590] die eine unmittelbare Etablierung gemeinsamer Normen und Werte beeinträchtigen.[591]

Zusammenfassend kann festgehalten werden, dass die aufgeführten Argumente gegensätzliche Wirkungen aufweisen und sich daher auf dem Kontinuum der Koordinationsformen weder dem Markt noch der Hierarchie, die extreme Pole darstellen, zuordnen lassen. ingegen deuten die aufgeführten Einflussfaktoren der Transaktionskosten auf eine mittlere Ausprägung der Transaktionskostenhöhe hin. Somit lässt sich konstatieren, dass die virtuelle Nutzerintegration im Innovationsprozess als hybride Koordinationsform aus der normativen Betrachtung der Transaktionskostentheorie eine geeignete Governancewahl erweist. Abbildung 16 fasst die identifizierten unterschiedlichen Wirkungsweisen in den fünf Dimensionen kurz zusammen. Ein wesentlicher Treiber der Transaktionskosten resultiert aus den Informationsasymmetrien im Rahmen der Interaktionen zwischen dem Unternehmen und den Nutzern. Die Prinzipal-Agenten-Theorie, der sich das folgende Kapitel widmet, befasst sich genau mit dieser Problemstellung und bietet zudem normative Handlungsempfehlungen und Lösungsansätze, mit denen eine Optimierung der Interaktionsbeziehung angestrebt werden kann.

587 Vgl. ebd. (2006), S. 154.
588 Vgl. Piller (2006), S. 329.
589 Vgl. Picot; Reichwald; Wigand (2003), S. 329.
590 Vgl. Clement; Schreiber (2010), S. 73 ff.
591 Zu den Lösungsansätzen zur Reduktion von Informationsasymmetrien und zum Vertrauensaufbau siehe Kapitel 3.4.2.

	Beschreibung	Transaktionskosten-Wirkung
A Spezifität	▪ Organisationale Investitionen i. F. v. Sach- und Humankapital ▪ Ex post-Spezifität durch Investitionen in Erfolg versprechende Nutzerbeiträge ▪ Austauschbarkeit der Transaktionspartner in der frühen Phase der Leistungsbeziehung ohne große Nachteile	+ + -
B Strategische Bedeutung	▪ Innovationen werden als Fortbestand des Unternehmens hohe strategische Bedeutung zugesprochen ▪ Aufgrund der breiten Veröffentlichung der Informationen im Internet wenig streng vertrauliche Inhalte	+ -
C Unsicherheit	▪ Verhaltens- und Ergebnisunsicherheit aufgrund anonymer Nutzer und unbekannter Repräsentativität der Nutzerbeiträge ▪ Innovationen durch hohe Flopraten charakterisiert	+ +
D Häufigkeit	▪ Regelmäßige Maßnahme, um Bedürfnis- und Lösungswissen der Nutzer zu absorbieren (sinkende relative Stückkosten) ▪ Individuelle Durchsicht der Nutzerbeiträge und fehlende Standardisierung reduzieren unmittelbare Skaleneffekte	- +
E Transaktionskosten-atmosphäre	▪ Geringe technische Investitionen, da Integration auf Basis etablierter technischer Standards ▪ Aufgrund distanzbasierter Einbindung einer Vielzahl von Nutzern wird die Etablierung gemeinsamer Normen & Werte erschwert	- +

Abbildung 16: Übertragung der Transaktionskostendimensionen auf die virtuelle Nutzerintegration
Quelle: Eigene Darstellung.

Den Ansätzen der neuen Institutionenökonomik wurde in den letzten Jahren durch eine Fülle von Arbeiten in den Wirtschaftswissenschaften eine hohe Aufmerksamkeit zuteil. Dennoch gibt es wesentliche Kritikpunkte, die bei der Übertragung für die vorliegende Untersuchung zu berücksichtigen sind. Nach wie vor besteht ein Mangel an empirischen Studien, die die theoretischen Erklärungen quantifizieren könnten.[592] Dies lässt sich unter anderem auf die schwierige Operationalisierbarkeit der Transaktionskosten zurückführen. In diesem Zusammenhang wird auch das implizierte gleichförmige Entscheidungsverhalten trotz Heranziehung unterschiedlichster Messansätze der Transaktionskosten bemängelt.[593] Zudem wird in der Literatur die Transaktionskostentheorie aufgrund der modellimanennten statischen Betrachtung unterschiedlicher Koordinationsformen kritisiert.[594] Demnach sind bei der Auswahl geeigneter Koordinationsformen insbesondere die darauf aufbauenden Entwicklungsprozesse für eine Entscheidungsfindung relevant, die aber in der Theorie a priori keine Berücksichtigung finden.[595] Darüber hinaus wird in der Theorie die Verteilung von Machtstrukturen innerhalb der interagierenden Beziehungsgeflechte außer Acht gelassen.[596] Diese machtinduzierten Gesichtspunkte können allerdings den Erfolg der Maßnahmen zur Absicherung des Unternehmens gegenüber opportunistischem Handeln mindern und sich damit auch auf die Attraktivität der Koordinationswahl maßgeblich auswirken. Auch kann als eine weitere Kritik

[592] Vgl. hierzu und im Folgenden Göbel (2002), S. 71 f.; Ebersch; Gotsch (2002), S. 224.
[593] Vgl. Macharzina; Wolf (2008), S. 60.
[594] Vgl. Kupke (2009), S. 91 f.
[595] Vgl. Jacobides; Winter (2005), S. 409; Zenger; Argyres (2008), S. 5; Kupke (2009), S. 91.

der Theorie die Fokussierung auf die Kosten und die Vernachlässigung der Nutzenkomponente angesehen werden,[597] die entsprechend einer Komplettierung durch weitere theoretische Ansätze zur Erklärung der virtuellen Nutzerintegration, wie im vorliegenden Fall erfolgt ist, bedarf.

Trotz der aufgeführten Kritiken der Transaktionskostentheorie erweist sich die Theorie vor dem Hintergrund des daraus resultierenden Verständnisses über das Zustandekommen von Kooperationen und die Differenzierung nach unterschiedlichen Organisationsformen als nützlich für die vorliegende Untersuchung. Als besonders wertvoll ist der heuristische Erklärungsgehalt der Theorie anzusehen, wodurch zentrale Vorteile und Problemstellungen, verbunden mit der Auswahl einer Koordinationsform, nachvollzogen werden können. Gerade im Hinblick auf die Organisation der virtuellen Nutzerintegration durch das Unternehmen werden institutionelle Gestaltungsaspekte zur Koordination der Interaktionen in den Vordergrund gestellt, die durch die Theorie adäquat aufgegriffen werden. Aufgrund der hier fehlenden Untersuchung der sozialen Komponenten, die einen Interaktionsprozess entscheidend prägen, erweist sich die Prinzipal-Agenten-Theorie, die die Beziehung zweier opportunistisch handelnder Parteien analysiert, als eine adäquate Ergänzung.[598]

3.3.2 Prinzipal-Agenten-Theorie

Im Zentrum der Theorie stehen die auf Institutionen basierenden Austauschbeziehungen zwischen dem Prinzipal, als Auftraggeber, und dem Agenten, als Auftragnehmer.[599] Prinzipal-Agenten-Beziehungen werden nach *Pratt/Zeckhauser* wie folgt definiert: „Whenever one individual depends on the action of another, an agency relationship arises. The individual taking the action is called the agent. The affected party is the principal."[600] Durch die eher weite Auffassung bilateraler Austauschbeziehungen lassen sich diese in zahlreichen Situationen wiederfinden, ob im realen Wirtschaftsleben anhand von Beschäftigungs- oder Lieferantenbeziehungen oder in anderen gesellschaftlichen Bereichen, wie im Verhältnis Arzt–Patient oder Rechtsanwalt–Mandant.[601] Nach der Definition ist allerdings die Existenz einer formalen Delegation eines Prinzipals gegenüber seinem Agenten nicht zwingend erforderlich, um Agenturbeziehungen erklären zu können. Dies ist insofern relevant, als es um die Begründung

596 Vgl. Jemili (2011), S. 101.
597 Vgl. Thomas (2008), S. 56.
598 Vgl. Zentes; Swoboda; Morschett (2005), S. 49 f.
599 Vgl. Ebers; Gotsch (2002), S. 209.
600 Pratt; Zeckhauser (1985), S. 2.
601 Vgl. Detaillierte Ausführungen zu weiteren Prinzipal-Agenten-Konstellationen in den Beiträgen von Eisenhardt (1989), S. 63 ff.; Jost (2001), S. 11 f.; Meinhövel (1999), S. 143 ff.

impliziter Arbeitsteilungen geht, bei denen formale Regelungen lediglich punktuell festgehalten werden.[602]

Die nach der Theorie zu untersuchende Problemstellung zwischen dem Agenten und dem Prinzipal ergibt sich aus der asymmetrischen Informationsverteilung und der daraus resultierenden Umweltereignis- und Verhaltensunsicherheit im Rahmen der Arbeitsteilung vor und nach Vertragsabschluss.[603] Dabei besitzt der Agent über spezielle Fähigkeiten und Wissen, mit denen er die gestellten Aufgaben besser lösen kann als der Prinzipal.[604] Diese relative Überlegenheit des Agenten sowie die zeitlichen, physischen und kognitiven Limitationen des Prinzipals rechtfertigen rational die Notwendigkeit einer Arbeitsteilung[605] sowie zugleich die Inkaufnahme von Kontrollverlusten und der damit einhergehenden Risiken. Daher wird angestrebt, mittels formaler und informaler Vereinbarungen den aufkommenden Eventualitäten innerhalb einer Beziehung a priori Rechnung zu tragen. Aufgrund der endogenen und exogenen Unsicherheiten sowie der geistigen Restriktionen des Prinzipals können nicht alle möglichen Ereignisse antizipiert werden.[606] Denn unter der Annahme unvollkommener Informationen ist jede Art von Vereinbarung, die im Vorfeld getroffen wird, als unvollständig zu deklarieren.[607]

Das konstitutive Merkmal der Theorie liegt darin, dass beide Parteien, die als Nutzenmaximierer handeln,[608] potenziellen Zielkonflikten ausgesetzt sind, da unterschiedliche Nutzenfunktionen verfolgt werden.[609] Während der Prinzipal aus seinen ökonomischen Bemühungen heraus ein möglichst hohes positives Ergebnis anstrebt, versucht der Agent, bei minimalen Arbeitsanstrengungen eine maximale Kompensation für seine Dienste zu erzielen.[610] Diese umfassen in erster Linie materielle Gegenleistungen, wie Einkommen oder Dividenden, sowie immaterielle Belohnungen, beispielsweise in Form von Prestige oder Berufschancen.[611] Die beschriebene Ausgangssituation führt dazu, dass der Nutzen des Agenten mit einem Disnutzen des Prinzipals einhergeht und vice versa.[612] Denn auf der einen Seite werden die Arbeitsanstrengungen des Agenten als Arbeitsleid angesehen, ermöglichen aber erst das Einkommen des Prinzipals, auf der anderen Seite mindert die monetäre Vergütung des Agenten das

602 Vgl. Saam (2002), S. 143.
603 Vgl. Swoboda (2005), S. 49.
604 Vgl. Pratt; Zeckhauser (1985), S. 3.
605 Vgl. Jost (2001), S. 1.
606 Vgl. Martiensen (2000), S. 361.
607 Vgl. Wülfing (2010), S. 137.
608 Vgl. Ross (1973), S. 134.
609 Vgl. Jost (2001), S. 12.
610 Vgl. Hungenberg (2005), S. 356.
611 Vgl. Alparslan (2007), S. 17; Ebers; Gotsch (2002), S. 211.

Ergebnis des Prinzipals. Der Informationsvorsprung des Agenten kann dem Prinzipal einerseits Vorteile einbringen, da er gerade ihn dafür qualifiziert, die ihm gestellten Aufgaben besser zu lösen. Auf der anderen Seite können einseitige Informationsbestände auch opportunistisch zu Lasten des Prinzipals ausgenutzt werden, da der Agent keine Interessenharmonisierung verfolgt, sondern primär seinen eigenen Nutzen zu maximieren versucht.[613]

Ziel der Prinzipal-Agenten-Theorie ist es, durch Koordination der Handlungsweisen und adäquate Auftragsgestaltung das Pareto-Optimum als Effizienzkriterium zu erreichen,[614] ein Zustand, der keinem Wirtschaftssubjekt nützt, ohne den unmittelbaren Nutzenverzicht eines anderen Wirtschaftssubjekts herbeizuführen.[615] Da der Prinzipal keine Kenntnis über die Absichten des Agenten besitzt, steht ihm lediglich die Möglichkeit offen, über geeignete Anreiz- und Kontrollmechanismen den Verhaltensspielraum derart einzuengen bzw. zu kanalisieren, dass er beim Agenten das vereinbarte Verhalten und Arbeitsniveau hervorruft und damit die Verfolgung seiner Interessen sicherstellt.[616] Eine zu hohe Aversion des Prinzipals vor einer Ausbeutung birgt hingegen die Gefahr, dass jegliche Vorteile, die ein Informationsvorsprung des Agenten mit sich bringt, teilweise bis vollständig relativiert werden.[617]

Jegliche Aktivitäten zur Reduzierung von Unsicherheiten, sei es, vom Agenten ausgehend, transaktionsfördernde Maßnahmen wie Garantien oder die prinzipalseitige Überwachung des Agenten, bilden nach *Jensen/Meckling* sogenannte Agency-Kosten.[618] Auch das Nicht-Zustandekommen von Transaktionen vor dem Hintergrund einer hohen Aversion des Prinzipals vor opportunistischem Verhalten des Agenten betrachten die Autoren unter dem Gesichtspunkt des Wohlfahrtverlusts als Agency-Kosten. Die Agency-Kosten dienen dabei als Effizienzkriterium zur Erklärung und Gestaltung derartiger Delegationsbeziehungen.

Bei der Übertragung der Prinzipal-Agenten-Theorie auf die virtuelle Nutzerintegration lässt sich zunächst feststellen, dass die ausgewählte weit gefasste Definition dem Untersuchungsgegenstand der vorliegenden Arbeit entgegenkommt. Denn bei der virtuellen Nutzerintegration werden üblicherweise keine umfangreichen Vertragskonditionen ausgehandelt, diese erfolgen vielmehr auf Basis informeller Strukturen. Formale Regelungen beziehen sich auf wenige Teilaspekte der Interaktion, wie zum Beispiel auf die Incentivierung der Nutzerbeiträ-

612 Vgl. hierzu und im Folgenden Scherm; Pietsch (2007), S. 58 f.
613 Vgl. Möller (2002), S. 26 f.
614 Vgl. Meinhövel (2005) S. 69.
615 Vgl. Biesecker; Kesting (2003): S. 414.
616 Vgl. Picot et al. (2012), S. 90.
617 Vgl. Göbel (2002), S. 349 ff.
618 Vgl. Jensen; Meckling (1976): S. 308 ff.

ge oder die Klärung der Urheberrechte.[619] Wie aus Abbildung 17 hervorgeht, ist die Einladung des Unternehmens zu einer Interaktion mit Nutzern als indirekter Auftrag zur Lösung innovationsorientierter Aufgaben zu verstehen, für die Entscheidungsrechte übertragen werden. Die Handlungen der Nutzer, die in diesem Zusammenhang den Charakteristika eines Agenten entsprechen, können sowohl im Positiven als auch im Negativen das Ergebnis des Unternehmens als Prinzipal beeinflussen. Um sich das Verhalten der Anwender für die Teilnahme und zielgerichtete Lösungsgenerierung zur Erzielung eines maximalen Nutzens zunutze zu machen, kann der Prinzipal Kontroll- und Anreizmechanismen anwenden. Aufgrund des Besitzes von Bedürfnis- und Problemlösungsinformationen verfügen die Nutzer über bestimmte Leistungseigenschaften, die Unternehmen für die Produktentwicklung wertvoll ergänzen und dadurch qualifizieren.[620]

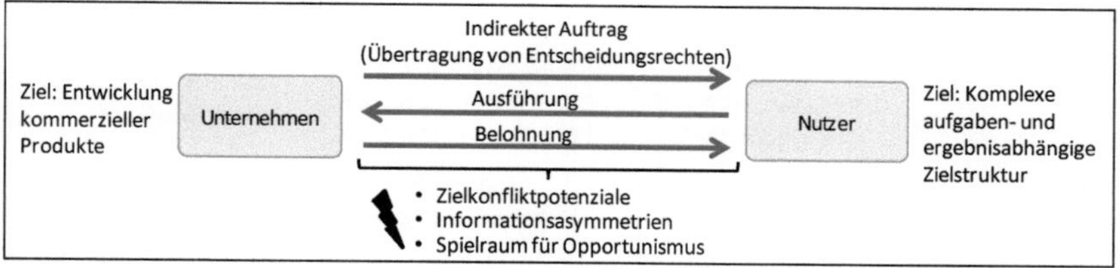

Abbildung 17: Übertragung der Prinzipal-Agenten-Theorie auf die Untersuchung
Quelle: Eigene Darstellung.

Allerdings bestehen zwischen den beiden Parteien auch potenzielle Zielkonflikte. Während das Unternehmen den unmittelbaren kommerziellen Erfolg aus den Ergebnissen der Zusammenarbeit anstrebt,[621] sind die Vorteile der Nutzer sehr facettenreich und speisen sich aus den unterschiedlichsten Motiven, wie Interesse am Produkt, Spaß an der Entwicklung oder Streben nach den in Aussicht gestellten Belohnungen.[622] Da bei der Interaktion ebenfalls Informationsasymmetrien zugunsten der Nutzer bestehen, können diese sie zur eigenen Nutzenmaximierung in unterschiedlicher Art und Weise opportunistisch einsetzen, wie fortfolgend im Detail erläutert wird.

Erste Anhaltspunkte für die Übertragung der Prinzipal-Agenten-Theorie auf die wertschöpfende Nutzerintegration liefern die Vorarbeiten von *Wobser*[623] und *Büttgen/Ates*.[624] *Wobser* geht dabei auf internetbasierte Kooperationen ein und thematisiert vor allem vertragliche

619 Vgl. Ebner (2008), S. 69; Ney (2006), S. 244.
620 Vgl. Müller (2007), S. 29 f.
621 Vgl. Euteneuer; Niederbacher (2009), S. 109 ff.
622 Vgl. Stieglitz (2008), S. 149
623 Vgl. Wobser (2003), S. 83 ff.
624 Vgl. Büttgen; Ates (2009).

Regelungen expliziter und impliziter Natur als mögliche Lösungsansätze. *Büttgen/Ates* nehmen dagegen eine institutionsökonomische Perspektive bei der Betrachtung der Interaktionen zwischen Anbietern und Nachfrager im Dienstleistungssektor ein.[625] Die Autoren betonen die wirtschaftlichen Potenziale aus der Einbindung von Kunden, allerdings stellen die diese gegenüber den Herausforderungen der Unsicherheiten bezüglich der Eigenschaften und des Verhaltens der Nutzer.[626]

Bei der Merkmalsausprägung der Informationsasymmetrien wird nach den Arten Hidden Characteristics, Hidden Action und Hidden Intention differenziert (siehe Abbildung 18).

Merkmale der Informations-asymmetrien	Hidden Characteristics	Hidden Action / Hidden Information	Hidden Intention
Zeitpunkt des Informations-defizits	ex ante	ex post	ex post
Informations-problem	Fähigkeiten und Qualifikation des Nutzers nicht bewertbar	Arbeitseinsatz & -qualität des Nutzer nicht beobachtbar, bewertbar & nachweisbar.	Absichten des Nutzers sind unbekannt
Unsicherheit	Qualitätsunsicherheit	Ereignis- und Verhaltensunsicherheit	Verhaltensunsicherheit
Vertragsproblem	Adverse Selection	Moral Hazard	Hold up
Lösungsansätze	Selektionsmechanismen: Self-Selection Signalling	Anreizsysteme: Ergebnis-Qualitätsanalysen Interessenharmonisierung, Monitoring	Schaffung beidseitiger Abhängigkeiten: Interessenharmonisierung, Bonding

Abbildung 18: Die Prinzipal-Agenten-Theorie im Überblick

Quelle: Eigene Darstellung, in Anlehnung an Picot; Reichwald; Wigand (2003), S. 59; Picot; Dietl; Franck (2008), S. 77.

Bei den Hidden Characteristics besteht das Problem darin, dass der Prinzipal vor Vertragsabschluss die Eigenschaften des Agenten oder seine offerierte Leistungen nicht bewerten kann.[627] Diese Informationen obliegen allein dem Agenten und eröffnen ihm somit Handlungsspielräume für opportunistisches Verhalten. Denn die Agenten könnten die vom Prinzipal nachgefragten Eigenschaften vortäuschen, um den Auftrag zu erhalten. In dem Fall

[625] Vgl. ebd. (2009).
[626] Vgl. ebd. (2009), S. 27 ff.
[627] Vgl. Picot; Reichwald; Wigand (2003), S. 57.

besteht für den Prinzipal die grundsätzliche Gefahr der schlechten Partnerauswahl, in der Literatur als Adverse Selektion beschrieben.[628]

Für das geschilderte Problem bieten sich Lösungsansätze an, indem einerseits die Interessen zwischen den beiden Parteien harmonisiert, und andererseits die Informationsasymmetrien reduziert werden. Der Agent kann versuchen, seine Eigenschaften bzw. die seines Angebots im Vorfeld glaubhaft zu signalisieren.[629] Beim Screening geht die Initiative vom Prinzipal aus, der beabsichtigt, durch zusätzliche Maßnahmen weitere Informationen über den Agenten einzuholen.[630] Ein weiterer Ansatz zur Einschränkung von Informationsasymmetrien ist der der Self-Selection, bei dem der Prinzipal dem Agenten unterschiedliche Angebote unterbreitet. Indem sich der Agent für eines dieser Angebote entscheidet, legt er verborgene Eigenschaften offen.[631]

Bei der virtuellen Nutzerintegration können Hidden Characteristics insbesondere im Rahmen der Auswahl geeigneter Nutzer vorliegen. Dabei gibt es unterschiedliche Ansätze, bei denen für eine interaktive Wertschöpfung spezielle Nutzergruppen ausgesucht werden, wie etwa die Lead-User-Methode, die darauf ausgerichtet sind, Anwender mit hohem Expertenwissen und Innovationspotenzial ausfindig zu machen.[632] Abgesehen davon ermittelt sich im Allgemeinen auch der Bedarf an weiteren Informationen, wenn es darum geht, das artikulierte Bedürfnis der Nutzer auf ihre Repräsentativität zu eruieren. In diesem Zusammenhang bieten sich Nutzern, aufgrund der meist herrschenden Anonymität des Internets,[633] Informationsasymmetrien und dadurch die Gelegenheit, Informationen bezüglich des eigenen Profils oder der angebotenen Interaktionsbereitschaft vorzutäuschen, um im Rahmen der Eignungsprüfung für die Teilnahme ausgewählt zu werden. Dabei können die vorgestellten Lösungsansätze auch im Fall der virtuellen Nutzereinbindung angewandt werden. So kann bei der Incentivierung angehender Unternehmensgründer bewusst auf eine monetäre Vergütung verzichtet und stattdessen rein immaterielle Unterstützung zum Unternehmensaufbau angeboten werden, um im Vorfeld Teilnehmer ohne Intention zur Selbstständigkeit auszuselektieren. Dieser Incentivierungsansatz ist vor allem bei Inkubatoren üblich, bei denen die Incentivierung in erster

628 Vgl. Göbel (2002), S. 101.
629 Vgl. Alparslan (2005), S. 30 f.
630 Vgl. Clement; Schreiber (2010), S. 74 ff. Die Autoren liefern eine detaillierte Beschreibung der Lösungsansätze Signaling und Screening für den Bereich der Internetökonomie.
631 Vgl. Picot; Reichwald; Wigand (2003), S. 57.
632 Vgl. Lüthje; Herstatt (2004); S. 553 ff.
633 Vgl. Clement; Schreiber (2010), S. 73 ff.

Linie durch Beratung und Mentoring erfolgt.[634] Ebenso sind Umfragen, Interviews oder Wissens- und Kompetenzprüfungen als Screening-Maßnahmen für kooperative Interaktionen denk- und ohne größeren Aufwand umsetzbar.

In Abgrenzung zu den Hidden Characteristics bezieht sich Hidden Action auf die Folgeprobleme, die sich aus der Existenz von Informationsasymmetrien ergeben.[635] Somit ist die Betrachtungsperspektive ex post, konzentriert sich also auf den Vertragsabschluss bzw. die Auswahl der beauftragten Partner.[636] Das Problem der Informationsasymmetrien ist dadurch erklärbar, dass der Prinzipal das Ergebnis des Agenten zwar beobachten kann, seine Handlungen im Rahmen der Auftragsbearbeitung ihm jedoch verborgen bleiben.[637] Das Informationsdefizit des Prinzipals kann folglich zu der sogenannten Gefahr des Moral Hazard führen, bei dem der Agent opportunitisch gegen die Interessen des Prinzipals handelt, beispielsweise durch fahrlässige oder risikoreiche Verhaltensweisen.[638]

Die in der Literatur vorgeschlagenen Maßnahmen zur Problemlösung können, wie im Fall der Hidden Characteristics, zum einen durch Interessenharmonisierung erfolgen.[639] Zum anderen kann auch durch Monitoring das Verhalten des Agenten kontrolliert werden, um Informationsdefizite auch nach Auftragsvergabe abzubauen.[640]

Informationsasymmetrien im Sinne des Hidden Action können auch bei der virtuellen Nutzerintegration vorliegen. Da bei derartigen Kollaborationen kaum traditionelle hierarchische Sanktionierungsmechanismen möglich sind, stellen Verhaltensunsicherheiten eine besondere Herausforderung dar, wenn es um die Einhaltung von Vereinbarungen geht oder um die Geheimhaltung vertraulicher Informationen.[641]

Dabei sind die Lösungsansätze der Interessenharmonisierung zur Sicherstellung des Nutzerverhaltens vielversprechend und finden sich in der Praxis häufig in Form von Gewinnbeteiligungen wieder.[642] Dem Lösungsansatz des Monitoring kann in der Praxis beispielsweise innerhalb virtueller Communities nachgegangen werden, indem Administratoren eine kontrollierende Funktion einnehmen. Sie prüfen das Verhalten der Nutzer und können bei

634 Siehe hierzu beispielsweise die Initiative „Hubraum“ der Deutschen Telekom als Inkubator für Start-ups in den frühen Gründungsphasen unter www.hubraum.com.
635 Vgl. Kräkel (2007), S. 22.
636 Vgl. Picot; Reichwald; Wigand (2003), S. 58.
637 Vgl. Jost (2001), S. 25 f.
638 Vgl. Richter; Furubotn (2003), S. 155 f.
639 Vgl. Göbel (2002), S. 115.
640 Vgl. Brandt (2010), S. 30.
641 Vgl. Büttgen (2007), S. 77; Wobser (2003), S. 83 ff.
642 Vgl. Drews (2010), S. 9.

Regelverstößen anhand von zusätzlichen Rechten, wie der Entfernung einzelner Kommentare oder der Schließung von Diskussionsthreads, intervenieren.[643] Dieses allgemeine Konzept der Rollenverteilung zur Steuerung und Kontrolle lässt sich grundsätzlich auf jede Interaktion zwischen Unternehmen und Nutzern übertragen.

Die dritte Ausprägung der Informationsasymmetrien sind die Hidden Intentions, die besonders nach Vertragsabschluss wirksam werden.[644] Hier besteht das Problem darin, dass dem Auftraggeber ausreichende Informationen über die wahren Absichten des Agenten fehlen, was zu Unsicherheiten in der Interpretation seines Verhaltens führt, selbst wenn er dieses Verhalten beobachten kann. Vor allem wenn der Prinzipal durch irreversible Investitionen Abhängigkeiten gegenüber dem Agenten aufbaut, eröffnen sich diesem Handlungsspielräume für Opportunismus.[645] Diese Gefahr wird als Hold up bezeichnet und geht mit keiner oder einer nur sehr geringen Investitionsbereitschaft seitens des Prinzipals einher.[646]

Die Interessenangleichung ist hierbei eine wesentliche Maßnahme, das Opportunismusrisiko in Grenzen zu halten.[647] Bei der Realisierung bieten sich unterschiedliche Optionen an. Der Aufbau von gegenseitigen Abhängigkeiten durch die Bereitstellung von Sicherheiten in Form eines Pfands stellt einen Ansatz dar.[648] Zudem können langfristige Verträge abgeschlossen werden, um einem Missbrauch vertraglich vorzubeugen.

Im Rahmen der virtuellen Nutzerintegration ergeben sich die Hidden Intention und die resultierenden Gefahren des Hold up primär dann, wenn das Unternehmen in die eingereichten Nutzerbeiträge spezifische Investitionen für deren Realisierung tätigt und somit einen bestimmten Grad an Abhängigkeit gegenüber dem Nutzer aufbaut.[649] Diese spezifischen Investitionen können bei Zunahme der Beziehungsintensivität vertraglich durch die Klärung von Rechten und Pflichten zwischen dem Unternehmen und den Nutzern erfolgen. Eine häufig vorzufindende Maßnahme,[650] um einer potenziellen Gefahr des Hold up entgegenzuwirken, ist beispielsweise die schriftliche Urheberrechtsklärung vor einer Teilnahme an gemeinschaftlichen Innovationsprojekten. Der Aufbau von gegenseitigen Abhängigkeiten könnte dabei durch die Aufforderung zur Durchführung anteiliger finanzieller Investitionen durch den Nutzer vollzogen werden.

---

643 Vgl. Stieglitz (2008), S. 233 f.
644 Vgl. hierzu und im Folgenden Fließ (2009), S. 266 f.
645 Vgl. Saggau (2007), S. 87.
646 Vgl. Engel (2008), S. 52 ff.
647 Vgl. Schloten (2008), S. 59 f.
648 Vgl. hierzu und im Folgenden Wiens S. 90 ff.

Besonders im Hinblick auf die Prinzipal-Agenten-Theorie können weitere Kritikpunkte aufgeführt werden. Zunächst einmal beschränkt sich der Ansatz allein auf die Betrachtung von zwei Akteuren und vernachlässigt Konstellationen, bei denen mehrere Agenten im Auftragsverhältnis zum Prinzipal stehen.[651] Bei der virtuellen Nutzerintegration werden hingegen mehrere Nutzer eingebunden, die je nach Interaktionsdesign miteinander interagieren können. Die Betrachtung der Problemstellung während der Auftragsvergabe erfolgt zudem nur statisch und einperiodig und wirkt einer Berücksichtigung von dynamischen Lerneffekten und gegebenenfalls der Anwendung von Sanktionen bei Feststellung eines opportunistischen Verhaltens in den Folgeperioden entgegen.[652] Zudem muss der Nutzen des Agenten nicht unmittelbar einen Disnutzen des Prinzipals bedeuten, insbesondere vor dem Hintergrund der immateriellen Anreize. Bei der Zusammenarbeit mit Nutzern können immaterielle Belohnungen, wie Lob und Anerkennung, als motivierende Faktoren angeboten werden,[653] ohne dass dem Unternehmen dadurch besondere Nachteile entstehen. Darüber hinaus sollte nicht nur dem Agenten ein einseitiger Opportunismus unterstellt werden, schließlich kann sich auch der Prinzipal zur eigenen Nutzenmaximierung opportunistisch verhalten[654] und dadurch das Verhalten des Agenten vor und nach der Auftragsvergabe oder aber dessen Teilnahmebereitschaft beeinflussen.

Ein weiterer oft kritisierter Ansatz ist der des Homo Oeconomicus. Die starke Ausrichtung auf monetäre Anreize als Kernbestandteil der Motivationsbildung führt zu einer Vernachlässigung weiterer wichtiger intrinsischer und extrinsischer Antriebsfaktoren, wie die des Gemeinschaftsgefühls, der sozialen Anerkennung, des Altruismus oder der Selbstverwirklichung.[655] Nutzer, die sich im Internet an kollektiven Wertschöpfungsprozessen beteiligen möchten, scheinen vielmehr komplexere Motivationsstrukturen aufzuweisen.[656] Des Weiteren konnte in empirischen Studien gezeigt werden, dass auch die reine Verfolgung des Eigeninteresses als weiterer Bestandteil des Homo Oeconomicus durch soziale Präferenzen, wie die der reziproken Fairness, das heißt die Belohnung (bzw. Bestrafung) eines kooperativen (bzw. unkooperativen) Verhaltens eines Gegenspielers, maßgeblich beeinflusst und zum Teil

649 Vgl. Schrader (2008), S. 83 f.
650 Vgl. Leimeister et al. (2011), S. 26.
651 Vgl. Wolf (2012), S. 371.
652 Vgl. Alparslan (2005), S. 46. Die Analyse mehrperiodischer Entscheidungssituationen bei der Kooperationswahl wird vor allem in der Spieltheorie aufgegriffen. Vgl. hierzu Axelrod (1990), S. 28 ff.
653 Vgl. Stieglitz (2008), S. 145 ff.
654 Vgl. Lietke (2009), S. 188. . Diese Erweiterung der Betrachtung wird auch unter dem Problem des „doppelten Moral-Hazard“ aufgefasst. Siehe dazu unter anderem Demski; Sappington (1991), S. 232 ff.
655 Vgl. Peters; Brühl; Stelling (2005), S. 157.
656 Vgl. Füller (2010), S. 106.

überlagert wird.[657] Außerdem ist nicht davon auszugehen, dass die Entscheidungssubjekte die im Modell geforderte zeitliche Stabilität aufweisen, sich aber zugleich „beschränkt rational" verhalten, da sie in diesem Fall sämtliche neue Güter auf dem Markt bereits ex ante antizipieren müssten.[658] Wenn man zudem die Eignung des Homo Oeconomicus als Verhaltensmodell eines stets zweckrationalen Maximierers des eigenen Erwartungsnutzens auf ihre allgemeingültige Aussagekraft überprüft, fallen insbesondere in der experimentellen Ökonomik zahlreiche modellwidersprüchliche Anomalien auf.[659] So konnte beispielsweise festgestellt werden, dass sichere Ereignisse gegenüber unsicheren höher bewertet werden, trotz eines identischen Erwartungsnutzens (sogenannter „certainty effect").[660] Auch konnte ermittelt werden, dass in der Vergangenheit versunkene Kosten, die keinen Einfluss mehr auf die zukünftigen Ereignisse ausüben, dennoch in die gegenwärtige Entscheidungssituation mit aufgenommen werden, sogar dann, wenn die vergangenen Investitionen sich als Fehlentscheidungen erwiesen haben.[661] Da die Handlungsempfehlungen der neuen Institutionenökonomik auf der Grundlage des Opportunismus hergeleitet werden, ist auch ihre Geltungskraft zu validieren. Die Berücksichtigung des Opportunismus im Rahmen einer Kooperation mindert ihre Ergebniswirkung, da entweder die eingeleiteten Sicherungsmaßnahmen durch ihre Transaktionskosten das Ergebnis schmälern oder die Aversion vor einer möglichen Ausbeutung die Bereitschaft für derartige Transaktionen von vornherein hemmt. Die grundsätzliche Annahme der neuen Institutionenökonomik, dass dieses Menschenbild bei fehlender Absicherung nicht nur als ein mögliches (von vielen Optionen), sondern als das sicher vorzufindende Verhalten prognostiziert wird, erscheint nicht nur einseitig, sondern kann sich für Unternehmen sogar als nachteilig für Kooperationsbeziehungen erweisen.[662] Denn eine Vielzahl von Kontrollmechanismen kann, ganz im Sinne einer selbsterfüllenden Prophezeiung, dazu führen, dass die von Grund auf freiwillige Selbstbeteiligung der Akteure negativ beeinträchtigt wird und sich in einer niedrigen Arbeitsmotivation niederschlägt, die wiederum Unternehmen in ihren Maßnahmen bestätigt und bestärkt.[663] Hingegen könnten Einflussfaktoren wie Grundeinstellung, Werte oder Gemeinschaftsgefühl eine bedeutendere Wirkung auf die Opportunismusneigung der Individuen ausüben.[664] Auch wenn der Opportunismus überwiegend einseitig unterstellt wird, so deckt er dennoch die Bedenken, die Unternehmen in Bezug

[657] Vgl. Fehr; Fischbacher (2002), S. 29 f. Das auf Gegenseitigkeit beruhende Verhalten wird als Tit-for-tat-Regel („wie Du mir, so ich Dir") bezeichnet und hat seinen Ursprung in der Spieltheorie.
[658] Vgl. Richter; Furubotn (2003), S. 568.
[659] Vgl. Kirchgässner (2000), S. 204 ff.
[660] Vgl. Kahnemann; Tversky (1979), S. 265.
[661] Vgl. Kirchgässner (2000), S. 210.
[662] Vgl. Göbel (2002), S. 348 ff.
[663] Vgl. Ghoshal; Moran (1996), S. 27 ff.
[664] Vgl. ebd., S. 21 f.

auf die Öffnung ihrer Organisationen, insbesondere im Hinblick auf die Öffnung durch internetbasierte Plattformen, hegen. Einer aktuellen Studie von Bitkom ist beispielsweise zu entnehmen, dass Aspekte wie Datenschutz und IT-Sicherheit bei 57% der befragten Unternehmen industrieübergreifend als eine reale Gefahr eingeschätzt werden.[665]

Trotz der aufgeführten Kritiken zeichnet sich die Prinzipal-Agenten-Theorie durch ihre besondere Eignung für eine Übertragung auf die Praxis aus, da sie die Annahmen der Neoklassik zwecks eines höheren Realitätsgrads vereinfacht.[666] Auch für die vorliegende Arbeit wirft sie zahlreiche interessante Beiträge auf, die sich auf drei zentrale Punkte zusammenfassen lassen. Erstens hebt die Prinzipal-Agenten-Theorie das grundlegende Koordinationsproblem im Rahmen der Arbeitsteilung in den Vordergrund der Betrachtung und dient durch ihre zeitliche Differenzierung entlang des Interaktionsprozesses als eine strukturweisende Einteilung zur Handhabung möglicher Koordinationsrisiken. Zweitens liefert die Theorie eine detailliertere Betrachtung der Informationsasymmetrien und dadurch ein besseres Verständnis über die endogenen Erwartungsunsicherheiten und Opportunismusrisiken, die sich bei der Gestaltung und Durchführung von virtuellen Methoden ergeben. Die Relevanz dieser Herausforderung wird vor allem durch die für Unternehmen hohe strategische Bedeutung innovationsgenerierender Aktivitäten als existenz- und zukunftssichernde Maßnahmen verstärkt. Drittens werden neben der Strukturierung und dem besseren Verständnis auch vielseitige normative Handlungsempfehlungen und Lösungsmechanismen vorgestellt, die sich unmittelbar auf die vorliegende Untersuchung anwenden lassen und den Erfolg einer virtuellen Nutzerintegration beeinflussen können.

3.4 Erklärungsansätze aus dem Relational-View als Erweiterung des ressourcenorientierten Ansatzes

Vor dem Hintergrund der Analyse der virtuellen Nutzerintegration als unternehmensinitiierte Maßnahme bedarf es in erster Linie einer theoretischen Erklärung des unternehmerischen Nutzens, der letztlich die Ergreifung derartiger Initiativen rechtfertigt. Da Unternehmen zur Sicherstellung ihres langfristigen Fortbestands als oberstes Ziel den wirtschaftlichen Erfolg anstreben,[667] liegt eine ihrer Kernaufgaben in der Differenzierung gegenüber dem Wettbewerb, um ihren Kunden einen komparativen Nettonutzen anbieten und die erzielten Renditen möglichst langfristig garantieren zu können.[668] Diese Zielsetzung ist Ausgangspunkt des

[665] Vgl. Bitkom (2012), S. 11 ff.
[666] Vgl. Ebers; Gotsch (2006), S. 273.
[667] Vgl. Friedmann (1970).
[668] Vgl. Piller (2006), S. 72 f.

strategischen Managements, das sich mit der Schaffung langfristiger Wettbewerbsvorteile zur Erfolgssicherung von Unternehmen bzw. Misserfolgsprävention innerhalb einer Industrie befasst.[669] Mittlerweile haben sich zwei wesentliche Forschungsströme entwickelt, die die Generierung von Wettbewerbsvorteilen aus gegensätzlichen Perspektiven erklären. Bei den marktorientierten Ansätzen, insbesondere geprägt durch die Arbeiten von *Porter*, wird eine externe Sichtweise (Outside-In) eingenommen, die den Unternehmenserfolg durch die strategische Ausrichtung des Unternehmens an strukturellen Marktgegebenheiten erklärt und somit die Fragestellung nach der geeigneten Marktpositionierung als kritischen Erfolgsfaktor in den Vordergrund setzt.[670] Dagegen gehen die ressourcenorientierten Ansätze von einer internen Sicht (Inside-out) aus und begründen den Unternehmenserfolg mit unternehmensspezifischen Ressourcen, die als Ursache für die Marktdominanz gegenüber konkurrierenden Akteuren anzusehen sind.[671]

Der ressourcenorientierte Ansatz geht auf den frühen Beitrag von *Penrose* aus dem Jahr 1959 zurück, der ungenutzte Ressourcen als wesentliches Potenzial für Unternehmenswachstum beschrieben hat.[672] Dennoch ist die Bedeutung des Ansatzes vor allem in den letzten zwanzig Jahren stark gestiegen, aufgrund der Kritik an der marktorientierten Sichtweise, die interne Quellen des Unternehmens bei der Beschreibung der Leistungsfähigkeit am Markt nur unzureichend berücksichtige.[673] Der ressourcenorientierte Ansatz fasst ein Unternehmen als ein Bündel von Ressourcen auf, das sich unter der Annahme einer vorherrschenden Ressourcenheterogenität gegenüber anderen Unternehmen abgrenzt.[674] Dabei fällt das Definitionsverständnis einer Ressource sehr unterschiedlich aus und variiert je nach Bezugspunkt und Abstraktionsniveau.[675] Für die vorliegende Arbeit wird der Definition von *Wernerfelt* gefolgt: „By a resource is meant everything which could be thought of as a strength or weakness of a given firm [...] could be defined as those (tangible or intangible) assets which are tied semipermanently to the firm."[676] Dabei werden unter tangiblen Ressourcen materielle Vermögensgegenstände verstanden, wie etwa Anlagen, Gebäude oder Rohstoffe, die sich in der Bilanz auf der Aktivseite wiederfinden.[677] Hingegen sind intangible Ressourcen, wie

669 Vgl. Welge; Al-Laham (2003), S. 6.
670 Vgl. Porter (1985), S. 1.
671 Vgl. Barney (1991), S. 101 ff.
672 Vgl. Penrose (1995), S. 85.
673 Vgl. Krausz (2002), S. 287.
674 Vgl. Eisenhardt; Martin (2000), S. 1105.
675 Vgl. Bamberger; Wrona (1996), S. 132; Barney (1991), S. 101; Teece; Piano; Shuen (1997), S. 516; Thiele (1997), S. 516.
676 Wernerfelt (1984), S. 172.
677 Vgl. Bea; Haas (2004), S. 29.

Information, Wissen, Fähigkeiten, Image, technologisches Know-How oder Unternehmenskultur, immaterielle Vermögensgegenstände.[678]

Aus ressourcenorientierter Sicht gilt es als Handlungsmaxime, diejenigen Ressourcen zu identifizieren, die für das Unternehmen strategische Relevanz besitzen, um in einem nächsten Schritt den unmittelbaren Aufbau, die effektive Nutzung sowie den unmittelbaren Schutz dieser Ressourcen sicherzustellen.[679] Allerdings kann nicht jede Ressource gleich als erfolgskritisch angesehen werden, vielmehr weisen sie unterschiedliche Potenziale zur Generierung von Wettbewerbsvorteilen auf. *Barney* führt vier Kriterien zur Einstufung des Potenzials der Ressourcen für den Unternehmenserfolg auf, die zur Erlangung langfristiger Wettbewerbsvorteile erfüllt sein müssen und zudem in keinem substitutiven Verhältnis zueinander stehen.[680]

Das erste Kriterium postuliert die Werthaltigkeit einer Ressource. Dabei wird die Möglichkeit geprüft, inwiefern die Ressourcen die Chancen auf Markterfolg steigern. Die zweite Voraussetzung prüft die Seltenheit einer Ressource. Demzufolge kann ein Wettbewerbsvorteil temporär nur dann bestehen, wenn die Ressource (eingefügt) mengenmäßig begrenzt ist und somit auch die Anzahl der Unternehmen, die darüber verfügen, eingeschränkt ist. Die Nicht-Imitierbarkeit der Ressource stellt die dritte Bedingung dar. Ressourcen sind schwer imitierbar, je intransparenter und vielschichtiger die Prozesse zum Aufbau und zur wirksamen Verwendung der Ressourcen charakterisiert sind.[681] Das letzte Kriterium entspricht der Prüfung der Einsetzbarkeit der Ressourcen innerhalb des Unternehmens. Dabei geht es letztlich um die tatsächliche Verwendungsmöglichkeit der Ressourcen, die strukturelle Voraussetzungen und spezifische Fähigkeiten eines Unternehmens, wie z.B. das Absorptionsvermögen von Wissen, erforderlich macht. Nur bei der Erfüllung der aufgeführten Kriterien können die Ressourcen zur Erlangung langfristiger Wettbewerbsvorteile überdurchschnittlich erfolgreich zum Einsatz kommen.

Sind einmal Wettbewerbsvorteile erfolgreich aufgebaut, gilt es, die daraus erzielten Renditen möglichst lange aufrechtzuerhalten und durch sogenannte Isolationsmechanismen vor Imitationen durch den Wettbewerb zu schützen.[682] In der Literatur werden eine Reihe von Isolationsmechanismen mit unterschiedlicher Ausprägung diskutiert. Diese können klassischerweise durch rechtliche Maßnahmen protektiver Art in Form von

678 Vgl. Bergmann; Garrecht (2008), S. 163.
679 Vgl. Theuvsen (2001), S. 1644; Lienemann; Reis (1996), S. 257.
680 Vgl. Barney (1997), S. 163.
681 Vgl. Reichwald; Piller (2006), S. 77.
682 Vgl. Pechlaner; Fischer (2007), S. 316.

Verfügungsrechten beschrieben werden.[683] Darüber hinaus kann die soziale Komplexität als ein weiteres Beispiel eines Isolationsmechanismus angesehen werden, da insbesondere die Übermittlung von tazitem Wissen ein von außen schwer erfassbares Phänomen zur Nachahmung darstellt.[684] Aber auch Isolationselemente, wie die kausale Ambiguität, erschweren den konkurrierenden Akteuren die eindeutige Identifizierung der zu erstrebenden strategischen Ressourcen und können dadurch eine anhaltende Alleinstellung gewährleisten.[685]

Der ressourcenorientierte Ansatz erklärt die Herbeiführung von Innovationen vor dem Hintergrund einer Rekombination bestehender Ressourcen, die dem Unternehmen bereits zur Verfügung stehen und deren ressourcenimanente Potenziale über Transformationsprozesse ausgeschöpft werden.[686] Der klassiche ressourcenorientierte Ansatz ist vor allem durch seine strikte Einschränkung auf eine unternehmensinterne und ressourcenbasierte Perspektive charakterisiert. Dies führt unweigerlich zu einer Vernachlässigung solcher strategischen Ressourcen, die außerhalb unternehmerischer Grenzen liegen und gegebenenfalls durch kooperative Beziehungen mit Interaktionspartnern akquiriert werden können.[687]

Ganz nach dem Open-Innovation-Paradigma ist diese netzwerkorientierte Betrachtung für das Innovationsmanagement eines Unternehmens erfolgskritisch, da die unterschiedlichen Akteure über komplementäres Wissen und Informationen verfügen, die erfolgswirksam in Innovationsprozesse integriert werden können.[688] So weisen zahlreiche wissenschaftliche Beiträge und empirische Studien auf die Bedeutung der Kundenorientierung als wesentlichen stabilen Erfolgsfaktor im Rahmen von Neuproduktentwicklungen hin.[689] Des Weiteren können die akkumulierten Ressourcen, die einst dem Unternehmen gerade bei Produktentwicklungen Wettbewerbsvorteile verschafft haben, vor dem Hintergrund dynamisch veränderter Märkte zugleich Kompetenzfallen darstellen,[690] da sich gegebenenfalls die Ressourcenanforderungen zum Bestehen innerhalb eines Marktes im Zeitablauf verändern, das Unternehmen sich aber aufgrund seiner Pfadabhängigkeit und einer daraus resultierenden Trägheit dieser Marktveränderung nicht aqäuat anpassen kann.[691] Diese Gefahr der Inkongruenz zwischen internen Ressourcen und externen Marktanforderungen kann durch eine intensive Vernetzung

683 Vgl. Freiling; Welling (2005), S. 114.
684 Vgl. Barney (1991), S. 110.
685 Vgl. Dierickx; Cool (1989), S. 1508 ff.
686 Vgl. Kogut; Zander (1992), S. 391 ff.
687 Vgl. Zobolski (2008), S. 262 f.; Fischer (2006), S. 73 f.
688 Vgl. Chesbrough (2003a), S. 43 f.; Gruner; Homburg (2000), S. 12; Ramaswamy; Gouillart (2010), S. 71 f.
689 Vgl. Gales; Mansour-Cole (1995), S. 99 ff.; Gruner; Homburg (1999), S. 132 ff.; Karle-Komes (1997), S. 100 ff.; Reichart (2002), S. 274 ff.; Urban; von Hippel (1988), S. 579 ff.
690 Vgl. Leonard-Barton (1992), S. 118.
691 Vgl. Miller (1999), S. 103.

des Unternehmens mit seinem Umfeld außerhalb disziplinarer und geographischer Grenzen eingedämmt werden.[692] Somit scheint es vor dem Hintergrund der Analyse der kollaborativen Wertschöpfung erforderlich zu sein, die bisherigen Kenntnisse der rein internen Sichtweise der strategischen Ressourcen eines Unternehemens um die Betrachtung des ensprechenden Unternehmensumfelds zu erweitern.[693]

Dieser Aspekt wird von *Dyer/Singh* in ihrem Konzept des Relational View aufgegriffen,[694] das auf dem ressourcenorientierten Ansatz aufbaut und diesen um die Berücksichtigung des Unternehmensumfelds ergänzt.[695] Auch hier wird die Generierung von Wettbewerbsvorteilen als Folge einer einzigartigen Bündelung von Ressourcen erklärt.[696] Allerdings werden die strategischen Ressourcen eines Unternehmens vielmehr in seinen idiosynkratischen organisationsübergreifenden Beziehungen gesehen, die zugleich dessen Erfolg bzw. Mißerfolg determinieren.[697] Durch die Interaktionen innerhalb netzwerkartiger Strukturen können sogenannte „Relational Rents" erzielt werden, die interorganisationalen Quasi-Renten entsprechen.[698] Demnach begründen die einzigartigen Ressourcen, die in die Kooperationsbeziehungen eingebracht werden und nicht einfach über den Markt erwerbbar sind, die Wettbewerbsvorteile.

Als mögliche verstärkende Effekte auf die Generierung relationaler Renditen werden die beziehungsspezifischen und komplementären Ressourcen, der Wissenstransfer und die effektive Netzwerksteuerung genannt.[699] Die „Human specifity" spielt dabei im Rahmen der Interaktionen zwischen Unternehmen und Nutzern eine hervorgehobene Rolle. Sie bezieht sich auf transaktionsspezifische Informationen und Wissen und stellt für den Erfolg der kollaborativen Anstrengung einen Mehrwert dar. Dies drückt sich insbesondere in einem aus der Interaktion resultierenden gemeinsamen Sprach- und Begriffsverständnis aus, wodurch die Qualität der Kommunikation erhöht und die Absorptionsfähigkeit des Unternehmens bei der Wissensaufnahme gefördert werden kann. Dabei werden Informationen und Wissen als kritische Ressourcen bei der Differenzierung gegenüber dem Wettbewerb ein herausragender Stellenwert eingeräumt.[700] Demnach resultieren unter Berücksichtigung der Informationsunvollkommenheit in den Märkten Wettbewerbsvorteile aus der Erzielung von Informationsvor-

[692] Vgl. Leonard-Barton (1998), S. 61.
[693] Vgl. Reichwald; Piller (2009), S. 78.
[694] Vgl. Dyer; Singh (1998).
[695] Vgl. Duschek (2002), S. 257 f.
[696] Vgl. Fischer (2008), S. 27.
[697] Vgl. Dyer (1996), S. 271 ff.
[698] Vgl. Dyer; Singh (1998), S. 661.
[699] Vgl. hierzu und im Folgenden ebd. (1998), S. 662 ff.

sprüngen, die sich beispielsweise aus der Identifizierung unbefriedigter Kundenbedürfnisse ergeben.

Darüber hinaus ermöglichen Ressourcen, die in einem komplementären Verhältnis zueinander stehen, die Herbeiführung synergetischer Verstärkungseffekte. Bei der virtuellen Nutzerintegration liegt die originäre Aufgabe der Innovationsmanager in erster Linie darin, die Lösungsinformationen des Unternehmens mit den ergänzenden Bedürfnisinformationen der Nutzer zusammenzubringen.[701] Je besser eine Integration dieser sich bereichernden Informationen erfolgt, desto höher ist die Marktakzeptanz, die ein Unternehmen mit den enwickelten Produkten erzielen kann.[702] Dieser Aspekt unterstreicht zugleich die Relevanz des Wissenstransfers als einen erfolgskritischen Prozess, da vornehmlich die Übertragung von implizitem Wissen aufgrund seiner schwierigen Artikulation iterative Arbeitsschritte zur erfolgreichen Übermittlung voraussetzt. Darüber hinaus stellt auch die Ausgestaltung der virtuellen Interaktionen mit Nutzern vor dem Hintergrund der Sicherstellung einer effektiven Governance einen weiteren zu berücksichtigenden Aspekt dar,[703] die den zentralen Bestandteil bei dem Einsatz der virtuellen Methoden in Kapitel 2.2 darstellt.

Der Ansatz des Relational View als Erweiterung des ressourcenorientierten Ansatzes weist hingegen einige Schwachstellen auf. In Anlehnung an *Duschek* fehlt es bei diesem Ansatz an näheren Erkenntnissen, wie letztendlich im Rahmen der Kooperation beziehungsspezifische relationale Renditen aus prozessualer Sicht generiert werden.[704] Insbesondere der Aufbau und die Transformation von Ressourcen in organisationsübergreifenden Transaktionen wird nicht hinreichend erklärt.[705] Nichtsdestotrotz können für die vorliegende Untersuchung aus dem Relational View unterschiedliche Erkenntnisse gewonnen werden. Zum einen lässt der Ansatz sich in das strategische Management einordnen, das den übergeordneten Nutzen unternehmerischer Operationen mit der Generierung von Wettbewerbsvorteilen begründet.[706] Diese Zielsetzung und der daraus abgeleitete Unternehmensnutzen lassen sich auch auf den vorliegenden Fall, bei dem die Anwender im Rahmen der interaktiven Wertschöpfung mit eingebunden werden, übertragen.[707]

700 Vgl. Picot; Maier (1993), S. 32 ff.; Reichwald; Piller (2009), S. 35.
701 Vgl. Piller et al. (2008), S. 54 ff.
702 Vgl. ebd. (2008), S. 58.
703 Vgl. Dyer; Singh (1998), S. 669.
704 Vgl. Duschek (2004), S. 69.
705 Vgl. Zobolski (2008), S. 276.
706 Vgl. Wycisk (2009), S. 152 f.
707 Vgl. Reichwald; Piller (2009), S. 54.

Darüber hinaus bringt das Relational View neben der Betrachtung der internen Unternehmensressourcen eine weitere Netzwerkperspektive mit in die Analyse ein und hebt damit Fragen der Interaktionsgestaltung mit den Kooperationspartnern in den Vordergrund. Dieser Aspekt ist vor allem für den Innovationsprozess von Belang, da Innovationen oftmals ihren Ursprung in Quellen außerhalb unternehmerischer Grenzen, wie Nutzer- oder Zulieferernetzwerke, wiederfinden und somit eine rein interne ressourcenorientierte Sichtweise keinen hinreichenden Ansatz zur Erklärung des unternehmerischen Erfolgs liefert.[708] Demnach können Interaktionen mit Nutzern den Zugang und die Aufnahme nutzerbasierter Informationen und nutzerbasierten Wissens, die als strategisch wichtige und externe Ressourcen betrachtet werden, gewährleisten.[709] Somit wird die Fähigkeit eines Unternehmens, nach relevantem Wissen außerhalb lokaler Lösungsbereiche zu suchen, immer mehr zu einer Voraussetzung zur Erzielung von Wettbewerbsvorteilen.[710] Dabei unterstützen insbesondere neue Informations- und Kommunikationstechnologien Unternehmen bei der Gestaltung überbetrieblicher Wertschöpfungsprozesse mit Nutzern.[711]

Auch wenn die ursprüngliche Betrachtung des Relational Views sich an zwischenbetrieblichen Organisationen orientiert hat, eignet sich der Ansatz von *Dahlander/Wallin* zur Erklärung der Interaktionen mit Nutzern als Wertschöpfungspartner.[712] Bei der virtuellen Nutzerintegration handelt es sich ebenfalls um eine unternehmensübergreifende Beziehung, mit dem Ziel, sich vom Wettbewerb abzuheben und aus der Zusammenarbeit überadditive relationale Renditen zu erzielen. Die interaktive Wertschöpfung mit Nutzern entspricht somit einer Kooperation mit netzwerkartigen Strukturen, die unter dem postulierten Gesichtspunkt des Relational View der Notwendigkeit der Absorbierung kritischer komplementärer Ressourcen, die außerhalb unternehmerischer Grenzen liegen, entspricht.[713]

Im Gegensatz zum traditionellen ressourcenbasierten Verständnis, das eine gewisse Kontrolle von strategischen Ressourcen zur Ausschöpfung der Erfolgspotenziale impliziert,[714] wird bei dem Relational View von der absoluten Notwendigkeit einer Verfügungsgewalt abgesehen.[715] Die Modifikation erweist sich als adäquat, um den Sachverhalt von Kooperationen im

708 Vgl. Dyer; Singh (1998), S. 664 ff.
709 Vgl. Reichwald; Piller (2009), S. 78.
710 Vgl. Rosenkopf; Nerkar (2001), S. 288.
711 Vgl. Reichwald; Piller (2009), S. 15.
712 Vgl. Dahlander; Wallin (2006), S. 1244 f.
713 Vgl. ebd. (2006), S. 1245 f.
714 Vgl. Barney (1991), S. 101; Amit; Schoemaker (1993), S. 35.
715 Vgl. Fischer (2006), S. 29.

Allgemeinen zu erklären.[716] Denn der Zugriff auf externe Ressourcen erfolgt außerhalb unternehmerischer Grenzen und damit auch außerhalb des Besitzanspruchs eines Unternehmens und erweist sich zudem als eine geeignete Analogie für die virtuelle Nutzerintegration.[717] Dies vor dem Hintergrund, dass auch hierbei die Kontrollmöglichkeiten aufgrund der freiwilligen Zusammenarbeit mit Anwendern und des Fehlens hierarchischer Sanktionierungsmaßnahmen nur begrenzt gegeben sind.

3.5 Maslowsche Bedürfnishierarchie

Im Folgenden gilt es, das grundlegende Verständnis über das nach einem Kosten-Nutzen-Kalkül ausgerichtete Zustandekommen von sozialen Austauschprozessen aus Kapitel 3.2 anhand einer Auseinandersetzung mit ausgewählten motivationstheoretischen Ansätzen weiter zu fundieren, um insbesondere durch ihre Erklärungsbeiträge das Verhalten von Nutzern vor, während und nach einer Interaktion mit dem Unternehmen besser nachzuvollziehen. Diese Ansätze werden in der Motivationspsychologie häufig den übergeordneten Gruppen der Inhaltstheorien und der Prozesstheorien zugerechnet.[718] Inhaltstheorien beschäftigen sich mit der Erklärung und Klassifizierung von subjektiven Motiven, die Individuen letztlich zum Verrichten von Arbeit aktivieren und somit der Frage nach der Zielsetzung der ausgeübten Handlung nachgehen.[719] Die Prozesstheorien befassen sich weniger mit den Motiven, sondern stellen vielmehr den konkreten Ablauf von Motivationsprozessen in den Vordergrund der Betrachtung und bieten dadurch Anknüpfungspunkte zur Verhaltensbeeinflussung.[720]
Das bekannteste Modell der Inhaltstheorien ist die Maslowsche Bedürfnispyramide,[721] der aufgrund ihrer einfachen intuitiven Plausibilität nicht nur in der Psychologie, sondern disziplinübergreifend große Aufmerksamkeit gewidmet wurde.[722] In seinem frühen Werk aus der Mitte der 1990er-Jahre unternahm *Maslow* erstmalig den Versuch, die vielzähligen menschlichen Bedürfnisse zu klassifizieren und bestimmten Motivgruppen zuzuordnen.[723] Im Gegensatz zu anderen zeitgenössischen Ansätzen, die das individuelle Verhalten hauptsächlich durch veranlagte Triebe oder durch die Reaktion auf Anreize erklärt haben, ging *Maslow* von einem positiven Menschenbild aus mit immanenten Wachstumspotenzialen und dem

[716] Vgl. Lavie (2006), S. 640 f.
[717] Vgl. Dahlander; Wallin (2006), S. 1255 f.
[718] Vgl. Hungenberg; Wulf (2011), S. 279.
[719] Vgl. Mansfeld (2011), S. 45 f.
[720] Vgl. Stock-Homburg (2010), S. 70.
[721] Vgl. Kolb (2010), S. 390.
[722] Vgl. Rothermund; Eder (2011), S. 97; Weibler et al. (2012), S. 188 f.; Kotler; Keller; Bliemel (2007), S. 290 f.
[723] Vgl. Maslow (1943).

autonomischen Streben nach Selbstentfaltung als höchstes Ziel.[724] Wie in Abbildung 19 veranschaulicht, werden im Modell der Bedürfnispyramide fünf Motivgruppen unterschieden.[725] In der ersten und zugleich untersten Stufe stehen die physiologischen Bedürfnisse, die Grundbedürfnisse, wie das Stillen von Durst, Hunger oder Ruhe, darstellen und zur eigenen Existenzsicherung notwendig sind. Die zweite Stufe wird als Ebene der Sicherheitsmotive beschrieben und entspricht dem Verlangen nach Ordnung und Vorhersehbarkeit sowie nach Schutz vor physischen und psychischen Gefahren. Der dritten Stufe sind soziale Bedürfnisse bzw. Bindungsmotive, wie der Wunsch nach sozialem Kontakt, Zugehörigkeit und Liebe, zugeordnet. Der vierten Stufe werden Bedürfnisse der Wertschätzung und Anerkennung, wie beispielsweise das Streben nach Einfluss, Geld, Status und Anerkennung, zugeteilt. Die fünfte und höchste Stufe entspricht der individuellen Selbstverwirklichung und damit der Entfaltung der eigenen Persönlichkeit und Fähigkeiten.

Diese hierarchische Zuordnung entlang der pyramidalen Struktur kann so verstanden werden, dass das nächsthöhere Bedürfnis nur dann verfolgt wird, wenn entsprechend das darunterliegende weitgehend befriedigt ist.[726] Dementsprechend wird bei bestehenden Mangelerscheinungen der untersten Stufe die größte Bedeutung beigemessen.[727] Als wichtiges Unterscheidungsmerkmal dient die Abgrenzung zwischen Defizitmotiven, die den ersten vier Stufen entsprechen, und Wachstumsmotiven, die die fünfte Stufe charakterisieren.[728] Während Defizitmotive dann befriedigt werden, wenn die jeweiligen Mangelzustände beseitigt sind, sind Wachstumsmotive nicht stillbar.[729]

---

724 Vgl. Rosenstiel (2000), S. 362. Dem angenommenen Menschenbild von Maslow steht beispielsweise Taylors pessimistisches Menschenbild entgegen, der Arbeitern in einem Unternehmen eine geringe Selbstständigkeit und Arbeitswilligkeit zuschreibt und diese als eine grundsätzliche Haltung des „Sich-Drückens-vor-der-Arbeit" beschreibt. Vgl. hierzu ausführlicher Taylor; Roesler (2011), S. 22 ff.

725 Vgl. hierzu und im Folgenden Maslow (1970), S. 35 ff.

726 Vgl. Scheffer; Heckhausen (2010), S. 57 f.

727 Vgl. Rothermund; Eder (2011), S. 98 f.

728 Vgl. Spieß (2005), S. 59.

729 Vgl. Kirchler (2008), S. 101.

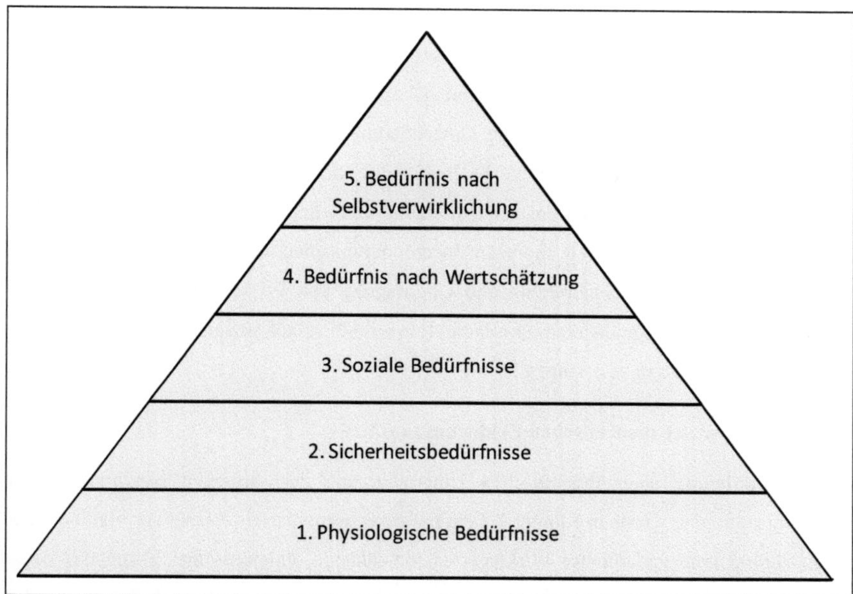

Abbildung 19: Maslowsche Bedüfnispyramide
Quelle: Kotler; Keller; Bliemel (2007), S. 285.

Trotz der hohen Beliebtheit des Modells in den unterschiedlichsten Forschungsdisziplinen und in der Praxis, wie etwa in der Arbeitswelt, bleibt es wissenschaftlich nicht unumstritten.[730] Bisher konnte es in empirischen Studien nicht bestätigt werden, es beruht vielmehr im Wesentlichen auf die klinischen Erfahrungen des Autoren als Psychologe.[731] Auch die hierarchisch-basierte Anordnung der Bedürfnisse scheint in der Realität wesentlich flexibler zu sein, als dargestellt wird. Insbesondere die Klassifikationen der oberen Stufen sind nach einem Individualismus orientierten Kulturbild ausgerichtet und vernachlässigen kollektiv orientierte Kulturkreise, bei denen das Verlangen nach Gruppenzugehörigkeit über dem der Selbstverwirklichung steht.[732] Darüber hinaus wird der Einfluss situativer Determinanten, wie Geschlecht, Alter, Bildung oder Berufstätigkeit, auf das Verhalten v. Individuen nicht geprüft.[733]

Für die vorliegende Untersuchung bietet das Maslowsche Modell dennoch ein weit reichendes Verständnis über die unterschiedlichen Bedürfnisausprägungen, die es im Rahmen der Nutzeraktivierung für virtuelle Kollaborationen über adäquate Anreize zu berücksichtigen

---

[730] Vgl. Spieß (2005), S. 59 f.
[731] Vgl. Nerdinger (2008), S. 112; Hungenberg; Wulf (2011), S. 281.
[732] Vgl. Achouri (2011), S. 248 f. Zu den Unterschieden zwischen verschiednen Kulturgruppen siehe detaillierte Ausführungen in dem Beitrag von Hofstedte et al. (2010).
[733] Vgl. Holtbrügge (2005), S. 14.

gilt. Kennzeichnend für den Ansatz ist vor allem, dass die Bedeutung des Selbstverwirklichungsmotivs in den Vordergrund der Analyse gestellt wird.[734] Diese Sichtweise kann sich unmittelbar auf den vorliegenden Untersuchungskontext übertragen lassen, da die selbstständige Entwicklung neuer Ideen bzw. die Unterstützung bei ihrer Realisierung eben diesem Motiv zuzuordnen ist.[735] Auch können die Bedürfnisse der Wertschätzung und der sozialen Bindung als Orientierungshilfen bei der Umsetzung virtueller Methoden angesehen werden, die einer Einschränkung auf rein monetäre Incentivierungsmechanismen entgegenwirken. So kann der Nutzer bei der Generierung und Übertragung von Wissen motiviert sein, seinen Status als Experte zu signalisieren, um dadurch innerhalb seines sozialen Umfelds Anerkennung und Wertschätzung zu erlangen.[736]

3.6 Synopse der theoretischen Erklärungsansätze

Um der Forderung einer theoretischen Untermauerung der virtuellen Nutzerintegration Rechnung zu tragen, wurde in Kapitel 2.2 ein multiparadigmatischer Ansatz verfolgt, bei dem zur Erklärung unterschiedlicher Wirkungszusammenhänge, entgegen des Vorgehens eines theoretischen Monismus, mehrere Theorien im komplementären Verhältnis zueinander aufgegriffen wurden. Dabei wurden nur solchen Theorien berücksichtigt, die keiner Redundanz unterliegen, sondern den Erklärungsgehalt der Untersuchung durch die Einbringung unterschiedlicher Erklärungsbeiträge erweitern. Die ausgewählten theoretischen Ansätze wurden in Abbildung 13 in ein geschlossenes Theoriegebilde zur ganzheitlichen Betrachtung des Phänomens der virtuellen Nutzerintegration integriert. Insbesondere vor dem Hintergrund der explorativen Arbeit erscheint es zur Steigerung der Ergebnisqualität notwendig, der Gefahr der Einschränkung auf ein bestimmtes Denkmodell entgegenzuwirken und durch den hier verfolgten theoretisch pluralistischen Theorieansatz aus unterschiedlichen Forschungsdisziplinen eine neutrale Betrachtungsperspektive einzunehmen.

Wie in den vorangehenden Kapiteln aufgezeigt, liefern die ausgewählten Ansätze ein theoretisches Fundament zur Erklärung des Zustandekommens und der Gestaltung der virtuellen Nutzerintegration in den Innovationsprozess und können durch ihre Übertragung auf den Untersuchungsfall adäquate Anknüpfungspunkte für die vorliegende Arbeit liefern. Abbildung 20 fasst die zentralen Erkenntnisse der theoretischen Erklärungsansätze aus den Kapiteln 3.1 bis 3.5 zusammen und pointiert ihre grundlegenden Erklärungsbeiträge für die vorliegende Untersuchung.

---

[734] Vgl. Kirchler (2008), S. 102.

[735] Vgl. Reichwald et al. (2007), S. 134.

Theoretischer Ansatz	Zentrale Erkenntnisse	Erklärungsbeitrag für die Arbeit
1 **Interaktionstheorie**	Das Zustandekommen von sozialen Interaktionen folgt bei jedem Interaktionspartner einem Kosten-Nutzen-Vergleich monetärer und nicht-monetärer Komponenten.	Unternehmen und Nutzer führen vor jeder innovationsorientierten Kollaboration einen Kosten-Nutzen-Vergleich durch. Kooperationsbereitschaft liegt nur bei einem komparativ positiven Nettonutzen vor.
2 **Relational-based View (Ressourcen-orientierte Theorie)**	Betrachtung der Unternehmen als Bündel von Vermögenswerten aufbauend auf materiellen und immateriellen Ressourcen. Organisationsübergreifende Beziehungen sind wesentliche Quellen zur Erzielung von Wettbewerbsvorteilen („relational rents“).	Die Nutzerintegration entspricht einer unternehmensübergreifenden Beziehung zur Erlangung von langfristigen Wettbewerbsvorteilen. Das implizite Wissen der Nutzer dient als strategische Ressource bei der Produktentwicklung.
3.1 **Transaktionskostentheorie (Neue Institutionenökonomie)**	Die Übertragung von Verfügungsrechten ist mit Transaktionskosten verbunden. Die Eignung der Koordinationsformen Markt, Hybrid oder Hierarchie ist transaktionskostenabhängig.	Die virtuelle Nutzerintegration entspricht der hybriden Koordinationsform und kann aus Transaktionskostensicht legitimiert werden.
3.2 **Prinzipal-Agenten-Theorie (Neue Institutionenökonomie)**	In Prinzipal-Agenten-Beziehungen bestehen Informationsasymmetrien, die bei Zielkonflikten zu Opportunismus führen können. Diese können durch den Prinzipal antizipiert werden und durch geeignete Maßnahmen im Vorfeld reduziert werden.	Interaktionen zwischen Unternehmen und Nutzern sind verbunden mit Prinzipal-Agenten-Problemen. Die Anreiz- und Kontrollmechanismen vom Unternehmen können die Leistung der Nutzer und das kollaborative Ergebnis beeinflussen.
4 **Maslowsche Bedürfnishierarchie (Motivationstheorien)**	Die subjektiven Motive von Individuen zur Erbringung von Leistung sind vielschichtig und lassen sich anhand von Klassifikationen wie soziale Bedürfnisse, Geltungsbedürfnisse und Selbstverwirklichungsmotive erklären.	Die fünfstufige Bedürfnisebenen sind auch für die Nutzerinteraktion relevant und gelten durch Unternehmen anhand adäquater Anreize zu berücksichtigen. Dabei ist die Sicherstellung eines fairen reziproken Kosten-Nutzen-Verhältnisses notwendig

Abbildung 20: Synopse theoretischer Erklärungsansätze
Quelle: Eigene Darstellung.

[736] Vgl. Schröder (2003), S. 38.

4 Fallstudie

In diesem Kapitel ist die Zielsetzung ein geeignetes Untersuchungsobjekt für die vorliegende Arbeit auszuwählen, um darauf aufbauend die empirische Analyse durchführen zu können. Hierbei werden unter Kapitel 4.1 die Grundlagen der Fallstudienanalyse dargelegt, um ein erstes Verständnis für die weitere Vorgehensweise der Untersuchung zu schaffen. In Kapitel 4.2 erfolgt zunächst eine Fokussierung auf die Telekommunikationsindustrie. Darüber hinaus wird anhand des Open-Innovation-Maturity-Modells nach *Habicht/Möslein/Reichwald* eine Einschätzung des Erfahrungsgrads der Deutschen Telekom, als ein repräsentatives Unternehmen der Telekommunikationsbranche vorgenommen. Darauf aufbauend wird eine detaillierte Auflistung von Innovationsmaßnahmen des betrachteten Unternehmens aufgeführt mit dem Ziel eine adäquate Fallstudie für die forschungsrelevanten Problemstellungen der vorliegenden Arbeit zu identifizieren. Hierzu werden Anforderungskriterien hergeleitet, wonach die Innovationsmaßnahmen nach ihrer Eignung zur Selektion eruiert werden. In Kapitel 4.3 wird die ausgewählte Fallstudie Ideabird detailliert beschrieben, um fundierte Einblicke in die wesentlichen Inhalte und Abläufe des Projekts liefern zu können (siehe Abbildung 21).

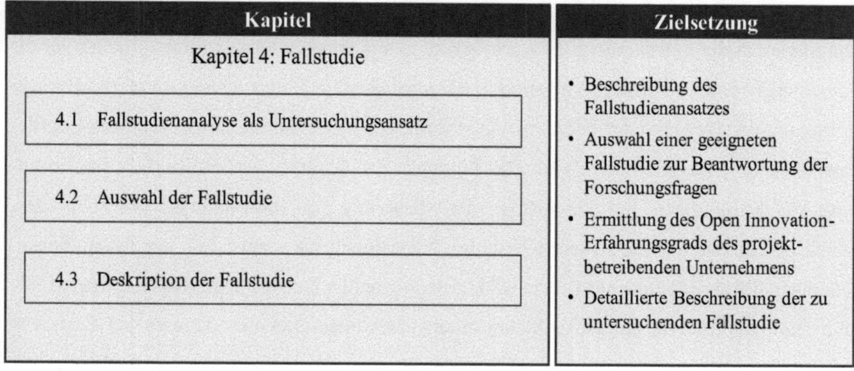

Abbildung 21: Struktur des Kapitels 4
Quelle: Eigene Darstellung.

4.1 Fallstudienanalyse

Zur Beantwortung der forschungsleitenden Fragestellungen wird eine explorative Fallstudienanalyse durchgeführt, die nach einer ausführlichen Deskription der Fallstudie durch weitergehende qualitative und quantitative Untersuchungen zur Erkenntnisförderung erweitert wird. Ziel der empirischen Forschungsmethodik des Fallstudienansatzes ist es, komplexe Phänomene der Realität mit Blick auf individuelle, organisationale, soziale und politische Abläufe zu erfassen.[737] Gerade die holistische Betrachtungsweise, die im Rahmen einer Fallstudienanalyse eingenommen wird, macht eine adäquate Aufnahme und Auswertung von komplexeren Wirkungszusammenhängen im Gegensatz zu standardisierten Erhebungsverfahren möglich.[738] Dabei gibt eine Fallstudie die Beschreibung einer Situation mit den entsprechenden Einflussfaktoren wieder, die durch eine Auseinandersetzung mit den Inhalten durch den Beobachter zu einer Generierung und Bewertung erkenntnisfördernder Hypothesen verhelfen soll.[739] Nach *Yin* ist die Fallstudienmethodik besonders dann heranzuziehen, wenn es sich um Fragestellungen des „*wie*" und „*warum*" handelt, die zu beantworten sind.[740] In der vorliegenden Untersuchung werden beide Aspekte nachgegangen, da zum einen erforscht wird warum Unternehmen zur Durchführung von Nutzerintegrationsmaßnahmen motiviert sind und zum anderen wie diese Interaktionen mit Nutzern durch die Betreiber zielfördernd zu gestalten sind. Darüber hinaus wird postuliert, dass es sich in dem betrachteten Tatbestand, um ein reales und aktuelles Ereignis handelt, die nicht durch den Untersuchenden beeinflusst werden kann.[741] Die Heranziehung einer Fallstudie bei der virtuelle Methoden zur Nutzerintegration eingesetzt wurden, stellt ein aktuelles Phänomen dar, die in den letzten Jahren in der Praxis zunehmend zu beobachten sind[742] und auch nicht unter Einfluss des Forschers steht.

Die Methodik der Fallstudienanalyse ermöglicht es vor allem unterschiedliche Quellen für die Forschungsarbeit zu nutzen,[743] die auch in der vorliegenden Untersuchung durch die Berücksichtigung der Webseite der Interaktionsplattform, der Experteninterviews sowie der Logfiles entsprechend wahrgenommen wird. Die Eignung des Einsatzes von Fallstudien zur Ermittlung von Kausalitäten, die den Erfolg oder Misserfolg von Informationssystemen prägen, wurde bereits durch frühe Arbeiten bestätigt.[744] Entsprechend erweist sich der Fallstudienansatz auch auf die vorliegende Untersuchung der virtuellen Nutzerintegration übertragbar, die eine fundierte Analyse unterschiedlicher miteinander interagierender Akteure auf Basis von Informationssystemen darstellt. Die Übertragbarkeit wird zudem durch die Auflistung der wissenschaftlichen Beiträge im Kapitel 2.3, die Fallstudienanalysen mit speziellem Fokus auf Innovationswettbewerbe und virtuelle Communities angewandt haben, zur Gewinnung neuer Erkenntnisse des Forschungsfelds untermauert.

[737] Vgl. Yin (2009), S. 4; Salomann (2008), S. 7.
[738] Vgl. Meyer; Kittel-Wegner (2002), S. 13 f.
[739] Vgl. Heimerl (2009), S. 385 ff.
[740] Vgl. Yin (2013), S. 11.
[741] Vgl. ebd. (2013), S. 12 ff.
[742] Vgl. Boudreau; Lacetera; Lakhani (2011), S. 843; Bretschneider (2012), S. 48; Mortara; Ford; Jaeger (2013), S. 1563.
[743] Vgl. Yin (2013), S. 12.
[744] Vgl. Benbasat; Goldstein; Mead (1987), S. 382.

Der Fallstudienansatz ist zudem besonders geeignet, um situationsbezogene Gesichtspunkte,[745] wie die hier betrachtete Telekommunikationsindustrie, als Anwendungskontext der Untersuchung adäquat aufzugreifen. Dadurch können dynamische Wirkungsbeziehungen von zu untersuchenden Parametern im zeitlichen Verlauf einer Fallstudie aufgezeigt und verdeutlicht werden.[746] Vor dem Hintergrund der vorliegenden Untersuchung eignet sich ein zeitlich umfangreicher Betrachtungshorizont deshalb, weil beispielsweise eine dynamische Analyse der teilgenommenen Nutzergruppen auf der Interaktionsplattform im Verlauf eines Wettbewerbs ermöglicht wird und dadurch die durchgeführten Nutzeraktivitäten für den Forscher nachvollziehbar werden. Ebenfalls kann eine zeitliche Differenzierung zwischen den anfangs erwarteten Nutzen und den tatsächlich erzielten Nutzen aus dem Blickwinkel eines Unternehmens einen zusätzlichen granularen Erkenntnisgewinn bei der Beantwortung der Forschungsfragen im Hinblick auf die erfolgswirksame Gestaltungsempfehlung übermitteln.

4.2 Auswahl der Fallstudie

Bevor im empirischen Teil der Untersuchung eine Fallstudie mit der Zielsetzung der Exploration neuer Erkenntnisse und der Gegenüberstellung der theoretisch erarbeiteten Erklärungsansätze analysiert wird, ist die Auswahl eines geeigneten Unternehmens und einer entsprechenden Innovationsmaßnahme zu treffen. Hierzu erfolgt der Schwerpunkt der vorliegenden Fallstudienuntersuchung auf die Telekommunikationsindustrie, wodurch neue Erkenntnisse zu diesem speziellen Anwendungskontext gewonnen werden können. Wie in der Einleitung beschrieben ist ein zunehmender Innovationsdruck insbesondere in gesättigten Märkten zu verzeichnen.[747] Dies trifft vor allem auf Telekommunikationsunternehmen zu, die den zentralen Untersuchungsbereich der vorliegenden Arbeit bildet. So investieren Telekommunikationsunternehmen in Deutschland alleine für den Netzausbau zur Etablierung innovativer Dienste jährlich rund sechs Milliarden Euro[748] bei zugleich stetig fallenden Preisen in den Bereichen Festnetz, Mobilfunk und Internet.[749] Wesentliche Ursachen hierfür sind die globale Expansion von Over-the-Top-Anbietern,[750] die Auflagen von Regulierungsbehörden zur Preisanpassung[751] sowie die Konvergenz unterschiedlicher Netzsysteme im Wettbewerb um

745 Vgl. Walshe et al. (2004), S. 680.
746 Vgl. Eisenhardt (1989), S. 534 ff.
747 Vgl. Piller (2006), S. 48 ff.
748 Vgl. Bundesnetzagentur (2013), S. 25 f.
749 Vgl. Destatis (2014).
750 Vgl. Kühling; Schall; Biendl (2014), S. 84 f. Als Over-the-Top-Anbieter werden Unternehmen verstanden, die sich durch das Angebot internetbasierter Kommunikations- und Inhaltslösungen auszeichnen, wie zum Beispiel Skype für Video- und Internettelefonie oder WhatsApp für Instant-Messaging.
751 Vgl. Telekom (2013a), S. 101 ff.

dieselben Kunden.[752] Die Wirkung von Innovationen mit hochgradig disruptivem Charakter lässt sich beispielsweise anhand der Entwicklung des lukrativen SMS- und MMS-Marktes veranschaulichen. Seit der Einführung des Dienstes konnte dieser Markt in Deutschland auf kontinuierliche jährliche Wachstumsraten zurückblicken.[753] Allerdings ist er seit dem erfolgreichen Eintritt substituierender Instant-Messaging-Anbieter im Jahr 2012 um ca. 38% und 2013 um ca. 27% eingebrochen. Solche marktbedrohlichen Entwicklungen postulieren eine Abkehr von traditionellen Entwicklungsmethoden hin zu agileren und flexibleren Innovationsprozessen, die es einem Unternehmen im digitalen Zeitalter ermöglichen, eine dauerhafte Wettbewerbsfähigkeit aufrechtzuerhalten.[754] Vor dem Hintergrund der beschriebenen marktbedrohlichen Entwicklungen und der Postulierung zu mehr Agilität in der Entwicklung innovativer Netzdienste erweist sich die Telekommunikationsindustrie als ein besonders adäquater Untersuchungsbereich zur Analyse der Gestaltung und Wirkung innovativer Ansätze wie dem der virtuellen Nutzerintegration.

Gemäß der Beantwortung der Forschungsfragen im Hinblick auf den Telekommunikationssektor eignet sich ein etabliertes Telekommunikationsunternehmen, das stellvertretend für die Industrie herangezogen werden kann. Die Deutsche Telekom ist ein solches Unternehmen, das als integrierter Telekommunikationsanbieter sowohl Festnetz- als auch Mobilfunkdienstleistungen für Privat- und Geschäftskunden anbietet. Das betrachtete Unternehmen sollte aufgrund der Zielsetzung der Identifizierung erfolgswirksamer Gestaltungselemente im Rahmen der virtuellen Nutzerintegration bereits über ausgeprägte Erfahrungen im Bereich Open Innovation verfügen. Hierzu bietet sich das Open-Innovation-Maturity-Modell nach *Habicht/Möslein/Reichwald* an, das zur Eruierung des Erfahrungsgrads eines Unternehmens im Bereich Open Innovation angewandt werden kann (siehe Abbildung 22). Dieses Modell unterscheidet zwischen den drei Ebenen des strategischen Innovationsmanagements, der Innovationsprozesse sowie der Kompetenzen und Fähigkeiten. Um eine Einschätzung des hier relevanten Erfahrungsgrads der Deutschen Telekom erhalten zu können, ist es notwendig, durch den Transfer des Open-Innovation-Maturity-Modells ein Verständnis für den strategischen und organisatorischen Situationskontext der Deutschen Telekom im Hinblick auf die

752 Vgl. Pegasystems (2011), S. 2. Die zu verzeichnende Technologiekonvergenz ermöglicht es beispielsweise Kabelnetzbetreibern, dass von ihnen angebotene Dienste audiovisueller Unterhaltung für Fernsehen, Internet und Telefonie (auch als „Triple Play“ bezeichnet) mit denen der Telekommunikationsunternehmen konkurrieren können.

753 Vgl. hierzu und im Folgenden Statista (2014); Chip (2014a); Chip (2014b). Alleine der Dienst WhatsApp konnte ein exorbitantes Wachstum erzielen mit mittlerweile 600 Millionen Nutzern weltweit und 50 Milliarden Nachrichten täglich. Der Anteil an WhatsApp-Nutzern in Deutschland wird mittlerweile auf 30 Millionen Nutzern geschätzt.

754 Vgl. Geier (2013), S. 235 ff.

Generierung von Innovationen zu schaffen. Darauf aufbauend ist für die vorliegende Untersuchung eine geeignete Maßnahme auszuwählen, die den Anforderungen zur Beantwortung der Forschungsfragen, für die Fallstudienanalyse entspricht. Für die Maßnahmenselektion werden im Abschluss des Abschnitts Anforderungskriterien aufgestellt und die Eignung der identifizierten Unternehmensmaßnahmen eruiert.

1. Strategisches Innovationsmanagement: Im Rahmen der Innovationsstrategie der Deutschen Telekom dient der Ansatz der Open Innovation den Aufführungen der Webseite zufolge als ein festverankerter Bestandteil, bei dem Kunden, Partner und Forschungseinrichtungen direkt mit eingebunden werden, um gemeinsam neue Ideen zu generieren und Produktlösungen zu entwickeln.[755] Dabei werden Innovationen als Ergebnis kooperativer Initiativen begriffen sowie als ein komplementärer Ansatz zu unternehmenseigenen Entwicklungen, Start-up-Förderungen und -Beteiligungen. Die Relevanz von Kooperationen geht unter anderem aus der Kompetenz der Deutschen Telekom hervor, technische Plattformen und vereinfachte Netzinfrastrukturen zu entwickeln, woran Partner ihre Produkte und Dienste ausrichten und entsprechend der angebotenen Möglichkeiten der Plattform weiter modifizieren können.[756] Dieses Plattformgeschäft wird bereits in diversen Segmenten, wie Machine-to-Machine (M2M), Smart Home oder Payment, betrieben. Dabei werden die Partner ohne großen Aufwand und in kurzer Zeit auf die Plattform und das Gesamtangebot eingebunden. So ermöglicht die Plattform Qivicon die Kontrolle und Steuerung elektronischer Geräte im Haushalt anhand von Applikationen, die über ein Smartphone, Tablet oder PC sowohl innerhalb als auch außerhalb des Wohnbereiches ausgeführt werden können, damit der Kunde seine Energieeffizienz, seine Sicherheit und seinen Komfort steigern kann.[757] Entsprechend wirken Kooperationen mit geeigneten Partnern, die ihre Kompetenzen in die Entwicklung plattformkompatibler Anwendungssoftware und -hardware gesetzt haben, auf die Gesamtattraktivität der Plattform ein (siehe Abbildung 23).[758]

755 Hierzu und im Folgenden www.telekom.com/static/-/95406/16/unternehmenspraesentation-si; http://www.telekom.com/konzern/konzernprofil/strategie/10912. Hierzu sei insbesondere der Abschnitt drei, „Mit Partnern gewinnen“, der Konzernstrategie hervorzuheben.

756 Hierzu und im Folgenden www.telekom.com/konzern/konzernprofil/strategie/10912

757 Hierzu und im Folgenden www.qivicon.com

758 Das Partnernetzwerk von Qivicon setzt sich aus Unternehmen wie Samsung, Miele, EnBW, Belkin und Cyberport zusammen, die ihre komplementären Kompetenzen in die Zusammenarbeit mit der Deutschen Telekom einbringen.

Open-Innovation-Maturity-Modell

Level	1) Strategisches Innovationsmanagement	2) Innovationsprozesse	3) Kompetenzen und Fähigkeiten
Maturity Level 0	• OI ist nicht in Strategie verankert • Eine innovationsfreundliche Kultur kann vorhanden sein • OI-Strukturen existieren nicht • OI sind keine Ressourcen gewidmet	• Es existiert kein OI-Prozess • Entsprechende Öffnungs-, Aneignungs-, und Integrationskompetenz besteht nicht	• Für OI notwendige individuelle Kompetenzen können bestehen, jedoch werden nicht genutzt.
Maturity Level 1	• Formulierung eines konkreten Innovationsziels • Festlegung und Kommunikation von Verantwortlichen • Bereitstellung von Ressourcen • Bewertung von OI anhand weniger Input- und Outputgrößen	• Ein OI-Prozess ist definiert	• Erprobung von Methoden und Entwicklung individueller Fähigkeiten und Kompetenzen in den Bereichen Technik, Leadership und Boundary Spanning
Maturity Level 2	• Eine übergreifende OI-Strategie existiert • Ein Wandel der Unternehmenskultur ist initiiert • Verantwortlichkeiten sind strukturell institutionalisiert • Die Bereitstellung von Ressourcen folgt einem standardisierten Prozess • Bewertung der Projekte anhand etablierter Output & Kompetenzentwicklungsindikatoren	• Entwicklung und Einsatz verschiedener Werkzeuge, Technologien und Methoden für OI • Entwicklung von Ansätzen zur Erhebung und Förderung der Öffnungs-, Aneignungs- und Integrationskompetenz	• Systematische Förderung individueller Kompetenzen und Fähigkeiten in den Bereichen Technik, Leadership und Boundary Spanning
Maturity Level 3	• OI-Strategie ist in der Unternehmensstrategie verankert • Die Unternehmenskultur ist günstig für OI • OI-Verantwortliche bilden ein aktives Netzwerk • Ein System zur kontinuierlichen Verbesserung ist implementiert	• Konsolidierte, systematische Verwendung von Werkzeugen, Technologien und Methoden • Systematische Entwicklung der Öffnungs- Aneignungs- und Integrationskompetenz	• Konsolidierte und institutionalisierte Kompetenzentwicklung für Mitarbeiter

Abbildung 22: Einordnung der Deutschen Telekom in das allgemeine Open-Innovation-Maturity-Modell
Quelle: Eigene Darstellung, in Anlehnung an Habicht; Möslein; Reichwald (2011), S. 49.

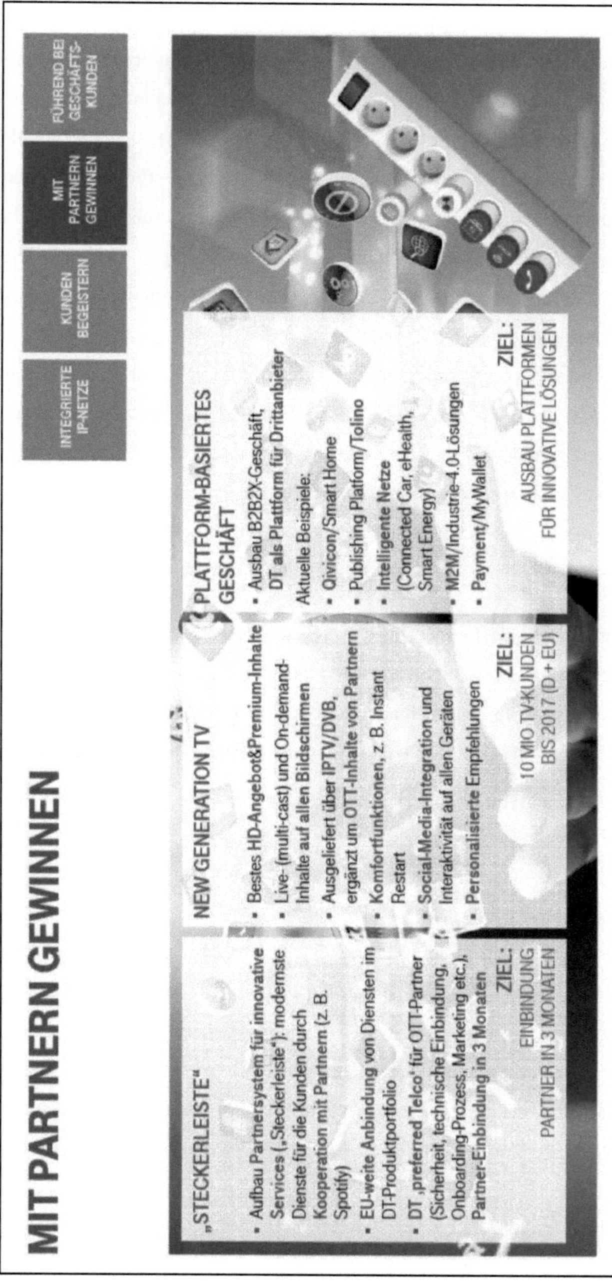

Abbildung 23: Deutsche Telekom Strategie der Produktentwicklung
Quelle: www.telekom.com/static/-/217760/2/strategie-charts-si

2. *Innovationsprozesse:* Bezüglich des zweiten Bereiches der Innovationsprozesse kommen im Konzern unterschiedliche Systeme, Werkzeuge und Technologien zur Anwendung, die eine Einbindung dezentralen Nutzerwissens außerhalb unternehmerischer Grenzen ermöglichen. Zudem ist eine Entwicklung von Ansätzen zur Erhebung und Förderung der Öffnungs-, Aneignungs- und Integrationskompetenz zu beobachten. Hinsichtlich der Öffnungskompetenz können aus einer Vielzahl von Innovationsinitiativen des Unternehmens, wie beispielsweise Palomar 5, Innovationsforum, CfBI-Konsortium oder Developer Garden, intensive Dialoge mit externen Akteuren zum Zwecke der gemeinsamen Innovationsförderung bereits ab den frühen Innovationsphasen nachvollzogen werden.[759] Die Aneignungskompetenz zur Steigerung und zum Schutz von koproduziertem Wissen, die sich durch die Bereitstellung von Kooperationsanreizen sowie von organisatorischen und strategischen Maßnahmen fördern lässt,[760] wurde unter anderem in verschiedenen Initiativen, wie TV Interactive Award oder Ideabird, verfolgt. Auch die Integrationskompetenz, als Einbindung von externen Lösungen in die unternehmerische Wertschöpfung, die sich durch entsprechende Lernroutinen fördern lässt,[761] kann sich durch den Vollzug der zahlreichen Innovationsmaßnahmen herleiten lassen.

3. *Kompetenzen und Fähigkeiten:* Im Bereich der Kompetenzen und Fähigkeiten werden unterschiedliche virtuelle und nicht-virtuelle Open-Innovation-Maßnahmen entlang verschiedener Phasen des Innovationsprozesses eingesetzt. Hinsichtlich der technischen Kompetenz kamen virtuelle Methoden, wie etwa virtuelle Communities, Ideenwettbewerbe und Toolkits, bereits zum Einsatz. Aber auch Plattformen zur Förderung des internen Wissensmanagements, wie zum Beispiel das Telekom Blog, Telekom Wiki, Telekom Jams, Telekom Social Network oder auch People Network, als interaktives Personalverzeichnis, unterstreichen das hohe technische Know-how des Unternehmens.[762] Diese unterschiedlichen Methoden begünstigen die Suche, Identifikation und Kollaboration der Beteiligten aus unterschiedlichen unternehmensinternen und -externen Bereichen und sichern damit eine Heterogenität, die für die Übermittlung und Einbindung von innovationsrelevantem Wissen von Bedeutung sind.[763] Darüber hinaus führen die unterschiedlichen Formate, wie etwa die Barcamps der Deutschen Telekom, zu einer Etablierung selbstorganisierender Strukturen, die nach dem Maturity-Modell ebenfalls einen Einfluss auf die Ebene der Kompetenzen und Fähigkeiten ausüben.

---

759 Eine ausführlichere Übersicht dieser Innovationsmaßnahmen erfolgt im weiteren Verlauf des Abschnitts.
760 Vgl. Habicht, Möslein, Reichwald (2011), S. 48.
761 Vgl. ebd. (2011), S. 48.
762 Vgl. http://www.knowtech.net/files/documents/1145__F07-02_Hermes_Detecon_Schrader_T-Systems.pdf
763 Vgl. Habicht, Möslein, Reichwald (2011), S. 49.

In Bezug auf die Kompetenzen und Fähigkeiten des Unternehmens ermöglichen auch die spezialisierten Organisationseinheiten und Arbeitsgruppen zu Open Innovation eine weitere systematische Förderung. Im Rahmen der Entwicklung neuer Produkte und Lösungen verfügt das Unternehmen über ein Portfolio aus unterschiedlichen zentralen Organisationseinheiten, wie T-Labs, Digital Business Unit, T-Systems Innovation Center, T-Venture und hub:raum, die sich jeweils auf unterschiedliche Funktionen und Themengebiete spezialisiert haben. Das T-Labs arbeitet als spezialisierter Forschungs- und Innovationsbereich an der Entwicklung und Förderung von innovativen Ideen und setzt dadurch neue Impulse für die operativen Einheiten der Deutschen Telekom.[764] Hingegen fungiert T-Venture als Venture-Capital-Einheit der Deutschen Telekom und sucht gezielt nach innovativen jungen Unternehmen für eine Beteiligung und Förderung im Rahmen ihrer Wachstumsphase.[765] In Ergänzung zu T-Venture richtet sich hub:raum, als Inkubator der Deutschen Telekom, an Start-ups in frühen Entwicklungsphasen und bietet neben finanzieller Unterstützung auch weitere Anreize, wie Mentoring, Co-Working, sowie die Möglichkeit, Ressourcen der Deutschen Telekom als Unterstützung in Anspruch zu nehmen.[766] Die Digital Business Unit ist an den digitalen Geschäftseinheiten der Deutschen Telekom, wie Core Telco, TV, Cloud oder Payment, orientiert und arbeitet an der Entwicklung und Steuerung segmentrelevanter Produkte, Dienstleistungen und Geschäftsmodelle mit Fokus auf neue Wachstumsmärkte zur Steigerung der Wettbewerbsfähigkeit im digitalen Segment gegenüber anderen globalen Wettbewerbernern.[767] Zusammenfassend kann angenommen werden, dass bei der Deutschen Telekom nach erfolgter Übertragung der drei Ebenen des Open-Innovation-Maturity-Modells von einem grundsätzlich ausgeprägten Erfahrungsgrad auszugehen ist.

Um für die Untersuchung eine geeignete Fallstudie identifizieren zu können, besteht die Notwendigkeit eine detailliertere Beschreibung der verschiedenen Innovationsmaßnahmen des Unternehmens aufzuführen, um darauf aufbauend ihre Eignung anhand von Anforderungskriterien eruieren zu können. Daher soll fortfolgend entlang unterschiedlicher Innovationsphasen die durchgeführten Maßnahmen, die sich dem Bereich der Open Innovation zuordnen lassen, sowohl mit als auch ohne die Nutzung virtueller Methoden kurz beschrieben werden. Diese Maßnahmen wurden auf Basis von Rücksprachen mit Mitarbeitern aus

764 Hierzu und im Folgenden vgl. http://www.laboratories.telekom.com

765 Vgl. http://www.t-venture.com/about-us#profile

766 Vgl. www.hubraum.com

767 Hierzu und im Folgenden vgl. www.telekom.com/static/-/95406/16/unternehmenspraesentation-si; http://www.telekom.com/karriere/inside-telekom/176872.

Innovations- und Entwicklungsabteilungen des Unternehmens sowie einer Internetrecherche auf der Webseite www.telekom.com identifiziert.

Das TV Interactive Award ist eine Maßnahme, bei der externe Nutzer im Rahmen eines Innovationswettbewerbs eingeladen werden, Ideen und Konzepte zum Internet Protocol Television (IPTV) der Zukunft auf der Webseite www.interactive-tv-award.de einzureichen.[768] Dieser Ansatz stellt einen offenen Austausch mit Entwicklern und Kreativen dar, bei dem den Teilnehmern Preisgelder und langfristige Zusammenarbeiten im Falle einer Realisierung der eingereichten Beiträge in Aussicht gestellt werden. Es wurde in den Wettbewerbskategorien „Freestyle“ mit Fokus auf Kreativität und „Developer“ mit Schwerpunkt auf die technische Umsetzbarkeit unterschieden.

Um einen thematisch fachbereichsübergreifenden Innovationswettbewerb geht es bei dem Telekom Innovation Contest, bei dem weltweit Studenten, Wissenschaftler, Start-ups, Unternehmer sowie Mitarbeiter der Deutschen Telekom dazu animiert werden, auf der Webseite www.telekom-innovation-contest.com innovative Ideen zu den Kategorien Cloud-based Productivity, Cyber-Security, Internet of Things, Future Media and Communication, Reality Data und Smart Energy einzureichen.[769] In einem mehrstufigen Selektionsverfahren werden die Erfolg versprechendsten Ansätze selektiert. Die Teilnehmer können unter anderem Investitionsbeteiligungen oder die kostenlose Nutzung von Büroflächen in den Inkubatorzentren in Berlin, Krakau und Budapest gewinnen.

Ein ganz anderes Format stellt das Palomar 5 dar, bei dem eine begrenzte Anzahl kreativer Digital Natives eingeladen werden, über sechs Wochen in einem Innovationscamp in Berlin neue Konzepte für das zukünftige digitale Leben und Arbeiten zu entwerfen.[770] Die erarbeiteten Ergebnisse werden unter anderem der Deutschen Telekom als Hauptsponsor vorgestellt und setzen durch die Gewährung der intensiven Einblicke in die Lebens- und Arbeitsweise relevanter Nutzergruppen neue Impulse bei der Weiterentwicklung der digitalen Geschäftsfelder.

Das Innovationsforum richtet sich als regionale Maßnahme an Haushalte in Berlin, die sich im Rahmen der Früherkennung von Nutzerbedürfnissen an Produkttests, Befragungen und Studien der Deutschen Telekom beteiligen und denen zudem die Gelegenheit geboten wird,

768 Vgl. http://www.telekom.com/medien/konzern/4962

769 Vgl. http://www.telekom-innovation-contest.com

770 Vgl. http://e-paper.telekom.com/die-neue-telekom/epaper/die-neue-telekom.pdf, S. 54 ff.

neue Telekommunikationsprodukte und -dienste sowie neue Trends der Kommunikationsbranche kennenzulernen.[771]

Bei dem Projekt Ideabird handelt es sich um die Kombination eines Innovationswettbewerbs in Verbindung mit einer virtuellen Community. Das Unternehmen lädt die Nutzer weltweit dazu ein, auf der Plattform www.ideabird.de ihre Ideen zu unterschiedlichen Anwendungsbereichen des Bereiches Machine-to-Machine einzureichen. Für eine begrenzte Zeit wurden auf der Plattform Beiträge eingestellt, in der Community diskutiert, weiter modifiziert und gemeinschaftlich evaluiert. Nach Ablauf einer im Voraus festgelegten Frist wurden die Beiträge von einer Jury, aus unterschiedlichen Experten der Deutschen Telekom und externen Organisationen bestehend, bewertet und die Sieger im Rahmen von Finalisten-Workshops prämiert. Den Gewinnern wurden unterschiedliche Anreize geboten, darunter auch monetäre Prämien.

Im Rahmen der Entwicklung von Ideen bestehen bei der Deutschen Telekom ebenfalls unterschiedliche Ansätze, einerseits solche, die sich intern an die Mitarbeiter richten, und anderseits solche, die als Kollaborationsansatz externe Akteure im Blick haben. Bezüglich der internen Zusammenarbeit der Mitarbeiter bei der Realisierung von Ideen wird beispielsweise die Telekom Social Network (TSN) als eine kollaborative interne Plattform bereits genutzt.[772]

Darüber hinaus werden auch Maßnahmen zur Einbindung externer Akteure für Forschung und Entwicklung verfolgt. So bestehen langfristige Kooperationen mit der Technischen Universität Berlin und der Universität der Künste Berlin, die zur Einrichtung mehrerer Stiftungsprofessuren geführt haben.[773] Weitere Partnerschaften bestehen im Rahmen eines Forschungsnetzwerks, das nationale Einrichtungen, wie die Ludwig-Maximilians Universität München oder die Technische Universität Darmstadt, als auch internationale Einrichtungen, wie die Cambridge University oder die Stanford University, umfasst.[774] Neben Kooperationen mit universitären Einrichtungen werden auch Kooperationen mit relativ jungen Unternehmen, wie

[771] Vgl. www.laboratories.telekom.com/public/Deutsch/Netzwerk/Pages/Innovationsforum.aspx

[772] Vgl. http://blog.telekom.com/2013/02/19/eindeutig-erwuenscht-soziales-netzwerken-am-arbeitsplatz/#more-5902. Demnach waren im Februar 2013 bereits 50.000 Mitarbeiter der Deutschen Telekom bei der Telekom Social Network registriert und haben ca. 60.000 Beiträge erstellt.

[773] Vgl. hierzu und im Folgenden http://www.laboratories.telekom.com/public/Deutsch/ueber_uns/Pages/default.aspx

[774] Vgl. http://www.laboratories.telekom.com/public/Deutsch/Netzwerk/Pages/Universitaeten.aspx

Spotify und Evernote, und etablierten Konzernen, wie Samsung, Google und Microsoft, geführt.[775]

Auch die Zusammenarbeit der Telekom mit dem Centre for Business Innovation (CfBI) beinhaltet als Ziel die Entwicklung von Innovationen. Das CfBI ist ein in Cambridge ansässiges internationales Konsortium, bestehend aus unterschiedlichen Unternehmen, Forschungseinrichtungen und öffentlichen Organisationen, die ganz nach dem Paradigma der Open Innovation in einem festen zeitlichen Zyklus zusammenkommen und den Wissenstransfer zwischen Experten hinsichtlich der Identifizierung neuer Best-Practice-Ansätze, Geschäftsmöglichkeiten und Standards vorantreiben.[776]

Eine weitere Initiative ist der Developer Garden, der eine Kombination aus einer virtuellen Community in Verbindung mit Toolkits darstellt.[777] Auf der Plattform www.developergarden.com werden den Entwicklern Programmierschnittstellen (APIs) und Software Development Kits (SDK) der Deutschen Telekom als Unterstützung zur Verfügung gestellt, mit denen sie nach ihren Vorstellungen und Bedürfnissen entsprechende Applikationen herstellen und vertreiben können.[778] Dadurch werden externe Entwickler befähigt, neue, eigenständige Lösungen und profitable Geschäftsmodelle auf Basis der bereitgestellten Dienste der Deutschen Telekom zu entwickeln und zu etablieren.

Die Phase der Markteinführung bzw. Kommerzialisierung ist ebenfalls durch verschiedene Initiativen charakterisiert. Die Maßnahme T-City Friedrichshafen als ein städteweiter Testmarkt für Prototypen und neue Anwendungen ist dieser Phase zuzuordnen.[779] Das Projekt ist eine Zusammenarbeit zwischen der Deutschen Telekom und der Stadt Friedrichshafen, im Rahmen dessen neue Informations- und Kommunikationstechnologien in unterschiedlichen Themenfeldern von Mobilität & Verkehr bis hin zu Gesundheit & Betreuung eingeführt und getestet werden.[780]

Dieser Phase sind auch die Aktivitäten der eingangs vorgestellten Organisationseinheiten T-Venture[781] und hub:raum[782] zuzurechnen, die sich an auf dem Markt neu eingeführte Produkte

[775] Vgl. hierzu und im Folgenden www.telekom.com/static/-/95406/16/unternehmenspraesentation-si
[776] Vgl. http://www.cfbi.com/index.htm. Beispielhafte Mitglieder des Konsortiums sind Procter&Gamble, Bosch und Siemens Haushaltsgeräte, Philips, die Cambridge University oder die Technical University of Denmark.
[777] Vgl. www.developergarden.com
[778] Vgl. http://www.telekom.com/innovation/133310
[779] Vgl. www.t-city.de
[780] Vgl. www.telekom.com/medien/konzern/1000
[781] Vgl. www.t-venture.com

und Lösungen durch junge Start-ups ausrichten. Anzuführen sind ferner vergangene Spin-outs aus der Deutschen Telekom, die sich beispielsweise durch die Gründungen der Unternehmen Qiro[783] oder Zimory[784], die ursprünglich aus den T-Labs stammen, erklären lassen.[785] Die beschriebenen Open-Innovation-Maßnahmen der Deutschen Telekom werden in Abbildung 24 grafisch aufbereitet.

Abbildung 24: Übersicht über Open Innovation Maßnahmen der Deutschen Telekom
Quelle: Eigene Darstellung, in Anlehnung an Rohrbeck; Hölzle; Gemünden (2009).

Für die Untersuchung der Fallstudienanalyse im empirischen Teil der Arbeit ist es von Bedeutung, nun auf Basis der Übersicht der Maßnahmen im Bereich Open Innovation solche Maßnahmen zu berücksichtigen, die die Anforderungen zur Beantwortung der gestellten Forschungsfragen erfüllen. Zum einen sollte eine geeignete Maßnahme als unmittelbares Ziel innovationsgenerierende bzw. -fördernde Elemente beinhalten. Vor dem Hintergrund des Open Innovation-Ansatzes bedarf es zudem der Einbindung von externen Nutzern, die keine Zugehörigkeit zum organisierenden Unternehmen vorweisen. Darüber hinaus ist es geboten, bei der Initiative den Einsatz virtueller Methoden zu gewährleisten. Hierzu ist mit Blick auf die Forschungsfrage 3 insbesondere eine Maßnahme als relevant zu erachten, bei der eine Kombination aus virtuellen Communities und Innovationswettbewerben durchgeführt wurde. Um eine entsprechende Aktualität sicherzustellen, ist es zudem notwendig, nur solche Maßnahmen einzubeziehen, bei denen der Projektabschluss nicht länger als zwei Jahre zurückliegt. Außerdem muss bei der Auswertung der Fallstudie darauf geachtet werden, dass

---

782 Vgl. www.hubraum.com
783 Vgl. www.qiro.de
784 Vgl. www.zimory.com
785 Vgl. Rohrbeck; Hölzle; Gemünden (2009), S. 427.

vor allem für die explorativen Experteninterviews mehrere Ansprechpartner identifiziert und bereitgestellt werden, die in der speziellen Maßnahme involviert waren und somit aussagekräftig sind. Nach Bewertung der vorgestellten Maßnahmen auf Basis der aufgestellten Kriterien erweist sich für die Fallstudienanalyse die Maßnahme Ideabird als geeignet, da sie alle Anforderungen in dem hier beschriebenen Kontext erfüllt (siehe Tabelle 1).

Selektionskriterien Innvationsmaßnahmen der Deutschen Telekom	Einbindung externer Nutzer	Innovations-generierung als Zielsetzung	Interaktionen über Innovations-wettbewerbe	Interaktionen über virtuelle Communities	Aktualität zum Zeitpunkt der Erhebung nicht älter als 2 Jahre	Mehrere beteiligte Ansprechpartner identifiziert und akquiriert
TV Interactive Award	✔	✔	✔	x	x	x
Telekom Innovation Contest	✔	✔	✔	x	✔	✔
Palomar5	✔	✔	x	x	x	x
Innovationsforum	✔	✔	x	x	✔	✔
Ideabird	✔	✔	✔	✔	✔	✔
Telekom Social Network	x	✔	x	✔	✔	✔
Kooperationen Institute/Startups	✔	✔	x	x	✔	✔
Centre for Business Innovation	✔	✔	x	x	✔	✔
Developer Garden	✔	✔	x	✔	✔	x
T-City	✔	x	x	x	x	✔
T-Venture	✔	x	x	x	✔	✔
hub:raum	✔	✔	x	x	✔	✔

Tabelle 1: Identifizierung einer untersuchungsrelevanten Fallstudie
Quelle: Eigene Darstellung.

4.3 Deskription der Fallstudie

Vor dem Hintergrund des explorativen Ansatzes der Arbeit ist die intensive und ganzheitliche Betrachtung der Fallstudie als Grundlage zur Identifizierung gehaltvoller Wirkungszusammenhänge und Erkenntnisse unabdingbar. Um dieser Anforderung gerecht zu werden, erfolgt in Kapitel 4.3 als Grundlage der empirischen Untersuchung eine ausführliche Betrachtung der Fallstudie mit Hinblick auf organisatorische, prozessuale und vor allem gestaltungsbezogene Gesichtspunkte.

4.3.1 Einleitung: Machine-to-Machine-Kommunikation

Die Fallstudie Ideabird befasst sich mit der Entwicklung von Produkten aus dem M2M-Bereich. M2M kann als ein automatisierter Austausch von Daten zwischen Maschinen physischer Art (wie Automaten) oder virtueller Art (wie Software) verstanden werden.[786] Die maschinelle Kommunikation findet zunehmend auf Basis von Informations- und Kommuni-

786 Vgl. Glanz; Jung (2010), S. 18.

kationstechnologien wie GSM-Mobilfunknetze statt[787] und ermöglicht Anwendern die Nutzung neuer Dienste zur Fernsteuerung, Prozessautomatisierung bzw. -optimierung und Echtzeitüberwachung in Verbindung mit vordefinierten Frühwarnvorkehrungen.[788]

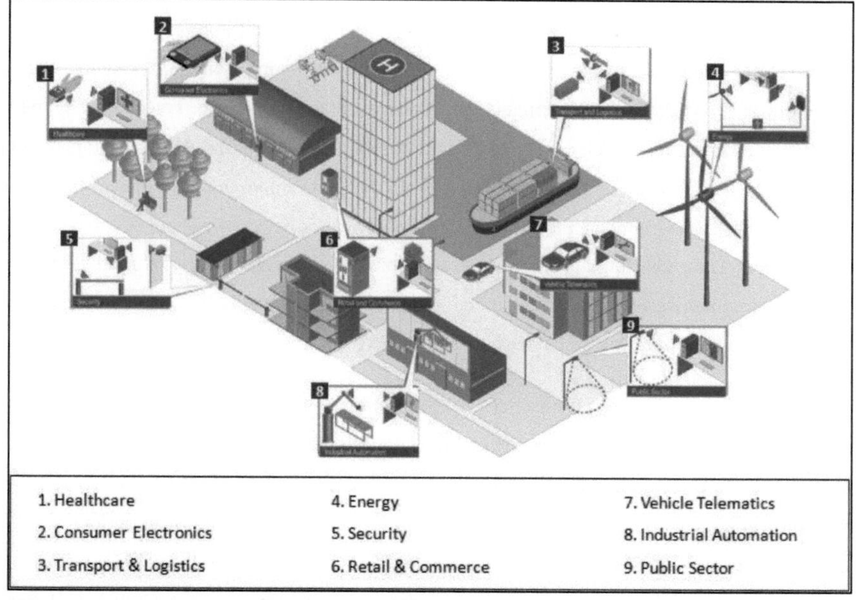

Abbildung 25: Übersicht der Anwendungsbeispiele des Bereichs M2M
Quelle: Deutsche Telekom (2014c).

Der M2M-Markt wird als eins der stärksten Wachstumsfelder der Telekommunikationsindustrie mit einer Verdopplung der Anzahl vernetzter Maschinen auf 175 Millionen bis 2020 geschätzt.[789] Dabei bestehen vielfältige Anwendungsfelder, die von der Vernetzung von Fahrzeugen, Strommess- und Stromverbrauchsgeräten, Sicherheitssystemen, öffentlichen Einrichtungen, industrieller Automatisierung, Haushaltselektronik, Frachtlieferungen bis hin zu elektronischen Geräten zur medizinischen Versorgung und zur Abwicklung des Handels reichen.[790] Abbildung 25 fasst die Vielzahl dieser Anwendungsbeispiele zusammen. Trotz der hohen Potenziale, die dem M2M-Markt zugesprochen werden, ist dieser aktuell nur ansatz-

787 Vgl. Glanz; Büsgen (2010), S. 16 ff.
788 Vgl. Telekom (2014a).
789 Vgl. Telekom (2013).
790 Vgl. Telekom (2014b).

weise erschlossen und ermöglicht Unternehmen wie Nutzern durch die Entwicklung neuer Produkte und Dienste den weiteren Ausbau des Segments.[791]

4.3.2 Projektverlauf

Das Projekt „Ideabird“ wurde im Jahr 2013 aufgesetzt. Weltweit wurden Nutzer auf der Plattform www.ideabird.de zur Einreichung und kollaborativen Weiterentwicklung neuer Produktideen für M2M-Lösungen eingeladen. Dabei wurden zum Thema „Track and Tracing“ verschiedene Anwendungsfelder definiert, zu denen mögliche Produktideen eingereicht werden konnten. Als Ausgangspunkt für Lokalisierungstechnologien wurden „Location-Based Services“ auf Grundlage der Zellortung innerhalb eines Netzwerkes und „GPS + GSM“ auf Basis der Datenübertragung über Satellitennetzwerke vorgegeben.[792] Zur Durchführung der M2M-Kommunikation bedurfte es zudem des Einsatzes von Simkarten entweder über das konventionelle oder über das miniaturisierte Format (MFF).

Das Projekt wurde von der Deutschen Telekom initiiert und lief mit Unterstützung der Innovationsagentur Hyve, der strategischen Managementberatung Deloitte Consulting und der RWTH Aachen. Dabei oblag die Rolle der Deutschen Telekom als Auftraggeber und zugleich Technologielieferant, auf deren Technologien und Netze letztlich die selektierten M2M-Lösungen entwickelt und betrieben werden sollten. Die maßgeblich beteiligten Organisationseinheiten der Deutschen Telekom waren in der Telekom Deutschland GmbH und der zentralen Innovationseinheit Products & Innovation angesiedelt. Manager aus den unterschiedlichen Bereichen, Innovation, Business Development, Vertrieb und Kommunikation, waren bei der Planung und Umsetzung eingebunden. Dabei führten sowohl die Deutsche Telekom als auch die Partner die Diskussionen mit den Nutzern der Ideabird-Community über die eingereichten Ideen und über die entsprechenden Optimierungsmöglichkeiten. Die Innovationsagentur Hyve hatte insbesondere den Auftrag der Plattformentwicklung und stand ebenfalls dem Community-Management zur Verfügung. Die RWTH Aachen übernahm vor allem die wissenschaftliche Beratung und warb um die Aktionsteilnahme bei universitätsnahen Personenkreisen.

Hinsichtlich des Projektplans wurde die Entwicklung der Plattform am 28.02.2012 auf der Webseite www.ideabird.de abgeschlossen und aktiviert. Innerhalb von sieben Wochen konnten sich weltweit Nutzer dort registrieren, eigene Ideen zu innovativen M2M-Lösungen

791 Vgl. hierzu und im Folgenden Telekom (2012).
792 Vgl. hierzu und im Folgenden http://www.ideabird.com/static_site.php?ID=32

vorbringen, die M2M-Lösungen anderer Nutzer einsehen, innerhalb der Community mit Nutzern und Unternehmen über die Beiträge diskutieren sowie diese entsprechend evaluieren. Bis zum 17.04.2012 konnten neue Ideen eingestellt werden. Danach wurden sie vom Unternehmen einer abschließenden Untersuchung unterzogen. 99 Ideen (66 Nutzerideen und 33 Mitarbeiterideen) wurden auf einer Shortlist einer weiteren eingehenden Analyse im Rahmen eines Expertenworkshops der Unternehmensvertreter vorselektiert. Der Workshop fand am 19.04.2012 statt. Die vorselektierten Ideen wurden nach den Selektionskriterien Themenrelevanz, Innovationsgrad, Außergewöhnlichkeit, Realisierbarkeit, Umsetzungsfähigkeit und Marktpotenzial kritisch hinterfragt und jeweils auf einer Skala von 1 = schwach ausgeprägt bis 5 = stark ausgeprägt bewertet.

Nach Abschluss der Evaluierung wurde auf Basis der sechs Bewertungskriterien in einem gleichgewichteten Verhältnis ein finales Urteil hinsichtlich der Ideenqualität gefällt. Als Ergebnis des Workshops wurden aus der Shortlist die besten 21 Ideen für die Jury-Sitzung nominiert. Diese erfolgte am 27.04.2012 mit Experten und Jury-Vertretern von Seiten des Unternehmens im Rahmen eines Workshops in Köln. Nach Vorstellung und Evaluation der einzelnen Konzepte wurden anschließend die Gewinnerkonzepte festgelegt und prämiert. Hierzu wurden die Gewinner des Wettbewerbs sowie weitere bestplatzierte Ideenträger persönlich zur Siegerehrung am 11.05.2012 in Düsseldorf eingeladen und öffentlich in unterschiedlichen Medien bekannt gegeben. Insgesamt registrierten sich im aktiven Wettbewerbszeitraum 1.024 Nutzer, die 618 Ideen, 4.724 Comments, 3.995 Ratings, 1.249 Messages und 1.232 Likes generierten.

4.3.3 Zielgruppen

Wie in Abbildung 25 aufgeführt, stellt das Segment M2M einen hohen Lösungsraum bereit, in dem sich eine Vielzahl unterschiedlicher Anwendungsszenarien realisieren lassen. Durch den relativ offenen Lösungsraum wurde im vorliegenden Fall vor allem beabsichtigt, Nutzer mit einer ausgeprägten Kreativität zu gewinnen, die in der Lage sind, Produktideen mit einem hohen Neuheitsgrad im Vergleich zu marktüblichen Lösungsansätzen zu entwickeln. Darüber hinaus wurde intendiert, von Beginn an eine hohe Heterogenität bei den teilnehmenden Nutzern sicherzustellen, um eine möglichst hohe Zahl unterschiedlicher Lösungen zu gewinnen. Diese Heterogenität konnte auch dadurch gewährleistet werden, dass die Ausschreibung nicht nur an externe Nutzer ohne jegliche Betriebszugehörigkeit adressiert war, sondern auch an Mitarbeiter, um auch das kreative Potenzial innerhalb der Organisation auszuschöpfen. Die Aktion beschränkte sich auch nicht auf eine bestimmte Region, sondern war bewusst auf eine internationale Zielgruppe ausgerichtet. Entsprechend wurden Informationen auf der webbasierten Plattform ausgetauscht, und die Kommunikation zwischen dem Unternehmen und den Nutzern wurde in englischer Sprache geführt. Durch diese Ausrichtung wurden entsprechende Englischkenntnisse zur erfolgreichen Registrierung und Teilnahme auf der Plattform vorausgesetzt. Darüber hinaus waren Grundkenntnisse zu neuen Technologien erforderlich, um einerseits neue technisch orientierte M2M-Dienste zur Datenübertragung für das Mobilfunk- und Festnetz der Deutschen Telekom konzipieren zu können. Andererseits setzte die Teilnahme an der Aktion ein gewisses Verständnis über die Nutzung der verschiedenen angebotenen technischen Funktionalitäten der Plattform voraus. Eine Partizipation erforderte zudem einen Internetzugang unter der Nutzung eines gängigen Internetbrowsers, damit die entsprechende Webseite aufgerufen werden konnte.[793]

4.3.4 Rahmenbedingungen

Im Hinblick auf die im Jahr 2012 vorherrschenden Rahmenbedingungen, die einen Einfluss auf die Registrierung, aktive Teilnahme und Fluktuation aus der Community ausüben können, sei zu erwähnen, dass in den letzten Jahren, wie in Abbildung 9 bei der Darstellung von Praxisbeispielen bei der Verwendung von Methodenkombinationen aufgeführt, sich zahlreiche Unternehmen aus unterschiedlichen Branchen mit verschiedenen Organisationsgrößen der Maßnahme der virtuellen Nutzerintegration zum Zwecke der Innovationsgenerierung bedient haben.[794] Somit ist grundsätzlich von einem bestehenden Wettbewerb bezüglich der Aktivierung und langfristigen Bindung von aktiven Nutzern auf einer Plattform auszugehen. Nichtsdestotrotz konnte eine inhaltliche Differenzierung dieser Maßnahme erzielt werden, da es sich dabei um die erste derartige Initiative im konkreten Themenfeld des M2M gehandelt hat.[795]

Grundsätzlich ist vor dem Hintergrund der freiwilligen Partizipation an dem Projekt Ideabird von einem bestimmten Maß an Informations- und Interaktionsbedarf auszugehen. Dieses wurde insbesondere durch die ausgeprägte Medienpräsenz mit Blick auf Begrifflichkeiten wie „Internet of Things", „Wearables" oder „Smart Home",[796] die dem M2M zugerechnet werden können, weiter verstärkt. Die bewusst weit gefasste Zielgruppe ermöglicht es zudem, völlig unterschiedliche Teilnehmer für die Community zu gewinnen, die durch ihre divergierenden

---

793 Beispielsweise Firefox Mozilla, Opera, Internet Explorer.

794 Der Webseite tiki-toki.com ist eine Übersicht zahlreicher virtueller Maßnahmen zur Nutzerintegration aus der Praxis zu entnehmen.

795 Vgl. http://www.crn.de/netzwerke-tk/artikel-94674.html; http://www.funkschau.de/mobile-solutions/artikel/88359/

796 Vgl. Atzoria; Ierab; Morabitoc (2010); Weber; Weber (2010); Kopetz (2011), S. 317 ff.; Anzelmo et al. (2011).

Perspektiven und heterogenen Kompetenzen eine Diskussion initiieren und aufrechthalten können.

Aufgrund des jungen Themenfelds des M2M sind noch viele Gesichtspunkte mit Blick auf technische, wirtschaftliche und rechtliche Implikationen unberührt geblieben, die im Rahmen der Lösungserstellung und -vorstellung auf ein ausgeprägtes Bedürfnis der Nutzer zum Erfahrungs- und Wissensaustausch schließen lassen. Auch das relativ komplexe Themenfeld setzt ein gewisses technisches Verständnis und eine entsprechende Affinität voraus und bildet gleichzeitig die gemeinsame Grundlage für die Diskussionen zwischen den Nutzern und dem Unternehmen. Die vorstrukturierten Themenschwerpunkte bei der Teilnahme ermöglichen es zudem, noch schneller andere Nutzer und Beiträge mit ähnlichen Interessenfelder zu finden und dadurch die Diskussionen weiter anzuregen. Der hohe Lösungsraum an radikal neuen Produktlösungsmöglichkeiten und Anwendungsszenarien verstärkt zudem das Bedürfnis einer Fremdeinschätzung, da es in den überwiegenden Fällen noch an bestehenden Referenzlösungen des neu entstandenen M2M-Segments mangelt. Darüber hinaus besteht die Option, die eingereichten Nutzerbeiträge auf Basis des Feedbacks der Community weiter zu modifizieren und zu optimieren.

4.3.5 Benutzeroberfläche

Das Organisationsprinzip der Plattform Ideabird entspricht der Kombination einer virtuellen Community mit einem Ideenwettbewerb. Daher bedarf es bei der Plattform neben Unternehmen-Nutzer-Interaktionen vor allem auch der Möglichkeit zur Durchführung von Nutzer-Nutzer-Interaktionen bei der Entwicklung und Diskussion von Lösungen. Im vorliegenden Fall handelt es sich als Softwarelösung um ein Internet-Diskussionsforum, bei der die Nutzer auf Basis einer zweidimensionalen Darstellung an der kollaborativen Maßnahme partizipieren können, wie Abbildung 26 am Beispiel der Homepage der Plattform verdeutlicht.

Die Nutzer konnten entlang der Diskussionsstränge navigieren und die Kommunikation in asynchroner Form durchführen.[797] Jede neu eingereichte Idee stellte einen eigenen Diskussionsstrang dar und ermöglichte dadurch das Verfolgen der Diskussion der Community über diese spezielle Idee. Zur visuellen Veranschaulichung der M2M-Lösungen wurden bei der Datenübertragung die Übertragungsformate Text, Bild, Ton und Dokumente wie pdf, ppt oder doc zur Verfügung gestellt. Die Idee musste in einer Kurzfassung unter „Teaser“ und in einer

[797] Vgl. Panten (2005), S. 27 ff.

ausführlichen Version unter „Description“ in die vorstrukturierten Textfelder eingetragen werden.

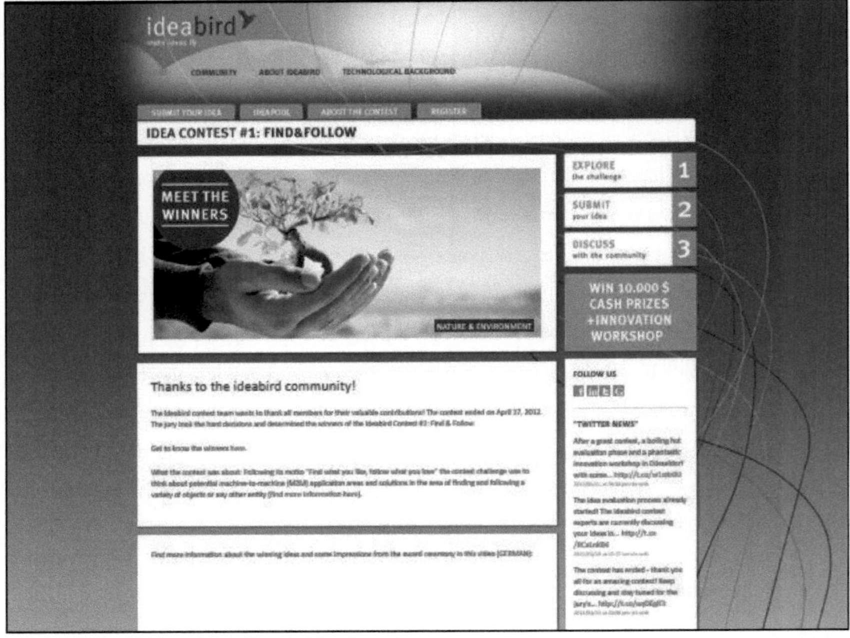

Abbildung 26: Auszug der Homepage www.ideabird.de
Quelle: Ideabird (2014).

Für die Einsicht in die eingestellten Ideen und die aktive Teilnahme am Projekt Ideabird war eine Registrierung erforderlich. Durch die Bereitstellung der Gestaltung von Profilseiten auf der Plattform Ideabird konnten nutzerseitige Informationsasymmetrien reduziert und Einblicke in die interagierenden Nutzergruppen gewährt werden. Der Registrierungsprozess konnte über die Erstellung eines Profils auf der Webseite unter Angabe der persönlichen Daten, wie Accountname, Vor- und Nachname, Geschlecht, Alter, Nationalität, Beruf, mit dem optionalen Upload eines Profilfotos oder über die Verlinkung zu einem Nutzerprofil auf externen Social-Media-Plattformen erfolgen. Zudem wurde erfragt, ob Interesse an der Benachrichtigung und einer weiteren Teilnahme an Folgemaßnahmen bestehe. Über eine E-Mail-Benachrichtigung wurde daraufhin die Verifizierung der E-Mail-Adresse und die Aktivierung des Accounts auf der Plattform in die Wege geleitet. Ein alternatives Vorgehen zur Reduktion des Nutzeraufwands im Rahmen der Registrierung bestand über eine direkte Anmeldung auf Basis eines aktiven Facebook- oder Linkedin-Accounts. Durch Zustimmung des Nutzers wurden Informationen der referenzierten Social-Media-Plattform hinsichtlich des öffentlichen

Profils, der Freundesliste, der E-Mail-Adresse und des Geburtstags mit der Ideabird-Plattform synchronisiert. Neben dem Registrierungsprozess konnte der Nutzer auch während des Login-Verfahrens durch die Social-Media-Anbindung den Aufwand reduzieren, da er keine unterschiedlichen Benutzerdaten und Passwörter mehr anwenden musste, sondern sich derselben Daten bedienen konnte.

Darüber hinaus konnten die Nutzer der Ideabird-Community durch die integrierte „Share-Funktion" auch eigene sowie Ideen anderer Nutzer auf ihren Facebook-Profilen mit ihrem persönlichen Netzwerk teilen oder wesentliche Aktivitäten der Community über weitere Social-Media-Plattformen wie Twitter und Google+ verfolgen. Dies lässt auf eine verstärkte Integration von Social-Media-Plattformen mit der Webseite der Community-Betreiber mittels sogenannter „Social Plugins"[798] schließen.

Alle registrierten Nutzer hatten das Recht, neue Ideen einzutragen, andere Ideen über die Interaktionsfunktion Comment zu kommentieren, sie über die Interaktionsfunktion Rating, eine fünfstufige Bewertungsskala, zu bewerten und sie durch die Like-Funktion als positiv kennzeichnen. Über die Interaktionsfunktion Message konnten die Nutzer zudem direkt mit anderen Nutzern in Kontakt treten und miteinander interagieren.

Eine effektive Wissensverwaltung stellte die Integration einer umfangreichen Suchmaschine sicher, bei der sowohl nach eingereichten Ideen als auch nach registrierten Mitgliedern gesucht werden konnte. Darüber hinaus wurde eine Filterfunktion implementiert, mit der ebenfalls nach Mitgliedern und Ideen anhand der vordefinierten Kriterien „alphabetical", „submission date", „most discuessed", „best rated", „most rated", „most view" und „most like" gelistet werden konnte.

Hinsichtlich der Unterstützung des kollaborativen Lernens wurde den Nutzern bei der Erstellung ihrer Ideen die Möglichkeit der Editierung und der Entfernung der Ideen von der Plattform gewährt. Zudem konnten auch verfasste Comments, Messages sowie getätigte Likes vollständig zurückgesetzt werden. Darüber hinaus wurde zur Förderung der Interaktion zwischen den Nutzern auf der Homepage ein „Newsfeed"[799] eingerichtet, der die Möglichkeit bot, alle aktuellen Aktivitäten hinsichtlich eingestellter Ideen, Comments, Ratings, Messages, Likes sowie neu registrierter Mitglieder nachzuvollziehen. Darüber hinaus beinhalteten die Profileinstellungen die Option, dass der Nutzer unmittelbar nach der Kommentierung seiner

[798] Vgl. Beilharz (2014), S. 127 ff.
[799] Vgl. Maurice (2007), S. 81 ff.

eingestellten Idee durch die Community per E-Mail davon in Kenntnis gesetzt wurde, sodass er sofort darauf reagieren konnte.

Bei dem inhaltlichen Aufbau der Plattform wurde auf Basis der vom Betreiber präferierten Anwendungsbereiche der M2M-Lösungen eine feste Initialstruktur eingerichtet. Die Struktur erfolgte nach elf für das Unternehmen relevanten Kategorien: Home & Family, Animals, Outdoor & Sports, Nature & Environment, Fun & Play, Healthcare & Well-being, Safety & Security, Work & Travel, Public Outings & Events, Production & Logistics und Other.[800] Somit war die Einreichung von Ideen der Nutzer an die vordefinierten Kategorien gekoppelt.

4.3.6 Vertrauensfördernde Maßnahmen

Vertrauensfördernde Maßnahmen haben die primäre Funktion, das Vertrauen der Nutzer zu den betreibenden Unternehmen der virtuellen Nutzerintegrationsmaßnahme sowie zu der gesamten Community zu gewinnen und zu erhalten.[801] Zu diesem Zweck wurden in den AGBs klare Verhaltensregeln aufgestellt und veröffentlicht, deren Zustimmung für eine erfolgreiche Registrierung voraussetzend war. Es wurden formalisierte Regeln bezüglich des Umgangs der Mitglieder untereinander und des Einreichens von Ideen festgehalten, denen bei Nichteinhaltung Sanktionen, die bis zum Ausschluss von dem Wettbewerb reichen können folgten. Aus Gründen der Transparenz wurden der Ablauf des Wettbewerbs sowie die Kriterien, die zur Bewertung der Ideen herangezogen werden, aufgeführt.

Damit das Unternehmen die aufgenommenen Ideen auch umsetzen kann, wurde in den AGB die Übertragung der Urheberrechte klar festgehalten. Zur Sicherstellung des Vertrauens verblieben die eingereichten Ideen nur für einen bestimmten Zeitraum im Besitz des Unternehmens. Nach Ablauf einer festgelegten Sperrfrist konnten die Urheberrechte an die Ideenersteller zurückgehen. Im Falle einer Realisierung der Ideen würden zudem die Nutzer anteilig am Produktgewinn vergütet werden.

Um die Anonymität der virtuellen Interaktion etwas einzugrenzen, wurden die Community-Betreiber mit entsprechenden Namen, Funktionen und Fotos direkt auf der Homepage der Webseite aufgeführt. Um eine objektive Diskussion und Bewertung der Ideen zu fördern, wurden im Kreise der Experten und innerhalb der Jury unternehmensinterne auch -externe Personen mit diesen Aufgaben betraut.

---

[800] http://ideabird.com/static_site.php?ID=25

[801] Vgl. Stieglitz (2008), S. 232.

4.3.7 Kommunikationsmaßnahmen

Die Plattform Ideabird wurde am 28.02.2012 online geschaltet und über verschiedene Kommunikationskanäle beworben. Die Kommunikation verlief bei der Deutschen Telekom über Einträge im Intranet, E-Mail-Benachrichtigungen in internen themennahen Verteileradressen, mündlich im Rahmen von Workshops und Präsentationen sowie über die offizielle Internetseite www.telekom.com. Die unterstützenden Kooperationspartner Deloitte, Hyve und RWTH Aachen warben ebenfalls bei ihren fachrelevanten Arbeitsnetzwerken und Zielgruppen um eine Teilnahme am Projekt. Darüber hinaus wurde durch entsprechende Projektprofile auf das Projekt über die Social-Media-Plattformen Facebook, Twitter und Google+ aufmerksam gemacht. Ferner wurde auf verschiedenen externen Webseiten, Blogs und Medienportalen über die Aktion berichtet.[802] Durch die oben genannten Social-Plugins konnten die teilnehmenden Nutzer über die „Share-Funktion" im persönlichen Netzwerk auf einer der integrierten Social-Media-Plattformen darüber berichten.

4.3.8 Anreize zur Nutzeraktivierung

Die Motivation der Nutzer an der Partizipation an einer angebotenen gemeinschaftlichen Zusammenarbeit stellt in Anlehnung an das unternehmerische Entscheidungskalkül eine notwendige Bedingung dar. Nach dem grundlegenden Verständnis über die Entstehung sozialer Austauschprozesse auf Basis der Interaktions- und Motivationstheorie der Bedürfnispyramide aus Kapitel 3.2 und 3.5 nehmen Nutzer vor jeder Interaktion eine Kosten-Nutzen-Abwägung vor und entscheiden sich nur bei einem positiven Ergebnis für die Teilnahme an der Zusammenarbeit mit dem Unternehmen. Entsprechend spielen hierzu die angebotenen Anreizsysteme zur Nutzeraktivierung sowie zur Verhaltenssteuerung eine wesentliche Rolle.

Im Rahmen der Fallstudie wurden zahlreiche Anreize integriert, um zur kontinuierlichen Partizipation zu motivieren. Wie auf der Webseite kommuniziert wurde, wurden den vier bestplatzierten externen Nutzern monetäre Vergütungen im Wert von insgesamt 10.000$ in Aussicht gestellt. Hingegen konnten die drei bestplatzierten teilnehmenden Mitarbeiter Sachpreise, wie zum Beispiel ein iPad2, gewinnen. Die Gewinner sowie besonders aktive Communitymitglieder wurden zur Siegerehrung am 11.05.2012 nach Düsseldorf sowie zu einem vorgelagerten exklusiven Innovationsworkshop am 10.05.2012 nach Aachen eingela-

[802] Beispielhafte Webseiten mit Artikeln über das Projekt: http://www.funkschau.de, www.mobile-zeitgeist.com, http://www.programmableweb.com, http://wn.com/, http://mass-customization.de, http://surfforum.oase.com.

den. Hier konnten sie sich exklusive Informationen verschaffen, sich mit Experten des Fachgebiets auf Managementebene über die eingereichten M2M-Lösungen unterhalten und diese bewerten und weiterentwickeln.

Soziale Motive wurden vor allem auf der Plattform adressiert, auf der die Interaktionsfunktion Messages einen direkten Austausch der Nutzer untereinander ermöglichte. Besonders aktive Nutzer wurden vom User zum Power User befördert oder sogar zum Community Manager, der zusätzliche Privilegien genoss, wie beispielsweise übergeordnete Bearbeitungs- und Deaktivierungsrechte von verhaltenswidrigen Beiträgen anderer Nutzer. Zur Bekundung der Anerkennung von Nutzerleistungen wurde den Mitgliedern der Community Einsicht in die eingestellten Ideen, Comments, Ratings und Messages gewährt, um einen gegenseitigen Vergleich über das eingebrachte Engagement zu ermöglichen. Desgleichen wurden die Ratings und Likes der Community bezüglich der eingereichten Ideen transparent gehalten, um Motive der sozialen Anerkennung verstärkt zu adressieren, sowie Reputationslisten durch die Sortierungsfunktion generiert, bei denen nach den bestbewertetsten Mitgliedern oder den am häufigsten besuchten Ideen gesucht werden konnte.

Social Plugins stellten eine weitere Möglichkeit dar, soziale Motive zu adressieren, indem die Nutzer durch die „Share-Funktion" die eingebrachten Leistungsbeiträge im Rahmen ihrer persönlichen Netzwerken auf externen Social-Media-Plattformen teilen konnten. Sie boten zudem vor allem bei der Synchronisierung der Benutzerdaten im Rahmen der Registrierung die Möglichkeit, den Aufwand für eine Teilnahme zu begrenzen. Eine weitere Maßnahme zur Steigerung des Nettonutzens der Teilnehmer lag in der vordefinierten Initialstruktur und damit verbunden in der Modularisierung von Inhalten, die den Nutzern Wahlmöglichkeiten für eine gezielte Partizipation durch Auswahl von Arbeitspaketen auf Basis der entsprechenden Fähigkeiten und Interessen gewährt.

4.3.9 Rechte und Rollenkonzepte

Zur Sicherstellung eines adäquaten Nutzerverhaltens wurden Rechte- und Rollenkonzepte entwickelt und umgesetzt. Die Wichtigkeit des Nutzerverhaltens lässt sich unter anderem dadurch begründen, dass nicht nur der Inhalt und die Qualität der erstellten Beiträge die Motivation der Nutzer zur Teilnahme reduzieren können, sondern dass das zu beobachtende Nutzerverhalten in der Community auch das gesamte projizierte Bild über den Betreiber negativ beeinträchtigen kann.[803] Vor diesem Hintergrund obliegt dem Community Manager in

[803] Vgl. Stieglitz (2008), S. 234 f.

seiner moderierenden Rolle die Verantwortung, die Nutzer zur Teilnahme an den Diskussionen zu motivieren. Eine weitere Verantwortlichkeit besteht in der Durchsicht der verfassten Nutzerbeiträge mit dem Ziel der Wahrung eines angemessenen Verhaltens und der Einhaltung der AGB. Der Community Manager verfügt, im Gegensatz zu den Communitymitgliedern, über übergeordnete Bearbeitungs- und Deaktivierungsrechte, um bei einem Missbrauch gegebenenfalls einzelne Beiträge zu umschreiben oder zu entfernen. Der Experte qualifiziert sich in seiner Rolle durch seine Berufserfahrung zu dem Wettbewerbsgegenstand. Er bewertet die eingestellten Ideen und fördert mittels fachlicher Anregungen die kooperative Ideenentwicklung. Schließlich zeichnet sich die Jury in ihrer Rolle dadurch aus, dass sie über eine hohe Fachkompetenz in den benannten Untersuchungsgebieten verfügt und die abschließende Bewertung der Finalisten und die Auswahl der Gewinner übernimmt.

4.3.10 Qualifizierungsmaßnahmen

Nach *Büttgen/Ates* tragen auch Qualifizierungsmaßnahmen der Nutzer dazu bei, die Ergebnisunsicherheit bzw. Varianz der Ergebnisqualität zu beschränken.[804] Vor diesem Hintergrund wurden unter der Rubrik „Technological Background" wesentliche Informationen zum Verständnis der M2M-Technologien bereitgestellt, und es erfolgte zudem eine detaillierte Beschreibung der Wettbewerbskategorien. Durch die Einrichtung und Bekanntgabe einer Supportadresse: info@ideabird.com wurde auf individuelle Unklarheiten und Problemstellungen der Projektteilnehmer eingegangen. Ein weiteres wichtiges Instrument zur Qualitätssicherung der erstellen Beiträge ist die oben erläuterte Moderation durch den Community Manager. Außerdem konnten sich die Nutzer auf der Rubrik „About the Contest",[805] unter anderem hinsichtlich der Vorstellung der Veranstalter und Jurymitglieder, des Prozessablaufs und der Fristen der Maßnahme weiter informieren.

[804] Vgl. Büttgen; Ates (2009), S. 21 ff.
[805] Subdomain www.ideabird.com/static_site.php

5 Qualitative Exploration

Zur Beantwortung der forschungsleitenden Fragestellungen wird in der vorliegenden Untersuchung ein methodisch zweistufiges Vorgehen angewandt. Das Kapitel 5 adressiert die erste Stufe der empirischen Untersuchung mit dem Ziel auf Basis einer qualitativen Inhaltsanalyse von Interviews mit Experten, die als Projektmitglieder in der ausgewählten Fallstudie Ideabird beteiligt waren, forschungsrelevante Wirkungseffekte zu identifizieren und auszuwerten. Hierzu erfolgt in Kapitel 5.1 eine Erläuterung über die Grundlagen der qualitativen Inhaltsanalyse, um zunächst ein methodisches Verständnis sicherzustellen. Zudem werden die Gütekriterien für die Auswertung aufgeführt und die Einhaltung der Qualitätsanforderungen im Untersuchungskontext beschrieben. In Kapitel 5.2 wird die Notwendigkeit zur Strukturierung des Leitfadens für die zu erhebenden Experteninterviews Rechnung getragen. Darauf aufbauend erfolgt in dem Kapitel 5.3 die ausführliche Beschreibung des Datensatzes, um weitergehende Einblicke über die befragten Experten sowie über den Erhebungsvorgang zu erhalten. In Kapitel 5.4 wird die qualitative Inhaltsanalyse durchgeführt und in dem Zusammenhang die Dokumentation des Codierungsprozesses dargelegt. Das Kapitel 5.5 stellt die Ergebnisse der Analyse in Form von Wirkungseffekten zusammen, die sich nach Einschätzung der befragten Experten in der Fallstudie als relevant erwiesen haben und durch zitierte Textpassagen belegt wurden. Im letzten Kapitel 5.6 werden die zentralen Ergebnisse vor dem Hintergrund der forschungsleitenden Fragestellungen diskutiert und mit der Fachliteratur und den erarbeiteten theoretischen Grundlagen gegenüberstellt (siehe Abbildung 27).

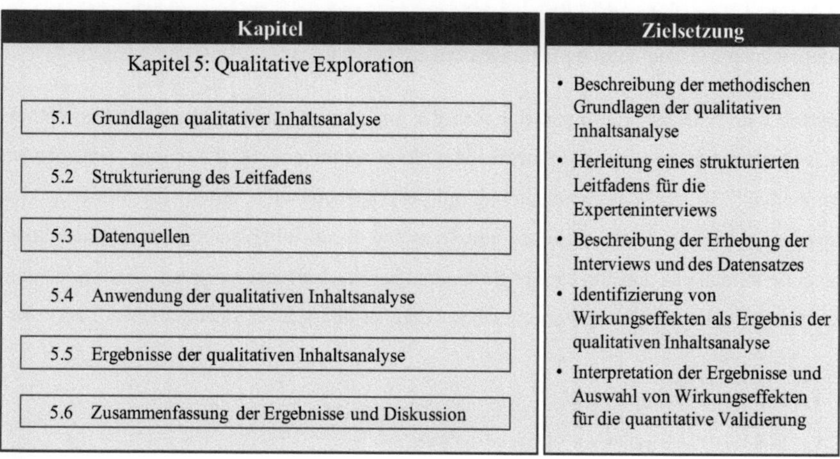

Abbildung 27: Struktur des Kapitels 5
Quelle: Eigene Darstellung.

5.1 Grundlagen qualitativer Inhaltsanalyse

Die qualitativen Forschungsmethoden können, wie im vorhergehenden Kapitel erörtert, auch im Rahmen der Fallstudienforschung zum Einsatz kommen. Diese haben ihren Ursprung in der Sozialforschung, die bereits früh zur Analyse sozialer und facettenreicher Untersuchungsgegenstände angewandt wurde.[806] Aufgrund der grundlegenden Charakteristika der qualitativen Forschung im Hinblick auf die offenen und interaktiven Befragungsmöglichkeiten können durch diesen Ansatz gerade vertiefte und nicht leicht zugängliche Wirkungszusammenhänge identifiziert werden.[807] Daher eignet sich die qualitative Forschung bei der Gewinnung neuer Erkenntnisse über existierende Strukturen eines noch wenig durchdrungenen Tatbestands vor allem in der explorativen Phase.[808]

In der Literatur werden als mögliche qualitative Erhebungsformen zur Exploration vor allem die Experteninterviews hervorgehoben.[809] Sie stellen eine Methode dar, mit der auf Basis von Interviews das Wissen von Experten zu forschungsrelevanten Sachverhalten expliziert und an den Befragenden weitergegeben wird.[810] Dabei ist der Expertenstatus relational zu betrachten und wird in Abhängigkeit vom jeweiligen Forschungsinteresse determiniert.[811] So wurden in der vorliegenden Arbeit als Experten solche Personen definiert, die über konkretes Anwendungswissen über den kombinierten Einsatz von virtuellen Communities mit Innovationswettbewerben verfügen und in diesem Zusammenhang Einblick sowohl in die Motive als auch in die Gestaltung und Ergebniswirkung virtueller Nutzerintegrationsmaßnahmen haben. Die Einbeziehung von Unternehmensvertretern aus der Praxis stellt zudem bei der Ergebnisermittlung eine hohe Anwendungsrelevanz sicher, die das Fundament der Generierung praxisorientierter Handlungsempfehlungen bildet.[812]

Mayring unterscheidet drei Grundtechniken der qualitativen Inhaltsanalyse, die hinsichtlich der Vorgehensweisen der Zusammenfassung, Explikation und Strukturierung voneinander divergieren.[813] In der Zusammenfassung gilt es, Kernaussagen durch die Straffung des Textmaterials auf das Wesentliche zu reduzieren und übersichtlich herzuleiten. Die induktive Kategorienbildung ist dabei integraler Bestandteil des Auswertungsprozesses. Die Explikation erweitert das erhobene Textmaterial, insbesondere an den schwer verständlichen Textpassa-

806 Vgl. Lamnek, 1995, S. 30 ff.
807 Vgl. Holzmüller; Buber (2007), S. 6 ff.
808 Vgl. Heinze (2001), S. 29 f.
809 Vgl. Homburg; Giering (1996), S. 313; Hopf (2005), S. 350.
810 Vgl. Gläser; Laudel (2010), S. 12.
811 Vgl. Meuser; Nagel (1991), S. 443.
812 Vgl. Flick; von Kardorff; Steinke (2005), S. 13.

gen, um die Einbindung zusätzlicher Aussagen, die der Experte beispielsweise in früheren Interviews oder Veröffentlichungen gemacht hat. Bei der Strukturierung werden hingegen nur bestimmte Gesichtspunkte des Textmaterials durch vorher deduktiv definierte Kategorien systematisiert und herausgefiltert.

Zur Beurteilung der Eignung des qualitativen Forschungsprozesses besteht allerdings die Notwendigkeit, jede Untersuchung anhand geeigneter Gütekriterien zu eruieren.[814] Dieser Gütekriterien bedient man sich nicht nur in einer ex-post-Situation, vielmehr können sie auch während der Untersuchung als qualitätssichernde Maßstäbe Anwendung finden.[815] Dennoch ist zu konstatieren, dass bislang noch kein einheitliches Verständnis über geeignete Gütekriterien der qualitativen Marktforschung besteht.[816] Daher gilt es, zunächst relevante Gütekriterien für den Kontext der qualitativen Inhaltsanalyse zu ermitteln, die eine valide und qualitätssichernde Aussagekraft bieten und auf die vorliegende Untersuchung übertragen werden können.

Als erstes Gütekriterium wird die Validität herangezogen, die dem Postulat einer wirklichen Erfassung des definierten Untersuchungsgegenstands im Rahmen der Forschungsarbeit entspricht.[817] In diesem Zusammenhang wird zwischen der internen und der externen Validität unterschieden.[818] Während die interne Validität die Eindeutigkeit der Messung anhand der Minimierung jeglicher Störeinflüsse wiedergibt, geht es bei der externen Validität um die kontextübergreifende Übertragbarkeit der Ergebnisse. Zur Steigerung der grundsätzlichen Validität kommen in der vorliegenden Untersuchung unterschiedliche Datenquellen der Erhebung zum Einsatz, die auch in der Literatur als Triangulation bezeichnet werden.[819] Durch die unterschiedliche Ausprägung und Beschaffenheit der Daten, kann ein Problem umfangreicher und facettenreicher analysiert und dadurch die Qualitätsgüte der Erhebung gesteigert werden.[820] In Anbetracht der internen Validität zur Ermittlung eindeutiger kausaler Zusammenhänge werden zum einen bei der Datenerhebung solche Experten für die Interviews ausgewählt, die durch ihre konkrete Projektbeteiligung bereits über konkrete Erfahrung zur

813 Vgl. hierzu und im Folgenden Mayring (2010a), S. 63 ff.; Mayring (2010b), S. 601 f.

814 Vgl. Mayring (2010a), S. 116.

815 Vgl. Sykes (1990), S. 323; Steinke (2005), S. 270 ff.

816 Vgl. Flick (2007), S. 110.

817 Vgl. Naderer (2011), S. 37.

818 Vgl. Pepels (2004), S. 296.

819 Vgl. Blaikie (1991), S. 115 ff.; Bleuß (2011), S. 8.; Kuckartz (2014), S. 49 f. Trotz Überschneidungen zwischen der Triangulation und dem Mixed-Method-Ansatz unterscheidet sich letzteres Konzept im Wesentlichen dadurch von der Methode der Triangulation, dass es eine gezielte Kombination aus qualitativen und quantitativen Verfahren zur konkreten Lösung eines Forschungsproblems fordert. Hingegen geht es bei der Triangulation um eine vielmehr allgemein gehaltene Konzeption zur Validierung von Messdaten.

Beantwortung der Forschungsfragen verfügen. Dabei wird bei der Expertenauswahl darauf geachtet, dass die Experten unterschiedliche Funktionen bekleiden und verschiedenen Abteilungen und Organisationseinheiten angehören, um so eine aussagekräftige Einschätzung des Tatbestands aus divergierenden Perspektiven zu gewinnen. Zum anderen werden die aufgezeichneten Aussagen der Experten miteinander verglichen, um Gemeinsamkeiten und Widersprüchlichkeiten identifizieren zu können. Die externe Validität wird hingegen durch die Heranziehung theoretischer Erklärungsansätze nach dem hier verfolgten multiparadigmatischen Ansatz der Arbeit begünstigt, da aufgrund der theoriegestützten Deduktion eine Herleitung von Wirkungszusammenhängen mit prinzipiell allgemeiner Gültigkeit ermöglicht wird.[821] In diesem Zusammenhang bezieht sich *Yin* auf die analytische bzw. argumentative Generalisierbarkeit der erzielten Ergebnisse, die insbesondere im Rahmen der Fallstudienforschung durch die Anknüpfung an allgemeingültige Theorien zum Tragen kommt.[822]

Das zweite Gütekriterium, die Reliabilität, misst, inwieweit die erzielten Ergebnisse auch bei wiederholter Befragung generiert werden können.[823] In der vorliegenden Untersuchung wurde dieser Forderung durch die Gewährleistung einer präzisen Dokumentation entlang des Forschungsprozesses nachgegangen.[824] Dabei wurde eine ausführliche Verfahrensdokumentation, die bei der Vorbereitung, Durchführung und Auswertung der Datenerhebungen durchzuführen ist, eingehalten.[825] In diesem Zusammenhang wurden sämtliche Experteninterviews aufgezeichnet, transkribiert und mithilfe der Textanalysesoftware MAXQDA kodiert.[826] Zudem wurden im Rahmen der Fallstudienanalyse in Kapitel 4.3 sowohl die Herleitung von Wirkungseffekten als auch die Interpretation der Ergebnisse mit umfangreichen Zitatenbelegen fundiert. Darüber hinaus wurde das Gütekriterium anhand der Intracoder-Reliabilität adressiert, das als ein wichtiges Kriterium zur Einhaltung der Reliabilität eingestuft wird und sich durch den Forscher durch die wiederholte Auswertung von Textabschnitten und den Vergleich der daraus resultierenden Kodierungen beschreiben lässt.[827]

820 Vgl. Yin (2013), S. 120 ff.
821 Vgl. Hansen (2009), S. 291 f. ; Yin (2009), S. 43 ff.
822 Vgl. Yin (2009), S. 43.
823 Vgl. Bortz; Döring (2006), S. 327.
824 Vgl. Yin (2009), S. 45.
825 Vgl. Mayring (2010), S, 118 ff.
826 Vgl. Kuckartz (2010), S. 8 ff. Unter der Literaturangabe sind weiterführende Informationen zu den Einsatzmöglichkeiten der Software MAXQDA zu finden.
827 Vgl. Mayring; Brunner (2009), S. 678.

Das dritte Gütekriterium stellt die Objektivität dar, die eine Unabhängigkeit der erzielten Untersuchungsergebnisse von dem zu untersuchenden Forscher fordert.[828] Bei der Kodierung und Interpretation der Textmaterialien wurde ein weiterer Forscher hinzugezogen.[829] Dabei wird die Intercoder-Reliabilität als ein wesentliches Maß des Gütekriteriums der Objektivität angesehen, bei dem ein Vergleich der Auswertungen auf Gemeinsamkeiten zwischen mehreren Kodierern erfolgt.[830] Hierzu kommt der Cohen's Kappa-Koeffizient als eine geeignete Kennziffer zur Bestimmung der Intercoder-Reliabilität für die weitere Untersuchung zur Anwendung.[831] Zudem wurden die ermittelten Wirkungszusammenhänge mit den Ergebnissen der quantitativ-statistischen Auswertungen verglichen, die ebenfalls einen zentralen Bestandteil der Untersuchung ausmachten, um weitere objektivitätssteigernde Referenzpunkte heranziehen zu können.[832] Schließlich wurde zur Wahrung der Objektivität im Laufe des Interviewprozesses durch den Einsatz offener Fragestellungen das Prinzip der Neutralität und Offenheit verfolgt, um die Gefahr einer möglichen Einflussnahme des Befragenden weitestgehend zu umgehen.[833] Die Abbildung 28 fasst die Einhaltung der Gütekriterien in dem vorliegenden Untersuchungskontext grafisch zusammen.

5.2 Strukturierung des Leitfadens

Zur Strukturierung des Leitfadens wird das Community-Engineering-Modell nach *Leimeister/Krcmar* und *Stieglitz* herangezogen.[834] Hierbei handelt es sich um ein Vorgehensmodell zur systematischen Beschreibung des Aufbaus und der Betreuung von virtuellen Communities, bei dem fünf zyklusförmige Prozessschritte durchlaufen werden. Die zeitlich aufeinander folgenden Teilschritte umfassen die Analyse, das Design, die Implementierung und den Betrieb, das Controlling sowie die Evolution. Diese Unterteilung verdeutlicht neben der Strukturierung des Prozesses zugleich die unterschiedlichen Aufgabenstellungen, die in Abhängigkeit von der entsprechenden Phase bestehen.

In der Analysephase steht zunächst die Bestimmung der Zielsetzung des Betreibers im Mittelpunkt der Betrachtung, die durch den Einsatz virtueller Communities erreicht werden soll. Zudem sind die Zielgruppen für die Teilnahme zu definieren, woraus sich zugleich Anforderungen an den Informations- und Interaktionsbedarf sowie an die weitere Ausgestal-

---

828 Vgl. Blatter; Janning; Wagemann (2007), S. 37.
829 Angaben zum Forscher siehe Anhang B.
830 Vgl. Mayring; Brunner (2009), S. 678.
831 Vgl. Schnell; Hill; Esser (2008), S. 404 ff.; Mayring (2012), S. 34.
832 Zum komparativen Methodeneinsatz qualitativer und quantitativer Verfahren siehe Ausführungen in Kapitel 6.4.1.
833 Vgl. Gläser; Laudel (2010), S. 120 ff.

tung der Plattform ergeben. Eine Analyse der Rahmenbedingungen ermöglicht es zudem, soziale, ökonomische, technische und legale Gesichtspunkte im Vorfeld der Planung miteinzubeziehen.

1. Validität

- Einbeziehung unterschiedlicher Datenquellen
- Experten mit konkreter Projektmitarbeit in der Fallstudie
- Unterschiedliche Funktionen, Abteilungen, Organisationseinheiten
- Vergleich aufgezeichneter Aussagen der Experten vergleichen
- Anknüpfung an allgemeingültige theoretische Erklärungsansätze

2. Reliabilität

- Ausführliche Verfahrensdokumentation und präzise Inhaltsdokumentation
- Einsatz der Textanalysesoftware MAXQDA
- Herleitung von Wirkungseffekte durch umfangreichen Zitatenbelege
- Einhaltung der Intracoder-Reliabilität

3. Objektivität

- Hinzuziehung eines weiteren Forschers bei der Kodierung und der Interpretation
- Einhaltung der Intercoder-Reliabilität: Cohen's Kappa-Koeffizient
- Einbeziehung quantitativer Auswertungen
- Offene Fragestellungen und Berücksichtigung des Prinzips der Neutralität und Offenheit

Abbildung 28: Gütekriterien der qualitativen Inhaltsanalyse
Quelle: Eigene Darstellung.

Die Designphase befasst sich vordergründig mit der Betrachtung der funktionalen und technischen Ausgestaltung der Plattform. Dabei wird neben den technischen Parametern des Interaktionsmediums auch das soziale Rahmenwerk bestimmt, das den Austausch der Nutzer beeinflusst. In diesem Zusammenhang gilt es, Erfolgskriterien des Designs zu erfüllen, die sich unter anderem mit der Einhaltung von Transparenz, der Sicherstellung der Usuability und der Ausschöpfung von Nutzenpotenzialen sowie der Organisation der Community erklären lassen.

Die Phase der Implementierung und des Betriebs dient der Gestaltung inhaltlicher Maßnahmen zur Einführung und zum Aufbau der virtuellen Community. Zentralaspekt ist hierbei, vor allem Erfolg versprechende Steuerungsinstrumente zur Adressierung intrinsischer und extrinsischer Motive einzusetzen, um Nutzer zur Partizipation an der Maßnahme zu animieren. Zudem werden die Wissensverwaltung und der organisatorische Ablauf der Interaktionen

[834] Vgl. hierzu und im Folgenden Leimeister; Krcmar (2006), S. 420 f.; Stieglitz (2008), S. 132 ff.

funktional gestaltet, um den sozialen Austausch der Anwender zu fördern, ohne dass damit eine unnötige technische Komplexitätssteigerung einhergeht.

In der Phase des Controllings wird der Grundstein für die Erfolgsmessung gelegt. Die Bestimmung und kontinuierliche Messung geeigneter Evaluationskriterien soll den Verlauf der Community aus Betreibersicht bewerten, um Fehlentwicklungen vorbeugen und durch gezielte Anpassungen die gewünschten Zielzustände auch während des Betriebs der Community erreichen zu können. Hierbei kann die Betrachtung der Nutzeraktivitäten bereits Aufschluss über die Entwicklung der Community und über die tatsächliche Anwenderrelevanz der integrierten Funktionen auf der Plattform geben.

In der Evolutionsphase erfolgt auf Basis der gesammelten Daten eine Bewertung des Zielerreichungsgrads, die das Treffen einer Entscheidung zugunsten einer Weiterführung oder einer Beendigung der Community einleitet. Im Falle einer Weiterführung können auf Basis der ermittelten Werte zugleich Maßnahmen zur Modifikation der Community abgeleitet werden, um eine evolutorische Optimierung zu erzielen. Abbildung 29 fasst die fünf Teilschritte des Community Engineering Modells grafisch zusammen.

Die Eignung des Modells auf virtuelle Communities wurde bereits im isolierten Einsatz in unterschiedlichen Anwendungsbereichen, wie im Gesundheitswesen oder Finanzwesen, empirisch geprüft und als geeignet ermittelt. Die empirische Relevanz des Modells zur Strukturierung von Untersuchungsobjekten hinsichtlich der Kombination von virtuellen Communities und Innovationswettbewerben sowie für den Anwendungskontext im Telekommunikationssektor ist zu prüfen und wird daher als ein weiterer Erkenntnisgewinn der vorliegenden Arbeit betrachtet. Die grundlegende Übertragbarkeit des Modells auf weitere methodenzentrierte Untersuchungen wird durch dessen hohes Abstraktionsniveau ermöglicht. Demnach können die fünf generisch beschriebenen Teilschritte grundsätzlich auch im kombinierten Einsatz zwischen virtuellen Communities und Innovationswettbewerben zum Tragen kommen, da es sich auch um eine methodenspezifische Ausprägungsform handelt. Die konstituierende Annahme des systematischen Aufbaus und Betriebs einer virtuellen Gemeinschaft ist ebenfalls Gegenstand der Arbeit. Darüber hinaus impliziert die modellimmanente Top-Down-Steuerung der Community eine Betreibersicht, die dem Anspruch der vorliegenden Arbeit, managementorientierte Gestaltungsempfehlungen generieren zu können, ebenfalls entgegenkommt. Die Beleuchtung sämtlicher Prozessschritte zur Durchführung einer virtuellen Methode ermöglicht insbesondere eine umfassende Exploration, ohne durch die aufgestellten Forschungsfragen bereits bei der Fallstudienbeobachtung einer Einschränkung zu unterliegen und damit möglicherweise relevante Wirkungszusammenhänge unberücksichtigt zu lassen. Gerade die Erweiterungen des Modells nach *Stieglitz* im Hinblick auf den Einsatz von Steuerungsinstrumenten erweist sich für die effektive Organisation einer virtuellen Community als essenziell[835] und dient bei der Beschreibung der Fallstudie im Rahmen der Ausgestaltung virtueller Nutzerintegrationsmaßnahmen vor allem bei der Aktivierung und kontinuierlichen Partizipation der Nutzer als einen wesentlichen Erklärungsgegenstand.

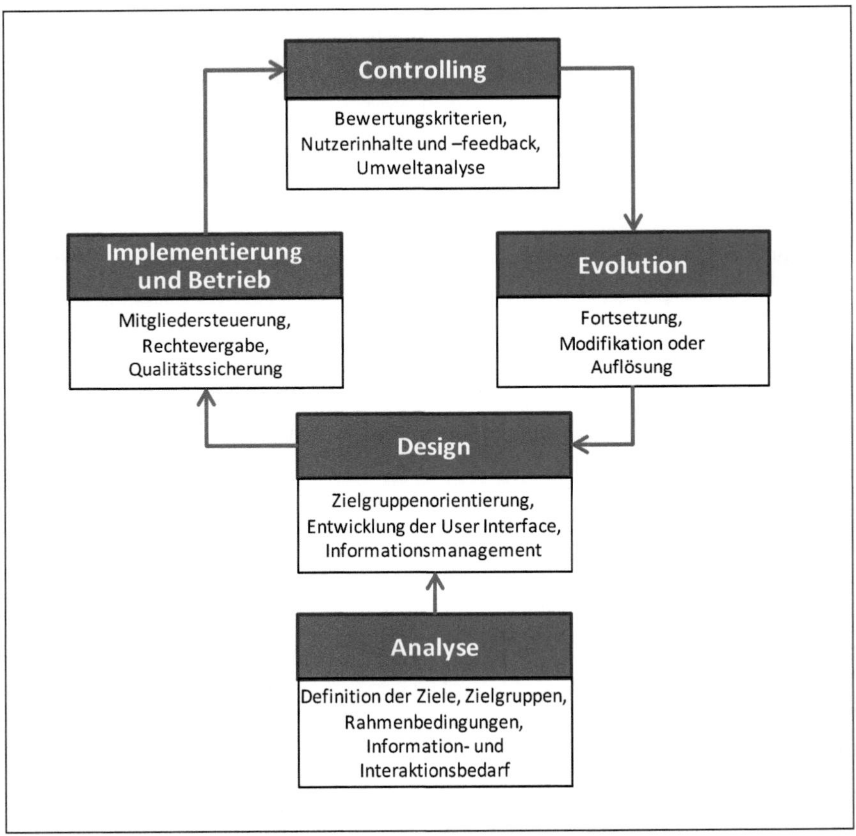

Abbildung 29: Herleitung eines strukturierenden Rahmens für den Fragebogen
Quelle: Eigene Darstellung in Anlehnung an Krcmar; Leimeister (2006), S. 421; Stieglitz (2008), S. 135.

Der fünfstufige Ordnungsrahmen dient zur Strukturierung des Bezugsrahmens für den Leitfaden. Die Experteninterviews folgen, um eine gewisse Flexibilität in der Gesprächssituation sicherzustellen und ungeplante Zusatzinformationen adäquat zu erfassen, einem halb-

835 Vgl. Stieglitz (2008), S. 109 ff.

strukturierten Leitfaden.[836] Der Bezugsrahmen umfasst die wesentlichen Gesichtspunkte zum Aufbau und Betrieb einer virtuellen Community, was zunächst eine unvoreingenommene Auswertung der Fallstudie zur Gewinnung explorativer Erkenntnisse gewährleistet. In einem zweiten Schritt werden in der Fallstudienanalyse die gewonnenen Erkenntnisse ausgewertet und den zu beantworteten Forschungsfragen, die in dem theoretischen Abschnitt auf Basis der Literaturrecherche erörtert wurden, zugeordnet. Eine Herleitung des Bezugsrahmens für die Experteninterviews mit der initialen Zuordnung der Forschungsfragen der vorliegenden Arbeit zu den fünf Teilschritten des Community-Engineering-Modells liefert Abbildung 30.

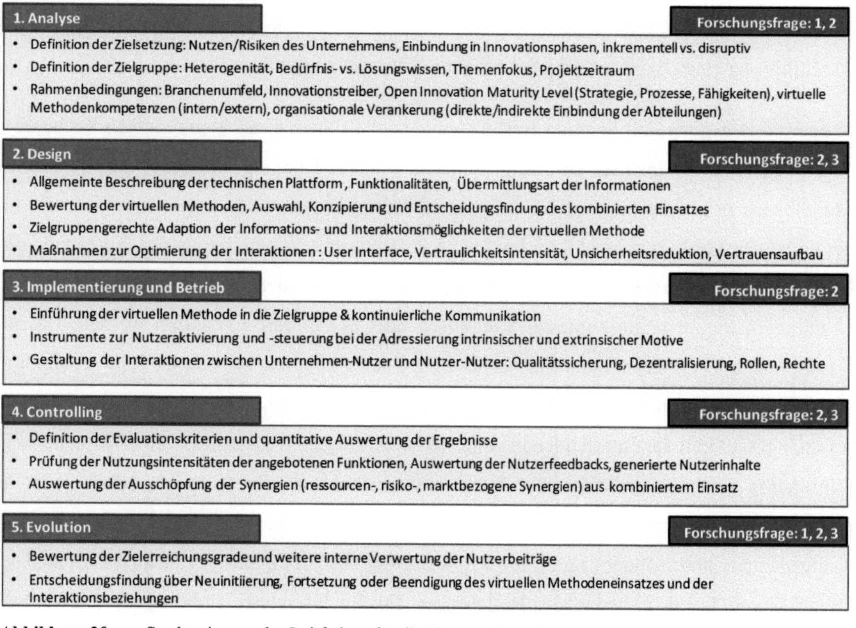

Abbildung 30: Strukturierung des Leitfadens für die Experteninterviews.
Quelle: Eigene Darstellung, in Anlehnung an Krcmar; Leimeister (2006), S. 421; Stieglitz (2008), S. 135.

5.3 Datenquellen

Die zentrale Datenquelle im Rahmen der ersten Stufe der empirischen Untersuchung, sind Experteninterviews, die durch eine primäre Datenerhebung gewonnen werden und die Grundlage der qualitativen Inhaltsanalyse in Kapitel 5.4 bilden. abei ist als wesentliche Voraussetzung für eine qualitative Exploration die Identifizierung und Durchführung von Interviews mit geeigneten Experten, die auf Basis ihrer, für die vorliegende Arbeit relevanten

836 Vgl. Kaune (2010), S. 123.

Erfahrungen und Wissensbeständen, aussagekräftige Einschätzungen zur Beantwortung der Forschungsfragen tätigen können. Bei der Identifizierung und Auswahl der geeigneten Experten musste eine Reihe von Kriterien für die primäre Datenerhebung erfüllt werden. Zur Gewinnung fundierter Auskünfte über die Fallstudie Ideabird bestand zunächst die grundlegende Voraussetzung, dass die zu befragenden Experten in dem Projekt involviert waren und bei der Organisation der virtuellen Nutzerintegrationsmaßnahme eine aktive Rolle innehatten. Dadurch konnte sichergestellt werden, dass konkrete Erfahrungen im Einsatz und in der Ergebnisbeobachtung von virtuellen Methoden, im Speziellen von virtuellen Communities mit Innovationswettbewerben gemacht wurden. Zudem war die erfolgreiche Ermittlung der entsprechenden Kontaktdaten zur persönlichen Ansprache sowie die erklärte Bereitschaft zur Durchführung eines Experteninterviews für die Untersuchung erforderlich.

In dem vorliegenden Fall konnten zunächst potenzielle Experten nach einer ersten Recherche über Webseiten im Internet ausfindig gemacht werden. Durch persönliche Gespräche mit Mitarbeitern des Unternehmens konnten insgesamt 16 Experten identifiziert werden, die in der Fallstudie Ideabird anhand ihrer konkreten Projektmitarbeit beteiligt waren. Aufgrund von Fluktuationen der involvierten Mitarbeiter konnten von denen die Kontaktdaten von 14 Experten ermittelt und entweder telefonisch oder per e-Mail kontaktiert werden. Davon erklärten sich 11 Experten bereit für ein Interview zur Verfügung zu stehen (siehe Abbildung 31). Somit konnten mit 11 der 16 Experten, die in der Fallstudie Ideabird konkret beteiligt waren, ein Großteil der entscheidenden und aussagekräftigen Wissensträger für die qualitative Exploration gewonnen werden. Die Aussagefähigkeit der Ergebnisse wird zudem dadurch gefördert, da die gewonnenen Experten nicht nur eine bestimmte Rolle in dem Projekt nachgegangen sind, sondern durch die Einbeziehung von Community Manager, Dispatcher, Experten und Jury-Mitglieder alle Rollenträger für die Interviews einbezogen wurden und damit die beteiligten Verantwortungsbereiche im Rahmen der Fallstudie abgedeckt werden konnten.[837] Die Berücksichtigung unterschiedlicher Perspektiven für die Fallstudienanalyse konnte außerdem dadurch weiter verstärkt werden, dass die befragten Manager auch aus den verschiedenen Unternehmensbereichen, Innovation Management, Communication Management und Sales Management stammen. Diese Zugehörigkeit zu unterschiedlichen Organisationseinheiten ermöglichte die Sicherstellung eines facettenreichen Meinungs- und Wissensfelds zur objektiveren Experteneinschätzung.

[837] Eine ausführliche Beschreibung der Rollen im Rahmen der Fallstudie Ideabird findet sich in Kapitel 4.3.9.

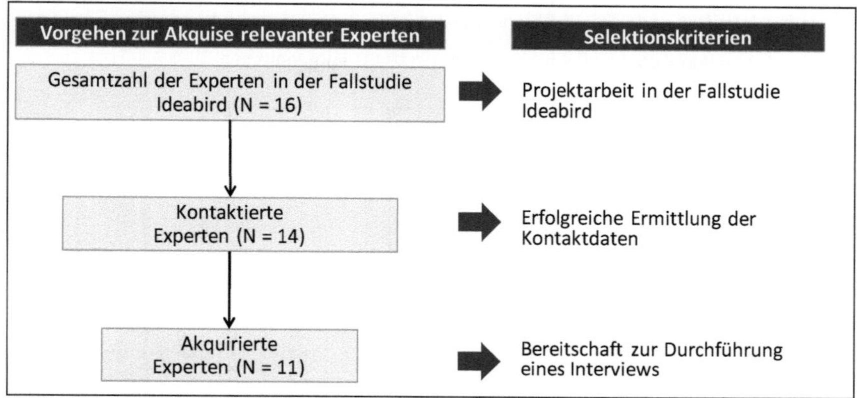

Abbildung 31: Vorgehensweise zur Identifizierung und Gewinnung forschungsrelevanter Experten.
Quelle: Eigene Darstellung.

Die Interviews wurden in dem Zeitraum Juli bis August 2014 erhoben. Die Gespräche fanden größtenteils persönlich vor Ort, zu einem kleinen Anteil jedoch auch telefonisch statt und erstreckten sich über eine bis zwei Stunden. Einer kurzen Einleitung der Problemstellung und Zielsetzung der Untersuchung schloss sich das Interview unter Zuhilfenahme eines teilstrukturierten Leitfadens an.[838] Die initiale Kontaktanfrage erfolgte per E-Mail, der ein Telefongespräch folgte, bei dem die Eignung der befragten Personen eruiert wurde. Aufgrund der klaren Zuordnung der Personen in dem betrachteten Projekt konnten die weiteren Verantwortlichen durch die ersten Experteninterviews unmittelbar identifiziert und kontaktiert werden. Einen detaillierten Überblick über die Experten und die Durchführung der Interviews liefert Tabelle 2, die alle für die Untersuchung relevanten Informationen zusammenfasst.[839]

5.4 Anwendung der qualitativen Inhaltsanalyse

Die durchgeführten Expertengespräche wurden für die qualitative Inhaltsanalyse mit einem Smartphone aufgezeichnet und transkribiert. Als Notationssystem für die Transkription wurde der empirisch geprüfte und vereinfachte Ansatz von *Pehl/Dresing* gewählt, bei dem zur leichteren Lesbarkeit auf die Protokollierung von Dialekten und Wortverschleifungen bewusst verzichtet und stattdessen dem Inhalt der Redebeiträge der Vorzug gegeben wurde.[840] Um eine

---

838 Teilstrukturierter Leitfaden siehe im Anhang A.
839 Weitere persönliche Angaben und Kontaktdaten der Experten im Anhang B.
840 Vgl. Dresing; Pehl (2013), S. 17 ff.

qualitative Inhaltsanalyse der erstellten Transkripte zu gewährleisten, wurde eine Strukturierung des Textmaterials anhand eines Kategoriensystems vorgenommen.[841]

Experte	Datum	Gesprächs-art	Gesprächs-dauer	Organisation	Funktion im Unternehmen	Funktion in der Fallstudie
Experte 1	14.07.2014	Persönlich	2 Stunden	Telekom Deutschland GmbH	Sales Manager	Dispatcher
Experte 2	17.07.2014	Persönlich	2 Stunden	Deutsche Telekom AG/ Product & Innovation	Innovation Manager	Dispatcher
Experte 3	18.07.2014	Telefonisch	1 Stunde	Deutsche Telekom AG/ Product & Innovation	Communication Manager	Experte
Experte 4	23.07.2014	Persönlich	1,5 Stunden	Deutsche Telekom AG/ Product & Innovation	Innovation Manager	Jury
Experte 5	25.07.2014	Persönlich	1 Stunde	Telekom Deutschland GmbH	Sales Manager	Experte
Experte 6	29.07.2014	Persönlich	1,5 Stunden	Deutsche Telekom AG/ Product & Innovation	Innovation Manager	Community Manager
Experte 7	29.07.2014	Persönlich	1,5 Stunden	Deutsche Telekom AG/ Product & Innovation	Innovation Manager	Community Manager
Experte 8	05.08.2014	Persönlich	1,5 Stunden	Telekom Deutschland GmbH	Sales Manager	Experte
Experte 9	06.08.2014	Telefonisch	1,5 Stunden	RWTH Aachen	Researcher	Experte
Experte 10	08.08.2014	Telefonisch	1 Stunde	Hyve AG	Market Researcher	Experte
Experte 11	08.08.2014	Telefonisch	1 Stunde	Hyve AG	Community Manager	Community Manager

Tabelle 2: Übersicht über die Experteninterviews
Quelle: Eigene Darstellung.

841 Vgl. Mayring (2010a), S. 48 ff.; Winkelhage et al. (2008), S. 3 f.

Die Verwendung eines Kategoriensystems garantiert die intersubjektive Nachprüfbarkeit der Analyse und die Vergleichbarkeit der ermittelten Ergebnisse.[842] Kategorien, auch als Codes bezeichnet,[843] ermöglichen es dem Untersuchenden, das Textmaterial auf inhaltliche Gemeinsamkeiten zu überprüfen und adäquat zusammenzufassen.[844] Das Kategoriensystem bildet dabei einen hierarchisch strukturierten Codebaum ab, bei dem eine Auflistung von Codes mit den zugeordneten Sub-Codes in Beziehung gebracht wird.[845]

Die Kategorienbildung kann in deduktiver oder induktiver Form erfolgen.[846] Bei dem deduktiven Verfahren vollzieht sich die Interpretation der Textbeiträge auf Basis eines vorab festgelegten systematischen und theoriegestützten Sets an Kategorien.[847] Dies hat den Vorteil, dass die Herleitung nachvollziehbarer wird und die enge Anbindung an die theoretischen Erklärungsansätze sich positiv auf die Validität der Untersuchung auswirkt.[848] Allerdings kann dadurch das Kategoriensystem nicht weiter auf das Textmaterial adaptiert werden, sodass der Neuigkeitsgrad der Ergebnisse geringer ausfällt und überraschende Erkenntnisse nicht weiter erfasst werden können.[849] Bei dem induktiven Verfahren werden relevante Kategorien erst im Laufe des Auswertungs- und Interpretationsprozesses gebildet, ohne dass a priori eine Ausrichtung an theoretischen Ansätzen und Erkenntnissen erforderlich ist.[850] Solche Verfahren zeichnen sich vor allem durch eine flexible Anpassungsfähigkeit im Rahmen der Auswertung aus, die gerade bei offenen und explorativen Fragestellungen sinnvoll sind.[851] Dennoch weist dieses Verfahren eine vergleichsweise geringe Nachvollziehbarkeit und Validität auf.[852] Gleichwohl stellen beide Ansätze keine gegensätzlichen Extreme dar, sondern können, wie im Falle der vorliegenden Untersuchung, gemeinsam zur Generierung von Erkenntnisbeiträgen beitragen.[853] Dies stellt eine theoriegeleitete Fundierung des Kategoriensystems sicher und gewährleistet zugleich eine Offenheit gegenüber neuen relevanten Erkenntnissen außerhalb des vorab definierten Bezugsrahmens. Nach dem kombinierten Ansatz erfolgt auf Basis der

---

842 Vgl. ebd. (2010a), S. 50.
843 Vgl. Kuckartz (2010), S. 57.
844 Vgl. Böhm-Kasper; Weishaupt (2008), S. 108.
845 Vgl. Kuckartz (2007), S. 721.
846 Vgl. Kuckartz (2010), S. 201.
847 Vgl. Mayring (2010a), S. 64.
848 Vgl. Mayring; Brunner (2009), S. 677 f.
849 Vgl. Hussy; Schreier; Echterhoff (2010), S. 247; Meyen et al. (2011), S. 156.
850 Vgl. Luzar (2004), S. 138 f.
851 Vgl. Bortz; Döring (2006), S. 300 f.
852 Vgl. Kuckartz (2010), S. 57.
853 Vgl. Bortz; Döring (2006), S. 151; Auer-Srnka (2009), S. 166 f.

gebildeten Kategorien der Kodierungsprozess, der als ein Vorgang der Zuordnung relevanter Textpassagen zu den entsprechenden Kategorien begriffen wird.[854]

In der vorliegenden Untersuchung wurden durch die Erarbeitung der theoretischen Ansätze und Modelle bereits relevante Kategorien für ein erstes Kategoriensystem gebildet (deduktives Vorgehen). Dieses Kategoriensystem wurde dann während des Materialdurchgangs um die Identifikation neuer Wirkungszusammenhänge ergänzt und anhand der Zuordnung weiterer Subkategorien erweitert (induktives Vorgehen). Die Überarbeitung des Kategoriensystems erfolgte hier in Anlehnung an die Empfehlungen von *Mayring* nach dem Durchgang von etwa der Hälfte des Datenmaterials.[855] Die Rückkopplung bereits während des erstmaligen Auswertungsprozesses soll gewährleisten, dass weitere Wirkungszusammenhänge auf Basis des verfeinerten Kategoriensystems erkannt und mit aufgenommen werden können. Die Abbildung 32 stellt die hier verfolgte Vorgehensweise zur qualitativen Inhaltsanalyse grafisch dar.

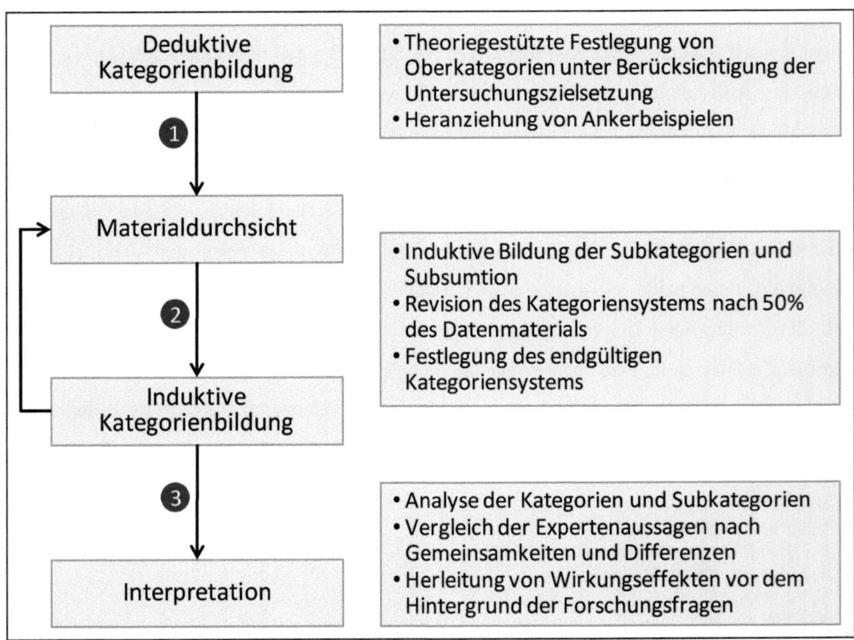

Abbildung 32: Angewandte Vorgehensweise für die qualitative Inhaltsanalyse
Quelle: Eigene Darstellung, in Anlehnung an Mayring (2010a), S. 59 ff.

854 Vgl. Böhm-Kasper; Weishaupt (2008), S. 109.
855 Vgl. Mayring (2010a), S. 84.

Die Finalisierung der Kategorienbildung und die vollständige Durchsicht des Datenmaterials ging mit einer erneuten Wiederholung der Auswertungen einher, um eine Intrakoder-Reliabilität sicherzustellen. Zudem wurde daran anschließend ein weiterer Forscher zur unabhängigen Auswertung der Daten hinzugezogen.[856] Dabei wurde eine Stichprobe von 30% des Datenmaterials zur Kodierung und zum Abgleich der Interpretationen herangezogen. Dieser Abgleich erfolgte in einem iterativen Verfahren, und zwar so lange, bis ein ausreichend hoher Cohens-Kappa-Koeffizient von 0,83 erreicht wurde. Die Kodierung und Archivierung der Transkripte erfolgte durch den Einsatz der Textanalysesoftware MAXQDA. Dadurch konnte zur Steigerung der intersubjektiven Nachvollziehbarkeit die Kategorienbildung mit den entsprechenden Codes und Subcodes transparent geführt und im Nachgang wieder zur weiteren Modifizierung aufgegriffen werden. Abbildung 33 stellt das finale Kategoriensystem dar.

5.5 Ergebnisse der qualitativen Inhaltsanalyse

5.5.1 Unternehmensmotivation

In dem Folgenden Abschnitt bedarf es zur Adressierung der Forschungsfrage 1 der Identifizierung von Wirkungseffekten zur Erklärung der Erwartungen des Unternehmens, die zur Durchführung der Maßnahme motiviert haben. Dadurch kann der aus der Interaktion resultierende Nutzen des Unternehmens genauer bestimmt werden, um darauf aufbauend auf die Erfolgsrelevanz der Maßnahmenausgestaltung im Rahmen der Untersuchung eingehen zu können.

Auf Basis der Experteninterviews sind dem Unternehmen bei der Umsetzung der virtuellen Nutzerintegration unterschiedliche Motive maßgeblich bestimmend. Ein zentrales Ziel der Maßnahme war es, gemeinsam mit den Nutzern qualitativ hochwertige Lösungsideen zu generieren, die der langfristigen Entwicklung kommerzialisierbarer M2M-Lösungen als Grundlage dienen. Demnach sollte die Aufforderung zur Generierung von Lösungsideen auf interaktive Art und Weise im Rahmen der Zusammenarbeit mit den Internetnutzern wertvolle Lösungsinformationen herbeiführen, die in die Produktentwicklung einfließen würden. Die Experten gingen auf die Bedeutung des externen Inputs ein, der nicht unmittelbar an die traditionelle Telekommunikationsindustrie gekoppelt ist und dadurch einen komplementären Beitrag zur Identifizierung und Realisierung erfolgreicher Innovationen leistet.

[856] Persönliche Angaben und Kontaktdaten des Forschers im Anhang B.

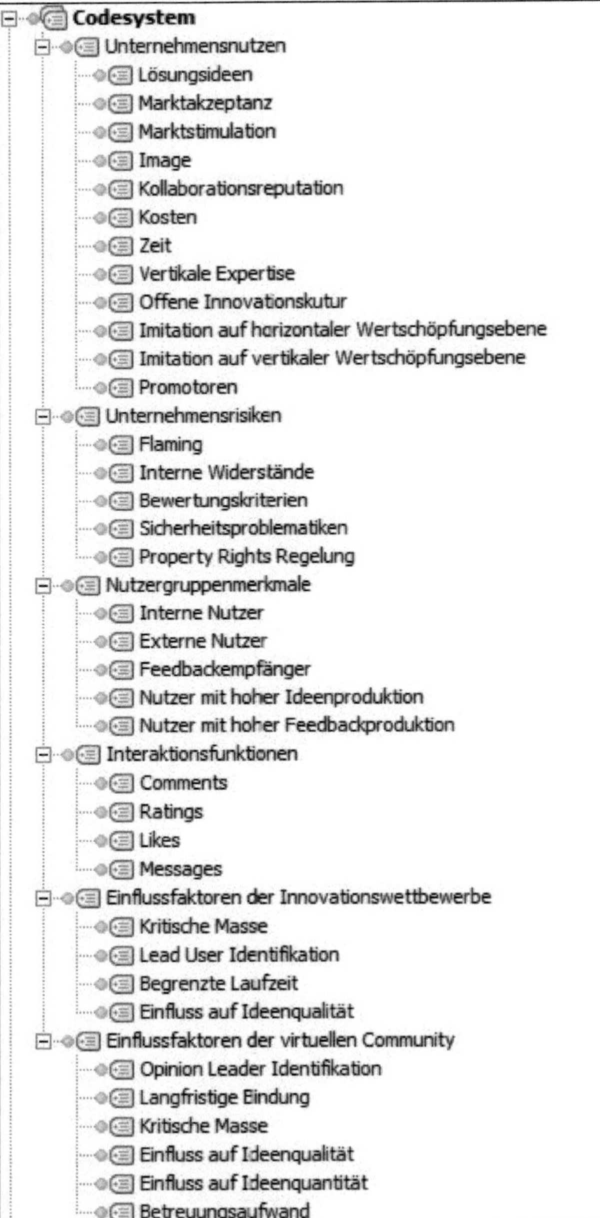

Abbildung 33: Ausschnitt des Kategoriensystems durch die Software MAXQDA
Quelle: Eigene Darstellung.

Ein Experte erklärte, dass es sinnvoll sei, sich von einer technisch orientierten Sichtweise zu lösen und bei der Generierung neuer Produktideen vielmehr eine anwenderorientierte Sicht einzunehmen. Aufgrund der zunehmend komplexeren und dynamischeren Umweltveränderungen bei hochgradig technologischen Produkten stellten die Experten vornehmlich die interaktiven Entwicklungsansätze, wie etwa die virtuelle Nutzerintegration, heraus, die zu einer Steigerung der Flexibilität der Deutschen Telekom führen können (siehe Tabelle 3)

„Und wir haben uns gedacht, das einzige was wir jetzt brauchen sind wirklich gute Ideen, damit wir eben diese Maschinerie, wir nennen das M2M Innovationsautobahn anschmeißen können." (Experte 1)
„Ein Kernaspekt war tatsächlich die Entwicklung, also das Ziel, dass man aus diesem Wettbewerb eine Produktidee generiert, die eine Marktrelevanz hat." (Experte 2)
„Genau. Qualitativ hochwertige Ideen finden und die besten dann umsetzen." (Experte 3)
„Speziell im Bereich M2M Kommunikation standen wir ja vor der großen Herausforderung: Wie bekommt man Ansätze für innovative Produkte, für innovative Ideen?" (Experte 5)
„Es war erst mal nur die Grundidee etwas zu finden, Ideen zu bekommen was man eigentlich noch mit M2M machen kann. Mal losgelöst von irgendwelchen Branchen, mal losgelöst von irgendwelchen schon heute eigentlich klaren Definitionen." (Experte 8)
„Da geht es erst mal wirklich um Ideen zu generieren, dass erst mal der Öffentlichkeit auch sichtbar zu machen. Man muss sich zwar registrieren und anmelden, aber man will ja im Prinzip jeden der kreativ ist sozusagen auch zulassen." (Experte 10)

Tabelle 3: Expertenaussagen zur erwarteten Identifizierung hochwertiger Lösungsideen
Quelle: Eigene Erhebung.

Auf Basis dieser Aufführungen lässt sich der folgende Wirkungseffekt beobachtet:

Wirkungseffekt 1: Die Erwartung eines Telekommunikationsunternehmens, hochwertige Lösungsideen zu generieren, hat einen positiven Einfluss auf seine Bereitschaft die virtuelle Nutzerintegration durchzuführen.

Vor dem Hintergrund des komplexitätsgetriebenen Kostenanstiegs in Forschung und Entwicklung sowie des stetig wachsenden globalen Wettbewerbsdrucks[857], der auch in der Telekommunikationsbranche herrscht, gingen die Experten einstimmig auf die Bedeutung den effizienten Einsatz der im Unternehmen zur Verfügung stehenden Mittel ein. Die Erwartung Ressourcenersparnisse sowohl im Hinblick auf Kosten (siehe Tabelle 4) und Zeit (siehe Tabelle 5) zu erzielen, war ein weiterer Gegenstand der Motivation, der von Experten genannt wurde.

---

[857] Vgl. Hill (2006), S. 12 ff.

„Und primäre Marktforschung, die hier bei so einem Innovationsthema nötig gewesen wäre bedarf unglaublich viel Budget, unglaublich viel Zeitaufwand. [...] also ressourcentechnisch kann man sagen, wurde auf jeden Fall weniger aufgewendet als bei einer klassischen Marktforschung, die mal schnell fünfstellig sein kann.“ (Experte 2)
„Ich kriege ja viele Inspirationen, die kriege ich ja sonst nicht. Da muss ich ja wieder eine mühselige Marktforschung, Marktanalysen, Kundenbefragungen machen.“ (Experte 4)
„Also aus Unternehmenssicht, das kostet fast nichts. Wenn man im Vergleich solche Marktforschung macht oder Sales- oder Marketingtests bei bestimmten Kunden macht, das kostet viel Geld. Und bei solchen Communities, die kosten einmal Plattformkosten, aber die sind nur One Setup Fees. Und dann, die eigentlichen Kosten sind zum Beispiel die Community-Manager oder Innovation-Manager.“ (Experte 7)
„Weil, ich kann ja eigentlich damit die Generierung von Ideen outsourcen, aber auch die Bewertung. Das sind ja beides Dinge, die ich ja sonst intern machen muss.“ (Experte 9)

Tabelle 4: Expertenaussagen zur erwarteten Erzielung von Kostenersparnissen
Quelle: Eigene Erhebung.

„Man kann diese ganze Innovationsthematik gar nicht intern komplett abfackeln. Also du hast einfach zu wenig Kompetenzen, zu wenig Zeitcommitment auch, dich damit auseinanderzusetzen, während du halt Tagesgeschäft noch machst.“ (Experte 2)
„Das war unsere Erwartung, was sich dann nachher auch gezeigt hat, dass man mit relativ einfachen Mitteln in kürzester Zeit eine unheimlich intensive Auseinandersetzung generiert hat.“ (Experte 3)
„Speed, speed, natürlich. Das Produkt ist viel eher marktreif. Natürlich, ich habe viel mehr eine Marktakzeptanz oder Nicht-Marktakzeptanz. [...] Und so ist es auch in der Portfolioentwicklung, bei Internet der Dinge. Eine Idee, die zündet jetzt und ist dann sozusagen zu einem fertigen Produkt in drei Tagen gereift, aber nur über die Crowd, über solche innovativen Plattformen, ansonsten geht das nicht.“ (Experte 4)
„Weil man sitzt in seinem M2M Kosmos und sieht nur die ganzen Ideen aus dem Markt oder sieht nur die Anlässe im Markt und beschäftigt sich dann damit. Und man hat ja gar nicht die Zeit sich manchmal zurückzunehmen und zu sagen was könnte ich eigentlich mal losgelöst von allen Märkten mir einfallen lassen. Da helfen auf jeden Fall die Wettbewerbe, um solche Zeitengpässe auch zu beheben.“ (Experte 8)

Tabelle 5: Expertenaussagen zur erwarteten Erzielung von Zeitersparnissen
Quelle: Eigene Erhebung.

Wie aus der Tabelle 4 zu entnehmen ist wurde in der Fallstudie von den Experten bei der Durchführung der virtuellen Nutzerintegration die Realisierung von Effizienzvorteilen in Form von Kostenersparnissen erwartet. Die wesentlichen Kosten sind dabei auf die einmaligen Plattformkosten und die Personalkosten zur Beauftragung der Community-Manager zurückzuführen. Diese Einsparung lässt sich speziell aufgrund der Übertragung des Aufwands zur Generierung unterschiedlicher Lösungsideen auf die teilnehmenden Nutzer erklären. Darüber hinaus wurde als vergleichende Maßnahme die Umsetzung von Marktforschungsaktivitäten genannt, die, nach Meinung der Experten, wesentlich mehr Ressourcen in Anspruch nehmen würde.

Bezugnehmend auf die Tabelle 5 wurde trotz des erforderlichen Zeitaufwands, der im Rahmen der Organisation und Betreuung einer virtuellen Nutzerintegration notwendig ist, auch eine Realisierung von Zeitersparnissen erwartet. Insbesondere wurde auf die iterative und interaktive Entwicklung einer Lösungsidee gemeinsam mit den Nutzern eingegangen, die die Erzielung einer Produktreife beschleunigt. Ein Experte ging auf den Zeitmangel ein, der die Innovationsentwicklung beeinträchtigt, da aufgrund der Betreuung bestehender Produkte kaum Zeit für Projekte außerhalb des Tagesgeschäfts bleibt. Durch die Einbindung von Nutzern könnte vor allem bei zeitintensiven Innovationstätigkeiten, wie etwa bei der Generierung und Bewertung von Ideen, eine Unterstützung erfolgen und somit die Effizienz der Produktentwicklung erhöht werden.

Hieraus leitet sich folgender Wirkungseffekt bezüglich des Ressourceneinsatzes ab:

Wirkungseffekt 2: Die Erwartung eines Telekommunikationsunternehmens, Ressourcenersparnisse zu erzielen, hat einen positiven Einfluss auf seine Bereitschaft die virtuelle Nutzerintegration durchzuführen.

Aus den Experteninterviews konnten auch absatzorientierte Ziele identifiziert. Überraschenderweise sprechen sich die Experten für eine potenzielle Imitation durch Wettbewerber aus. Vor dem Hintergrund des noch mangelnden Bewusstseins der Kunden über die M2M-Technologien und deren nutzenstiftenden Potenziale erwähnte ein Experte, dass ein alleiniger Aufbau des M2M-Markts durch einen Telekommunikationsanbieter kaum möglich und zudem mit einem enormen Aufwand und einer großen Erfolgsunsicherheit verbunden sei. Eine Imitation durch Wettbewerber helfe auf horizontaler Wertschöpfungsebene dabei, technische Standards zu etablieren, die grundsätzliche Rolle der Telekommunikationsindustrie in dem neuen Geschäftsfeld neu zu definieren sowie ein einheitliches Verständnis diesbezüglich auch bei Geschäfts- und Privatkunden zu erlangen. Weitere Experten gingen auf die Bedeutung der Co-opetition ein, bei der es üblich sei, dass Wettbewerber, die in klassischen Märkten konkurrieren, in anderen Märkten miteinander kooperieren. In diesem Zusammenhang wurde die virtuelle Nutzerintegration als eine geeignete Maßnahme betrachtet, ausgewählte Innovationsprozesse im Bereich M2M gegenüber Externen zu öffnen und damit grundsätzlich auch einer Imitation auf horizontaler Wertschöpfungsebene den Weg zu ebnen (siehe Tabelle 6).

„Die Frage ist hat dann der Nutzer auch noch irgendwelche mentalen Barrieren zu M2M im Kopf und kann das vielleicht aufgelöst werden, dadurch dass viele Partner aber auch viele Konkurrenten durch Nachahmung ähnliche Maschinen haben, ja klar das ist so. Deswegen ist das Thema Erziehen des Marktes, Aufbau des Marktes irgendwo da und eines unserer Zielsetzungen gewesen.“ (Experte 1)
„Von daher, das Zusammenbringen auch von Konkurrenten und Nicht-Konkurrenten in einer Community oder überhaupt an einen Tisch, das ist wichtig, um überhaupt das Thema weiterzutreiben und da auch einen richtigen Weg einzuschlagen. Den Markt zu entwickeln. Also man muss nicht nur das Bewusstsein dafür schaffen, dass da was kommt, vernetzte Dinge, sondern auch, wie sieht das aus. Da reicht nicht nur die Vision eines Einzelnen, sondern nur der kollektive Ansatz und ein gemeinschaftliches Bild darauf, um zu verstehen, was für eine Rolle hat die Telekommunikationsbranche.“ (Experte 2)
„Das ist ja heute eine Form der Co-Opetition. Also M2M macht nicht einer alleine. Es sind immer drei, vier, fünf, die an einem Strang ziehen, die in Teilen kooperieren und in anderen Bereichen unter Umständen auch im Wettbewerb sind.“ (Experte 4)
„Co-Opetition – was man da immer so häufig hört. Es müssen erst mal alle ein Bewusstsein dafür bekommen, was heißt das, in welche Richtung geht das, um ein gemeinsames Verständnis dafür zu bekommen, wie muss sich ein Telco-Operator überhaupt in dem Markt aufstellen.“ (Experte 6)
„Irgendwann gehe ich in den Wettbewerb, das wird kommen. Aber wir sind ja nicht in einem Verdrängungsmarkt heute. Wir sind ja heute in einem Entstehungsmarkt. Also heute geht es ja eigentlich darum einen Markt zu kreieren und nicht den Wettbewerb rauszudrücken. Heute müssen wir erst mal den Markt pushen. Und ich glaube da haben wir die letzten Jahre über solche Maßnahmen viel erreicht.“ (Experte 7)

Tabelle 6: Expertenaussagen zur erwarteten Imitation durch horizontalen Wettbewerb
Quelle: Eigene Erhebung.

Auf der vertikalen Wertschöpfungsebene ist ein ähnliches Bild zu beobachten. Den Experten zufolge stehen Unternehmen einer Imitation auf vertikaler Ebene ebenfalls befürwortend gegenüber. Dieser Gesichtspunkt wurde dadurch erklärt, dass neben der Erwartung, durch eigene Entwicklungsanstrengungen marktfähige Ende-zu-Ende-Lösungen anzubieten, die traditionelle Rolle des Unternehmens, im Geschäftsfeld M2M als Infrastrukturanbieter zu fungieren, weiterhin besteht. Das heißt der Zielsetzung nach würde das Unternehmen einerseits selbstständig den M2M-Markt durch eigene Produkte adressieren und gleichzeitig für imitierende Hersteller auf vertikaler Ebene durch die Einbindung von Simkarten als Technologieversorger fungieren. Vor dem Hintergrund der zuvor genannten Herausforderung, den M2M-Markt eigenständig zu etablieren, wurde auch hier die virtuelle Nutzerintegration als eine geeignete Maßnahme betrachtet, durch Imitation eine Entwicklungsdynamik auf Seiten vertikaler Hersteller herbeizuführen und dadurch den Stellenwert der Technologie am Markt zu steigern (siehe Tabelle 7).

„Also wenn wir jetzt nochmal zum Thema Imitation kommen, da ist es ja so, dass, wenn in vertikaler Branche dann imitiert wird, das getrieben wird. Da macht das dann Sinn, dass Telekom Plattformanbieter ist, denn wir können ja nichtsdestotrotz, auch wenn vertikale Imitation stattfindet, trotzdem Vorlieferant von Konnektivität sein. So stehen wir nicht im direkten Wettbewerb, sondern sind Enabler." (Experte 1)
„Ich glaube, das Thema Ideendiebstahl ist eher ein Nebenaspekt. Es ist ein Enabler, je mehr Leute verstehen, dass da plötzlich neue Möglichkeiten entstehen, also weg vom Produkt, ich biete nicht nur einen Rauchmelder an, sondern auch noch einen zusätzlichen Service um den Rauchmelder. Ist das auf jeden Fall ein Enabler. Weil der sagt, da muss ich den irgendwie an das Internet bringen. Das kann ich über verschiedene Kommunikationstechnologien machen, möglicherweise auch Mobilfunk. Dann fungiert das als Enabler." (Experte 2)
„[...] nach dem alten Motto, wer Öl verkaufen will, muss die Öllampen verschenken, die als Anwendung wieder neue Öllampen sind. Die da, auch wenn sie noch so klein sind, anfangen zu zünden und entsprechend wieder Öl brauchen, und sprich Verkehr in Netze." (Experte 3)
„Man versucht ja in der frühen Marktphase über Imitationen de facto Standards zu kreieren. So würde ich es mal formulieren, um eben über diese Schnelligkeit eine gewisse Masse zu generieren, um so zu sagen auch da der Earlybird zu sein. Weil ich habe dann so viel Masse im Markt, dass ich eigentlich schon de facto einen Standard habe." (Experte 4)
„Ich bin immer noch der Infrastrukturanbieter, aber ich ändere die Sicht der Dinge. In dem Fall muss ich versuchen durch Nachahmung von Herstellern einen neuen Markt aufzubauen. Weil natürlich um M2M verkaufen zu können, muss ich mich ja mit den Entstehung von Märkten auseinandersetzen [...]"." (Experte 8)

Tabelle 7: Expertenaussagen zur erwarteten Imitation durch vertikale Hersteller
Quelle: Eigene Erhebung.

Entsprechend der Fallstudienbeobachtung und den Aussagen der Experten wird folgender Wirkungseffekt beobachtet:

Wirkungseffekt 3: Die Erwartung eines Telekommunikationsunternehmens, in einem frühen Marktzustand von Wettbewerbern imitiert zu werden, hat einen positiven Einfluss auf seine Bereitschaft die virtuelle Nutzerintegration durchzuführen.

Als ein weiteres Ziel konnte die Erwartung der Positionierung des Images des Unternehmens als Innovationsführer identifiziert werden. Diese kommunikative Zielsetzung wird von allen Experten als äußerst bedeutsam bewertet und erfordere, sich nicht nur durch innovative Produkte, sondern auch durch innovative Verfahren und Vorgehensweisen bei der Innovationsentwicklung auszuzeichnen. Zur Verstärkung der Wahrnehmung im Außenverhältnis sollten entsprechende Pressemitteilungen zu den Aktivitäten der virtuellen Nutzerintegration sowie deren Ergebnisse für öffentliche Aufmerksamkeit sorgen. Auffallend war, dass die Absicht bestand, nicht nur die Organisation als Ganzes, sondern auch den speziellen Bereich des M2M als eine innovative Marke zu etablieren.

Ziel der Deutschen Telekom war es, sich durch die Entwicklung von M2M-Produkten für Endnutzer nicht nur innerhalb der eigenen Domäne als qualitativer Infrastrukturanbieter, sondern auch als Innovationsführer in angrenzenden Industrien zu positionieren. Im Gegensatz zu klassischen markenbildenden Ansätzen mit statisch linearen Verläufen wurden die partizipativen und interaktiven Merkmale der virtuellen Nutzerintegration als eine Möglichkeit gesehen, eine erhöhte Transparenz des Unternehmens zu externen Nutzern herzustellen und dadurch die Marke positiv aufzuladen (siehe Tabelle 8).

„Und zweiter wichtiger Aspekt war für mich das Kommunikationsthema. Positionierung als innovative Firma und, vor allen Dingen im M2M-Bereich, ein Führer beim Treiben neuer Ideen oder Produktkonzepte zu sein." (Experte 2)
„Habe jetzt hier eine weitere Möglichkeit gesehen nach dem Motto Telekom, das ist eben nicht nur irgendwer und der gibt uns nicht irgendwas, sondern da kannst du selbst auch mitwirken. Also dieses partizipative Moment, das finde ich ganz spannend." (Experte 3)
„Wir wollen aber eben auch einen Innovationsbrand zum Thema M2M im Markt platzieren, wo eine Community wirklich exzellent funktioniert und sehr global funktioniert." (Experte 4)
„Die andere Seite ist, wie nehme ich einen Konzern Deutsche Telekom im Außenverhältnis war. Auch von Kunden, so innovativ wie über diesen Contest habe ich den Konzern noch nicht wahrgenommen. [...] D.h. dass ich darüber einfach andere Schichten erreichen und auch die Wahrnehmung in der Außenwelt anders definieren kann. Als Innovator wahrgenommen zu werden, als innovatives Unternehmen wahrgenommen zu werden." (Experte 5)
„Wir werden dann anders wahrgenommen. Wir werden als Innovationstreiber für Themen wahrgenommen, wo wir eigentlich Medium zum Zweck sind. Wir sitzen ja in anderen Branchen." (Experte 8)
„Ich glaube, dass es für die Unternehmen medial am besten ist, wenn die solche Maßnahmen machen, da sie noch bekannter werden als Unternehmensmarke, weil der Contest über mehrere Wochen läuft. Und da bis zu tausend Mitglieder registrieren können, die kennen das Unternehmen dann und man macht somit eigene Werbung für sich." (Experte 11)

Tabelle 8: Expertenaussagen zur erwarteten Verstärkung des Images als Innovationsführer
Quelle: Eigene Erhebung.

Entsprechend den Aussagen der Experten resultiert folgender Wirkungseffekt:

Wirkungseffekt 4: Die Erwartung eines Telekommunikationsunternehmens, das Image als Innovationsführer zu verstärken, hat einen positiven Einfluss auf seine Bereitschaft die virtuelle Nutzerintegration durchzuführen.

Aus den Experteninterviews konnten auch Ziele identifiziert werden, die organisationsorientierte Gesichtspunkte in den Vordergrund gehoben haben. Dabei hat sich das Ziel im Rahmen der virtuellen Nutzerintegration den Ausbau einer offeneren Innovationskultur innerhalb des Unternehmens zu fördern herauskristallisiert. Demnach wurde die Etablierung des Verständnisses für das Paradigma der Open Innovation innerhalb Organisation beabsichtigt, um nicht nur die Kollaborationsbereitschaft mit unternehmensexternen Akteuren zu steigern, sondern auch die Akzeptanz der aus der Interaktion resultierenden Ergebnisse bei der Umsetzung zu erhöhen. Nach Ansicht der Experten sind Erfahrungen mit Open-Innovation-relevanten Maßnahmen wie in dem vorliegenden Fall notwendig, um kulturelle Änderungen innerhalb der Organisation herbeizuführen. Die Experten waren sich dabei über die hohe Bedeutung einer offenen Innovationskultur für den Erfolg zukünftiger Innovationen einig. Insofern wurden auch Ziele definiert, die sich nicht der unmittelbaren Entwicklung und Einführung von Produktideen zurechnen lassen, sondern eine wesentlich langfristigere Orientierung beinhalten (siehe Tabelle 9).

„Mit dem Ideabird Contest selbst hat tatsächlich ein Umdenken bei uns stattgefunden. [...] Also wir haben auch gemerkt, dass quasi Produktinnovationen nur selten in der dunklen Kammer für sich alleine entwickelt werden.“ (Experte 1)
„Ich glaube, [die Organisation] hat inzwischen einen großen Fokus darauf, eben die Community zu befragen, um diese Innovationskultur auch zu verstärken, um eben nicht nur intern zu machen, sondern auch extern.“ (Experte 2)
„Ich kann ja kein Team hinstellen und sagen, ihr macht Open Innovation und seit damit die Nabelschnur zur Außenwelt. Sondern Open Innovation muss ja ein Teil der Unternehmenskultur werden. [...] Und die [Organisation] braucht solche Maßnahmen zur Aufhebung des Grabenburgdenkens bzw. Not-Invented-Here-Syndroms, nur was ich selbst erfunden habe ist richtig. Dafür brauchen wir diese Vielfalt von Lösungen auch aus dem Markt. Und nicht sagen wir erfinden jetzt alles selber, weil das dauert zu lange, kostet zu viel und der Markt ist verlaufen bis wir kommen.“ (Experte 3)
„Das erzeugt auch im Innenverhältnis einen Kulturwandel. Wo die Leute sagen, guckt mal und ich bin ein Teil des Ganzen. Das kann ich sofort in das Innenverhältnis reinspiegeln. Wenn externe Ideen kreiert werden und die nachher fertig sind und ich lege sie nachher auf den Tisch und sage zu den Internen, guckt mal, das ist da extern rausgekommen, ist die Akzeptanz nicht so groß, wie wenn Interne schon bei der Produktentstehung mit den Externen mitreden.“ (Experte 4)
„Die Innovationskultur als solche innerhalb der Telekom Deutschland ist sicherlich auch vor Ideabird ein stückweit ausgeprägt gewesen. Wir haben die Riesenchance, mit Ideabird eine deutlich andere Innovationskultur, eine deutlich weiterentwickelte Innovationskultur zu fördern.“ (Experte 5)
„Insofern so eine Plattform ist wirklich ein wertiges Instrument, um wirklich eine offene Innovationskultur in einen Konzern, in ein Unternehmen hineinzutragen, um wirklich bei uns intern einen kritischen Denkprozess auch anzustoßen. Also wir können davon profitieren, weil letztendlich wir müssen uns öffnen. Der Markt da draußen verändert sich gewaltig, insofern wir als großes Telekommunikationsunternehmen müssen uns verändern. Wir müssen uns über unser klassisches Geschäftsmodell hinausdenken und von unserer traditionellen Produktwelt.“ (Experte 6)
„Wenn du von ganz Anfang das Team involvierst, danach wenn du ein neues Produkt entwickelst, dann wirst du weniger Gegengespräche haben, weil die Leute sind schon Mitentwickler.“ (Experte 7)

„Und wenn man schon sehr früh und relativ stark auch beteiligt ist, vereinfacht das enorm, und außerdem erhöht es die Akzeptanz innerhalb von Unternehmen. Man identifiziert sich auch schneller mit der Maßnahme und den Ideen.“ (Experte 10)

Tabelle 9: Expertenaussagen zur erwarteten Innovationskultur
Quelle: Eigene Erhebung.

Wirkungseffekt 5: Die Erwartung eines Telekommunikationsunternehmens, den Ausbau einer offeneren Innovationskultur in der Organisation zu fördern, hat einen positiven Einfluss auf seine Bereitschaft die virtuelle Nutzerintegration durchzuführen.

Unternehmen haben bei der Planung und Durchführung virtueller Nutzerintegrationsmaßnahmen auch Barrieren zu überwinden, die eine Zielerreichung verhindern können und daher zu berücksichtigen sind. Die erforderliche Steuerung und Kontrolle der Interaktionsprozesse zur Prävention potenzieller Risiken kann bei Unternehmen zu einem Mehraufwand führen und die Attraktivität der Maßnahme senken. Bei der Analyse möglicher Barrieren einer virtuellen Nutzerintegration machten die Experten auf die Gefahr des Austretens sogenannter „Flamings“[858] oder „Shitstorms“[859] aufmerksam, die als Rufschädigung eines Unternehmens oder eines Individuums durch diskreditierende Kommentare der Anwender im Netz aufgefasst werden können.[860] Den Einschätzungen der Experten zufolge besteht besonders aufgrund der Einbindung einer Vielzahl von Nutzern das grundsätzliche Risiko einer dynamischen und unkontrollierten Meinungsentwicklung zu Lasten eines Unternehmens. Demnach kann insbesondere im Rahmen der Betreuung der Comunitymitglieder oder bei entscheidenden Meilensteinen, wie etwa bei der Auswahl der Gewinner, eine Fehlkommunikation schnell eine Welle der Entrüstung auslösen. Mithin ist es vornehmlich in der Aufbauphase einer Community für das Unternehmen entscheidend, auf die Einhaltung der Netiquette zu bestehen. Ferner ist während des gesamten Interaktionsprozesses die Signalisierung einer kontinuierlichen Wertschätzung auf Augenhöhe mit den einzelnen Mitgliedern erforderlich. Entsprechend wurde bei der Auswahl der Projektmitglieder auf bestehende Vorerfahrungen im Umgang mit Social-Media-Kanälen geachtet (siehe Tabelle 10).

„[...] natürlich Postings, die unter der Gürtellinie sind. Das muss man natürlich sofort unterbinden, um die Netiquette zu halten. Andernfalls kann sich so ein Klima auch schnell in einen möglichen Shitstorm ausarten, den wir von vornherein vermeiden wollten.“ (Experte 1)

858 Vgl. Bergquist; Ljungberg (2001), S. 305 ff.
859 Vgl. Faller; Schmit (2013), S. 9.
860 Vgl. Reing; Briggs; Nunamaker (1998), S. 45 ff.

„Bloß wenn ich am Anfang jeden alles sagen lasse, also auch wirklich dieser berühmte Shitstorm, der da manchmal durchgeht. Den muss ich von Anfang an soweit eindämmen, dass ich es auf eine Sachebene zurückführe." (Experte 4)
„Von daher gab es speziell zu solchen sozialen Netzwerken zu Anfang des Wettbewerbs [...] eine gewisse abwartende Haltung, weil sowas kann natürlich auch relativ schnell umschwenken in eine Art Shitstorm. Von daher sind wir auch da sehr vorsichtig vorgegangen." (Experte 5)
„Die [Nutzer] machen viel und die machen halt vieles für das Unternehmen, aber die machen auch, wenn es Ihnen nicht passt, vieles gegen das Unternehmen. [...] Und da wollte man nicht unbedingt sofort ein Social Media Desaster mit Telekom herausfordern." (Experte 9)

Tabelle 10: Expertenaussagen zu den Bedenken hinsichtlich des Flamings
Quelle: Eigene Erhebung.

Entsprechender der Aussagen der Experten lässt sich folgender Wirkungseffekt beobachten:

Wirkungseffekt 6: Die Erwartung eines Telekommunikationsunternehmens vor dem Auftreten eines Flamings, hat einen negativen Einfluss auf seine Bereitschaft die virtuelle Nutzerintegration durchzuführen.

5.5.2 Interaktionsfunktionen

Vor dem Hintergrund der Forschungsfrage 2, die die gestaltungsbezogenen Gesichtspunkte der virtuellen Nutzerintegration mit Hinblick auf den Einsatz von Interaktionsfunktionen und die Einbeziehung von Nutzergruppen adressiert, gilt es in den nächsten zwei Abschnitten diese Gestaltungselemente durch die Experteninterviews zu untersuchen. Die Experten stellten als ein wesentliches Merkmal bei der Ausgestaltung der Plattform Ideabird die Ermöglichung sozialer Interaktionen zwischen den Nutzern auf Basis technischer Interaktionsfunktionen in Form von Comments, Ratings, Likes und Messages heraus. Dabei wurde der positive Einfluss der Interaktionen auf die Qualität der Ideen bestätigt, die im Rahmen eines Wettbewerbs produziert wird. Laut den Experten würde die Durchsicht bestehender Ideen, die bereits in der Community hochgeladen wurden, auch die Entwicklung und Überarbeitung eigener Ideen begünstigen. Ein Experte zeigte sich über den Interaktionsbedarf der Nutzer überrascht, da vor dem Start des Wettbewerbs primär nur von hochgeladenen Ideen, die das Unternehmen in der Wettbewerbsausschreibung angefragt hat, ausgegangen wurde. Ein weiterer Befragte betonte, dass die integrierten Austauschmöglichkeiten zwischen den Nutzern nicht nur die Identifizierung hochwertiger Ideen vereinfache, sondern auch durch den kollaborativen Ansatz die weitere Schärfung dieser Ideen zu vollwertigen Konzepten ermögliche. Da das Unternehmen eine möglichst hohe Anzahl qualitativ hochwertiger

Lösungsbeiträge beabsichtigt hatte, unterstützten die Interaktionen innerhalb der virtuellen Community es in dem Bestreben, das aufgestellte Ziel zu realisieren (siehe Tabelle 11).

„Also die Interaktion war mindestens genauso wertvoll wie die Idee selbst.“ (Experte 1)
„Du gehst da erst mal rein und sagst, du brauchst irgendwie Ideen, die im Wettbewerb generiert werden. Das heißt, du denkst erst mal an eine Vielzahl an Ideen. [...] Aber nicht, dass die wirklich konkret weiterentwickelt und geschärft werden. Das kommt dann erst so, oh, die interagieren miteinander ja wirklich. Und das hilft auch in der Schärfung eben dieser Produktkonzepte." (Experte 2)
„Die Wichtigkeit [des Austausches] halte ich sogar für noch größer, sonst hätte man vielleicht in den sieben Wochen nur hundert Ideen gekriegt. Wenn da nicht eine Möglichkeit gewesen wäre, sich mit anderen auszutauschen, sondern wenn ich nur gesagt hätte, steckt die in den Briefumschlag und schickt die ab. Weil dann entsprechend dieses Leben nicht passiert. Also diese Initialzündung wie auch diese Netzeffekte. [...]Also wenn wir jetzt nur ein Wettbewerb gemacht hätten, bitte reicht per Post Eure Ideen ein. Das ist der geschlossenste Ansatz den Du haben kannst. Dann wäre da was völlig anderes bei rausgekommen. Du hättest auf jeden Fall eine deutlich geringere Ideenqualität [...].“ (Experte 3)
„Wichtig ist eben die Möglichkeit sich austauschen zu können. [...] Um einfach diesen Austausch pro Idee eben am Laufen zu halten und auch die Möglichkeit zu geben gute Ideen, die von der Community und von Experten durchsichtet und durch die Interaktionen ersichtlich wurden, diese dann auch detailliert auszuarbeiten.“ (Experte 6)
„Alle Funktionen sind für die Lösungen wichtig. Personal Messages wird sehr wichtig sein zum Beispiel, wenn die Leute Teambuilding machen wollen. Dann diese Likes, auch Ratings und Posts sind auch wichtig auf verschiedene Art.“ (Experte 7)
„Würde ich schon als wichtig erachten. Man muss mindestens die vier Funktionen haben [Comments, Ratings, Likes, Messages], damit man eben den Usern auch viele Möglichkeiten der Ideenverbesserung bieten kann.“ (Experte 11)

Tabelle 11: Expertenaussagen zur Relevanz der Interaktionsfunktionen auf die Ideenqualität
Quelle: Eigene Erhebung.

Nach einer ersten Einschätzung über die ermittelte Relevanz der hier eingesetzten Interaktionsfunktionen auf der Plattform, gilt es nun im Einzelnen den konkreten Einfluss der Comments, Ratings, Likes und Messages auf die Lösungsqualität einer Idee auf Basis der Interviews zu ermitteln.

Den Experten zufolge prägt die Integration der Interaktionsfunktion Comments die Inhaltsausprägung einer Diskussion zwischen den Nutzern. Da Comments an hochgeladenen Ideen angeheftet werden, so dass sich für die Community ein nachvollziehbarer Kommunikationsstrang zu der jeweiligen Idee bildet, wird vor allem ein lösungsgetriebener Austausch der Nutzer zur Überarbeitung und Weiterentwicklung der Beiträge gefördert. Die Experten betonten vor allem, dass dadurch das Feedback von der Community auch konkret formuliert wird und dem Ideengeber die Möglichkeit gegeben wird, kritisch seinen Ansatz durch die Kommentierenden zu hinterfragen. Beispielsweise könnten dadurch auch weitere Anregungen mit Hinblick auf die technische Umsetzung, dem Marktpotenzial oder auch verschiedenen Nutzenaspekten zur Optimierung der Idee geäußert werden. Laut den Experten waren die Comments ein wesentlicher Initiator gewesen, die eine nachfolgende Überarbeitung der Idee durch den Urheber bewirkt hatte und zu einer qualitativen Verbesserung führte. Darüber hinaus bestünde auch der Jury nochmals die Möglichkeit vor der finalen Bewertung der Idee inhaltliche und sprachliche Unklarheiten über die Kommentarfunktion rechtzeitig zu beseitigen (siehe Tabelle 12).

„Die Kommentierung war wichtig, weil in der Diskussion einfach verschiedene Perspektiven eingenommen wurden. Es wurde verschieden argumentiert, aus verschiedenen Blickwinkeln. Verschiedene Personen haben sich auch daran beteiligt, wo man dann sieht ein Produkt wird von Leuten ganz unterschiedlich betrachtet. Die einen beschränken sich wirklich nur auf den Nutzen, die anderen sehen viele Problematiken bei der technischen Umsetzung, andere wiederum sehen eine ganz andere Zielgruppe dahinter. Und dieser Diskurs schafft eben eine Grundlage, um auch Anregungen für weitere Optimierungen zu bekommen.“ (Experte 1)
„Ein Kernaspekt war die Kommentarfunktion, d.h. eine Idee wird gepostet textlich, Leute konnten das in Ruhe durchlesen und dann ihren Senf dazu abgeben. Das war ein wichtiges Tool. Dadurch haben sich die Ideen weiterentwickeln und Ideen wurden hinterfragt. Das war aus meiner Sicht ein Kernthema.“ (Experte 2)
„Also das wurde häufig gemacht, dass dann die Kommentare wirklich ausgeweitet wurden. Von daher ist das eines der wichtigsten Features gewesen, um ein bestimmtes Qualitätsniveau bei der Zusammenarbeit mit der Community zu sichern.“ (Experte 6)
„Also Kommentare sind super wichtig für die Ideengeber aber auch für die Jury. Weil man kann dann eben nochmal nachhaken und sagen wie soll das technisch denn funktionieren, wenn das eben fuzzy beschrieben ist oder nicht richtig ausgearbeitet ist. Das fördert auf jeden Fall den Reifegrad eines Beitrags. (Experte 9)
„Definitiv gerade öfters die User die dann in der Community über die Kommentarfunktion zur Idee direkt angeregt worden ihre Idee nochmal zu verbessern oder gerade auch Tipps geliefert, was man da noch mit reintun könnte. Also das gab es da auf jeden Fall.“ (Experte 11)

Tabelle 12: Expertenaussagen zur Relevanz der Comments auf die Ideenqualität
Quelle: Eigene Erhebung.

Entsprechend der Aufführungen der Experten kann folgender Wirkungseffekt hergeleitet werden:

Wirkungseffekt 7: Die Interaktionsfunktion Comments hat bei der Lösungsentwicklung einen positiven Einfluss auf die Lösungsqualität.

Die Ratings, als zweite Interaktionsfunktion, ermöglichte den Nutzern eine gegenseitige Bewertung der eingereichten Ideen anhand der fünfstufigen Skala. Dabei wurde das durchschnittliche Bewertungsergebnis einer Idee stets aktualisiert und war innerhalb der Community ersichtlich. Die Experten betonten in diesem Zusammenhang den positiven Einfluss der Interaktionsfunktion Ratings auf die Qualität einer Idee. Demnach konnte der transparent gehaltene Vergleich der Qualitätsniveaus der eingereichten Ideen als Anregung zur weiteren Optimierung genutzt werden. Auch dem Unternehmen bot sich die Möglichkeit, die Aufgabe der Bewertung auf die Nutzer zu übertragen und dadurch einen Qualitätsindikator zur frühzeitigen Identifizierung hochwertiger Ideen zu etablieren. Die Beiträge der Anwender konnten durch andere Mitglieder der Community a priori auf ihre Einzigartigkeit, ihr technisches Umsetzungspotenzial und ihr kommerzielles Absetzungspotenzial geprüft werden und somit dem Unternehmen im Rahmen des Selektionsprozesses unterstützen. Ein Experte bestätigte, dass die Ratings ein geeignetes Tool waren, um auch während der aktiven Phase eines Wettbewerbs die Stärken und Schwächen einer Idee zu identifizieren und dem Ideensteller eine quantiative Resonanz zur weiteren Modifizierung zu übermitteln. Wie die Experten betonten, stellte sich heraus, dass sich die Bewertungen der Community auf Basis der Ratings sich als qualitativer Frühindikator bewährt und mit der Einschätzung des Unternehmens tendenziell übereingestimmt haben (siehe Tabelle 13).

"Ja das Rating hat dem Ideengeber schon eine Erstorientierung gegeben im Sinne worauf achtet die Community, worauf achten die Nutzer. Welche Ideen finden die generell interessant und woran sollte noch an der Idee gearbeitet werden, um die Qualität und auch die Erfolgschance zu steigern." (Experte 2)
"Die Sternebewertung war anfangs wichtig für die Qualität einer Idee. Ist auf jeden Fall ein erster Indikator, um diese Idee weiter zu überarbeiten. [...] Das [Rating] ist aber schon mal so ein Schnellindikator, dass man identifizieren kann. Das scheint irgendwie was spannend zu sein. Also das macht hochgradig Sinn." (Experte 5)
„Es gab dann noch eine Bewertung über Sterne, also wie findet diese Community diese Idee. Das war ein ganz guter Indikator. [...] Der User konnte durch die Sterne die Stärken und Schwächen seiner Idee über die verschiedenen Kriterien herausfinden.“ (Experte 7)
"Im Vergleich zu den Likes holt man das Feedback über die Sterne, wenn man das Ergebnis eher analytisch bewerten und verbessern will." (Experte 9)
„Also es gibt natürlich immer die Bewertung innerhalb der Community, diese gibt eine sehr gute Tendenz an, ob solche Ideen besonders interessant, besonders spannend oder vielleicht auch besonders neuartig sind.“ (Experte 10)

Tabelle 13: Expertenaussagen zur Relevanz der Ratings auf die Ideenqualität
Quelle: Eigene Erhebung.

Auf Basis der Expertenaussagen wird der Wirkungseffekt beobachtet:

Wirkungseffekt 8: Die Interaktionsfunktion Ratings hat bei der Lösungsentwicklung einen positiven Einfluss auf die Lösungsqualität.

Die Einbindung der Likes, als dritte Interaktionsfunktion, stellte eine weitere Möglichkeit dar den Austausch innerhalb der Community zu fördern. Laut den Experten stellen Likes in Gegensatz zu den Ratings, die vergleichsweise einen analytischeren Bewertungsprozess anhand unterschiedlich vordefinierter Kriterien und Punkte voraussetzen, eine wesentlich schnellere und intuitivere Bewertungsmethodik dar. Demnach kann der Nutzer, der eine Idee begutachtet, durch die mit geringem Aufwand zu betätigende Funktion des „Like-Buttons“ dem Ideensteller ein unmittelbares Feedback übermitteln, ob ein inhaltlicher Zuspruch zum Ansatz bzw. Grundgedanken der Idee besteht. Ein weiterer Experte unterstreicht, dass durch die Häufigkeit der Likes, die eine Idee zugewiesen bekommt, ein Vergleich der einegereichten Ideen innerhalb der Community entsteht und dieser zugleich den Nutzern eine grobe Orientierung über das Qualitätsniveau einer Idee liefert und inwieweit noch eine weitere Modifizierung notwendig ist. Demnach sei in diesem Zusammenhang eine geringe Anzahl oder eine fehlende Vergabe von Likes als eine Anregung der Community zur Optimierung der Ideen anzusehen. Die komparative Betrachtung verschiedener Ideen beispielsweise nach der höchsten Anzahl an Likes wurde auch durch Such- und Filterfunktionen auf der Plattform weiter unterstützt (siehe Tabelle 14).

„Die Likes ermöglichten auch auszudrücken was finde ich hip, was ist eine interessante Idee. Glaube ich an dieses Produkt, diese Denkweise, die der Typ hat. Das wäre so ein Thema wo man dieses Like gesetzt hat. Das hat dem Entwickler der Idee nochmal die Möglichkeit gegeben für den Feinschliff eine schnelle Resonanz von der Community einzuholen." (Experte 1)
„Ratings sind eher rational und Likes sind eher emotional geprägt. Also Likes ist wirklich aus dem Bauch heraus, das gefällt mir, Haken dran. Wobei bei dem Rating muss der wiederum meistens auf einer Skala, muss er sich erst mal Gedanken machen, ist das gut oder ist das schlecht, wo liegt das. [...] Es gab einzelne Kriterien anhand derer das bewertet wurde und das musste er dann abschätzen. Da muss er sich ein bisschen Gedanken machen. Von daher geben die Likes aus meiner Sicht erstmal einen groben Indikator, ob das jemanden emotional betrifft oder nicht.“ (Experte 2)
"Entweder es gibt beispielsweise über solche Likes eine Reaktion, dann weiß derjenige, der die Idee gepostet hat, dass die Idee Sinn macht. Oder es gibt gar keine Reaktion, was auch eine Reaktion ist. Also insofern, wenn es eine kritische Masse gibt, dann reguliert es sich von alleine. Und diese Reaktion hilft wiederum diese Idee gedanklich zu durchdringen und einen kritischeren Denkprozess in Gang zu setzen." (Experte 6)
"Zum Beispiel bei manchen Ideen, viele Leute geben Likes. D.h. sehr wahrscheinlich gefällt den Usern diese Idee und der Urheber bekommt dadurch Input, wo er mit seinem Ansatz steht in der Community." (Experte 7)
"Also Likes macht man, wenn man zur Optimierung der Ideen eher auf Bauchentscheidungen von Leuten zurückgreifen will." (Experte 9)

Tabelle 14: Expertenaussagen zur Relevanz der Likes auf die Ideenqualität
Quelle: Eigene Erhebung.

Entsprechend den Aussagen der Experten resultiert folgender Wirkungseffekt:

Wirkungseffekt 9: Die Interaktionsfunktion Likes hat bei der Lösungsentwicklung einen positiven Einfluss auf die Lösungsqualität.

Als vierte Interaktionsfunktion wurden die Messages auf der Plattform eingesetzt. Hierbei konnten die Nutzer in Gegensatz zu den Comments über Pinnwandnachrichten direkt miteinander kommunizieren. Jedes Mitglied verfügte über eine eigene Pinnwand, sodass sich ein Kommunikationsstrang der verschiedenen eingegangenen Messages, die einem Profil zugewiesen wurden, bildete. Laut den Experten hatten die Messages über zwei Interaktionswege einen positiven Einfluss auf die Qualität einer Idee ausgeübt. Der direkte Einfluss bestand darin, dass die Nutzer über diesen Kanal nochmals direktes Feedback zu den Ideen geäußert haben bzw. neue Anregungen zur Weiterentwicklung in den Messages mit eingebunden haben. Der indirekte Einfluss bestand darin, dass darüber auch soziale Beziehungen zwischen den Mitgliedern in der Community gefördert wurden und die Nutzer ihre Peer Groups zur Durchsicht der eigenen hochgeladenen Ideen angeregt und somit den Feedbackprozess weiter stimuliert haben (siehe Tabelle 15).

„Die [Messages] waren einfach wichtig, um einer bestimmten Person, die man als Experte für ein bestimmtes Thema identifiziert hat, zu sagen, bitte schau noch in meine Idee nach und gib mir Feedback, wie Du die Idee findest. Das hatten wir auch insbesondere dann wenn Du was kommentiert hast, wenn Du sinnvollen Input gegeben hast, hast Du ganz oft eine Anfrage zum Review für weitere Ideen bekommen. Man hat halt keinen im Luftleeren Raum gelassen. Man hat immer sich für ein Feedback bedankt, das Feedback kommentiert oder hat gesagt das sehe ich genauso oder das sehe ich vielleicht anders. Man hat immer den direkten Feedbackkanal gehabt, um auch die Zusammenarbeit bei der Ideenentwicklung zu verstärken." (Experte 1)
„Die Interaktion gab es auch über die Profilnachrichten. Aber diesen Austausch gibt es und das zeigt, es gibt auch Bedarf dafür. Leute wollen sich mitteilen, Leute wollen auch auf persönlicher Ebene mit den [anderen] Leuten eine Bindung herstellen oder versuchen das zumindest. Weil man sagte, Deine Idee ist super, genial. Aber hast Du auch mal über die und die Aspekte nachgedacht. Dadurch steigt auch auf persönlicher Ebene nochmal die Motivation das Feedback für seine Modifizierung aufzunehmen." (Experte 2)
„Was in meinen Augen auch wichtig ist, ist das Thema private Nachricht. Um einfach schlicht und ergreifend mit anderen Nutzern direkt in Kontakt zu treten und die hochgeladenen Ideen gemeinsam zu diskutieren oder auch neue Anregungen mit einfließen zu lassen." (Experte 5)
„Alle Funktionen sind für die Lösungen wichtig. Personal Messages wird sehr wichtig sein zum Beispiel, wenn die Leute Teambuilding machen wollen." (Experte 7)

Tabelle 15: Expertenaussagen zur Relevanz der Messages auf die Ideenqualität
Quelle: Eigene Erhebung.

Hieraus folgt der Wirkungseffekt bezüglich der Interaktionsfunktion der Messages ab:

Wirkungseffekt 10: Die Interaktionsfunktion Messages hat bei der Lösungsentwicklung einen positiven Einfluss auf die Lösungsqualität.

Die Analyse der Fallstudie fördert eine wesentliche Erkenntnis im Rahmen der Ausgestaltung der virtuellen Nutzerintegration zutage. Den Aussagen der Experten zufolge ist ein entscheidender Erfolgsfaktor darin zu sehen, auf der Ideabird-Plattform eine Vielzahl von Interaktionsfunktionen zur Qualitätssicherung der Nutzer anzubieten. Demnach ist die Interaktion zwischen den Communitymitgliedern der zentrale Faktor, der die Ideenbildung und -weiterentwicklung ausmacht. Alle vier in der Fallstudie zur Anwendung gekommenen Interaktionsfunktionen Comments, Ratings, Likes und Messages haben nach Meinung der Experten einen maßgeblichen qualitätsfördernden Effekt auf die eingestellten Ideen ausgeübt, die eine Verfeinerung der Idee hin zu ausgearbeiteten Produktkonzepten ermöglicht und zudem motivierend gewirkt haben. Zusammenfassend kann festgestellt werden, dass auf Basis der Einschätzungen der Experten in der Fallstudie die vier hier angewandten Interaktionsfunktionen dazu beitragen können, die Qualität der eingestellten Ideen maßgeblich zu steigern.

5.5.3 Nutzergruppen

Hinsichtlich der Forschungsfrage 2 ist neben dem Einsatz der Interaktionsfunktionen auch die Einbindung der Nutzergruppen im Rahmen der virtuellen Nutzerintegration ein weiterer Untersuchungsaspekt, der durch die Interviews aufgegriffen wurde. Aufgrund der Einbindung von sowohl externen wie auch internen Nutzern obliegte ein besonderes Augenmerk der Gegenüberstellung der Qualitätsbeiträge beider Gruppen, um Gestaltungsempfehlungen herleiten zu können. Den Experten zu Folge weisen externe Nutzer in der komparativen Betrachtung zu internen Nutzern insbesondere in der frühen Innovationsphase eine höhere Ideenqualität auf. Demnach verfügen externe Nutzer über Kundenbedürfnisse mit Hinblick auf die Produkteigenschaften und -spezifikationen, welche nur außerhalb unternehmerischer Grenzen vorzufinden sind und für die Produktentwicklung erfolgswirksam sind. Zudem wird darauf hingewiesen, dass die Ideen von externen Nutzern sich grundsätzlich außerhalb industrieüblicher Such- und Lösungsräume charakterisieren lassen und dadurch ein höheres Potenzial an disruptiven und kreativen Ansätzen besteht. Die Beiträge der externen Nutzergruppen stellen daher in der Ideenphase eine wertvolle Quelle für neue Anregungen für das Unternehmen dar, die nicht bereits intern verwertet wurden. Ein Experte betont dabei, dass hingegen das Motiv zur Einbindung interner Nutzergruppen vielmehr darin lag, die Fähigkeiten des Zusammenarbeitens mit kreativen Nutzern außerhalb des eigenen Unternehmens zu fördern und einen interkulturellen Diskurs zu initiieren (siehe Tabelle 16).

„Im Markt da draußen der tickt völlig anders. Und warum tickt der völlig anders? Weil wir haben wahrscheinlich nicht die richtigen Produkte, die richtigen Fragen, die richtigen Thesen aufgestellt, um wirklich zu verstehen, was braucht der Kunde heute. Und da hilft eine Community, dass zu validieren. Wo man wirklich hochwertige externe Ideen reinspielt, und fragt was wäre Euch wirklich wichtig bei so einem Produkt. Das halte ich in dem frühen Stadium für vielversprechender als nur auf eigene Teams zurückzugreifen.“ (Experte 2)
„Die Ideen kommen aus der Crowd und nicht aus ‚Wir-setzen-uns-alle-an-einenTisch-und-machen-mal-die-Killer-App.‘ Die Killer-App werden wir nie entdecken, die Killer-App kommt aus der Crowd heraus und zwar wird so sein, wie wir es nicht vermuten.“ (Experte 4)
„D.h. wir haben diesen Contest, diesen Ideabird Wettbewerb und auch die Community nicht nur für Externe aufgesetzt, sondern gleichwohl gab es auch ein Wettbewerb für Interne. Wir haben uns von den Externen vor allem für unsere Produktentwicklung viele innovative Ideen versprochen. Und durch die Einbindung der Internen wollten wir eher dieses Querdenken, dieses Interkulturelle im Unternehmen ein Stückweit forcieren.“ (Experte 5)
Also helfen kann als wertiger Input definitiv. Wie gesagt, um letztendlich Ideen von außen in den Konzern hineinzutragen, um wirklich unsere Mitarbeiter mit Themen in Verbindung zu bringen an welche sie vielleicht noch nie gedacht haben. Daher kann die Einbindung der Community gerade bei der Ideenfindung zu höherwertigen Ergebnissen führen als über die üblichen internen Prozesse. (Experte 6)
„Wenn Sie [externen Nutzern] sagen, wie wird in Zukunft diese Mobilität aussehen, dann kriegen Sie Zugang zu Leuten, die nicht in diesen internen Mustern verhaftet sind [...] Und die kommen dann auch auf andere Ideen, die disruptiv sind und mit solchen Leuten würde ich eher diese Wettbewerbe veranstalten.“ (Experte 9)

Tabelle 16: Expertenaussagen zur Bedeutung der externen Nutzer in der frühen Innovationsphase
Quelle: Eigene Erhebung.

Entsprechend der Aussagen der Experten wird der folgende Wirkungseffekt beobachtet:

Wirkungseffekt 11: In der frühen Innovationsphase erzielen externe Nutzer eine höhere Ideenqualität als interne Nutzer.

Neben der Differenzierung der Nutzergruppen nach ihrer Betriebszugehörigkeit können die Qualitätsbeiträge der Nutzer auch nach ihrer Aktivität betrachtet werden. Dabei konnten einerseits Nutzer mit einer hohen Produktion an eigenen Ideen und anderseits Nutzer mit einer hohen Produktion an Feedback bezüglich anderer Ideensteller unterschieden werden. Solche Nutzer, die sich durch eine hohe Anzahl an generierten Ideen auszeichnen, wurde von den Experten eine hohe Bedeutung für die Produktentwicklung beigemessen. Demnach wurde vom Unternehmen die aggregierte Ideenanzahl eines Nutzers als Indikator dafür genutzt, um kreative Nutzer mit einer hohen Lösungsqualität ausfindig zu machen. Dieser Zusammenhang wurde sowohl durch die höhere Motivation eine Vielzahl an Ideen einzureichen als auch durch die zunehmende Erfahrung, die aus dem wiederholten Ablauf zur Erstellung und Modifizierung einer Idee resultiert, begründet (siehe Tabelle 17).

„Ich glaube vor allem die Aktivität der Nutzer über ihre Gesamtzahl an Ideen, ist ein starker Indikator, für sinnvolle, hochwertige und nachhaltige Lösungen, die echte Innovationen werden können. Solche Nutzer die kreativ sind und viele Ideen entwickeln stellen für uns eine wertvolle Ressource dar.“ (Experte 1)
„Ich würde mal sagen 25 Prozent der Ideen waren wirklich herausragend. Vor allem würde ich auf Nutzer achten, die sich in einer Community durch eine hohe Beteiligung auszeichnen zum Beispiel wenn es um das Erstellen vieler Ideen oder Kommentare geht. Diese liefern auch nicht alle aber im Durchschnitt eine bessere Ergebnisqualität ab.“ (Experte 2)
„Dadurch, dass man auch bei der Einreichung der eigenen Konzepte nicht nur auf einen Versuch begrenzt wurde, konnten wir natürlich auch besonders aktive und motivierte Nutzer ausfindig machen. Da machte sich dann auch die Erfahrungskurve bemerkbar, weil die sehr produktiven Nutzer auch ein hohes Lösungsniveau erreicht haben.“ (Experte 6)
„Das hat sich nach einigen Wochen auch herausgestellt, dass es Power User bzw. Heavy User gibt, die extrem viel machen, die extrem viele eigene Ideen einstellen. Und die waren für mich eine erste Orientierung, um schnell vielversprechende Ergebnisse zu finden.“ (Experte 8)

Tabelle 17: Expertenaussagen zur Bedeutung von Nutzern mit einen hohen Ideenproduktion
Quelle: Eigene Erhebung.

Entsprechend der Aufführungen wird folgender Wirkungseffekt beobachtet:

Wirkungseffekt 12: Die Produktion von Ideen hat einen positiven Einfluss auf die Lösungsqualität des Ideengebers.

Die Plattform bot den Ideengebern die Möglichkeit, ihre hochgeladenen Ideen auf Basis des erhaltenen Feedbacks durch die Community zu überarbeiten. Laut den Experten erzielten in der zu untersuchenden Fallstudie die Nutzergruppe der Feedbackempfänger, d.h. Nutzer, die vermehrt Feedback von der Community erhalten haben, auch eine höhere Ideenqualität auf. Somit wirkte sich laut den Experten das erhaltene Feedback in dem betrachteten Fall positiv auf die Ideenqualität der Feedbackempfänger aus. Demnach enthielt das produzierte Feedback zusätzliche Nutzenwerte sowie Verbesserungsvorschläge unter anderem hinsichtlich der technischen Realisierung und des Marktpotenzials. Das Feedback wurde entsprechend der Beobachtung der Experten zufolge, angenommen und die Ideen im Nachhinein weiter überarbeitet, so dass aus anfangs zum Teil einfachen Produktideen nach Iterationen und qualitativen Erweiterungen durch die Community ein fertiges Konzept herausgearbeitet wurde. Somit konnte auch bestätigt werden, dass mit Fortschreiten des Wettbewerbs die Ideenqualität durch die Überarbeitungen weiter zugenommen hatte (siehe Tabelle 18).

„Die Ideen, die teilweise von der ersten Einstellung totaler Quatsch waren, sind durch die Community durch die Diskussion zu echten Innovationen geworden. Die wurden auch bearbeitet.“ (Experte 1)
„Aber gerade umso weiter ich nach oben kann ich natürlich sehr wohl ein Produkt sofort qualitativ weiterentwickeln in dem ich es einfach direkt redesigne. Wenn zehn Leute sagen in der Community das und das, dann kann ich das sofort einbringen und habe sofort über den iterativen Prozess eine Verbesserungsprozess.“ (Experte 4)
„Ansonsten kenne ich keine Idee, die nicht weiterentwickelt wurde, sprich aus der Idee in Richtung Konzept. Also ich will nicht nur sagen, dass da nur Konzepte entstanden sind, sondern erst Idee und dann gab es immer wieder Diskussionen zu dieser Idee mit neuen Aspekten, mit neuen Beiträgen, so dass immer wieder die Idee weiterentwickelt wurde.“ (Experte 5)
„Die wurden auch überarbeitet. Es wurden Kommentare gegeben und es gab auf jeden Fall viele Beiträge, die danach nochmal editiert wurden. Also zum Beispiel genauere Beschreibung wie es technisch umgesetzt werden könnte oder da war vielleicht ein Logikfehler drin, dann haben die das nochmal adressiert, also das gab es auf jeden Fall.“ (Experte 9)
„Da war es auch nochmal sehr wichtig, dass es da verschiedene Perspektiven nochmal gab, weil dadurch hat man selbst als User nochmal zusätzliches Feedback bekommen, hat basierend auf dem Feedback der Ideen nochmal angepasst und optimiert [...] Also ich fand die Ideen wirklich sehr gut. Man hat ja gesehen, in unterschiedlichen Bereichen und Kategorien gab es sehr viele Ideen. Natürlich im Laufe der Zeit hat die Qualität weiter zugenommen.“ (Experte 10)

Tabelle 18: Expertenaussagen zum positiven Einfluss des Feedbacks auf die Lösungsqualität des Feedbackempfängers

Quelle: Eigene Erhebung.

Wirkungseffekt 13: Die Produktion von Feedback hat einen positiven Einfluss auf die Lösungsqualität des Feedbackempfängers.

Neben dem Aspekt, dass die Vorschläge der Empfänger des Feedbacks durch die entsprechende Überarbeitung eine höhere Lösungsqualität erreicht haben, wurde zudem bestätigt, dass die Feedbacksender durch ihr eigenes Feedback ebenfalls eine höhere Lösungsqualität bei ihren eigenen Ideen erzielen konnten. Ein Experte erklärte diesen Effekt dadurch, dass das Produzieren eines Feedbacks zugleich ein Auseinandersetzen mit einer anderen Idee erfordere und dadurch neue Anregungen und Sichtweisen gewonnen werden könnten. Ein weiterer Befragter stimmte dem zu, indem er das Durchsichten der Ideen der Wettbewerber als wertvolle und inspirative Quelle für eigene Optimierungsansätze beschrieb. Es wurde zudem ergänzt, dass sich dieser positive Effekt bereichsübergreifend auswirke, so dass ein qualitätssteigernde Wirkung nicht notwendigerweise impliziere, dass Feedbacksender und -empfänger ihre Ideen zum gleichen

Themenfeld entwickelt haben müssen. Somit profitieren durch den sozialen Austausch nicht nur die Feedbackempfänger, sondern auch die Feedbacksender von einer höheren Lösungsqualität der eigenen Ideen (siehe Tabelle 19).

„Und da kann er sich natürlich von anderen Ideen inspirieren und betrachten und diese Inspiration auch für sein eigenes Produkt mitnehmen. Das heißt, vielleicht hat er selber eine Innovation oder eine Idee für Privatkunden, diskutiert über viel bei Ideen mit, die für Geschäftskunden angeordnet sind, und vielleicht nimmt er dann diese Inspiration mit und überlegt sich, wie kann eigentlich mein Produkt auch für Geschäftskunden interessant sein." (Experte 1)
„Weil, wenn ich mich mit der Idee von jemand auseinandersetze, dann muss ich die ja erst mal verstehen, und da komme ich plötzlich darauf, wenn man das damit kann, dann könnte man auch. Das heißt, ich werde selbst dazu stimuliert, in Analogien in andere Richtungen weiterzudenken. Das ist nicht nur kooperierend, sondern das ist inspirierend." (Experte 3)
„Es war natürlich für die Ideengeber selbst sehr wertvoll zusehen was haben andere Personen für Ideen in welche Richtung denken sie, was sind da für unterschiedliche Personen innerhalb einer Community und das ist natürlich auch viele nochmal ein zusätzlicher Anreiz sich da sehr stark zu motivieren und zu beschäftigen." (Experte 10)

Tabelle 19: Expertenaussagen zum positiven Einfluss des Feedbacks auf die Lösungsqualität des Feedbacksenders

Quelle: Eigene Erhebung.

Entsprechend der aufgeführten Beobachtung der Experten wird der Wirkungseffekt beobachtet:

Wirkungseffekt 14: Die Produktion von Feedback hat einen positiven Einfluss auf die Lösungsqualität des Feedbacksenders.

5.5.4 Innovationswettbewerb

Zur Identifizierung von Wirkungseffekten für die Forschungsfrage 3 wurden die Experten zu den methodenspezifischen Wirkungsweisen, die dem Innovationswettbewerb zugerechnet werden können, befragt, um Synergien einer Kombination mit dem auch zu untersuchenden virtuellen Communities identifizieren zu können. In diesem Zusammenhang wurde von den Experten auf die besondere Eignung von Innovationswettbewerben hingewiesen, um innerhalb eines kurzen Zeitraums eine hohe Anzahl von Nutzern akquirieren zu können. Insbesondere die Aufgabe der Sicherstellung einer kritischen Masse von Nutzern, derer es bedarf, um eine virtuelle Community erfolgreich zu etablieren, könnte durch den Innovationswettbewerb vereinfacht werden. In diesem Zusammenhang würde laut den Experten ein positiver Einfluss des Wettbewerbs als Stimulus zur Steigerung Teilnehmerzahl und auch der Nutzeraktivitäten innerhalb der Community bestehen. So wurde die Eignung eines Innovationswettbewerbs beispielsweise in der initialen Aufbauphase einer Community sowie auch in fortfolgenden regelmäßigen Abständen als wertvoll angesehen, um eine kontinuierliche Stimulierung sicherzustellen (siehe Tabelle 20).

„Ich glaube, dass, wenn man schnell eine kritische Masse auf eine Community ziehen möchte, ein Wettbewerb sehr sinnvoll ist. Weil es einfach ein besonderes Event ist, das einen bestimmten Zeitpunkt hat, man muss sich zu einem bestimmten Zeitpunkt anmelden und sich aktiv dafür irgendwas einstellen [...].“ (Experte 1)
„Aber eine Community muss stimuliert werde durch Events, durch Ereignisse, durch Impulse und das kann ein neuer Wettbewerb.“ (Experte 3)
„Weil letztendlich wir wollten eine kritische Masse an Leuten haben, um so viele Ideen wie möglich zu generieren. [...] Ich glaube, eine Community lebt immer von der Interaktion, deshalb muss man immer eine kritische Menge an Teilnehmern haben. So ein Wettbewerb hilft uns vor allem dabei mehr Traffic auf die Plattform zu bringen.“ (Experte 6)
„Ein Ideenwettbewerb steigert natürlich die Teilnehmerzahl und die Aktivität in einer Community. Das ist natürlich sinnvoll und würden wir auch empfehlen, wenn man schon mal einen gewissen Stamm an Opinion Leadern und Meinungsführern hat für das Unternehmen und auch längerfristig an das Unternehmen bindet, man muss dafür diese Maßnahmen [Innovationswettbewerbe] durchführen, man muss die auch in gewisser Weise natürlich bei Laune halten.“ (Experte 10)

Tabelle 20: Expertenaussagen zur Erreichung einer kritischen Masse durch Innovationswettbe-werbe
Quelle: Eigene Erhebung.

Aus der vorangegangenen Betrachtung kann folgender Wirkungseffekt hinsichtlich der methodenspezifischen Einflussfaktoren von Innovationswettbewerben beobachtet werden:

Wirkungseffekt 15: Ein Innovationswettbewerb hat einen positiven Einfluss auf die Erreichung einer kritischen Masse innerhalb einer virtuellen Community.

Als einen weiteren förderlichen Aspekt eines Innovationswettbewerbs gehen die Experten auf die Möglichkeit ein, durch eine derartige Maßnahme fachlich fortschrittliche Nutzer innerhalb einer virtuellen Community zu identifizieren. Aufgrund des Organisationsprinzips eines Innovationswettbewerbs, die eine Bewertung der eingereichten Beiträge zum Abschluss der Maßnahme voraussetzt, können besonders hochwertige Lösungsideen und dadurch auch die ideengebenden Erfinder durch die Jurymitglieder in den Bewertungsgremien identifiziert werden. Ein Experte untermauert dabei die hohe Bedeutung dieser Lead User für eine langfristige Zusammenarbeit mit dem Unternehmen im Rahmen wiederkehrender Kollaborationen bei der Entwicklung und Bewertung neuer Ideen. Ein weitere Experte beschreibt, dass von der Gesamtzahl der Teilnehmer zwar nur ein sehr geringer Anteil die hohen Lösungsfähigkeiten mit disruptivem Ideenpotenzial aufweist, aber dennoch Innovationswettbewerbe einen geeigneten Ansatz zur Identifizierung dieser Lead User darstellen (siehe Tabelle 21).

„Über so ein Ideenwettbewerb wird auch bei von den vielen Usern wird dann auch klar wer der Leistungsträger in diesem Umfeld ist und wer nicht der Leistungsträger in diesem Umfeld ist.“ (Experte 1)
„Was aber auffällig war in der Auswertung des Ideabird Contest, das einige wenige User ein besonders hohes Qualitätsniveau erzielen konnten. Die konnten wir auch bei der Prämierung der besten Ideen identifizieren. (Experte 5)
„Mich bringen Ideen mehr weiter in meiner täglichen Arbeit. Und dafür finde ich den Wettbewerb gut, wenn da Lead User mit machen, die ich da auffinden kann und auch in Zukunft uns begleiten finde ich hilfreich. Sich auch im Sparring auszutauschen. Das kann nur helfen. Um dann auch zu bewerten ist das gut, wie siehst du das, genau um so einen Austausch zu haben finde ich gut.“ (Experte 8)
„Weil ich habe mir in meiner Arbeit Wettbewerbe angeguckt und weiß da ein bisschen, was für Beiträge kommen. [...] Also sind natürlich von 100% der Beiträge nicht 100% sehr gut, sondern da sind 2% extrem gut. Einmal fachlich, dass die einfach super gut im Implementieren sind, dass es irgendwie so ready-to-use-Lösungen sind, aber auch Denkansätze, die eben disruptiv sind, das kommt eben auch vor.“ (Experte 9)

Tabelle 21: Expertenaussagen zur Identifizierung von Lead Usern durch Innovationswettbewerbe
Quelle: Eigene Erhebung.

Aufbauend auf den Expertenaussagen resultiert folgender Wirkungseffekt:

Wirkungseffekt 16: Ein Innovationswettbewerb hat einen positiven Einfluss auf die Identifizierung von Nutzern mit Eigenschaften eines Lead Users.

5.5.5 Virtuelle Community

Als weiterer Untersuchungsbestandteil der Forschungsfrage 3, ist es erforderlich, der Wirkungsweisen, die eine virtuelle Community auf einen Innovationswettbewerb ausüben kann, nachzugehen, um die kombinationsspezifischen Synergien in beiden Wechselrichtungen zu eruieren.

Ein wesentlicher Vorteil einer virtuellen Community besteht nach Ansicht der Experten in der Möglichkeit, die Nutzer über den Zeitraum eines Wettbewerbs hinaus langfristig an sich zu binden. Der Aufbau einer virtuellen Community versetzt das Unternehmen in die vorteilhafte Lage, jederzeit auf einen Stamm aktiver Nutzer zuzugreifen, die für Folgemaßnahmen wieder aktiviert werden können. So betrachtete ein Experte die aufgebaute Community als ein Think Tank bzw. Denkfabrik, die sich zur kontinuierlichen Validierung neuer Ideen, die sich nach einer Wettbewerbsphase ergeben, eignet. Grundsätzlich schätzen die Experten das Aktivierungspotenzial der aus bestehenden Communities bereits gewonnenen Nutzer für Folgemaßnahmen als hoch ein. Ein Experte fundiert diese Einschätzung durch seine Beobachtung, dass bei der Organisation des darauf folgenden Innovationswettbewerbs Cloud Champions, teilnehmende Nutzer aus dem Projekt Ideabird auch erneut aktiviert werden konnten (siehe Tabelle 22).

„Wenn man zum Beispiel neue Ideen braucht, vielleicht zu einem anderen Thema, hat man wiederum eine Community, die man aktivieren könnte. [...] Klar, wir wollten erst mal – das ist natürlich auch ein großes Asset – diese Community aufbauen. [...] Das heißt, wir haben tatsächlich ein großes Asset aufgebaut, wie ein riesengroßer Thinktank, den wir on demand ad hoc nutzen können." (Experte 1)
„Wir haben es ja auch gesehen, das Thema Cloud Champions. Cloud Champions hat ja auch profitiert von dem bestehenden Netzwerk, so dass man Teile dieser Nutzer natürlich auch wieder reaktivieren konnte und dort natürlich auch auf ein Fundus zurückgreifen konnte." (Experte 5)
„Da haben wir gesagt, wenn wir diese Community haben, diese Plattform haben, können wir natürlich auch für einen zweiten Ideabird-Contest wählen. [...] Das heißt, die innovativen Köpfe haben wir und wenn wir da andere Themen auch draufschieben können, werden diese innovativen Köpfe aktiviert, weil wir wissen, dass die auch daran Spaß haben." (Experte 6)

Tabelle 22: Expertenaussagen zur Bindung von Nutzern durch virtuelle Communities
Quelle: Eigene Erhebung.

Bezugnehmend auf den Aussagen der Experten lässt sich folgender Wirkungseffekt identifizieren:

Wirkungseffekt 17: Die virtuelle Community hat einen positiven Einfluss auf die langfristige Bindung der Nutzer an das Unternehmen.

Durch das Ermöglichen sozialer Interaktionen zwischen den Nutzern auf der Plattform sowie darauf aufbauenden Analysen des Nutzerverhaltens von Seiten des Unternehmens konnten im Rahmen des Wettbewerbs Opinion Leader identifiziert werden. Wie die Experten aufführen, wurde durch die virtuelle Community das soziale Verhalten der Nutzer transparent, womit insbesondere der Inhalt und die Anzahl ausgehender wie auch eingehender Beiträge ermittelt werden konnte. Diese Information wurde vom Unternehmen dahingehend genutzt, so dass Meinungsführer bzw. Opinion Leader identifiziert werden konnten. Diese sind nach Aussagen der Experten für das Unternehmen auch in den weiteren Phasen des Innovationsprozesses sehr wertvoll. Sie tragen in entscheidendem Maße zur Partizipation der Communitymitglieder an weiteren Maßnahmen im Rahmen der Produktentwicklung oder -einführung bei und müssen entsprechend gezielt adressiert werden (siehe Tabelle 23).

„Also diese Opinion Leader, die haben wir tatsächlich identifizieren können. Insbesondere haben wir Statistiken gesehen. Wie viele Kommentare bekommt derjenige. [...] Die haben wir teilweise auch zu Experten gemacht und möchten die natürlich auch im Nachhinein." (Experte 1)

„Man merkte, dass [Opinion Leader] viel besser verstanden haben, was M2M heißt und worauf wir hinauswollten. Und haben darauf basierend dann ihre Kommentare ausgerichtet. Wurden dann dadurch, dass die dann etwas qualitativ höheres Feedback geben konnten, wurden sie dann auch von der Community als Quasi-Experten eingestuft. Das heißt, nicht nur durch die Anzahl der Kommentierung, sondern auch durch die Qualität der Kommentierung, die sie dann später hatten, wurden sie zu einer Art Meinungsführer." (Experte 2)
„Aber man sieht natürlich schon, wer beteiligt sich besonders stark, jetzt nicht nur von der Quantität, sondern auch von der Qualität der Diskussion, der Antworten und der Ideen. [...] gibt es natürlich viele Faktoren, die man da heranziehen kann und auch interessante Meinungsführer identifizieren kann." (Experte 10)
„Und sie ermitteln durch die Community eine Vielzahl an Meinungsführern, die sie später auch kontaktieren können, wenn sie zum Beispiel nach der Produktentwicklung in die Markteinführung gehen, könnten die den User direkt über die Plattform erneut anschreiben und der kann die dann dabei unterstützen." (Experte 11)

Tabelle 23: Expertenaussagen zur Identifizierung von Opinion Leader durch virtuelle Communities
Quelle: Eigene Erhebung.

In diesem Zusammenhang kann der folgende Wirkungseffekt gewonnen werden:

Wirkungseffekt 18: Eine virtuelle Community hat einen positiven Einfluss auf die Identifizierung von Nutzern mit Eigenschaften eines Opinion Leaders.

Ein letzter Aspekt, der in Bezug auf die virtuelle Community auf Basis der Expertengespräche ermittelt werden konnte, bezieht sich auf den Aufwand zur Betreuung von Anwendern, die mit der Durchführung einer virtuellen Nutzerintegrationsmaßnahme, wie im Falle von Innovationswettbewerben oder virtuellen Communities, sowohl in isolierter als auch in kombinierter Form einhergeht. In diesem Zusammenhang wiesen die Experten auf den effizienzstiftenden Effekt der Selbstregulierung hin, der sich innerhalb einer virtuellen Community mit zunehmender Größe einstellt. So erwähnte ein Experte, dass im Verlauf der Maßnahme die Nutzer sich mit dem Wettbewerb identifiziert und in Eigeninitiative eine moderierende Funktion übernommen hätten. Anwender begannen also nicht nur Feedback zur Weiterentwicklung der Ideen zu produzieren, sondern sich auch gegenseitig zur weiteren Teilnahme zu motivieren und bei auftretenden Problemen Hilfestellung zu leisten. Demnach ist nach einem Zeitraum innerhalb der Community eine Eigendynamik entstanden, die dazu führte, dass nicht mehr jeder individuelle Beitrag vom Unternehmen kommentiert werden musste. Vielmehr übernahmen den Experten zufolge auch Anwender selbst moderierende und unterstützende Aufgaben auf der Plattform Ideabird. Entsprechend verringerte sich der Administrationsaufwand, da sich die Rolle des Unternehmens von der, die Nutzer zur Wettbewerbsteilnahme zu motivieren, hin zu einer regulierenden Rolle wandelte, in der nur noch bei einzelnen Verstößen oder bei außerordentlichen Fragestellungen, die durch die Community selbst nicht beantwortet werden konnten, reagiert werden musste. Wie ein Experte pointierte, reduzierte sich der Betreuungsaufwand mit zunehmender Größe der Community (siehe Tabelle 24).

„Weil einfach diese Selbstregulierung von der Community einen hohen Administrationsaufwand und hohen Communityaufwand von dem Einsteller, also von uns selbst, abgewendet hat. Klar, wir mussten teilweise nachsteuern, aber wir haben gesehen, die Community liked sich selbst, die befeuert sich selbst." (Experte 1)
„Und so entsteht dann eben diese Dynamik und der Aufwand, dass du permanent hinterher sein musst, diese Idee weiter zu kommentieren. [Dieser Aufwand] sank deutlich mit der Zeit. Das heißt, die Community wurde selbst aktiv." (Experte 2)
„Ja, auf einmal hat sich die Community wirklich selbst befruchtet. Also diese Interaktion in der Community, wo der Moderator nachher wirklich nur noch eine flankierende Rolle und keine treibende Rolle mehr hat [...]." (Experte 4)
„Man muss erst einmal diesen Prozess anstoßen. Das haben wir festgestellt am Anfang. Die Rückmeldungen waren sehr spärlich, insofern wir haben wirklich damals bewusst versucht zu moderieren. Und ab einem gewissen Punkt wenn die Dynamik da ist, dann trägt sich der Prozess wirklich von alleine. Und dann entsteht eine Eigendynamik und letztendlich die Gruppe findet sich in dieser Rolle eines gemeinsamen Moderatoren wieder." (Experte 6)
„Weil viele Fragen, das kann man mit den Community-Mitgliedern selbst lösen. [...] Wenn die Community groß ist, die absolute Zahl an Community-Managern wird größer, aber der Aufwand pro Nutzer der wird viel geringer." (Experte 7)

Tabelle 24: Expertenaussagen zur Reduzierung des Betreuungsaufwandes mit zunehmender Größe der virtuellen Community

Quelle: Eigene Erhebung.

In Anlehnung an die Aufführungen der Experten lässt sich der Wirkungseffekt beobachten:

Wirkungseffekt 9: Der relative Betreuungsaufwand einer virtuellen Community sinkt mit der zunehmenden Größe der virtuellen Community.

5.6 Zusammenfassung der Ergebnisse und Diskussion

Zielsetzung des Abschnitts ist es nach einer kurzen Zusammenfassung der beobachteten Wirkungseffekte, die Ausgangspunkt der forschungsleitenden Fragestellungen waren, eine Strukturierung der gewonnenen Ergebnisse auf Basis des Regelkreismodells der internetbasierten Kooperation durchzuführen. Darauf aufbauend erfolgt eine abschließende inhaltliche Diskussion mit Hinblick auf die theoretischen Grundlagen der Arbeit.

Die qualitative Exploration in der vorliegenden Untersuchung beinhaltete das Ziel, Wirkungseffekte zu ermitteln welche (1) die Untersuchungsaspekte der Unternehmensmotivation zur virtuellen Nutzerintegration, (2) Gestaltungselemente beim Einsatz von Interaktionsfunktionen und bei der Einbindung von Nutzergruppen sowie (3) Synergien zwischen Innovationswettbewerben und virtuellen Communities mit Erkenntnissen bereichern können. Hierzu wurde zunächst nach einer Gegenüberstellung verschiedener Innovationsmaßnahmen der Deutschen Telekom das Projekt Ideabird zur Beantwortung der Forschungsfragen als geeignet bewertet. Nach einer detaillierten Beschreibung der Fallstudie unter Berücksichtigung der organisatorischen, prozessualen und inhaltlichen Parameter wurden solche Experten ermittelt, die sich durch ihre Projektarbeit in der Fallstudie als aussagekräftige Wissensträger des Unternehmens qualifiziert haben. Hierzu wurden die Projektteilnehmer im Rahmen von Experteninterviews nach einem halbstrukturierten Leitfaden befragt und durch eine qualitative Inhaltsanalyse ausgewertet.

Die Erarbeitung der Ergebnisse erfolgte entlang der forschungsrelevanten Untersuchungsgegenstände der Arbeit, die mit zahlreichen gegenüberstellenden Zitaten unter Verweis der entsprechenden Experten belegt wurde. Durch die Auswertung der Experteninterviews konnten insgesamt 19 Wirkungseffekte identifiziert werden. Damit konnte eine Vielzahl von Wirkungszusammenhängen zur Adressierung der Forschungsfragen erklärt und gewonnen werden. In der Tabelle 25 werden die Ergebnisse in zusammengefasster Form aufgelistet.

Nr.	Wirkungseffekte
1	Die Erwartung eines Telekommunikationsunternehmens, hochwertige Lösungsideen zu generieren, hat einen positiven Einfluss auf seine Bereitschaft die virtuelle Nutzerintegration durchzuführen.
2	Die Erwartung eines Telekommunikationsunternehmens, Ressourcenersparnisse zu erzielen, hat einen positiven Einfluss auf seine Bereitschaft die virtuelle Nutzerintegration durchzuführen.
3	Die Erwartung eines Telekommunikationsunternehmens, in einem frühen Marktzustand von Wettbewerbern imitiert zu werden, hat einen positiven Einfluss auf seine Bereitschaft die virtuelle Nutzerintegration durchzuführen.
4	Die Erwartung eines Telekommunikationsunternehmens, das Image als Innovationsführer zu verstärken, hat einen positiven Einfluss auf seine Bereitschaft die virtuelle Nutzerintegration durchzuführen.
5	Die Erwartung eines Telekommunikationsunternehmens, den Ausbau einer offeneren Innovationskultur in der Organisation zu fördern, hat einen positiven Einfluss auf seine Bereitschaft die virtuelle Nutzerintegration durchzuführen.
6	Die Erwartung eines Telekommunikationsunternehmens vor dem Auftreten eines Flamings, hat einen negativen Einfluss auf seine Bereitschaft die virtuelle Nutzerintegration durchzuführen.
7	Die Interaktionsfunktion Comments hat bei der Lösungsentwicklung einen positiven Einfluss auf die Lösungsqualität.

Nr.	Wirkungseffekte
8	Die Interaktionsfunktion Ratings hat bei der Lösungsentwicklung einen positiven Einfluss auf die Lösungsqualität.
9	Die Interaktionsfunktion Likes hat bei der Lösungsentwicklung einen positiven Einfluss auf die Lösungsqualität.
10	Die Interaktionsfunktion Messages hat bei der Lösungsentwicklung einen positiven Einfluss auf die Lösungsqualität.
11	In der frühen Innovationsphase ist anzunehmen, dass externe Nutzer eine höhere Ideenqualität aufweisen als interne Nutzer.
12	Die Produktion von Ideen hat einen positiven Einfluss auf die Lösungsqualität des Ideengebers.
13	Die Produktion von Feedback hat einen positiven Einfluss auf die Lösungsqualität des Feedbackempfängers.
14	Die Produktion von Feedback hat einen positiven Einfluss auf die Lösungsqualität des Feedbacksenders.
15	Ein Innovationswettbewerb hat einen positiven Einfluss auf die Erreichung einer kritischen Masse innerhalb einer virtuellen Community.
16	Ein Innovationswettbewerb hat einen positiven Einfluss auf die Identifizierung von Nutzern mit Eigenschaften eines Lead Users.
17	Die virtuelle Community hat einen positiven Einfluss auf die langfristige Bindung der Nutzer an das Unternehmen.
18	Eine virtuelle Community hat einen positiven Einfluss auf die Identifizierung von Nutzern mit Eigenschaften eines Opinion Leaders.
19	Der relative Betreuungsaufwand einer virtuellen Community sinkt mit der zunehmenden Größe der virtuellen Community.

Tabelle 25: Zusammenfassung der Wirkungseffekte als Ergebnis der qualitativen Inhaltsanalyse
Quelle: Eigene Erhebung.

Zur Strukturierung der Ergebnisse erfolgt in Abbildung 34 eine Zuordnung der ermittelten 19 Wirkungseffekte in das Regelkreismodell der internetbasierten Kooperation, das in Kapitel 2 als ordnungssichernder Bezugsrahmen zur Einbindung der Forschungsfragen genutzt wurde.

In diesem Zusammenhang liegt vor allem der zusätzliche Erklärungsgehalt des Modells in der Veranschaulichung der logischen Interdependenz der hier zugrunde liegenden Untersuchungsaspekte zueinander, die im Rahmen der zentralen Interaktionsphasen zwischen Unternehmen und Nutzern, beschrieben werden. Wie aus dem Modell ersichtlich wurde können sich die Phasen der Interaktionsbereitschaft, Interaktionsgestaltung und Interaktionsergebnis gegenseitig beeinflussen. Demnach können sowohl die Interaktionsausgestaltung als auch die bereits erzielten Interaktionsresultate aus früheren Maßnahmen einen Einfluss auf die Interaktionsbereitschaft ausüben. Durch die Heranziehung des Modells, werden die gewonnenen Wirkungseffekte in einen ganzheitlichen Kontext eingebunden und dadurch die darauf aufbauende Diskussion der Ergebnisse gefördert.

In der Phase der Interaktionsbereitschaft konnten mit Hinblick auf die erste Forschungsfrage 6 Wirkungseffekte identifiziert werden, die Erkenntnisse über die Unternehmensmotivation zur Durchführung einer virtuellen Nutzerintegrationsmaßnahme übermitteln. In dem vorliegenden Untersuchungskontext konnten diese Wirkungseffekte die Erwartungshaltung des Telekommunikationsunternehmens beleuchten, die bei der Abwägung der Vor- und Nachteile einer virtuellen Interaktion mit Nutzern ausschlaggebend waren. Dieser Abwägungsprozess der im Vorfeld einer Interaktion durchgeführt wird entspricht dem Gedankengut der erläuterten Interaktionstheorie, die die Erzielung eines positiven Nettonutzens sowohl auf Unternehmensseite wie auch auf Nutzerseite für die Entstehung und den Erfolg einer Interaktion voraussetzt.

Demnach geht es aus Sicht des Unternehmens bei der virtuellen Nutzerintegration darum, den eigenen Nettonutzen durch die kollaborative Wertschöpfung mit Nutzern zu maximieren sowie gleichzeitig deren Teilnahmebereitschaft zu sichern. Wie aus den Experteninterviews zu entnehmen war, sind nutzenstiftende Komponenten für das Unternehmen, die durch die Maßnahme erwartet wurden, facettenreich und umfassten entwicklungs-, ressourcen-, markt- und organisationsbezogene Gesichtspunkte. Die Gemeinsamkeit der nutzenstiftenden Komponenten war es mittelbar oder unmittelbar wirtschaftlich begünstigte Zielzustände durch die virtuelle Nutzerintegration zu erreichen. Auf der anderen Seite konnten auch kostenverursachende Komponenten identifiziert werden, die das Kosten-Nutzen-Kalkül negativ beeinflussten. Die entsprachen in dem vorliegenden Fall dem wahrgenommenen Risiko des Auftretens eines Flamings, die mit der Durchführung der Maßnahme einhergehen könnte. Diese Überlegung bestätigt die theoretischen Überlegungen von *Hirschmann*, bei dem ein Austritt aus der Leistungsbeziehung nicht nur durch eine Abwanderung, sondern auch durch eine Beschwerde gegenüber dem Anbieter erfolgen kann.[861] Aufgrund des Neuigkeitsgrads der hier betrachteten Innovationsmaßnahme konnten keine unmittelbaren Referenzwerte aus vergangenen Erfahrungen erhoben werden, die eine Grundlage für den Abwägungsprozess gebildet haben. Es ist jedoch anzunehmen, dass gemäß *Thibaut/Kelley* die Bereitschaft zur Durchführung von Folgemaßnahmen wesentlich von den erzielten Ergebnissen determiniert wird und somit zukünftig einer dynamischen Betrachtung unterzogen werden sollte.[862]

[861] Vgl. Hirschmann (1974), S. 4.
[862] Vgl. Thibaut; Kelley (1959).

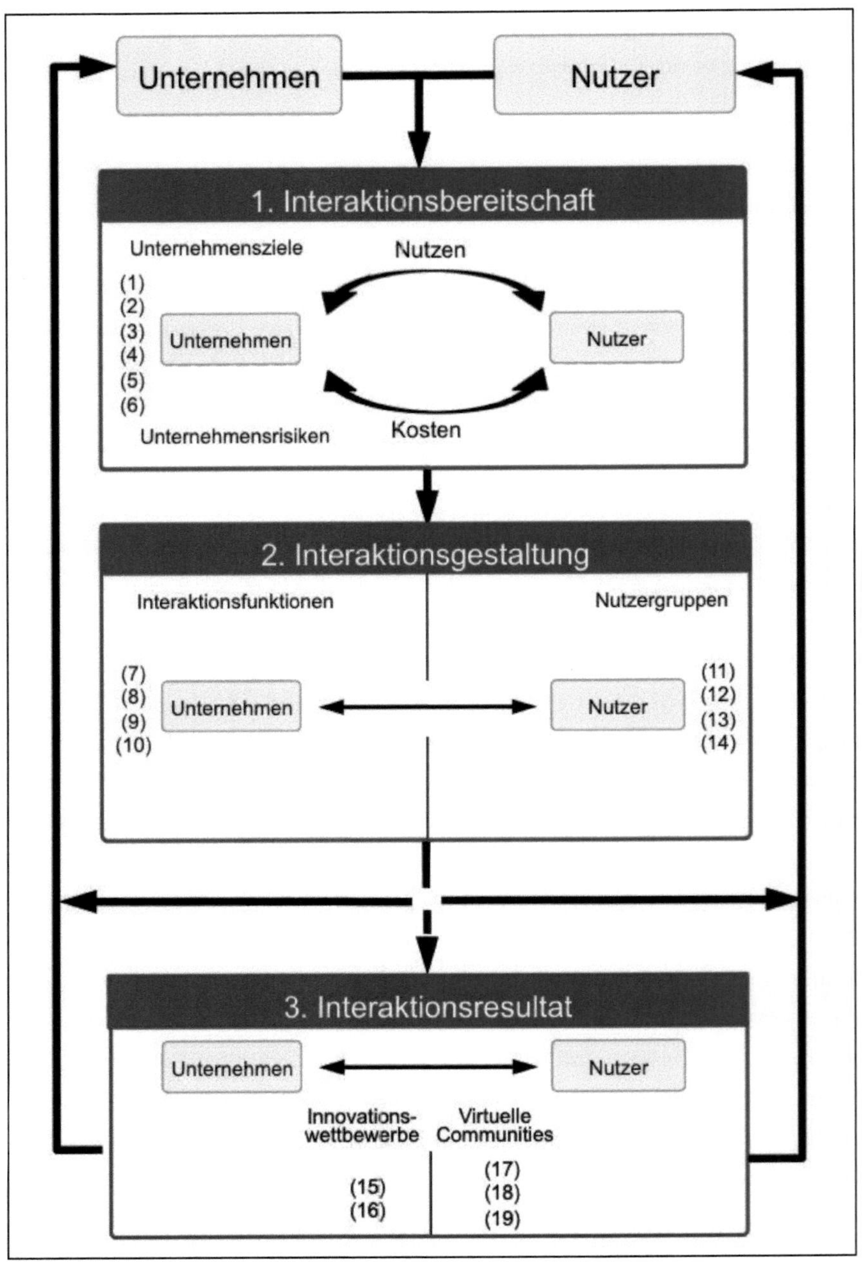

Abbildung 34: Zuordnung der Wirkungseffekte zum internetbasierten Regelkreismodell.
Quelle: Eigene Darstellung, in Anlehnung an Wobser (2003), S. 91.

Nichts desto trotz konnte in dem vorliegenden Fall festgestellt werden, dass bei den Experten a priori mit einem Überschuss an unternehmerischen Nettonutzen gerechnet wurde, die auch entsprechend der Interaktionstheorie ausschlaggebend für die Durchführung einer Maßnahme im Entscheidungsfindungsprozess gewesen ist.

In Anlehnung an die ressourcenorientierte Theorie des Relational-based View tragen organisationsübergreifende Beziehungen maßgeblich zur Sicherstellung von Wettbewerbsvorteilen als übergeordnetes Ziel bei.[863] Demzufolge würde die Öffnung des Innovationsprozesses und die Einbindung der Nutzer bzw. des Nutzerwissens als unternehmenskritische Ressourcen die Erzielung einer Differenzierung gegenüber Wettbewerbern eines Unternehmens begünstigen.[864] Die Untersuchung der Fallstudie konnte diesen theoretischen Erklärungsansatz nur zum Teil bestätigen. Hierbei wurde der Zugang zu externen Nutzern außerhalb unternehmerischer Grenzen als eine wertvolle Ressource für die Entwicklung erfolgreicher Innovationen bewertet. Dennoch wurde gegenteilig zu der betrachteten Theorie nicht eine Differenzierung gegenüber dem Wettbewerb angestrebt, sondern vielmehr wurde sogar die Imitation durch Wettbewerber befürwortet. Vor allem in der Innovationsliteratur wird die Gefahr der Imitation am Markt durch die Öffnung unternehmerischer Grenzen als ein unerwünschter Zustand und damit als ein mögliches Unternehmensrisiko beschrieben.[865] Diese Argumentation wird häufig zur Ablehnung von Open-Innovation-Ansätzen vorgebracht und als Rechtfertigung für die Verfolgung eher gegensätzlicher geschlossener Innovationsprozesse mit limitierten Interaktionen zu externen Parteien herangezogen.[866] Die Relevanz dieser Gefahr wird auch bei der virtuellen Einbindung von Nutzern vor dem Hintergrund der strategischen Bedeutung von Innovationen und der elementaren Notwendigkeit der Generierung von Zeitvorsprüngen gegenüber Wettbewerbern begründet.[867] Wie aber aus der Fallstudie hervorgeht, erscheint es gleichwohl so zu sein, dass insbesondere in einer frühen Marktentwicklungsphase, die mit einer hohen Erfolgsunsicherheit bei zugleich hohen Investitionskosten zur Etablierung am Markt einhergeht, die strategische Ausrichtung zur Imitation durch Wettbewerber entgegen der Theorie zugestimmt wird und damit die in der Literatur skizzierten Gefahrenzustände der virtuellen Nutzerintegration in dem Fall sogar begünstigt werden.

---

[863] Vgl. Zernott (2004), S. 180 f.

[864] Vgl. Ramaswamy; Gouillart (2010), S. 71 ff. Die Autoren führen zahlreiche Beispiele auf, wie Unternehmen durch die Öffnung des Innovationsprozesses und die aktive Einbindung externer Nutzer erfolgreich am Markt bestehen konnten.

[865] Vgl. Dahlander; Gann (2010), S. 699; Veer; Lorenz; Blind (2012), S. 6 ff.

[866] Vgl. Chesbrough (2003a), S. 24.

[867] Vgl. Ramaswamy; Gouillart (2010), S. 220 f.

In der Phase der Interaktionsgestaltung konnten vor dem Hintergrund der zweiten Forschungsfrage zum einen die Wirkungseffekte 7 bis 10 ermittelt werden, die den Einfluss des Einsatzes der Interaktionsfunktionen Comments, Ratings, Messages und Likes auf die Lösungsqualität beinhalten. Mit den Wirkungseffekten 11 bis 14 wurde zum anderen auf die nutzergruppeninduzierten Qualitätsbeiträge, die bei einer virtuellen Nutzerintegrationsmaßnahme generiert werden, eingegangen.

Wie aus dem Regelkreismodell der internetbasierten Kooperation zu entnehmen ist, übt auch die Ausgestaltung einer Interaktion einen wesentlichen Einfluss auf die Motivation der Nutzer zur Teilnahme aus. Daher gilt es aus Sicht des Unternehmens gemäß der Interaktionstheorie nicht nur den eigenen Nettonutzen aus der Interaktion zu maximieren, sondern auch einen positiven Nettonutzen bei Nutzern als notwendige Bedingung sicherzustellen, damit eine Interaktion überhaupt erst zustande kommen kann. Die Interaktionstheorie eignet sich als grundlegende Basistheorie nicht nur um das Zustandekommen sozialer Interaktionen zu erklären, sondern liefert auch weitere theoretische Anknüpfungspunkte zur differenzierteren Betrachtung der Interaktionsbereitschaft der teilnehmenden Akteure. Hierzu wurde bei den theoretischen Grundlagen der Arbeit die fünfstufige Maslowsche Bedürfnispyramide aus der Motivationstheorie zur Erklärung der Nutzerbedürfnisse herangezogen. In der Fallstudie wurde ersichtlich, dass das Unternehmen unterschiedliche Anreizmechanismen eingesetzt hat, um die Beteiligung der Nutzer zu stimulieren. Zum einen wurden die sozialen Motive (3. Stufe) der Nutzer berücksichtigt, indem soziale Interaktionen innerhalb der Community durch die Interaktionsfunktionen der Comments, Messages, Ratings und Likes sichergestellt wurden und zudem die Aussicht auf ein persönliches Treffen mit den Unternehmensvertretern gestellt war. Zum anderen konnten weitere Anreizmechanismen insbesondere das Bedürfnis nach Anerkennung und Wertschätzung (4. Stufe) der Nutzer adressieren, die durch die Prämierung von Sachgütern und monetären Preisen für die Gewinner des Wettbewerbs bereitgestellt wurden.

Den Experten zufolge motivierte der Austausch in der Community die Nutzer dazu auf Basis der erhaltenen Resonanz, der durch die Interaktionsfunktionen übermittelt wurde, die eingereichten Ideen zu überarbeiten und dadurch die Lösungsqualität der eigenen Ideen weiter zu steigern. Somit konnte laut den Experteninterviews ein positiver Einfluss der Comments, Ratings, Messages und Likes auf die Lösungsqualität der Ideen identifiziert werden, die die Zielerreichung des Unternehmens, neue und qualitativ hochwertige Ideen für die Produktentwicklung zu generieren, förderte. Dennoch ist dieser Wirkungszusammenhang kritisch zu hinterfragen, da gegebenenfalls der qualitative Einfluss weniger durch die Interaktionsfunktionen selbst, sondern vielmehr durch Anregungen außerhalb der Plattform wie beispielsweise einer nachgehenden Internetrecherche determiniert ist. Zudem könnte aufgrund der Vielzahl an eingereichten Ideen, diese Beobachtung unter Umständen auch einer subjektiven Wahrnehmung unterliegen. Beispielsweise könnte die Begutachtung nur einer geringen Anzahl an beobachteten Fallbeispielen unterliegen, bei der ein tatsächlicher Einfluss der Interaktionsfunktionen auf die Lösungsqualität gegeben war und somit ein Mangel an statistischer Signifikanz bestünde. Dennoch stellt der beobachtete Wirkungszusammenhang eine interessante Erkenntnis dar, die bei Gestaltung der kollaborativen Wertschöpfung berücksichtigt werden könnte.

Neben der Einbindung von Interaktionsfunktionen, ermöglicht die Betrachtung der teilnehmenden Nutzergruppen differenzierte Erkenntnisse über die Qualitätsbeiträge der Wettbewerbsteilnehmer zu gewinnen, die für die Ausgestaltung einer virtuellen Nutzerintegration ebenfalls von hoher Bedeutung sind. Es konnte zunächst nach der Betriebszugehörigkeit der Teilnehmer unterschieden werden, die eine Unterteilung in interne und externe Nutzer erlaubte. Die Einschätzung der Experten über das höhere Qualitätspotenzial externer Nutzer in der frühen Innovationsphase im Vergleich zu den internen Nutzern bestätigt ebenfalls das grundlegende Verständnis des Erklärungsansatzes des Relational-based View. Nach der in der Theorie eingenommenen netzwerkorientierten Perspektive werden vor allem die Verflechtungen außerhalb unternehmerischer Grenzen als strategische Ressourcen angesehen, die für ein Unternehmen einen kritischen Erfolgsfaktor darstellen.[868] In diesem Zusammenhang wird in der Innovationsliteratur als eine der wesentlichen Ursachen des Fehlmanagements bei der Produktentwicklung der sogenannte „local search bias“ genannt.[869] Demnach neigen Produktentwickler bei ihrer Problemlösungssuche dazu, sich zu sehr innerhalb bekannter Lösungsräume zu bewegen und sich entsprechend auf die eigenen Kompetenzen und das lokale Wissen zu fokussieren.[870] Durch die Öffnung des Innovationsprozesses und die Einbindung externer Quellen, wie etwa der Nutzer, können routinierte Verhaltensmuster sowie eine daraus resultierende Betriebsblindheit bei der Problemlösung überwunden werden.[871] Hierbei ist die überlegenere Qualität des Neuprodukts, die sich aus der Gewinnung des Nutzerwissens und die Einblicke in die Nutzung des Produktes erklären lässt, ein oft vorzufindender Nutzenas-

868 Vgl. Dyer (1996), S. 271 ff.
869 Vgl. Rosenkopf; Nerkar (2001), S. 288 ff.
870 Vgl. Lakhani (2006), S. 2450 f.
871 Vgl. Lüttgens; Gross (2008), S. 30; Gassmann (2012), S. 18.

pekt.[872] Vor allem können dadurch Bedürfnisinformationen gewonnen werden, die Einblicke in die Präferenzen, Wünsche und Kaufmotive der Nutzer geben.[873] Während Unternehmen schwerpunktmäßig über Lösungsinformationen verfügen, stehen Nutzern im Wesentlichen Bedürfnisinformationen zur Disposition.[874] Die Nutzerintegration konnte somit als eine strategische Maßnahme zur Informationsgewinnung und zur Überbrückung dieser Informationsasymmetrien eingesetzt werden.[875] Dabei wird die Sicherung des Zugangs dieser Bedürfnisinformationen zunehmend als existentielle Voraussetzung für das Bestehen von Unternehmen beschrieben.[876] Trotz der in der Open Innovation-Literatur oft akzentuierten Bedeutung von Wissensträgern außerhalb des Unternehmens ist dennoch die Frage nach der Einbindung der richtigen Nutzer, die über unternehmensrelevante Informationen und Fähigkeiten verfügen, bei der Bewertung der Qualitätsbeiträge gegenüber internen Nutzern besonders kritisch zu prüfen. Entsprechend könnte das Fachwissen der internen Nutzer sowie ihr Verständnis über die strategische Ausrichtung und Prioritäten des Unternehmens auch für einen höheren Qualitätsbeitrag gegenüber denen der externen Nutzer sprechen. Nichts desto trotz entspricht in dem beobachteten Untersuchungskontext die Auffassung der Experten dem Leitgedanken des Open Innovation-Paradigmas.

Zudem konnten die Nutzergruppen nach ihrer Aktivität in Form von produzierten Ideen und Feedback unterschieden werden. Nach Einschätzung der Experten übt das Produzieren von Feedback sowohl einen positiven Einfluss auf die Lösungsqualität des Feedbackempfängers als auch einen positiven Einfluss auf die Lösungsqualität des Feedbacksenders. Aufgrund der Möglichkeit bereits eingereichte Ideen auch während des aktiven Wettbewerbszeitraum weiter zu überarbeiten, wurde laut den Experten das erhaltene Feedback von dem Feedbackempfänger auch genutzt, um die aus der Community ermittelten Defizite zu beseitigen und weitere Nutzenaspekte zur Verbesserung der Idee mit einfließen zu lassen. Dieses Ergebnis stimmt grundsätzlich mit den theoretischen Annahmen über die ergebnisförderlichen Wirkungsweisen einer bestehenden Feedbackkultur zu Gunsten der Lösungsentwicklung überein. Hingegen wirft die Einschätzung der Experten über die positive Wirkung des produzierten Feedbacks auf die eigene Ideenqualität des Feedbacksenders eine erweiternde Wirkungsperspektive auf. Dieser Zusammenhang könnte auf eine grundlegend höhere Bereitschaft der Nutzer zur Verbesserung der eigenen Ideen hindeuten. In diesem Zusammenhang wird in der Literatur

872 Vgl. Veßhoff; Freiling (2009), S. 138 f.
873 Vgl. Thomke (2003), S. 25 ff.
874 Vgl. von Hippel (1988), S. 25.
875 Vgl. Gruner (1997), S. 95 ff.
876 Vgl. Redmond (1995), S. 34 ff.; Henkel; von Hippel (2005), S. 80.

auch von Emergenzeffekten gesprochen, die besagen, dass die Lösungsqualität durch einen Wissensaustausch zwischen heterogenen Akteuren (bspw. mit unterschiedlichen Fähigkeiten und Wissensständen) in beide Richtungen positiv beeinflusst werden kann.[877] Demnach könnten die Ideengeber durch die Zusammenarbeit mit anderen Nutzern eine Reflexion der eigenen Beiträge erhalten und alternative Problemlösungsansätze außerhalb des eigenen Suchraums identifizieren.

Da auf der Plattform die Möglichkeit bestand auch mehrere Ideen für die Wettbewerbsausschreibung einzureichen, konnten auch solche aktiven Nutzer ermittelt werden, die neben einer überdurchschnittlichen Anzahl an Feedback auch eine überdurchschnittliche Anzahl an Ideen produziert haben. Nach Einschätzung der Experten stellen solche Nutzer ebenfalls ein hohes Erfolgspotenzial bei der Suche nach qualitativ hochwertigen Lösungsbeiträgen dar. Dabei wurde als Erklärung zur Heranziehung des normativen Indikators die höhere Einsatzbereitschaft sowie die fortgeschrittenere Erfahrungskurve durch den wiederholten Ablauf der Ideengenerierung, -einreichung und -modifizierung begründet. Gleichwohl sind diese positiven Wirkungszusammenhänge zwischen der hohen Aktivität der Feedback- und Ideenproduzenten und der eigenen erzielten Ideenqualität zu hinterfragen. Ein kritischer Gesichtspunkt besteht dabei in der Frage einer ausreichenden Stichprobe, auf der die Erfahrung der Experten im Rahmen der Nutzerinteraktionen in dem Projekt beruht. So könnte die Einschätzung der Unternehmensvertreter über die Qualität der Nutzerbeiträge durch eine höhere Aufmerksamkeit hinsichtlich Nutzer mit einer hohen Aktivität in der Community beeinflusst sein, sodass ein ausreichender Vergleich ohne die Heranziehung quantitativer Belege nicht möglich sei. Dennoch werfen die Wirkungseffekte neue Gesichtspunkte zur nutzerzentrierten Erfolgsfaktorenforschung auf, die vielversprechende Gestaltungsvariablen darstellen könnten.

In der Phase der Interaktionsergebnisse konnten mit Bezug auf die Forschungsfrage drei die Wirkungseffekte 15 bis 19 gewonnen werden, die die Synergien zwischen Innovationswettbewerben und virtuellen Communities zur Zielerreichung aus Sicht des Unternehmens beschreiben. Insbesondere aufgrund des kombinatorischen Einsatzes beider Methoden im Rahmen der Fallstudie, konnten durch die Interviews mit Experten, die unmittelbar in dem Projekt beteiligt waren, methodenspezifische Wirkungsweisen in der Interdependenz zueinander identifiziert werden. Der durch einen Innovationswettbewerb vereinfachte Aufbau einer kritischen Masse für die virtuelle Community konnte auf Basis der Experteninterviews als ein

[877] Vgl. Schröder; Hölzle (2010), S. 257 ff.

gegenseitig fördernder Wirkungseffekt ermittelt werden. Gleichzeitig ermögliche die langfristige Bindung der Nutzer durch eine virtuelle Community die Möglichkeit einen Nutzerstamm für weitere Innovationswettbewerbe direkt aufrecht zu halten. Auch wenn die Experten die erfolgreiche Reaktivierung des Nutzerstamms für Folgemaßnahmen bestätigt haben, besteht dennoch die Frage der Erfolgsquote zur Akquirierung weiterer Maßnahmen insbesondere vor dem Hintergrund eines zunehmenden Zeitverlaufs. Es ist anzunehmen, dass beispielsweise regelmäßige Informationen zum aktuellen Produktentwicklungsstand oder auch Hinweise über weitere Aktivitäten des Unternehmens in diesem Kontext das Reaktivierungspotenzial weiter steigern könnten.

Die erörterten Transaktionskosten der neuen Institutionenökonomie aus den theoretischen Grundlagen der Arbeit stellen vor allem das Gütekriterium der Effizienz bei der Bewertung unterschiedlicher Koordinationsformen in den Vordergrund. In diesem Zusammenhang stellte die hier verfolgte Koordinationsform der Kooperation, bei der Aufgaben zur Generierung von Ideen an externe Nutzer übertragen wurden, die Möglichkeit Unternehmenstransaktionskosten zu minimieren. Diese würden andernfalls bei einer vollständig internen Abwicklung gemäß der Koordinationsform der Hierarchie dem Unternehmen anfallen. Zugleich ermöglichte in der betrachteten Fallstudie nach Aussagen der Experten der Einsatz der virtuellen Community, dass die Transaktionskosten bei der Durchführung eines Innovationswettbewerbs durch die nutzerseitige Übernahme von Aufgaben zur Moderation und gegenseitigen Nutzerunterstützung gesenkt werden konnten. Daraus resultierte den Betreibern mit zunehmender Größe der Community ein vergleichsweise geringerer Administrations- und Betreuungsaufwand. Auch wenn die Experten den tatsächlichen Rückgang des Aufwands zur Aufrechthaltung der Community bestätigten, konnte der Gesichtspunkt der genauen Anzahl an tatsächlich unterstützenden Nutzern nicht näher beleuchtet werden. Dieser Aspekt wirft außerdem weitere Fragestellungen bezüglich des Erfolgspotenzials unterschiedlicher unternehmensinitiierte Maßnahmen zur erfolgreichen Verlagerung der Betreuungsarbeiten an die Community auf. Im Rahmen weiterer Forschungsarbeiten könnten diese Untersuchungsaspekte entsprechend mit aufgegriffen werden.

Darüber hinaus wurde durch die Betreiber auch sichergestellt, dass die Effizienz der Interaktionen auf der Plattform auch zu Gunsten der Nutzer gewähreistet wurde. So konnten auch die Transaktionskosten der Nutzer bei der Registrierung und der Anmeldung durch die Social Media-Integration mit sozialen Netzwerken wie Facebook oder Linkedin gesenkt werden, da die Nutzer sich mit den dort bestehenden Accounts direkt registrieren konnten. Zudem konnten auch beispielsweise die integrierten Filterfunktionen und Newsfeeds die Suchkosten der Nutzer auch während der Teilnahme weiter senken.

In Anlehnung an die Prinzipal-Agenten-Theorie stellt die virtuelle Nutzerintegration einen Auftrag des Unternehmens an die Nutzer zur gemeinsamen Innovationsentwicklung dar. Aufgrund vorherrschender Informationsasymmetrien zwischen beiden Interaktionsparteien entsteht für das Unternehmen die Herausforderung die richtigen Nutzer für die Entwicklung und Vermarktung von Innovationen im Rahmen der Kollaboration zu identifizieren. Nach Einschätzung der Experten wurde insbesondere die langfristige Zusammenarbeit mit Lead User und Opinion Leader für weitere fortfolgende Maßnahmen angestrebt. Lead User zeichnen sich insbesondere durch die hohe Qualität ihrer Beiträge aus,[878] die unter anderem auf das hohe Interesse und Bereitschaft an der Entwicklung einer Lösung zu partizipieren zurückzuführen ist.[879] Somit eignen sich Lead User vor allem in der Entwicklungsphase. Hingegen sind Opinion Leader stark mit einer sozialen Gemeinschaft vernetzt, in der sie eine hohe Anerkennung genießen.[880] Im Vergleich zur Mehrheit der Nutzer weisen sie eine höhere Adoptionsrate in Bezug auf Innovationen sowie ein ausgeprägtes Interesse auf, neue Trends frühzeitig zu erkennen.[881] Solche Nutzer mit ausgeprägten Multiplikatoreigenschaften können insbesondere bei der Produktdiffusion dem Unternehmen einen wertvollen Beitrag leisten.[882] Wie sich aus den Experteninterviews herausgestellt hat, eignen sich hierzu Innovationswettbewerbe und virtuelle Communities, um die Unsicherheiten bei der Identifizierung geeigneter Lead User und Opinion Leader in dem zugrunde liegenden Prinzipal-Agenten-Verhältnisses zu minimieren. Laut den Experten können bei dem Einsatz von Innovationswettbewerben insbesondere durch die Bewertung der eingereichten Ideen, die Lead User identifiziert werden. Zugleich ermöglicht der Einsatz von virtuellen Communities, die Begutachtung des Kommunikationsverhaltens der teilnehmenden Nutzer, sodass auch die Opinon Leader in einer Community ermittelt werden können. Somit kann der kombinierte Einsatz von Innovationswettbewerben und virtuellen Communities die auftretenden Informationsasymmetrien zu reduzieren und die Suche nach den bevorzugten Nutzergruppen eines Unternehmens für eine langfristige Zusammenarbeit zu unterstützen.

---

878 Vgl. Brockhoff (1998), S. 364. Hemetsberger; Füller (2009), S. 419 f.; Ernst; Soll; Spann (2004), S. 11; Walcher (2006), S. 260.

879 Vgl. von Hippel (1988), S. 106 f.

880 Vgl. Scheckenburger; Boysen; Reineke (2007), S. 218.

881 Vgl. Leader; Kyritsis (1990), S. 100 ff.

882 Vgl. Reichwald et al. (2007), S. 76.

Zugleich wurden auch Maßnahmen eingesetzt, um die nutzerseitigen Informationsasymmetrien zu senken und dadurch eine höhere Teilnahmebereitschaft sicherzustellen. So wurden im Rahmen der Registrierung ausführlich die ABGs aufgeführt, bei der neben der Vorstellung der Veranstalter auch die Bewertungskriterien einer eingereichten Idee, der prozessuale Ablauf der Maßnahme sowie der Umgang mit den Urheberrechten von Teilnehmern nachvollzogen werden konnte. Darüber hinaus wurden die organisierenden Unternehmensvertreter neben der Bekanntgabe ihrer vollständigen Namen und Profile auch ihre zugehörige Rolle innerhalb der Community auf der Plattform sichtbar kommuniziert.

Aus der Untersuchung der Fallstudie konnten darüber hinaus synergetische Wirkungsbeziehungen zwischen Innovationswettbewerben und virtuellen Communities ermittelt werden. Der Einsatz von Innovationswettbewerben erlaubte dem Unternehmen, eine größere Zahl von Nutzern in kürzerer Zeit für eine virtuelle Nutzerintegrationsmaßnahme zu gewinnen. Die Notwendigkeit zur Sicherstellung der kritischen Masse einer virtuellen Community konnte dadurch Rechnung getragen werden. Hingegen kann sich, wie in dem vorliegenden Fall beobachtet werden konnte, nach der Durchführung eines Innovationswettbewerbs eine virtuelle Gemeinschaft als eine geeignete Maßnahme erweisen, die Comunitymitglieder langfristig an das Unternehmen zu binden und damit diese kritische Masse auch weiterhin aufrechtzuerhalten. Allerdings bedarf es für einen beständigen Erfolg einer virtuellen Community adäquater Stimuli, die durch weitere Innovationswettbewerbe adressiert werden könnten, um bei den Nutzern ein bestimmtes Aktivitätsniveau aufrechtzuhalten. Auf den dauerhaften und aktiven Betrieb einer virtuellen Community können sich somit Innovationswettbewerbe nicht nur in der initialen Phase, sondern auch im weiteren Verlauf des Wettstreits vorteilhaft auswirken. Nach Einschätzung der Experten ist es allerdings notwendig, diese Innovationswettbewerbe in einem zeitlich begrenzten Rahmen zu organisieren. Ein Wettbewerb, der sich über einen allzu langen Zeitraum erstreckt, verliert für die teilnehmenden Nutzer an Attraktivität. Vielmehr wurde demnach die Durchführung kurzer, dafür aber sich wiederholender Innovationswettbewerbe in virtuellen Communities empfohlen. Diese Ausgestaltung könnte zudem mit dem Vorteil einhergehen, dass bezugnehmend auf die Entwicklung der Nutzerzahlen diese kontinuierlich wachsen würden, so dass trotz einer begrenzten Fluktuation bei jedem weiteren Innovationswettbewerb von einer größeren Grundgesamtheit an Nutzern auszugehen sei.

Während bisher die Wirkung einer Kombination beider virtueller Methoden vor allem auf die Organisation und die Entwicklung der Nutzerzahlen erforscht wurde, konnten auch methodenspezifische Einflussfaktoren hinsichtlich der Qualität der Lösungsbeiträge und der erforderlichen Ressourcen eruiert werden. So wurde laut den Experten festgestellt, dass die Lösungsqualität auf Basis des produzierten Feedbacks gestiegen ist. Entsprechend profitieren sowohl Feedbackempfänger in Form der Überarbeitung ihrer Ideen als auch Feedbacksender in Form der Gewinnung neuer Anregungen für die eigenen entwickelten Ideen. Die Verknüpfung der virtuellen Methoden ermöglichte das Produzieren des Feedbacks auch im Rahmen von Innnovationswettbewerben, die sich wiederum positiv auf die Qualität niederschlagen könnte. Hinsichtlich der erforderlichen Ressourcen konnte in der Fallstudie ein positiver Einfluss der virtuellen Community auf die Reduzierung des Betreuungsaufwands ermittelt werden, der aus der nutzerseitigen Übernahme von moderierenden Aufgaben resultiert. Entsprechend könnte eine Senkung des relativen Betreuungsaufwands mit zunehmender Größe der Community erzielt werden.

Das in Abbildung 35 dargestellte Kombinationsmodell fasst die hergeleiteten methodenspezifischen Wirkungseffekte auf Basis der Einschätzungen der Experten bezüglich der synergiemaximierenden Integration beider betrachteter virtueller Methoden zusammen.

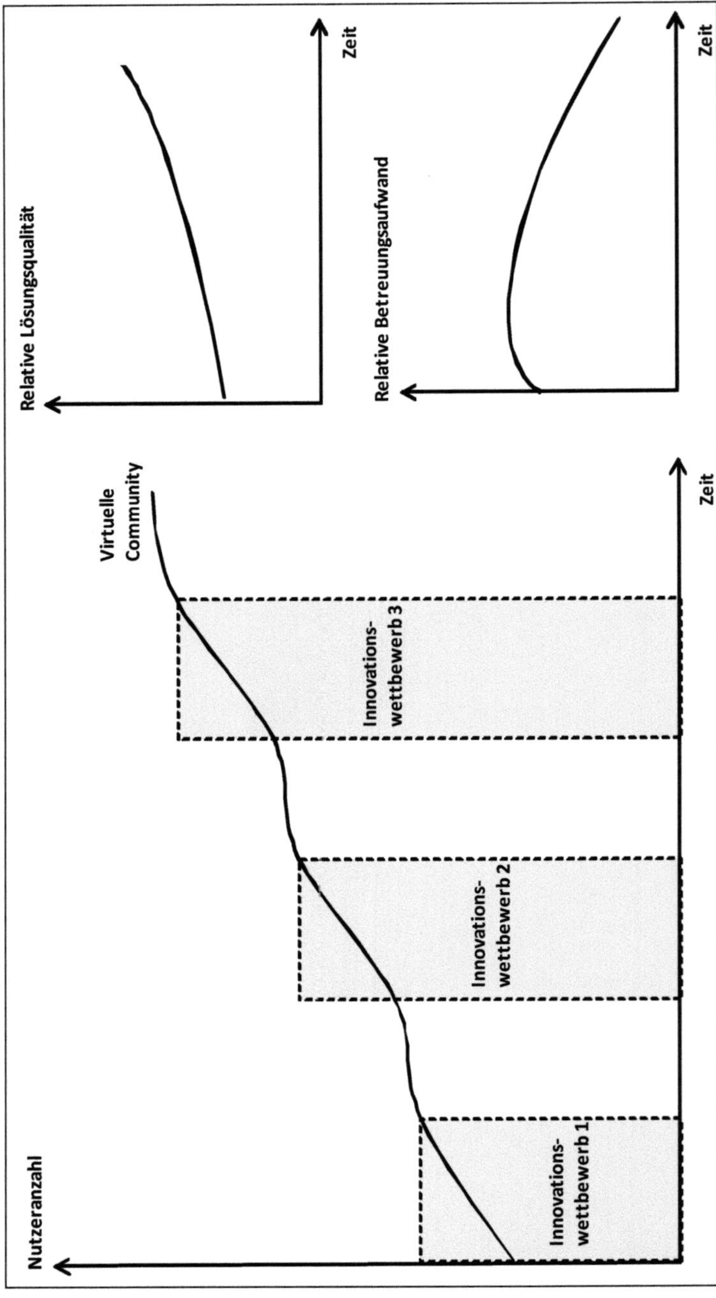

Abbildung 35: Kombinationsmodell von virtuellen Communities und Innovationswettbewerben
Quelle: Eigene Darstellung.

6 Quantitative Validierung

Nach Abschluss der qualitativen Exploration liegt die Zielsetzung des vorliegenden Kapitels in der quantitativen Validierung ausgewählter Wirkungseffekte, die auf Basis der Experteninterviews hergeleitet wurden. Dieses Vorgehen ermöglicht neben der vorgelagerten qualitativen Inhaltsanalyse auch die Einbeziehung einer quantitativen Auswertung als zweite Stufe der empirischen Untersuchung. Der verfolgte Ansatz deckt sich mit der managementorientierten Sichtweise, die in der Arbeit eingenommen wird, um die getätigten Experteneinschätzungen insbesondere mit Hinblick auf die konkrete Ausgestaltung virtueller Nutzerintegrationen statistisch verifizieren zu können und dadurch eine Bestätigung oder Falsifizierung der identifizierten Gestaltungsempfehlungen für die Praxis ermitteln zu können.

Im Kapitel 6.1 wird zunächst ein Verständnis der methodischen Grundlagen der verfolgten Logfile-Analyse erarbeitet. Hierbei erfolgt eine Auseinandersetzung mit den Charakteristika des Verfahrens und eine Eruierung über die Einhaltung der Qualitätskriterien, die im Rahmen der Auswertung zu gewährleisten sind. In dem Kapitel 6.2 werden die Datenbeschaffenheit und Dateninhalte der zur Verfügung stehenden Logfiles, als Protokolldatei sämtlicher Nutzerinteraktionen auf der Plattform der Fallstudie Ideabird, detailliert beschrieben. Kapitel 6.3 dient der weiteren Beleuchtung der Fallstudie auf Basis der Logfiles, die insbesondere weitergehende quantitative Einblicke aufzeigen. Dabei wird der Fokus der Betrachtung auf die Merkmalsausprägungen der teilnehmenden Nutzer sowie der Entwicklung der Nutzeraktivitäten im Zeitverlauf gesetzt. Im Kapitel 6.4 erfolgt die quantitative Auswertung ausgewählter Wirkungseffekte, die in Kapitel 5 gewonnen wurden. Hierzu erfolgt zunächst eine inhaltliche Diskussion über die Eignung und Auswahl geeigneter Wirkungseffekte, die sich besonders durch die fallstudienbasierte Logfile-Analyse validieren lassen und als Ergebnis den konkreten Untersuchungsrahmen der Analyse bilden. Die Ermittlung der statistischen Signifikanzen der aufgestellten Wirkungszusammenhänge dient zugleich als Grundlage zur Verifizierung der Experteneinschätzungen und ermöglicht in Kapitel 6.5 eine weiterführende Diskussion der Ergebnisse. In diesem Zusammenhang werden durch die Gegenüberstellung sowohl Gemeinsamkeiten als auch Differenzen aufgedeckt, die den Gegenstand der inhaltlichen Interpretation darstellen. Die Abbildung 36 fasst die Struktur des vorliegenden Kapitels grafisch zusammen.

Kapitel	Zielsetzung
Kapitel 6: Quantitative Validierung 6.1 Methodische Grundlagen 6.2 Datenquellen 6.3 Quantitative Einblicke in die Fallstudie 6.4 Ergebnisse der quantitativen Validierung 6.5 Diskussion der Ergebnisse	• Beschreibung der methodischen Grundlagen der quantitativen Analyse • Beschreibung des Datensatzes der Logfiles • Detailliertere Deskription der Fallstudie mit Hinblick auf die Nutzergruppeneigenschaften und Nutzeraktivitäten • Ermittlung der statistischen Signifikanz von ausgewählten Wirkungseffekten • Gegenüberstellung der statistischen Ergebnisse mit den Experteneinschätzungen

Abbildung 36: Struktur des Kapitels 6
Quelle: Eigene Darstellung.

6.1 Methodische Grundlagen

Zur Validierung der aus der qualitativen Inhaltsanalyse ermittelten Wirkungseffekte ist es für die quantitative Auswertung erforderlich zunächst ein Verständnis der methodischen Grundlagen zu schaffen. Dabei bilden die Interaktionen zwischen den Nutzern und dem Unternehmen den Ausgangspunkt der quantitativen Untersuchung. In diesem Zusammenhang stellt die Heranziehung der Logfiles als protokollierendes Datenmaterial, die eine automatisierte Aufzeichnung aller Transaktionen der Nutzeraktivitäten auf der Webseite in der systeminternen Datenbank des Betreibers sicherstellt, eine grundlegend untersuchungsförderliche Basis dar. Dennoch besteht die Notwendigkeit einer Auseinandersetzung mit den einzuhaltenden Gütekriterien sowie mit den Vor- und Nachteilen von Analysen, die auf Grundlage von Logfiles durchgeführt werden.

Statistiken, die sich durch den Zugang zu Informationen zu Webservern ableiten lassen, werden als Logfile-Analysen bezeichnet.[883] Die Logfile-Analyse wird bereits in der Praxis als ein adäquates Instrument eingesetzt um beispielsweise feststellen zu können welche Suchbegriffe die Nutzer auf der Webseite verwenden, welchen Seiten eine besondere Aufmerksamkeit gewidmet wird sowie auch zur Webseitenoptimierung eines Anbieters.[884] In der kommerziellen Verwendung wird durch die Betrachtung des Surfverhaltens unter anderem versucht Rückschlüsse über die Präferenzen und das Kaufverhaltens sowie Ursachen, die zu einem Kaufabbruch geführt haben, nachzuvollziehen. In der Online-Forschung wird die Logfile-

[883] Vgl. Grether (2003), S. 159 f.
[884] Vgl. hierzu und im Folgenden Clement; Schreiber (2010), S. 288 f.

Analyse als ein originäres Verfahren charakterisiert, da offline die Möglichkeit einer derartigen Erhebung nicht besteht.[885] Insbesondere durch den zunehmenden Einsatz neuer Medien und der damit verbundenen Digitalisierung der Kommunikation im öffentlichen und privaten Bereich gewinnen Analysen, die auf neuere Erhebungsverfahren wie den Logfiles basieren an Bedeutung.[886] Diese Entwicklung findet sich auch unter dem Schlagwort „Big Data" bestätigt,[887] die die stetig wachsende automatisierte Archivierung von hohen Datenmengen sowie deren situationsrelevante Auswertung durch digitale Technologien, als einen wesentlichen Treiber zur Verbesserung der Prognose- und Entscheidungsfähigkeit von Unternehmen beschreibt.[888] Bei der Beurteilung inwieweit Logfile-Analysen qualitätssichernde Maßstäbe zur Gewinnung aussagekräftiger Ergebnisse erfüllen werden die Gütekriterien der Validität, Reliabilität und Objektivität aus dem Abschnitt der qualitativen Exploration herangezogen.

Logfile-Analysen zeichnen sich gegenüber Befragungen durch eine höhere Validität aus, da sie auf tatsächlich durchgeführte Aktivitäten basieren.[889] Hingegen könnte, die mit der Befragung verbundene Aufforderung des Befragten zur Vorstellung einer bestimmten fiktiven Situation das Risiko bergen, dass ein anderes Verhalten beschrieben wird als bei einer tatsächlichen Durchführung zu beobachten wäre. Diese Verhaltensunterschiede können unter anderem auf eine kognitive Überlastung[890] oder auf einer sozialen Erwünschtheit der Nutzer,[891] also der Neigung sozialen Normen zu entsprechen, zurückgeführt werden. Insbesondere die sozial bedingten Verzerrungen können bei der Logfile-Analyse durch die biotische Beobachtung, also dem Umstand, dass die Betrachtung der Aktivitäten nicht aktiv in der Wahrnehmung der Nutzer registriert wird, Rechnung getragen werden.[892] Zudem kann die Reduzierung möglicher Störeinflüsse auch dadurch begründet werden, dass unter anderem Merkmalsausprägungen des Interviewers wie das Alter und Geschlecht keine beeinflussende Rolle spielen können.

Hinsichtlich der Reliabilität als ein Grad der formalen Genauigkeit auch bei einer wiederholten Befragung, ist diese bei der Logfile-Analyse grundsätzlich gegeben, da die Protokollierung der Interaktionen auf der Webseite automatisiert nach einer fest vorgegebenen und

---

[885] Vgl. Fraas; Meier; Pentzold (2011), S. 184.
[886] Vgl. König; Stahl; Wiegang (2014), S. 34 ff.
[887] Vgl. Chen et al. (2014), S. 23 f
[888] Vgl. McAfee; Brynjolfsson (2012), S. 62 ff.
[889] Vgl. Schaumburg (2004), S. 81.
[890] Vgl. Meffert (2002), S. 204;
[891] Vgl. Weichbold; Bacher; Wolf (2009), S. 98.
[892] Vgl. Bogner (2006), S. 146 f.

standardisierten Struktur erhoben werden.[893] Dadurch ist gewährleistet, dass unter Beibehaltung der aufzuzeichnenden Parameter bei weiteren Erhebungen, mit keiner oder gegebenenfalls mit einer sehr geringen Abweichung gerechnet werden kann. In diesem Zusammenhang ist auch durch den Zugang in die Einstellungskonfiguration der Serverdatenbanken eine präzise Dokumentation für weitere Erhebungen sichergestellt. Hierzu wird in dem nächsten Kapitel eine detaillierte Aufstellung der Datenstruktur der Logfiles aufgeführt, um eine hohe Nachvollziehbarkeit zu erzielen.

Die Objektivität ist bei der betrachteten Untersuchungsform dahingehend erfüllt, da die Erhebungsmethodik nicht von dem Forscher selbst durchgeführt wird, sondern automatisiert in standardisierter Form erfolgt.[894] In dem Fall wird in der Literatur von einer hohen Duchführungsobjektivität gesprochen.[895] Dabei kann durch dieses Erhebungsverfahren eine mögliche Beeinflussung der Befragten durch Inhalt und Art der Fragestellungen minimiert werden, da weder Fragestellungen zum Einsatz gekommen sind noch direkte Interaktionen mit dem Forscher erfolgt sind.[896] Die Auswertung und Interpretation der Daten, die durch den Forscher durchgeführt werden, basieren als objektivitätssteigernde Faktoren zum einen auf einer hohen Datenmenge von über 1.000 Mitgliedern, die während des Wettbewerbs teilgenommen haben und zum anderen auf quantitative Methoden, die zur Ermittlung statistischer Signifikanzen im Rahmen der Ergebnisbewertung, eingesetzt wurden.

Mit Hinblick auf die Vorteile der Logfile-Analyse ist durch die aufgeführten Aspekte zunächst die Einhaltung der Gütekriterien Validität, Reliabilität und Objektivität als eine Stärke des Verfahrens festzuhalten. Vor allem sind in diesem Zusammenhang die Vorteile zu pointieren, dass die Ergebnisse auf das konkrete Nutzerverhalten und nicht auf Antworten der Nutzer in fiktiven Befragungssituationen beruhen und somit mögliche Verzerrungen minimiert werden. Ein weiterer wesentlicher Vorteil ist, dass die Auswertung auf Basis einer Vollerhebung fundiert, die nicht durch eine Stichprobenziehung begrenzt ist und dadurch die Forderung einer Repräsentativität gewährleistet.[897] Insbesondere durch die kontinuierliche und vollständige Aufzeichnung der Daten können auch dynamische Verläufe auf der Plattform beispielsweise anhand von Längst- und Querschnittsanalysen beobachtet und untersucht werden.[898] Hierdurch können detaillierte Rückschlüsse über das Geschehen auf der Plattform

893 Vgl. Holsing (2012), S. 114.
894 Vgl. ebd. (2012), S. 114.
895 Vgl. Berekoven; Eckert; Ellenrieder (2006), S. 87 f.
896 Vgl. hierzu und im Folgenden Emrich (2009), S. 98 f.
897 Vgl. hierzu und im Folgenden Holsing (2012), S. 68.
898 Vgl. Marschall (2001), S. 77.

gezogen werden. Die ermittelten Ergebnisse aus der Logfile-Analysen zeichnen sich zudem durch eine ausgeprägte Anwendbarkeit aus, wodurch eine höhere Praktikabilität resultiert.[899] Ebenfalls ist die Erhebung großer Datenmengen mit relativ geringen Zeit- und Kostenaufwand möglich bei zugleich geringeren Fehlerraten, die sich beispielsweise aus Medienbrüchen aufgrund manueller Dateneingabe ergeben könnten.

Den Vorteilen sollen auch die Nachteile gegenübergestellt werden, die bei der Anwendung solcher Verfahren zu berücksichtigen sind. Ein Nachteil liegt in dem Mangel an eindeutiger Identifizierung der teilnehmenden Nutzer, da diese primär durch die ermittelte IP-Adresse erfolgt.[900] In diesem Zusammenhang kann einerseits eine Verzerrung der Personenzuordnung dadurch erfolgen, dass der Nutzer an seinem Rechner eine dynamische Zuweisung der IP-Adresse erhält oder sich Zugang durch einen anderen Rechners oder Service Providers verschafft. Entsprechend könnte keine IP-basierte Identifizierung mit einer zeitlich andauernden Konsistenz ermöglicht. Auch der Einsatz von Benutzernamen und Passwörtern zur eindeutigen Identifizierung könnte unter Umständen durch Falschangaben über personenbezogenen Daten des Nutzers oder der geteilten Nutzung eines Benutzerkontos durch mehrere Teilnehmer verzerrt werden. Ein weiterer Nachteil liegt in der für den Untersuchungszweck oft nicht zielführenden Datenstruktur der Logfiles, die bei dem Forschenden erst mit einem höheren Aufwand an Aufbereitung, Sortierung und Verdichtung der relevanten Daten zur Gewinnung von aussagekräftigen Ergebnissen möglich sind.[901] Darüber hinaus können die Handlungen der Nutzer nicht kanal- und webseitenübergreifend, sondern nur auf der Plattform, die der Verantwortung eines Anbieters obliegt, beobachtet werden.[902] Diese Gesichtspunkte sind vor der dem Hintergrund der aufgestellten Zielsetzung, der Auswertung und Interpretation der Ergebnisse bei einer Untersuchung zu berücksichtigen.

Zusammenfassend kann festgehalten werden, dass sich Logfile-Analysen vor allem dann eignen, wenn das Ziel in der Gewinnung von Erkenntnissen über das Verhalten und die Aktivitäten von Nutzern während des Navigierens und der Interaktionen mit anderen Nutzern oder Unternehmensvertretern auf einer Webseite liegt. In der vorliegenden Arbeit wird dieser Zielsetzung durch die quantitative Validierung als zweiter Schritt der empirischen Untersuchung gefolgt, die aus den Experteninterviews hergeleiteten Wirkungseffekten anhand der Analyse der Nutzerinteraktionen zu bewerten. Insbesondere findet sich die Eignung dadurch

899 Vgl. hierzu und im Folgenden Madlberger (2002), S. 261 f.
900 Vgl. Clement; Schreiber (2010), S. 288.
901 Vgl. Kilian; Langner (2010), S. 153.
902 Vgl. Lütters (2004), S. 109.

bestätigt, da der zentrale Ort der Interaktionen zur kollaborativen Wertschöpfung der Innovationsentwicklung sich auf der Ideabird-Plattform vollzog, die durch die zu analysierenden Logfiles vollständig aufgezeichnet wurden und somit eine geeignete Datengrundlage bilden. Darüber hinaus umfassen eine Großzahl der zu validierenden Wirkungseffekte die erarbeiteten Qualitätsergebnisse der eingereichten Ideen und der teilgenommenen Nutzergruppen, wodurch sich eine konkrete Beobachtung der Aktivitäten im Rahmen der Erstellung und Einreichung der Ideen auf der Plattform als zielführend erweist.

6.2 Datenquellen

Für die Analyse der Fallstudie wurde neben den bezugnehmenden Datenquellen aus den Experteninterviews für die qualitative Exploration, zum Zwecke der quantitativen Validierung das anonymisierte Logfile der Plattform Ideabird hinzugezogen. Die zur Untersuchung vorliegende Logfile-Datei hat die von Nutzern eingetragenen Daten und durchgeführten Aktivitäten im Wettbewerbszeitraum vom 28.02.2012 bis zum 15.05.2012 aufgezeichnet. Die Datenbeschaffenheit lag in der Dokumentation der soziodemographischen Merkmale der Teilnehmer durch die Aufnahme der Nutzerprofilangaben über das Alter, Geschlecht, Wohnort, Nationalität, Beschäftigung und der Auskunft über eine Betriebszugehörigkeit zu den plattformbetreibenden Organisatoren. Auch wurde bei der Registrierung von den Teilnehmern angegeben, ob sie den Erhalt von Newslettern und der Bereitschaft an weiteren Innovationswettbewerben teilzunehmen zustimmen. Darüber hinaus wurde der jeweilige Benutzername zur eindeutigen Identifizierung der Nutzer festgehalten. Außerdem konnte aus den Daten entnommen werden, ob die Nutzer die Registrierung über die verknüpften sozialen Medien Facebook und Linkedin durchgeführt haben oder ob eine manuelle Dateneingabe erfolgte.

Darüber hinaus wurden die Aktivitäten der registrierten und nicht-registrierten Nutzer sowohl während des passiven Aufenthalts auf der Webseite als auch bei aktiven Interaktionen mit anderen Nutzern und dem Unternehmen festgehalten. So konnten umfangreiche Informationen über die Account ID, Session ID, Timestemp, Logtyp, Idee ID, Textinhalt sowie über Inhalt und Häufigkeit der konkreten Seitenaufrufe ermittelt werden. Unter der Kategorie Logtyp konnte nachvollzogen werden, ob es sich bei den Nutzeraktivitäten um Registrierungen, Ideeneinstellungen, Comments, Ratings, Likes oder Messages handelt. Entsprechend konnten auch durch die Logfiles die Auskunft erhoben werden, ob es sich bei den Interaktionen um ein- oder ausgehende Kommunikationsströme handelt. Dies kann vor allem Aufschluss über die interaktionsbasierte soziale Beziehungen der Nutzer untereinander geben und

Einsichten über mögliche Reziprozitäten innerhalb der Austauschbeziehungen ermöglichen. Durch den Auszug der Logfiles aus SQL in ein Excel-Format konnte eine schnelle Aufbereitung und Strukturierung der Daten durchgeführt und eine umgehende Übertragung in die statistische Analysesoftware SPSS zur quantitativen Validierung gewährleistet werden.

6.3 Quantitative Einblicke in die Fallstudie

Die Heranziehung der Logfiles erlaubt neben der in Kapitel 4 allgemein beschriebenen Charakteristika der Fallstudie darüber hinaus detailliertere Einsichten zum besseren Verständnis der erfolgten Interaktionen auf der Plattform zu erlangen. In dem Zusammenhang wird vor allem auf die Merkmalsausprägungen der teilnehmenden Nutzergruppen sowie auf den zeitlichen Verlauf der Nutzeraktivitäten durch die quantitative Betrachtung eingegangen.

6.3.1 Merkmalsausprägung der Nutzergruppen

Geschlecht	**Verteilung**
männlich	71,0%
weiblich	29,0%
Alter	**Verteilung**
unter 18	4,1%
18-24	37,2%
25-34	35,7%
35-44	12,0%
45-54	8,2%
über 55	2,6%

Tabelle 26: Geschlecht und Altersstruktur der teilnehmenden Nutzer
Quelle: Eigene Darstellung.

Den Nutzerdaten der Logfiles zufolge haben bis zum 30.04.2012 insgesamt 1.023 registrierte Nutzer an der Maßnahme teilgenommen. Die registrierten Mitglieder waren zu 71% männlich und zu 29% weiblich. Hinsichtlich der Altersstruktur lagen die am häufigsten vertretenen Altersgruppen bei 18–24 mit 37,2% und bei 25–34 mit 35,7%. Weiterhin wiesen die Altersgruppe der 35–44-Jährigen mit 12,0% und die der 45–54-Jährigen mit 8,2% ebenfalls eine relevante Größe auf. Darüber hinaus waren auch die Altersgruppen der unter-18-Jährigen und die der über-55-Jährigen zwar schwach, aber im Rahmen des Wettbewerbszeitraums dennoch vertreten (siehe Tabelle 26).

Aus der Tabelle 26 ist die ausgeprägte internationale Struktur der teilnehmenden Nutzer, die nicht verstärkt nur einer bestimmten Region oder einem Kontinent entsprach, detailliert aufgelistet. Es registrierten sich insgesamt Teilnehmer aus 94 Nationen. Dabei konnte Indien mit 234 Nutzern (22,9%) aller registrierten Teilnehmer als das Land mit den meisten Nutzern identifiziert werden. Darüber hinaus gehörten Deutschland mit 217 Nutzern (21,2%), USA mit 55 Nutzern (5,4%), Nigeria mit 43 Nutzern (4,2%), Ägypten mit 36 Nutzern (3,5%) und Pakistan mit 30 Nutzern (3,0%) ebenfalls zu den Ländern, die mit einer Präsenz größer gleich als 3% an dem Wettbewerb beteiligt waren. Es waren Besucher der Webseite aus insgesamt 140 Nationen vertreten (siehe Tabelle 27).

Nation	**Verteilung**
Indien	22,9%
Germany	21,2%
USA	5,4%
Nigeria	4,2%
Ägypten	3,5%
Pakistan	3,0%
UK	2,3%
China	1,9%
Indonesien	1,6%
Italien	1,5%
Österreich	1,4%
Griechenland	1,3%
Australien	1,2%
Sonstige	28,7%

Tabelle 27: Herkunft der teilnehmenden Nutzer
Quelle: Eigene Darstellung.

Hinsichtlich der Betriebszugehörigkeit der Teilnehmer bestand mit 241 Nutzern (23,6%) der geringere Anteil aus internen Nutzern, die im Unternehmen beruflich tätig sind. Der Großteil der Communitymitglieder setzte sich mit 782 Nutzern (76,4%) aus Externen zusammen. Voraussetzung als externer Nutzer war während des Anmeldeprozesses die Zusicherung, dass kein Angestelltenverhältnis und somit keine betrieblich formalen Verpflichtungen dem Unternehmen gegenüber bestünden. Nahezu die Hälfte der Teilnehmer waren mit 463 Nutzern Studenten (45,3%). Aus der Gruppe der Berufstätigen waren die Manager mit 163

Nutzern (18,4%) die am stärksten vertretene Gruppe, gefolgt von Entwicklern mit 94 Nutzern (9,2%) und Designern mit 71 Nutzern (6,9%). Ein kleinerer Teilnehmerkreis war mit 40 Nutzern (3,9%) in Forschung und Lehre tätig (siehe Tabelle 28).

Betriebszugehörigkeit		Verteilung
Ja		23,6%
Nein		76,4%
Beschäftigung		**Verteilung**
Student		45,3%
Berufstätig	Manager	18,4%
	Entwickler	9,2%
	Designer	6,9%
	Forschung/Lehre	3,9%
	Sonstige	16,3%

Tabelle 28: Betriebszugehörigkeit und Beschäftigung der teilnehmenden Nutzer
Quelle: Eigene Darstellung.

Somit konnte durch die internationale Herkunft der Teilnehmer die vom Unternehmen präferierte Heterogenität sichergestellt werden, in der Erwartung, dass sich aus den divergierenden Regionen, Kulturen, Normen und Werte eine hohe Variation an Bedürfnissen und Anwendungsszenarien ergibt.

In der Literatur wird bereits seit Längerem eine dezidierte Unterscheidung der teilnehmenden Nutzer in verschiedene Nutzergruppen als ein steuernder Faktor zur Beeinflussung der Ergebnisse, die aus einer virtuellen Nutzerintegration resultieren können, beschrieben. Insbesondere ist im Kontext virtueller Communities eine Differenzierung nach Aktivitätsgraden üblich.[903] Entsprechend wird grundsätzlich zwischen aktiven und passiven Nutzern unterschieden.[904] Die Aktivitätsgrade der Nutzer innerhalb der Community konnten anhand der Anzahl von Ideen, Comments, Messages, Ratings oder Likes ermittelt werden. Es ergab sich folgendes Bild: 60% der Community setzte sich aus passiven Nutzern, 31% aus leicht aktiven Nutzern und 8% aus sehr aktiven Nutzern zusammen. Dies untermauert die zu erwartende Long-Tail-Verteilung aus der gängigen Literatur.[905]

[903] Vgl. Kittur et al. (2007), S. 1 ff.; Wilkinson (2008), S. 302 ff.; Velasquez et al. (2014), S. 21 ff.
[904] Vgl. Leigh (2009), S. 131 ff.
[905] Vgl. Panciera; Priedhorsky (2010), S. 1917 ff.; Spencer; Woods (2010), S. 53 ff.; Hart (2007), S. 274 ff.

6.3.2 Nutzeraktivitäten im Zeitverlauf

Neben den Charakteristika der teilnehmenden Nutzer erlauben die Logfiles auch Einsichten in die konkreten Nutzeraktivitäten über den zeitlichen Verlauf, die Gegenstand des folgenden Abschnitts sind. Während die Abbildung 37 eine grafische Darstellung über die Entwicklung der täglichen Webseitenaufrufe gibt, stellt die Tabelle 29 die quantitative Betrachtung dieser Werte dar.

Die Plattform Ideabird hat vom Beginn am 28.02.2012 bis zum Ende des Wettbewerbs am 11.05.2012 insgesamt über 285.000 Webseitenaufrufe mit über 93.000 Besuchern generiert. Bei der Betrachtung der Webseitenaufrufe ist zunächst ein zyklusförmiger Verlauf in Wochenabständen festzustellen. Einen Höhepunkt der Aufrufe erfolgte am 29.03.2012, die einen Maximum an 10.574 Aufrufe erzielt hat. Auch konnte an dem Tag mit dem maximalen Wert Querverweise auf externen Webseiten und Blogs identifiziert werden, die vor allem kreative Ideen und Lösungen auf der Plattform referenzierten.[906] Zum Ende des Wettbewerbszeitraums ist der letzte stärkere Anstieg der Webseitenaufrufe vom 14.04.2012 bis zum 17.04.2012 zu verzeichnen, der mit Benachrichtigungen über den Abschluss des Wettbewerbs und einer damit verbundenen letztmaligen Aufforderung zur weiteren Beteiligung sowohl auf der Plattform selbst als auch außerhalb der Plattform über soziale Medien wie Facebook und Twitter einhergeht. Am 17.04.2012 wurde die Möglichkeit zur aktiven Teilnahme am Wettbewerb beendet. Ab diesem Zeitpunkt ist ein deutliches Sinken der Aufmerksamkeit bis zur Bekanntgabe der Gewinner am 11.05.2012 und danach zu verzeichnen. Trotz des zyklusförmigen Verlaufs konnte die Plattform bis zum 06.04.2012 durchschnittlich steigende Wachstumszahlen konstatiert werden, die durch die Betrachtung der Mittelwertänderungen, welche als rote Linie in der Abbildung gekennzeichnet ist, entnommen werden. Im aktiven Wettbewerbszeitraum konnte eine tägliche Mindestaktivität in Höhe von 1.333 Aufrufen durchgehend aufrechtgehalten werden.

[906] Vgl. http://www.evangelinegarreau.com/page/25; http://www.satnews.com/story.php?number=160240740; http://www.theatlantic.com/technology/archive/2012/03/the-best-thing-to-happen-to-toast-since-sliced-bread/255164/

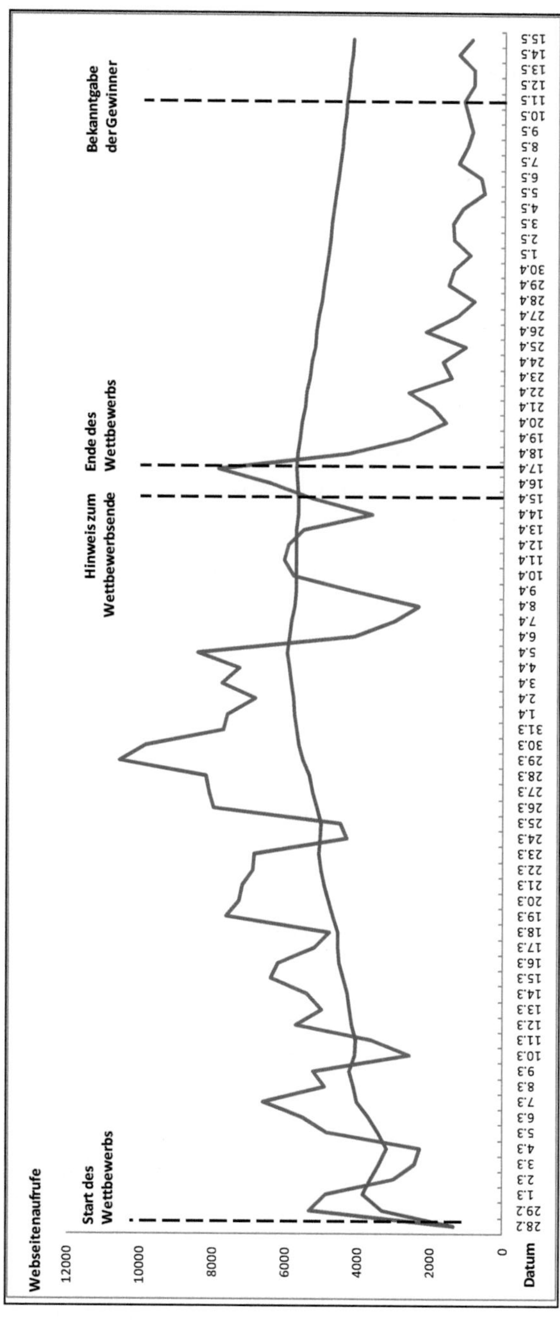

Abbildung 37: Übersicht der Webseitenaufrufe
Quelle: Eigene Darstellung.

Tägliche Webseitenaufrufe	Wert
N (Tage im Wettbewerbszeitraum)	50
Mittelwert der Webseitenaufrufe	5718,40
Standardfehler des Mittelwertes	284,49
Median der Webseitenaufrufe	5603,00
Standardabweichung der Webseitenaufrufe	2011,66
Varianz der Webseitenaufrufe	4046795,10
Spannweite der Webseitenaufrufe	9241,00
Minimum an Webseitenaufrufen	1333,00
Maximum an Webseitenaufrufen	10574,00
Summe der Webseitenaufrufe	285922,00

Tabelle 29: Quantitative Betrachtung der täglichen Webseitenaufrufe im aktiven Wettbewerbszeitraum
Quelle: Eigene Darstellung.

Während die Abbildung 37 einen Überblick über die Entwicklung der täglichen Webseitenaufrufe gibt, stellt die Abbildung 38 eine grafische Visualisierung der von den Nutzern aufgerufenen Webseiteninhalte dar. Die höchsten Webseitenaufrufe hat die Homepage mit einem Anteil von ca. 25% zu verzeichnen. An zweiter und dritter sind Webseiten, die die Inhalte der eingereichten Ideen entweder in Form der Beschreibung einer speziellen Idee (~17%) oder der Übersicht aller eingereichten Ideen durch den Ideenpool (~17%) umfassen. Eine beachtliche Aufmerksamkeit wurde mit einem Anteil von ca. 15% dem Newsfeed gewidmet, bei dem alle aktuellen Aktivitäten innerhalb der Community den Nutzern aufgeführt werden. Mitgliederbezogene Webseiteninhalte sowohl mitgliederspezifisch (~7%) als auch mitgliederübergreifend durch den Mitgliederpool (~4%) erzielten ebenfalls nennenswerte Aufrufe. Informationen zur Maßnahme, die auf der Plattform als Rubrik „About the Contest" bezeichnet wurden,[907] unter der die Qualifizierung der Nutzer erfolgte, unter anderem hinsichtlich der Vorstellung der Veranstalter und Jurymitglieder, des Prozessablaufs und der Fristen der Maßnahme, machte einen Anteil von ca. 7% der gesamten Webseitenaufrufe aus. Insbesondere gibt letzteres indikatorisch Aufschluss über den grundsätzlichen Bedarf der Comunitymitglieder an Informationen zur Wettbewerbsausschreibung und -organisation.

907 Subdomain www.ideabird.com/static_site.php

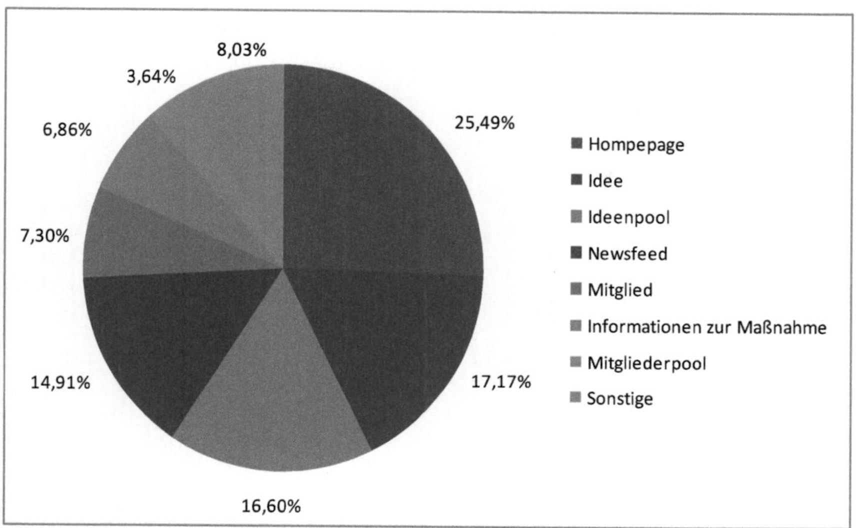

Abbildung 38: Verteilung der Webseitenaufrufe
Quelle: Eigene Darstellung.

Auf Basis der Logfiles konnten zudem weitergehende Einblicke in die detaillierten Nutzeraktivitäten mit zunehmendem Wettbewerbsfortschritt gewonnen werden. Wie aus der Abbildung 39 ersichtlich wird, spiegelt sich der ermittelte zyklusförmige Verlauf auch im Rahmen der aktiven Partizipation wieder. Es bestand dennoch eine kontinuierliche Nutzeraktivität entlang der Ideengenerierung und des sozialen Austausches zwischen den Nutzern, sodass eine durchgehend aktive Community im betrachteten Zeitraum gegeben war. Was die Registrierungen betrifft, zeichnet sich ein ähnliches Bild ab: Es konnten bis zum Ende des Wettbewerbszeitraums täglich eingehende Registrierungen verzeichnet werden. Bei der Entwicklung der Ideen und der Ratings ist ab dem 19.04.2012 keine Aktivitäten mehr zu beobachten, da diese Interaktionsfunktionen zum Abschluss des Wettbewerbs eingestellt wurden. Hingegen blieben jedoch die Interaktionsfunktionen der Comments und Messages in der Community weiterhin bestehen, aber weisen auch einen deutlichen Verfall der Aktivitäten auf.

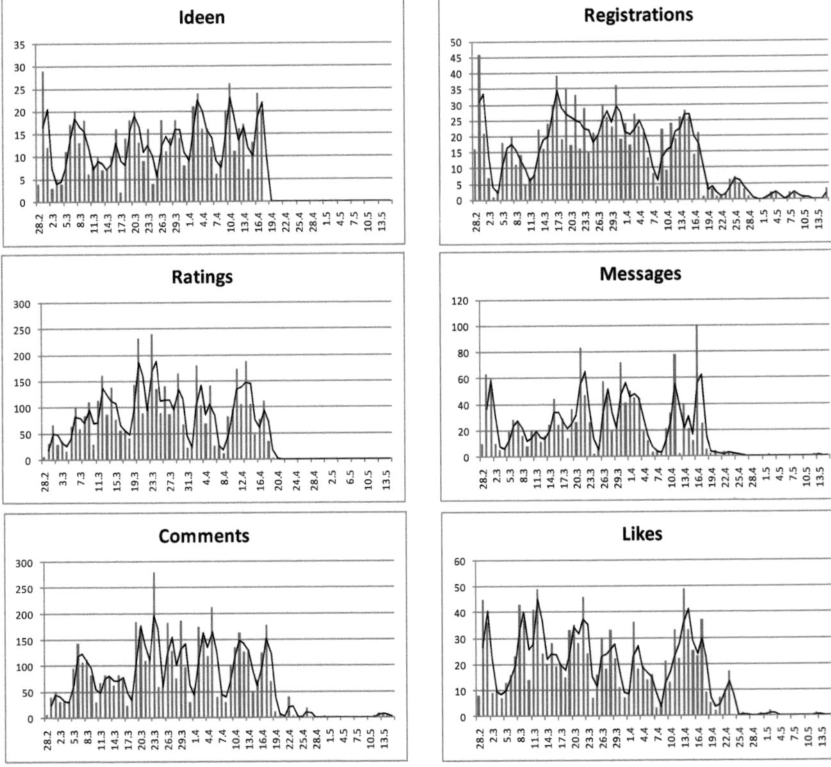

Abbildung 39: Übersicht über die Entwicklung der Nutzeraktivitäten
Quelle: Eigene Darstellung.

Wie im vorigen Abschnitt darauf eingegangen war die Absicht des Unternehmens möglichst unterschiedliche Teilnehmer für die Maßnahme zu akquirieren, die weder auf eine bestimmte Berufstätigkeit noch auf eine Nationalität begrenzt ist. Die erzielte Heterogenität der Nutzergruppen spiegelt sich auch in den eingereichten Ideen wieder. Bei der Betrachtung der Verteilung der Ideeninhalte nach den zugeordneten M2M-Themenfeldern, die für den Wettbewerb ausgeschrieben waren, konnte ein insgesamt breites Spektrum an eingereichten Beiträgen festgestellt werden (siehe Abbildung 40). Mit Ausnahme der Rubrik „Animals" erzielten alle Themenfelder einen Anteil von über 5% an der Gesamtzahl der produzierten Ideen. Dabei konnten die Nutzer ihre Vorschläge im Rahmen der Ideeneingabe durch Mehrfachnennungen mehreren M2M-Themenferldern zuordnen und somit dem Unternehmen eine eigene Zuordnung der Themenrelevanz überlassen.

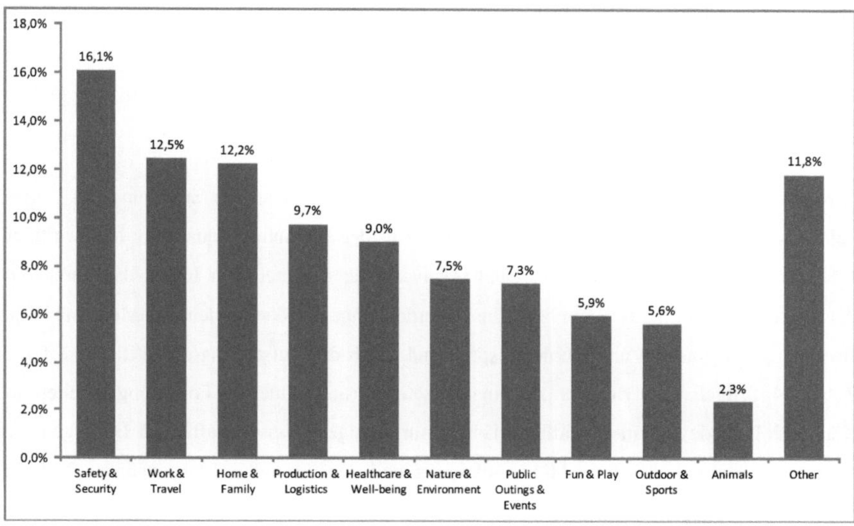

Abbildung 40: Übersicht über die eingereichten Ideen nach M2M-Themenfeldern

Quelle: Eigene Darstellung.

6.4 Ergebnisse der quantitativen Validierung

Vor der Durchführung der quantitativen Validierung der Ergebnisse, die aus der qualitativen Inhaltsanalyse der Experteninterviews ermittelt worden sind, gilt es zunächst eine Fokussierung der hergeleiteten Wirkungseffekte zu führen. Aufgrund des verfolgten Untersuchungsansatzes der Fallstudienanalyse besteht die Voraussetzung solche Datenquellen heranzuziehen, die auch im Rahmen der quantitativen Auswertung einen unmittelbaren Bezug zur Fallstudie aufweisen. Da die Unternehmensmotivation zur Durchführung virtueller Nutzerintegrationsmaßnahmen sich in der untersuchten Fallstudie in erster Linie durch die persönliche Befragung über Nutzen und Risiken aller projektinvolvierten Experten beantworten ließ und diese relevanten Wissensträger bereits bei der qualitativen Exploration berücksichtigt wurden, werden die Wirkungseffekte 1 bis 6 keiner weiteren statistischen Auswertung unterzogen. Weitergehende Forschungsarbeiten zur Validierung dieser Wirkungseffekte könnten insbesondere bei fallstudienunabhängigen Untersuchungen mit aufgegriffen werden. Ein ähnliches Bild ergibt sich bei der Betrachtung der Wirkungseffekte 15 bis 19, die die Synergien zwischen den Innovationswettbewerben und den virtuellen Communities vor allem aus einer organisatorischen Sichtweise aufzeigten. Hierzu würde ebenfalls die Notwendigkeit bestehen einen fallstudienübergreifenden Untersuchungsansatz zu verfolgen, um im komparativen Vergleich zwischen den isolierten und den kombinatorischen Methodeneinsatz tatsächlich erzielbare Effekte durch eine quantitative Auswertung unterscheiden zu können. Da in der vorliegenden Arbeit aus Gründen der qualitativen Exploration zur Identifizierung tiefgründiger und ganzheitlicher Erkenntnisse eine singuläre Fallstudie ausgewählt wurde, können die Wirkungseffekte 15 bis 19 viel eher den Untersuchungsgegenstand weiterer Forschungsarbeiten bilden.

Aus den Experteninterviews stellte sich heraus, dass eine wesentliche Erwartung des Unternehmens zur Durchführung solcher Maßnahmen in der Gewinnung qualitativ hochwertiger Lösungsideen liegt. Das erzielbare Qualitätsniveau der eingereichten Ideen, das durch die Ausgestaltung von Interaktionen beeinflusst werden kann, wurde von den Experten eine hohe Bedeutung beigemessen und wurde entsprechend durch die Aufstellung der Wirkungseffekte 7 bis 14 festgehalten. Bei der Auseinandersetzung mit aktuellen Forschungsarbeiten in Kapitel 2.3 wurde zudem ersichtlich, dass in nur wenigen wissenschaftlichen Beiträgen die konkrete Gestaltung der Interaktionsfunktionen und der Einbindung ausgewählter Nutzergruppen zur Beeinflussung der Qualität gewidmet wurde. Vor dem Hintergrund der Zielsetzung der Arbeit durch die Herleitung von konkreten und operationalisierbaren Gestaltungsempfehlungen einen Beitrag zur Innovationsentwicklung für die Praxis zu leisten werden die Wirkungseffekte 7 bis 14 für die weitere quantitative Untersuchung herangezogen. Die ausgewählten Wirkungseffekte eignen sich zudem besonders für die Ermittlung valider Ergebnisse, da das Kriterium der Qualität einer Idee einheitlich die abhängige Variable bildet und somit ein direkter Vergleich der Ergebnisse aufgrund der einheitlichen Bezugsgröße möglich ist und daher mit nur geringen Verzerrungen gerechnet werden kann. Zudem werden alle relevanten Gesichtspunkte durch den Datenbestand der Logfiles abgedeckt, sodass ein für die Untersuchung vollständiges relevantes Datenmaterial gewährleistet werden kann.

Entsprechend der Aufführungen gilt es im Folgenden die Wirkungseffekte 7 bis 14 quantitativ auf ihre statistische Signifikanz durch die Logfile-Analyse zu validieren. Aufgrund der Nutzerperspektive, die sich aus den Logfiles ableiten lässt, stellt dieses Vorgehen zugleich eine adäquate Gegenüberstellung mit der aus den Experteninterviews eingenommenen Unternehmensperspektive, um über den komparativen Vergleich gewonnene Einschätzungen statistisch zu fundieren oder durch konträre Erkenntnisse aus der quantitativen Analyse zu widerlegen bzw. die hergeleiteten Gestaltungsempfehlungen darauf aufbauend weiter zu modifizieren.

6.4.1 Interaktionsfunktionen

Bei der qualitativen Exploration als ein erster Schritt der empirischen Untersuchung konnten auf Basis der erhobenen Experteninterviews Wirkungseffekte hergeleitet werden, die einen positiven Einfluss der Interaktionsfunktionen der Comments (Wirkungseffekt 7), Ratings (Wirkungseffekt 8), Likes (Wirkungseffekt 9) und Messages (Wirkungseffekt 10) auf die Lösungsqualität darlegten. Im Folgenden sollen die Wirkungseffekte durch die Ermittlung der Korrelationen und statistischen Signifikanzen der angenommenen Beziehungszusammenhänge einer quantitativen Validierung unterzogen werden.

Das zur Verfügung stehende Datenmaterial der Logfiles ermöglicht eine geeignete empirische Datenbasis zur Gewinnung statistisch validierender Erkenntnisse, da dabei sämtliche genutzte Interaktionsfunktionen der Anwender aufgezeichnet wurden. Eine quantitative Untersuchung der Daten erfolgt mittels des Einsatzes der Software SPSS. Um eine tiefergehende Analyse sicherstellen zu können, werden die Beziehungszusammenhänge der Interaktionsfunktionen und die Ideenqualität mittels Korrelationsanalysen untersucht und die statistischen Signifikanzen der Auswirkungen ermittelt. Dabei kommen die Rangkorrelationsanalysen nach *Spearman* zur Anwendung, da es sich zum einen bei der Bewertung der Ideenqualität um ein ordinal skaliertes Datenniveau handelt.[908] Zum anderen erweist sich die Rangkorrelation nach *Spearman* als robust gegenüber Ausreißern und zudem bei diesem Datensatz eine Normalverteilung nicht unterstellt wurde.[909] Dabei wird in der Praxis bei Korrelationswerten zwischen 40% und 60% bereits von starken Wirkungszusammenhängen gesprochen.[910]

Hierbei kann bezugnehmend auf Tabelle 30 festgestellt werden, dass bei den ersten drei betrachteten Interaktionsfunktionen Comments (36,3%), Likes (42,2%) und Ratings (56,5%) mittlere bis stark positive und hochsignifikante Korrelationen zur bewerteten Ideenqualität durch das Unternehmen zu verzeichnen sind. Ferner steht fest, dass die Anzahl der Kommentare unterschiedlicher Mitglieder „Comments (Unique User)“ mit 40,4% eine höhere positive Korrelation aufweist als die absolute Betrachtung der Kommentare mit 36,3% „Comments“. Die Wirkung der Interaktionsfunktion Messages auf die Ideenqualität der Feedbackempfänger konnte zwar auch als signifikant ermittelt werden, aber zeigte vergleichsweise mit 17,2% eine wirkungsschwächere Korrelation auf.

908 Vgl. Schulze (2007), S. 130.
909 Vgl. Holling; Günther (2011), S. 176 ff.
910 Vgl. Paier (2010), S. 147.

Rangkorrelationen nach Spearman						
	1	2	3	4	5	6
Comments (Unique User)	1,000					
Comments	,864**	1,000				
Likes	,519**	,515**	1,000			
Ratings	,736**	,627**	,599**	1,000		
Messages	,294**	,357**	,309**	,387**	1,000	
Ideenqualität	,404**	,363**	,422**	,565**	,172**	1,000

**. Die Korrelation ist auf dem 0,01 Niveau signifikant (zweiseitig).

Tabelle 30: Korrelation zwischen Interaktionsfunktionen und Ideenqualität
Quelle: Eigene Darstellung.

Insbesondere wurde mit Hinblick auf Ratings von den Experten in der qualitativen Exploration darauf hingewiesen, dass diese sich ein Qualitätsindikator herangezogen werden. Diese Betrachtung lässt sich zudem durch den Vergleich der Bewertungen der Ideenqualität, die durch die Community und durch das Unternehmen erfolgt ist, auch ergänzend bestätigen. Aus der Tabelle 31 ist zu entnehmen, dass die communitybasierten Bewertungen der Ideenqualität („Ideenqualität (Community)") mit 26,3% eine Korrelation mittlerer Ausprägung und eine hohe Signifikanz zu der Ideenqualität, die auf Basis der Bewertungen durch das Unternehmen erfolgt ist („Ideenqualität (Unternehmen)"), aufweisen.

Rangkorrelationen nach Spearman		
	1	2
Ideenqualität (Unternehmen)	1,000	
Ideenqualität (Community)	,263**	1,000

**. Die Korrelation ist auf dem 0,01 Niveau signifikant (zweiseitig).

Tabelle 31: Korrelation zwischen den Bewertungen des Unternehmens und der Communitymitglieder
Quelle: Eigene Darstellung.

Aufgrund der gegebenen statistischen Signifikanzen können die Wirkungseffekte 7, 8, 9 und 10 bestätigt werden. Demnach bestehen sowohl durch die Einschätzungen der Experten als auch durch die statistische Auswertung der tatsächlich erfolgten Nutzeraktivitäten ein positiver Einfluss der Interaktionsfunktionen Comments, Likes, Ratings und Messages auf die Qualität der Idee des Ideenstellers. Während bei der komparativen Betrachtung der Korrelationen die Ratings den höchsten Einfluss aufweisen, besteht bei den Messages ein vergleichsweise schwächerer Wirkungszusammenhang zur Ideenqualität.

6.4.2 Interne und externe Nutzergruppen

In den folgenden zwei Abschnitten gilt es die unterschiedlichen Nutzergruppen und deren Wertbeiträge im Rahmen des Innovationswettbewerbs zu quantitativ ermitteln. Dabei werden in dem ersten Abschnitt die geleisteten Beiträge auf der Plattform nach den Nutzergruppen der internen und externen Nutzer unterschieden. In dem zweiten Abschnitt gilt es, eine weitere differenzierte Sichtweise zu gewinnen, indem die Nutzergruppen nach ihren Aktivitätsgraden unterschieden werden. Betrachtet werden hierzu die erstellen Ideen der Nutzer sowie das produzierte Feedback. In diesem Zusammenhang werden als „Feedback" die Nutzerbeiträge in Form von Ratings, Comments, Messages bezeichnet.

Bezüglich der Nutzergruppen nach Betriebszugehörigkeit wurde in der qualitativen Exploration nach Einschätzung der befragten Experten der Wirkungseffekt 11 hergeleitet, dass in der frühen Innovationsphase externe Nutzer eine höhere Ideenqualität als interne Nutzer erzielen. Dieser Wirkungseffekt gilt es durch die quantitative Analyse und der Ermittlung möglicher statistischer Signifikanzen zu verifizieren.

Die Tabelle 32 beinhaltet eine komparative Analyse der Anzahl und Qualität der Ideen von internen und externen Nutzern. Wie daraus zu entnehmen ist, haben 405 Nutzer selbst Ideen generiert oder ein Feedback zu Ideen anderer Nutzer erstellt.

	Nutzer	Ideen	Ideen je Nutzer	Feedbacks	Feedbacks je Nutzer	Mittelwert Ideenqualität
Interne Nutzer	92	82	0,89	4.397	47,8	3,20 (SD 0,77)
Externe Nutzer	313	536	1,71	5.571	17,8	2,64 (SD 0,81)

Tabelle 32: Ideenanzahl und Qualitätsbewertung von internen und externen Nutzern
Quelle: Eigene Darstellung.

Die Tabelle verdeutlicht, dass mit 536 Ideen etwa 87% der Ideen von externen Nutzern entwickelt wurden. Aus den insgesamt 618 entwickelten Ideen wurden 220 Vorschläge nach einer ersten Durchsicht durch das Unternehmen als redundant zu bereits eingereichten Ideen eingestuft, so dass schließlich 398 Ideen der weiteren Bewertung unterzogen wurden. Vergleichsweise produzierten die externen Nutzer Nahe zu doppelt so viele Ideen wie die internen Nutzer. Hingegen generierten die internen Nutzer Nahe zu dreimal so viel Feedback wie die externen Nutzer. Insbesondere veranschaulicht der Vergleich, dass die durchschnittliche Qualität der externen Nutzer auf Basis der fünfstufigen Bewertungsskala mit 3,20 einen höheren Mittelwert aufweist als der der externen Nutzer mit 2,64.

Einen weiteren Einblick über die erzielten Ergebnisse ermöglichen die Abbildung 41 und Abbildung 42. Dabei werden die Ergebnisbewertungen beider Gruppen nach der Häufigkeit und der eingestuften Ideenqualität gegenübergestellt. Demnach erzielten externe Nutzer mit 114 Ideen eine absolut gesehen höhere Anzahl von Ideen mit einer hohen Gesamtbeurteilung von >3–5 als interne Nutzer mit 49 Ideen.

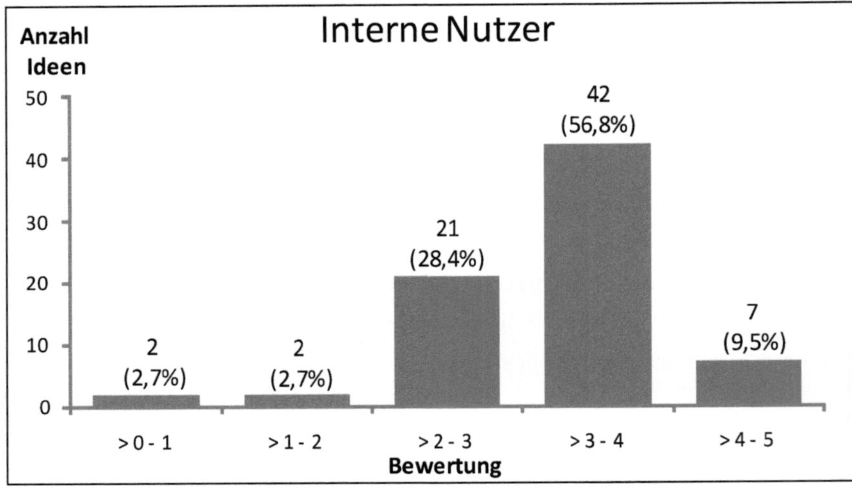

Abbildung 41: Anzahl und Ideenqualität von internen Nutzern
Quelle: Eigene Darstellung.

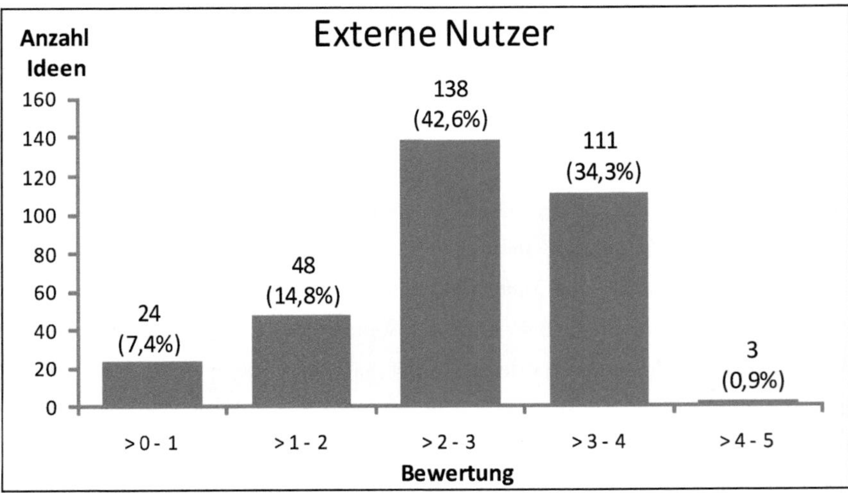

Abbildung 42: Anzahl und Ideenqualität von externen Nutzern
Quelle: Eigene Darstellung.

Test bei unabhängigen Stichproben										
		Varianzgleichheit		T-Test für die Mittelwertgleichheit						
		F	Signifikanz	T	df	Sig. (2-seitig)	Mittlere Differenz	Standardfehler der Differenz	Differenz	
									Untere	Obere
Ideenqualität	Varianzen sind gleich	1,966	,162	-5,364	396	,000	-,56056	,10450	-,76601	-,35512
	Varianzen sind nicht gleich			-5,565	113,596	,000	-,56056	,10073	-,76011	-,36101

Tabelle 33: T-Test hinsichtlich der Ideenqualität der internen und der externen Nutzer
Quelle: Eigene Darstellung.

Zur Validierung des Wirkungseffekts 11 gilt es die statistische Signifikanz der erhobenen Mittelwerte zu ermitteln. Zur Überprüfung wird der zweiseitige t-Test eingesetzt, um herauszufinden, ob die zwei empirischen Mittelwerte sich systematisch voneinander unterscheiden lassen und damit auch tatsächliche Qualitätsunterschiede determiniert durch die betrachteten Merkmalsabweichungen der ausgewählten Gruppen herrschen.[911] In diesem Fall konnte ein Signifikanzniveau von $p < 0{,}001$ ermittelt werden, das damit einen statistisch signifikanten Unterschied zwischen den Mittelwerten der internen und den der externen Nutzer aufzeigt (siehe Tabelle 33). Somit kann der aus den Experteninterviews hergeleitete Wirkungseffekt 11 nicht bestätigt werden, da die externen Nutzer zwar eine absolut gesehen höhere Anzahl gut bewerteter Beiträge erzielen, aber die Ideen der internen Nutzer einen signifikant höheren qualitativen Mittelwert aufweisen.

6.4.3 Aktive Nutzergruppen

Die Unterscheidung der Nutzergruppen nach ihren Aktivitätsgraden erlaubt eine weitere Differenzierung der Beitragsleistung. Hierbei sollen ebenfalls die nach Einschätzung der Experten aufgestellten Wirkungseffekte hinsichtlich der Ideenqualität von Nutzergruppen mit unterschiedlichen Aktivitätsgraden untersucht werden.

In diesem Zusammenhang konnten durch die qualitative Inhaltsanalyse der Interviews mit den Experten weitere Wirkungseffekte hergeleitet werden, die beinhalten, dass die Produktion von Ideen einen positiven Einfluss auf die eigene Lösungsqualität des Ideengebers (Wirkungseffekt 12) sowie auch die Produktion von Feedback einen positiven Einfluss auf die eigene Lösungsqualität des Feedbacksenders (Wirkungseffekt 14) ausübt. In dieser Untersuchung lässt sich der Aktivitätsgrad durch den vorliegenden Datensatz in die Dimensionen „generierte Ideen" und „generiertes Feedback" untergliedern. Zur differenzierten Ermittlung von über- oder unterdurchschnittlichen Nutzeraktivitäten wurden entsprechende Mittelwerte der zwei Dimensionen gebildet. Hieraus resultieren vier Gruppen, die sich in der ersten Gruppe (geringe Ideenanzahl und geringe Feedbackanzahl), zweite Gruppe (hohe Ideenanzahl und geringe Feedbackanzahl), dritte Gruppe (geringe Ideenanzahl und hohe Feedbackanzahl) und vierte Gruppe (hohe Ideenanzahl und hohe Feedbackanzahl) klassifizieren lassen.

Der Vergleich der vier Nutzergruppen ermöglicht einen Einblick über den Wertbeitrag verschiedener Wettbewerbsteilnehmer nach den Aktivitätsgrad (siehe Abbildung 43). Die Gruppe 1 macht mit 79,5% den größten Anteil der aktiven Nutzer aus, weist allerdings mit

911 Vgl. Friese; Hofmann; Naumann (2004), S. 43.

einem Mittelwert von 2,57 die geringste Qualität auf. Die Gruppe 2 stellt 6,9% der aktiven Nutzer dar und weist im Mittel einen Wert von 2,77 auf. Die Gruppe 4 ist mit einem Anteil von 5,7% in der Community vertreten und erzielt einen Mittelwert von 2,79. Hingegen erreicht die Gruppe 3, mit einem Anteil von 7,9% in der aktiven Community vertreten, mit einem Mittelwert von 3,08 die höchste Ideenqualität.

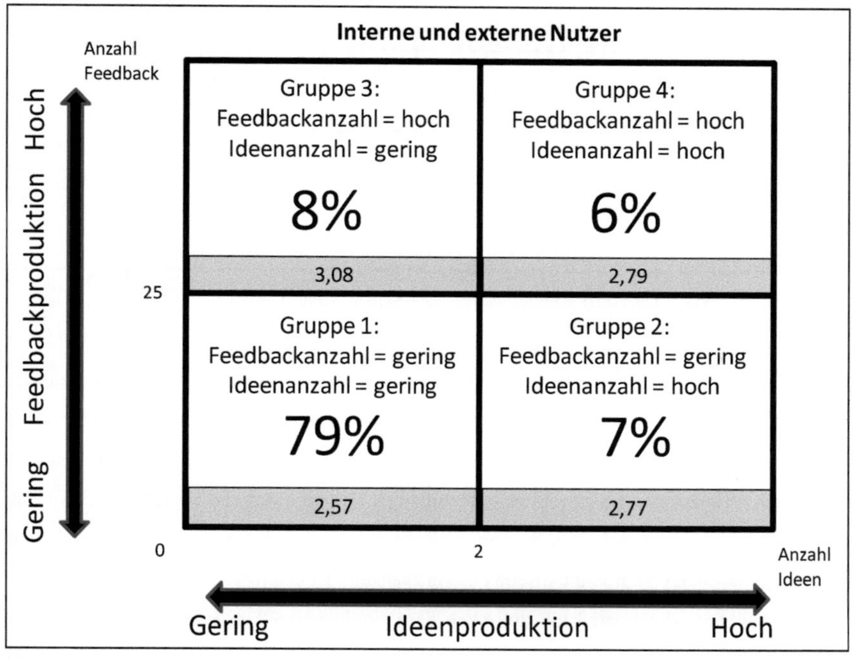

Abbildung 43: Klassifizierung der aktiven Nutzer nach dem Aktivitätsgrad
Quelle: Eigene Darstellung.

Um feststellen zu können, ob die vier gebildeten Gruppen auch untereinander statistisch signifikante Unterschiede aufweisen und die Gegenüberstellung der Gruppen über Mittelwertvergleiche zu aussagekräftigen Ergebnissen führt, wird eine einfaktorielle Varianzanalyse durchgeführt.[912] Zur Validierung der Eignung der gebildeten Gruppen bieten sich zwei Möglichkeiten an, die einerseits in der Betrachtung des p-Werts, und andererseits in der Analyse der kritischen Werte liegen.[913] In dem vorliegenden Datensatz beträgt der p-Wert 0,013602898 und liegt somit unter der Irrtumswahrscheinlichkeit von 5%. Entsprechend besteht zu 99% die Wahrscheinlichkeit eines starken Zusammenhangs zwischen den Nutzer-

[912] Vgl. Brosius (2011), S. 499 f.
[913] Vgl. Backhaus et al. (2003), S. 118 ff.

gruppen und der Ideenqualität. Auch wird dieses Ergebnis durch die alternative Methode des F-Werts bestätigt, da die Prüfgröße F in dem Fall höher ist als der kritische F-Wert. Entsprechend liegen signifikante Gruppenunterschiede vor, sodass der Datensatz für eine aussagekräftige Betrachtung der vier gebildeten Nutzergruppen herangezogen werden kann (siehe Tabelle 34).

ZUSAMMENFASSUNG

Gruppen	Anzahl	Summe	Mittelwert	Varianz
Gruppe 1	112	287,69	2,568660714	0,806191884
Gruppe 2	61	169,2	2,773770492	0,75920388
Gruppe 3	31	95,55	3,082258065	0,711164731
Gruppe 4	194	541,42	2,790824742	0,598986881

ANOVA

Streuungsursache	Quadratsummen (SS)	Freiheitsgrade (df)	Mittlere Quadratsumme (MS)	Prüfgröße (F)	P-Wert	kritischer F-Wert
Unterschiede zwischen den Gruppen	7,462028984	3	2,487342995	3,603268448	0,013602898	2,627555764
Innerhalb der Gruppen	271,9789419	394	0,690301883			
Gesamt	279,4409709	397				

Tabelle 34: Varianzanalyse der Nutzergruppen nach Aktivitätsgraden
Quelle: Eigene Darstellung.

Zur detaillierten Untersuchung gilt es anhand einer weitergehenden Korrelationsanalyse die isolierten Wirkungszusammenhänge zwischen den erklärenden Variablen den produzierten Ideen bzw. dem produzierten Feedback und der erklärten Variable der Lösungsqualität weiter zu eruieren. Wie aus der Tabelle 35 zu entnehmen ist besteht durch die Höhe von 7,3% Nahe zu keine Korrelationen zwischen den produzierten Ideen und der erzielten Lösungsqualität und zudem bestehen keine statistischen Signifikanzen. Demzufolge wird der Wirkungseffekt 12 abgelehnt. Hingegen kann zwischen dem produzierten Feedback und der erzielten Lösungsqualität eine Korrelation in Höhe von 19,4% sowie hohe statistische Signifikanzen (Signifikanzniveau von $p < 0{,}01$) ausgewiesen werden. Somit kann der Wirkungseffekt 14 auf Basis der quantitativen Validierung bestätigt werden.

Rangkorrelationen nach Spearman

	1	2	3
Produzierte Ideen	1,000		
Produziertes Feedback	,725**	1,000	
Ideenqualität	,073	,194**	1,000

**. Die Korrelation ist auf dem 0,01 Niveau signifikant (zweiseitig).

Tabelle 35: Korrelationsanalyse der produzierten Ideen, Feedback und Ideenqualität
Quelle: Eigene Darstellung.

Während die in diesem Abschnitt betrachteten Wirkungseffekte insbesondere die Qualitätsbeiträge von Nutzergruppen mit unterschiedlichen Aktivitätsgraden betrachtet wurden, beinhaltet der identifizierte Wirkungseffekt 13 einen positiven Zusammenhang zwischen dem aus der Community empfangenen Feedback und der Lösungsqualität des Feedbackempfängers. Nach einstimmiger Einschätzung der Experten bestand ein positiver Einfluss, da Feedbackempfänger den Input als Anregung zur Optimierung ihrer Ideen genutzt haben. Demnach konnten durch den Feedbackprozess beispielsweise Unklarheiten bei der Formulierung oder unberücksichtigte Gesichtspunkte aufgezeigt werden, die sich durch den Diskurs förderlich für das Gesamtergebnis erwiesen hat. Hierzu wurden zur quantitativen Validierung auch die Korrelationen zwischen dem empfangenen Feedback und der Ideenqualität ermittelt. Wie aus der Tabelle 36 nachvollzogen werden kann, besteht eine ausgeprägte positive Korrelation von 51,7% mit einer hohen statistischen Signifikanz. Somit kann der Wirkungseffekt 13 bestätigt werden.

Rangkorrelationen nach Spearman		
	1	2
Empfangenes Feedback	1,000	
Ideenqualität	,517**	1,000

**. Die Korrelation ist auf dem 0,01 Niveau signifikant (zweiseitig).

Tabelle 36: Korrelationsanalyse des empfangenen Feedbacks und der erzielten Ideenqualität
Quelle: Eigene Darstellung.

Zur indikatorischen Untermauerung des betrachteten Wirkungseffekts lassen sich aus der Beobachtung der Kommunikationsströme der Nutzer zahlreiche Kommentare anführen, die eine Weiterentwicklung nach erhaltenem Feedback ausdrücklich betonen. Tabelle 37 listet einige solcher Kommentare für die Verbesserung einer Idee aufgrund der erhaltenen Reaktionen auf.

“Thanks for the feedback. Your improvement suggestion sounds even more innovative that my own idea, I guess that in order to provide such functionality, the device shall have to support additional abilities such as steel detection.”
“Thanks [...] for your note. I've already mentioned this concept in my idea description (car or motorcycles based trips), I guess my language was not clear enough so I will improve it!”
“Thanks [...] for your positive feedback and support! I appreciate the time you invested in reading and helping me to improve my idea!”
“Hello [...], thanks a lot for your valuable inputs. I shall definitely look into the related existing designs already developed and try to redesign or improve upon my designs”
“[...] Thanks for your positive review, and for your suggestions how to expand the idea further. I'll surely use your recommendations to improve my idea, many thanks!!”

“[...] Thanks for your comment. I think you raise a very interesting idea to improve this concept.”
“I'll definitely use your insight to improve my idea further, thanks!”
”Thank you [...] Your advise is really good and this will improve the idea much better“
“[...] you made a very good explanation and improve my idea so nice, thank you so much!
“Thanks [...] for a great idea to improve the concept.”
“Thanks [...] for your comment and for your great suggestions for improving this idea!”
”Thanx [...] Yeah.your comment was very useful and you have a very valid point.I have made some changes to the idea.”

Tabelle 37: Kommentare der Nutzer hinsichtlich der Aufnahme und Weiterentwicklung der hochgeladenen Ideen auf Basis des erhaltenen Feedbacks

Quelle: Eigene Erhebung.

6.5 Diskussion der Ergebnisse

Die quantitative Validierung ausgewählter Wirkungseffekte, die als Ergebnis der Experteninterviews resultiert, ermöglicht einen wesentlichen Anteil der explorativ gewonnenen Einsichten aus der Fallstudie Ideabird auch auf ihre statistische Gültigkeit zu verifizieren. Insbesondere durch die Einbindung beider Datenquellen mit unterschiedlichen Perspektiven, vornehmlich der Expertensicht im Abschnitt der qualitativen Exploration und der Nutzersicht im Abschnitt der quantitativen Validierung, wird es ermöglicht eine inhaltliche Gegenüberstellung zu führen, um dadurch weitergehende normative Empfehlungen bei der Ausgestaltung der Interaktion für die virtuelle Nutzerintegration zu gewinnen. Hierzu wurde zunächst nach Betrachtung der Stärken und Schwächen sowie der Einhaltung der erforderlichen Gütekriterien für eine Auswertung die Logfile-Analyse als ein geeignetes quantitatives Verfahren identifiziert und für die weitere Untersuchung herangezogen. Zudem erfolgte vor dem Hintergrund der erheblichen Forschungslücken insbesondere hinsichtlich der konkreten Ausgestaltung von Interaktionen sowie des Anspruchs der Arbeit operationalisierbare Handlungsempfehlungen zu generieren eine Fokussierung auf Wirkungseffekte, die konkrete Gestaltungselemente virtueller Methoden adressieren und sich durch die erhobenen Logfiles besonders adäquat prüfen lassen. Auch war es vor dem Hintergrund des verfolgten singulären Fallstudienansatzes erforderlich, dass die herangezogenen Daten einen direkten Bezug zur untersuchten Fallstudie Ideabird aufweisen. Vor allem die beobachteten Wirkungseffekte 7 bis 14 erwiesen sich als geeignet die Anforderungen zu erfüllen und wurden zur weiteren Überprüfung herangezogen, da mit der Betrachtung der Interaktionsfunktionen auf einer Plattform und den teilgenommenen Nutzergruppen innerhalb der Community die notwendige Nutzerperspektive für eine Gegenüberstellung mit den Experteneinschätzungen gewährleistet werden kann, um dadurch weitere Rückschlüsse auf die Auswirkung von konkreten Gestaltungselementen ziehen zu können.

Wie aus den Ergebnissen nahvollzogen wurde konnten die Wirkungseffekte 7, 8, 9 und 10 quantitativ bestätigt werden. Demnach kann die von den Experten eingeschätzten Wirkungseffekte bezüglich des positiven Einflusses der Interaktionsfunktionen Comments, Ratings, Likes und Messages auf die Lösungsqualität einer Idee durch die statistische Überprüfung der Nutzeraktivitäten zugestimmt werden. Dies stützt die Empfehlung dahingehend bei einer Ausgestaltung von Innovationswettbewerben mit virtuellen Communities unterschiedliche Interaktionsmöglichkeiten anzubieten, um den Wissens- und Erfahrungsaustausch innerhalb der Community weitere anzuregen und die von den Nutzern erzielbare Gesamtqualität weiter zu fördern. Allerdings konnten zwischen den Interaktionsfunktionen unterschiedlichen Korrelationsstärken identifiziert werden. Die stärkste Korrelation zur Ideenqualität konnte bei den Ratings festgestellt werden. Auf der betrachteten Plattform konnte der Nutzer bei der Übermittlung des Feedbacks in Form der Ratings mit geringem Aufwand anhand der definierten Unterkriterien und der Bewertungsskala unmittelbar die Stärken und Schwächen der eingereichten Idee ermitteln. Neben der schnelleren Aufnahmefähigkeit des Feedbacks könnte ein wesentlicher Grund für die ausgeprägte Korrelation in dem Wettbewerbscharakter dieser Nutzerintegrationsmaßnahme liegen. Durch die Punktevergabe konnten Qualitätsvergleiche zwischen den Ideen der Mitbewerber stattfinden und dadurch könnte gegebenenfalls ein weiterer Anreiz zur Überarbeitung der Ideen mit der Zielsetzung eine bessere Positionierung in der Community zu erreichen geschafft worden sein. Dieser Aspekt wurde zudem dadurch gefördert, da die bestbewertetsten Ideen durch die eingeführten Selektions- und Filterfunktionen in nur wenigen notwendigen Aktionen eine direkte Auflistung zuließen.

Nach den empirischen Daten über die positiven Korrelationen der Comments kann zudem angenommen werden, dass diese Interaktionsfunktion in der Fallstudie dazu genutzt wurde qualitatives Feedback bezüglich der eingereichten Idee zu übermitteln. Der zusätzliche Mehrwert im Vergleich zu den anderen Interaktionsfunktionen könnte darin liegen, dass durch die freie Texteingabe mit dem direktem Bezug zur Idee, die Möglichkeit bestand das Feedback in einem höheren Detaillierungsgrad auszuformulieren, um beispielsweise Verständnisfragen, inhaltliche und sprachliche Unklarheiten oder weitergehende technische und kommerzielle Aspekte einer Idee zu thematisieren. Ferner hatte sich durch die Datenlage gezeigt, dass der qualitätsfördernde Effekt etwas ausgeprägter ist, wenn unterschiedliche Mitglieder die hochgeladene Idee kommentieren. Dies lässt sich dadurch erklären, dass durch den Austausch mit unterschiedlichen Mitgliedern zusätzliches Wissen und weitere Kompetenzen die Weiterentwicklung der Idee vorantreiben können. Diese beobachtete Wirkung kann zudem dadurch erklärt werden, dass auf der Plattform die Möglichkeit bestand, die Ideen auf Basis des erhaltenen Feedbacks weiterzuentwickeln und diese, den Experten zufolge, auch tatsächlich genutzt wurde.

Positive Korrelationen konnten darüber hinaus auch bei den Likes festgestellt werden. Es stellt sich dennoch die Frage inwieweit die betrachtete Interaktionsfunktion Ausgangspunkt für eine Überarbeitung der Idee dargestellt hat. Ähnlich der Ratings wurde die Anzahl der Likes, die eine Idee von der Community zugewiesen bekommen hat transparent gehalten. So könnte eine mögliche Beeinflussung bei der Bewertung der Ideen durch die Einsicht der Likes, die eine Idee zugewiesen bekommen hat, stattgefunden haben. Dennoch wurde dadurch eine weitere Ebene für einen komparativen Vergleich der Ideen geschafft und damit auch mögliche wettbewerbsorientierte Anreize zur Leistungssteigerung mit Hinblick auf die Verbesserung einer bereits eingereichten Idee eingeführt. Zudem bestand auf der Plattform die Möglichkeit ähnlich den Ratings nach Ideen mit der höchsten Anzahl an Likes aufzulisten, wodurch Leaderboards auf der Plattform ersichtlich wurden. Nach Aussagen der Experten sind bei dieser Form von Feedback vor allem intuitive Bewertungsmechanismen, die einen zusätzlichen Mehrwert gegenüber den eher rational geprägten Einschätzungen der Ratings, die nach vordefinierten Kriterien zu bewerten sind, bei der Optimierung einer Idee darstellen.

Die vergleichsweise geringste Korrelation konnte bei den Messages festgestellt werden. Die Experten begründeten die positive Wirkung auf die Lösungsqualität einer Idee, da diese Austauschform von den Nutzern unter anderem dazu genutzt wurde die Peer Group auf die eigenen hochgeladenen Ideen aufmerksam zu machen. Es kann allerdings davon ausgegangen werden, dass dieser Kommunikationskanal auch dazu genutzt wurde soziale Verknüpfungen mit anderen Nutzern aufzubauen ohne einen direkten Bezug zur eingereichten Idee zu verfolgen. Dieser Aspekt könnte daher einen relativierenden Effekt der Wirkungsgrad der Messages auf die Ideenqualität ausgeübt haben. Nichts desto trotz kann davon ausgegangen werden, dass vor dem Hintergrund der Aufrechthaltung einer andauernden Motivation zur freiwilligen Teilnahme innerhalb einer Community auch die sozialen Beziehungen mit Gleichgesinnten einen werthaltigen Beitrag leisten. Denn ein gebildetes Beziehungsgeflecht zwischen Nutzern könnte unter Umständen die Bildung eines Gemeinschaftsgefühls und einer Identifizierung mit der Community fördern. Mögliche Auswirkungen von gebildeten sozialen Beziehungen zwischen den Mitgliedern könnten dabei in einer Erhöhung der Besuchshäufigkeit und Verweildauer der Nutzer liegen und somit für das Unternehmen einen begünstigten Zustand hervorbringen.

Der Vergleich der beiden Nutzergruppen verdeutlicht, dass durchaus Qualitätsunterschiede zwischen internen und externen Nutzern bestehen. Aufgrund der statistischen signifikanten höheren Mittelwerte der internen Nutzer gegenüber den externen Nutzern konnte der Wirkungseffekt 11 nicht bestätigt werden. Dies stellt vor dem Hintergrund der Experteneinschätzung und der thematisierten Open Innovation-Literatur eine interessante Einsicht dar. Demnach kann angenommen werden, dass nur in Abhängigkeit des erwarteten Ergebnisses, der Art und Umfang der Aufgabenstellung sowie der eingebundenen Nutzergruppen eine Empfehlung zur externen Ausrichtung einer Nutzerintegrationsmaßnahme ausgesprochen werden kann. Die erzielten Qualitätsunterschiede können sich dadurch erklären, dass interne im Vergleich zu externen Nutzern über ein ausgeprägteres Wissen auf dem eigenen Geschäftsfeld verfügen und industrierelevante Erfahrung vorweisen können. Darüber hinaus kann angenommen werden, dass durch die Betriebszugehörigkeit unmittelbar für die Organisation relevante Fragestellungen und Gesichtspunkte über die Wettbewerbsausschreibung hinaus abgedeckt werden konnten. Gleichwohl konnte auch gezeigt werden, dass die freiwillig teilnehmenden externen Nutzer trotz fehlender Zugehörigkeit zum Unternehmen und ohne eine direkte maßnahmenbasierte Vorqualifizierung durchlaufen zu haben, eine große Anzahl von Ideen mit einer hohen Bewertung erzeugt haben. Dies lässt den Schluss zu, dass die externen Nutzer über Informationen und Fähigkeiten verfügen, von denen das Unternehmen profitieren kann. In der Literatur wurde oft thematisiert, dass externe Nutzer sich durch ein hohes Maß an Kreativität auszeichnen, die der Produktentwicklung als wertvolle Quelle zur Identifizierung origineller Innovationen dient.[914] In diesen Zusammenhang betonten die Experten ihre Erwartung, in dem Wettbewerb einer Vielzahl unterschiedlicher Ideen zu begegnen, mit denen sich verschiedene Nutzenkomponenten, die durch die M2M-Technologie bedient werden könnten, ermitteln lassen. Diese Erwartung hat sich aus der Betrachtung der quantitativen Daten bestätigt. Interessanterweise hat die Studie auch gezeigt, dass die internen Nutzer im Durchschnitt mehr Feedback und die externen Nutzer mehr Ideen generieren. Als einen möglichen Erklärungsansatz für diese Beobachtung kann das Rollenverständnis der internen Nutzer angeführt werden, das heißt, dass Interne verstärkt Aufgaben der Moderation und Unterstützung (insbesondere gegenüber Externen) wahrgenommen haben.

[914] Vgl. von Hayek; Kerber (1996).

Mit Hinblick auf die Qualitätsbeiträge der aktiven Nutzergruppen, die in den Wirkungseffekten 12 und 14 berücksichtigt wurden, kann festgestellt werden, dass zunächst die Gruppen, die in größerem Umfang Feedback generieren, auch selbst die höchste Ideenqualität aufweisen. Ferner kann konstatiert werden, dass die am besten bewerteten Ideen nicht, wie erwartet, von der Gruppe mit der höchsten Ideen- und Feedbackproduktion stammen, sondern von der Gruppe mit einer überdurchschnittlichen Feedback- und einer unterdurchschnittlichen Ideenproduktion ausgeht. Bei näherer Betrachtung konnte zudem festgestellt werden, dass keine statistischen Signifikanzen zwischen der Ideenproduktion und der erzielten Ideenqualität gegeben waren, die zur Ablehnung des Wirkungseffekts 12 führte. Somit konnte der von den Experten erwartete qualitätsfördernde Einfluss aus der vermuteten Erfahrungskurve der Nutzer nicht belegt werden. Hierzu könnte ein möglicher Grund darin liegen, dass mit Zunahme an eingereichten Ideen ein geringerer Aufwand in die Entwicklung und Darstellung der Idee aufgebracht wird. Eine weitere Ursache könnte angenommen werden, dass eine hohe Ideenproduktion in eine geringere Überarbeitungsbereitschaft bzw. -intensität der bereits veröffentlichten Ideen führen kann, sodass dadurch eine durchschnittlich geringere Gesamtqualität erzielt wurde. Hingegen konnte dem Wirkungseffekt 14 durch die Ermittlung statistisch signifikanter Korrelationen zwischen der Feedbackproduktion und der erzielten Ideenqualität zugestimmt werden. Die empirischen Werte untermauern somit grundsätzlich die Aussagen der Experten in Bezug auf den Nutzen, den der Feedbacksender durch den erstellten Kommentar zugunsten seiner eigenen Idee realisiert. Wie in dem Wirkungseffekt erörtert, ist anzunehmen, dass die Feedbackproduzenten die untersuchten Ideen als Quelle für neue Anregungen und Optimierungsansätze nutzen, auf deren Basis sie ihre eigenen Ideen überarbeiten. Die Wirkung der Produktion von Feedback auf die Ideenqualität des Feedbackempfängers stellte die Grundlage des Wirkungseffekts 13. Dieser konnte ebenfalls statistisch geprüft und bestätigt werden und durch eine Auflistung von textbasierten Kommunikationsinhalten zwischen den Nutzern indikatorisch bekräftigt werden, bei dem nachvollzogen werden konnte, dass das erhaltene Feedback auch tatsächlich als ein Auslöser zur Optimierung der Idee genutzt wurde. Die hier gewonnenen Erkenntnisse leisten vor allem einen Beitrag zum Verständnis über die synergetischen Wirkungsbeziehungen auf die erzielbare Ideenqualität, die in einem dyadischen Verhältnis zu Gunsten beider Interaktionsparteien besteht.

7 Schlussbetrachtung

7.1 Zentrale Ergebnisse der Arbeit

Vor dem Hintergrund hoher Mißerfolgsraten und verkürzter Produktlebenszyklen kann der gezielte Einsatz von virtuellen Methoden den Markterfolg und die Kostenstrukturen der entwickelten Produkte maßgeblich beeinflussen. Jedoch stellt die virtuelle Nutzerintegration in Innovationsprozessen ein junges und noch wenig bearbeitetes Forschungsfeld dar. Es liegen nur wenige Arbeiten zur Verankerung dieses Phänomens mit theoretischen Erklärungsansätzen vor und bislang fand eine Analyse der Gestaltungselemente und Ergebniswirkungen eines kombinatorischen Einsatzes virtueller Methoden aus Unternehmenssicht noch wenig Beachtung. Auffallend ist jedoch, dass gerade Innovationswettbewerbe und virtuelle Communities in Wissenschaft und Praxis oft miteinander kombiniert werden, ohne dass im Vorfeld eine systematische Analyse der konkreten Beweggründe, der Gestaltungselemente und der methodenspezifischen Einflussfaktoren vorgenommen wird, die auf den Erfolg der Maßnahme einwirken können. Die Ergebnisse der vorliegenden Arbeit konnten auf Basis der Untersuchung einer Fallstudie im Anwendungskontext der Telekommunikationsindustrie einen Beitrag zur Schließung der identifizierten Forschungslücken leisten. Die zentrale Zielsetzung der Arbeit, Erfolgspotenziale zu validieren und Gestaltungsempfehlungen für das Design der virtuellen Nutzerintegration aus einer managementorientierten Perspektive herzuleiten, konnte, wie vorliegendes Kapitel darlegt, erfüllt werden.

Zur Strukturierung der Forschungsfragen und Sicherstellung einer inhaltlichen Stringenz diente der Regelkreis der internetbasierten Kooperation in Anlehnung an *Wobser* als Ausgangspunkt der Arbeit, der entsprechend den hier aufgestellten Forschungsfragen in die Phasen der Interaktionsbereitschaft, Interaktionsgestaltung und Interaktionsresultat gegliedert wurde. Im Rahmen der Auseinandersetzung mit der Literatur zur Identifizierung geeigneter theoretischer Erklärungsansätze für das Zustandekommen einer virtuellen Nutzerintegration wurden nach einem multiparadigmatischen Vorgehen nur solche Theorien berücksichtigt, die in einem komplementären Verhältnis zueinander stehen und sich vorteilhaftig für den Erkenntnisgewinn der Untersuchung ausweisen. Entsprechend stellten sich die Interaktionstheorie, die Ansätze der neuen Institutionenökonomie, das Relational View und die Maslowsche Bedürfnishierarchie bei der Übertragung auf die virtuelle Nutzerintegration als geeignete Ansätze zur Erklärung des Zustandekommens einer Interaktion zwischen Unternehmen und Nutzern. Dieses verfolgte theoretisch pluralistische Vorgehen stellt für die wissenschaftliche Forschung sowohl in methodischer als auch in inhaltlicher Hinsicht einen neuen Beitrag zum weitergehenden Verständnis der virtuellen Nutzerintegration dar. Bei der anschließenden Klassifizierung der Innovationswettbewerbe und der virtuellen Communities konnte festgestellt werden, dass sich die hier betrachteten virtuellen Methoden im Kern einerseits nach den Interaktionsbeziehungen Unternehmen-Nutzer und Nutzer-Nutzer, andererseits nach den Organisationsprinzipien Wettbewerb und Kollaboration differenzieren lassen. Diese unterschiedlichen Merkmalsausprägungen verursachen methodenspezifische Einflussfaktoren, denen im Rahmen der empirischen Analyse nachgegangen wurde.

Ausgangspunkt der Fallstudie war das Projekt Ideabird der Deutschen Telekom, bei dem ein Innovationswettbewerb in Verbindung mit einer virtuellen Community zum Zwecke der Nutzerintegration eingesetzt wurde, mit dem Ziel, die Entwicklung neuer Dienste und Produkte mittels der M2M-Technologie herbeizuführen. Um die kontextspezifische Situation des Unternehmens nachvollziehen zu können, erfolgte zunächst eine ausführliche Deskription der Fallstudie. In diesem Zusammenhang wurden auch organisationsbedingte Gesichtspunkte sowie die Rahmenbedingungen des Projekts für die Auswertung näher beleuchtet. Bei der empirischen Untersuchung erfolgte dann ein methodisch zweistufiges Vorgehen bei dem im ersten Schritt eine qualitative Exploration und im zweiten Schritt eine darauf aufbauende quantitative Validierung geführt wurde. Mit Hinblick auf den ersten Schritt wurden zunächst die Projektteilnehmer, als die wesentlichen Wissensträger des Unternehmens für den kombinierten Einsatz der forschungsrelevanten virtuellen Methoden, für die Experteninterviews identifiziert und akquiriert. Hierzu diente als strukturierender Leitfaden das Community-Engineering-Modell nach *Krcmar/Leimeister* und in der Erweiterung nach *Stieglitz*, um insbesondere für die verfolgte Zielsetzung der Exploration sämtliche Prozessschritte in Verbindung mit dem Aufbau, dem Betrieb und der Steuerung der virtuellen Nutzerintegrationsmaßnahme erfassen zu können und die Betrachtungsperspektive durch die aufgestellten Forschungsfragen nicht schon im Vorfeld einzugrenzen. Auf Basis einer qualitativen Inhaltsanalyse der Interviews, konnten zahlreiche Wirkungseffekte zur Adressierung der aufgestellten Forschungsfragen gewonnen werden. In einem anschließenden zweiten Schritt wurden ausgewählte Wirkungseffekte zur quantitativen Validierung herangezogen und mittels t-Tests, Rangkorrelations- und Varianzanalysen ausgewertet und interpretiert. Hierzu konnte als Datengrundlage die Logfiles, die sämtliche Aktivitäten von über 1.000 Teilnehmern auf der Interaktionsplattform der Fallstudie in einem siebenwöchigen Zeitraum protokollierten, analysiert werden. Zur weiteren Erkenntnisgewinnung ermöglichte dieses zweistufige Vorgehen auch eine anschließende inhaltliche Gegenüberstellung zwischen den Ergebnissen der Experteninterviews aus einer Unternehmensperspektive und den Ergebnissen der Logfiles-Analyse aus einer Nutzerperspektive. Folgende Ergebnisse konnten mit Hinblick auf die forschungsleitenden Fragestellungen ermittelt werden:

1: Welche Wirkungseffekte können das Zustandekommen der virtuellen Nutzerintegration aus der Sicht eines Unternehmens erklären?

Es konnte festgestellt werden, dass eine Vielzahl unterschiedlicher Motive besteht, die ein Telekommunikationsunternehmen zur Durchführung einer virtuellen Nutzerintegrationsmaßnahme antreibt. Die auf die virtuelle Nutzereinbindung ausgerichteten Ziele beinhalten entwicklungs-, ressourcen-, markt- und organisationsbezogene Gesichtspunkte. Das entwicklungsbezogene Ziel lag in der Realisierung erfolgreicher Produkte für einen Massenmarkt. Als ressourcenbezogenes Ziel wurde von den Organisatoren durch die Übertragung von Aufgaben und Verantwortungen an die teilnehmenden Nutzer Zeit- und Kosteneinsparungen erwartet. Ziele mit einer marktorientierten Ausrichtung waren zum einen der Imageausbau als Innovationsführer in den projektrelevanten Geschäftsfeldern, das zugleich gegenüber dem potenziellen Auftreten eines Flamings abgewogen wurde. Zum anderen bestand seitens des Unternehmens die Intention, eine Imitation durch Wettbewerber auf horizontaler und vertikaler Wertschöpfungsebene herbeizuführen. Diese Beobachtung erweist sich vor allem vor dem Hintergrund der Innovationsforschung als kontraintuitiv. Denn entgegen der in der Literatur vorherrschenden Auffassung von der imitationsverursachenden Verkürzung von Zeiträumen mit hohen Innovationsrenditen wurde in der Fallstudie eine Imitation sogar angestrebt. Demnach befindet sich die M2M-Technologie in einem Entstehungsmarkt, der einen von einem einzelnen Telekommunikationsanbieter geführten Marktaufbau als sehr aufwändig und risikohaft darstellt. Eine Imitation durch Wettbewerber unterstützt vor allem die Etablierung von Technologiestandards und kann dadurch die Anwendungsrelevanz bei Kunden maßgeblich fördern. Gerade die Imitation von Herstellern, die auf einer anderen Wertschöpfungsebene positioniert sind, würde die Lösungsvielfalt und somit die Bedienung unterschiedlicher Anwendungsszenarien beschleunigen, die sich positiv auf die Marktnachfrage auswirkt und die strategische Positionierung der Deutschen Telekom als Technologieversorger verstärkt. Zudem konnte ein organisationsbezogenes Ziel beobachtet werden, das sich auf die Förderung einer offenen Innovationskultur innerhalb des Unternehmens zurückführen ließ. Somit spielte auch die Erwartung der Ausweitung innerbetrieblicher Kompetenzen in dem Projekt eine vordergründige Rolle. Interessanterweise konnte diese Maßnahme zur weiteren Öffnung der Innovationskultur im Unternehmen beitragen, da sich zugleich als Initiator für Folgemaßnahmen bezüglich der virtuellen Nutzerintegration von externen Nutzern fungierte. Diese

Beobachtung verdeutlicht die gegenseitigen Wirkungsbeziehungen dahingehend, dass innovative Entwicklungsmaßnahmen nicht nur das Resultat einer bereits bestehenden Innovationskultur sind, sondern auch die Innovationskultur in einem reziproken Verhältnis beeinflussen.

2: Wie kann die Gestaltung der virtuellen Nutzerintegration innovationsfördernde Interaktionen zwischen Unternehmen und den partizipierenden Nutzern beeinflussen?

Auf Basis der Literaturrecherche und den Expertenaussagen erfolgte eine Unterteilung unterschiedlicher Nutzergruppen auf der Interaktionsplattform sowie eine Untersuchung ihrer Erfolgsbeiträge für das Unternehmen. In der Fallstudie konnten an der Wettbewerbsausschreibung sowohl unternehmensinterne als auch -externe Nutzer partizipieren, was eine differenzierte Betrachtung dieser beiden Nutzergruppen möglich machte. Trotz gegenteiliger Einschätzung der Experten konnte statistisch mittels eines t-Tests ermittelt werden, dass unternehmensinterne Nutzer eine höhere Ergebnisqualität als unternehmensexterne Nutzer aufweisen. Ferner konnte herausgefunden werden, dass die Ergebnisse, die am besten bewertet wurden, von unternehmensinternen Nutzern stammen. Dennoch haben die externen Teilnehmer eine höhere Anzahl gut bewerteter Beiträge entwickelt. Diese Erkenntnis erweist sich vor dem Hintergrund des Open-Innovation-Paradigmas als unerwartet, da es insbesondere die Einbindung externer Akteure aufgrund komplementären Wissens und Fähigkeiten für den Innovationserfolg als unvermeidlich postuliert.

Eine weitere Differenzierung der partizipierenden Nutzergruppen erfolgte durch die Betrachtung des Aktivitätsgrades entlang der Dimensionen der entwickelten Ideen und des produzierten Feedbacks. Diese vorgenommene Unterscheidung erweist sich gerade vor dem Hintergrund ihrer zentralen Bedeutung zur Beschreibung sozialer Interaktionen in kollektiven Entwicklungsanstrengungen als relevant. Die Durchführung einer Varianzanalyse zeigte zudem bei der Erforschung der Nutzergruppenunterschiede nach den betrachteten Aktivitätsmerkmalen statistische Signifikanzen auf. Während unter den aktiven Nutzern der „Gruppe 1", die die geringste Aktivitätsausprägung aufweisen, mit 79% den größten Anteil der Teilnehmer ausmachten, haben sie im Vergleich zu den anderen Communitymitgliedern die geringste Ideenqualität erzielt. Demnach ist von einem Wirkungszusammenhang zwischen dem Aktivitätsgrad und der realisierten Ideenqualität auszugehen. Demgegenüber erzielte überraschenderweise die "Gruppe 3", die sich durch eine geringe Anzahl von Ideen, jedoch durch eine hohe Anzahl von Feedback auszeichnet, die höchste Ideenqualität. Somit erwiesen sich die erzielten Ergebnisse der „Gruppe 3" sogar als hochwertiger als die der „Gruppe 4", die den höchsten Aktivitätsgrad innerhalb der Community zu verzeichnen hatten. Weiterführende Rangkorrelationsanalysen nach *Spearman* haben zudem ergeben, dass die Feedbackproduktion und nicht die Ideenproduktion eine positive und hochsignifikante Korrelation zu der erzielten Ideenqualität aufweist. Es ist folglich anzunehmen, dass vornehmlich das produzierte Feedback die Nutzer in eine kritische Reflexion versetzt, die die Verbesserung der eigenen Idee maßgeblich prägt. Zudem könnte eine hohe Feedbackproduktion ein Hinweis auf eine grundsätzlich höhere Bereitschaft zur Optimierung der eigenen Ideen sein. Eine weitere Sichtweise stellte die Betrachtung der Wirkungszusammenhänge des Feedbacks des Produzenten auf die eigene Ideenqualität in den Vordergrund. Es konnten positive Wirkungszusammenhänge zwischen dem produzierten Feedback und der eigenen Ideenqualität des Feedbackproduzenten ermittelt werden. In diesem Zusammenhang kann angenommen werden, dass die Feedbackproduzenten die Ideen anderer Teilnehmer als Quelle zur Weiterentwicklung der eigenen Ideen genutzt haben. Entsprechend könnten beispielsweise Such- und Filterfunktionen, Newsfeeds oder Präsenzanzeigen als feedbackfördernde und vernetzungssteigernde Funktionen sowohl zu Gunsten der Feedbackempfänger als auch der Feedbacksender zum Einsatz kommen.

Für die Ausgestaltung einer virtuellen Nutzerintegration wurden zudem die auf der Plattform integrierten Interaktionsfunktionen Comments, Ratings, Likes und Messages untersucht. Den Experteneinschätzungen zufolge erwiesen sich die vier untersuchten Interaktionsfunktionen als zentrale Gestaltungselemente, die bei der Sicherstellung einer hohen Ideenqualität zu berücksichtigen seien. Hierzu wurden statistische Analysen auf Basis von Rangkorrelationsanalysen nach *Spearman* durchgeführt, um die Wirkungszusammenhänge der Interaktionsfunktionen auf die Ideenqualität evaluieren zu können. Aufgrund positiver Korrelationen und Signifikanzen konnte bei den Feedbackempfängern ein positiver Wirkungszusammenhang der Comments, Ratings, Likes und Messages auf die Ideenqualität ermittelt werden. Demnach wurden Ideen auf Basis des erhaltenen Feedbacks überarbeitet und verbessert. Außerdem hatte die Kommentierung einer Idee von unterschiedlichen Communitymigliedern einen weiter verstärkenden Effekt auf die Ideenqualität. Mithin kann konstatiert werden, dass die vielseitigen Interaktionsmöglichkeiten auf unterschiedlichen Kanälen auch von den Nutzern genutzt werden und sich positiv auf die generierte Lösungsqualität innerhalb der Community auswirken.

3: Wie wirkt sich die Kombination von virtuellen Communities und Innovationswettbewerben auf die Realisierung der Unternehmensziele eines Unternehmens aus? Welche methodenspezifischen Synergien können dabei identifiziert und durch einen kombinatorischen Ansatz ausgeschöpft werden?

Auf Basis der Fallstudie konnten methodenspezifische Einflussfaktoren bei Innovationswettbewerben nachgewiesen werden, die sich positiv auf eine virtuelle Community auswirken. Hierbei können Innovationswettbewerbe die Erzielung einer kritischen Masse, die für den Erfolg von virtuellen Communities vorausgesetzt wird, fördern. Darüber hinaus ermöglichen die mit dem Innovationswettbewerb verbundene Bewertung und der Vergleich der eingereichten Lösungsbeiträge die Identifizierung von Lead Usern, die sich aufgrund ihrer hohen Fachkompetenz für eine weitere Zusammenarbeit in der Produktentwicklung eines Unternehmens eignen. Auch bei virtuellen Communities konnte eine Vielzahl methodenspezifischer Einflussfaktoren ermittelt werden, die positive Auswirkungen auf die Durchführung eines Innovationswettbewerbs haben. Wie die Experten aus der Fallstudie bestätigten, sind virtuelle Communities dazu geeignet, eine bereits existierende kritische Masse auch nach Ende des Wettbewerbs langfristig an sich zu binden, um sie direkt für Folgewettbewerbe zu aktivieren. Zudem wurde die Wirkung des sozialen Austausches auf die Ideenqualität des Feedbackempfängers und Feedbacksenders herausgestellt. Durch die Ermöglichung der Nutzer-Nutzer-Interaktionen wird darüber hinaus das soziale Verhalten der Nutzer transparent gehalten, womit Opinion Leader, die sich als zentrale Knotenpunkte innerhalb der Community auszeichnen, identifiziert werden können. Opinion Leadern wird wegen ihrer hohen Vernetzung in der Phase der Produktdiffusion von Unternehmen eine hohe Bedeutung beigemessen. Als ein weiterer positiver Effekt konnte überraschenderweise die Reduzierung des relativen Betreuungsaufwands mit zunehmender Größe der Community identifiziert werden. Dadurch dass Nutzer freiwillig moderierende Aufgaben übernehmen und gegenseitige Hilfestellung leisten, tragen sie zu einer Senkung des relativen Betreuungsaufwands bei.

Die Experteninterviews stützen die Annahme, dass sowohl Innovationswettbewerbe als auch virtuelle Communities positive synergetische Effekte aufweisen, die in einem kombinierten Einsatz ihre Wirkung zeigen. Als Erfolg versprechende Kombinationsform erweist sich der Betrieb einer kontinuierlichen virtuellen Community mit zeitlich eng gefassten Innovationswettbewerben in regelmäßigen Abständen. Dies würde wie in der Fallstudie von den Experten beobachtet wurde zu einer Steigerung der Nutzerzahlen, der relativen Ideenqualität sowie zu einer Begrenzung des relativen Betreuungsaufwands führen. Denn für einen langfristigen Erfolg einer virtuellen Community werden regelmäßige Stimuli benötigt, die mit einer hohen Nutzeraktivität einhergehen. Dementsprechend ist ein Innovationswettbewerb nicht nur in der

Aufbauphase einer virtuellen Community sinnvoll, sondern als regelmäßige Maßnahme zur Aufrechthaltung einer hohen Nutzeraktivität und gleichzeitig zur Gewinnung neuer Teilnehmer außerhalb des bestehenden Nutzerstamms vorteilhaft. Demgegenüber verliert ein zeitlich zu weit gefasster Wettbewerbszeitraum an Attraktivität, so dass begrenzte und dafür wiederkehrende Wettbewerbe zu bevorzugen wären. Die steigende Nutzerzahl einer virtuellen Community hätte darüber hinaus einen positiven Effekt auf die relative Lösungsqualität der generierten Ideen und den relativen Betreuungsaufwand des Unternehmens, die durch das produzierte Feedback positiv beeinflusst werden. Auf Basis der gewonnenen Erkenntnisse wurde abschließend ein Kombinationsmodell zum gezielten Einsatz der beiden untersuchten virtuellen Methoden hergeleitet und als gestaltungsempfehlender Leitfaden zusammengetragen.

7.2 Implikationen für die Praxis und Wissenschaft

Die in der Untersuchung ermittelten Ergebnisse leisten für die unternehmerische Praxis erkenntnisbereichernde Beiträge zum erfolgswirksamen Einsatz von virtuellen Nutzerintegrationsmaßnahmen. Zum einen konnte gezeigt werden, dass sich, wenn Unternehmen in der Phase der Interaktionsbereitschaft den Einsatz einer virtuellen Nutzerintegrationsmaßnahme abwägen, die einzuschätzenden Potenziale nicht nur auf die reine Entwicklung beschränken sollten. Denn es besteht eine Vielzahl weiterer Nutzenkomponenten, wodurch ein Unternehmen durch die virtuelle Nutzerintegration profitieren kann. Daher sollten bei der Abwägung zur Durchführung solcher Maßnahmen neben den Vorteilen der reinen Entwicklung auch ressourcen-, markt- und organisationsorientierte Erfolgspotenziale bedacht werden. So wurde in der vorliegenden Fallstudie gezeigt, dass vor allem multidimensionale Zielsetzungen durch die Maßnahme von den Betreibern angestrebt wurden. In diesem Zusammenhang konnte auch mit Hinblick auf das strategische Innovationsmanagement eines Unternehmens identifiziert werden, dass in einem sehr frühen Produktlebenszyklus sogar die mediengestützte Begünstigung von Imitation durch Wettbewerber eine erfolgversprechende Strategie zur Etablierung innovativer Technologien am Markt darstellen kann.

Zudem sind die im Bereich Plattformdesign und Community-Management erarbeiteten Ergebnisse von hoher Praxisrelevanz. So eignen sich dem Untersuchungsergebnis zufolge interne Innovationswettbewerbe besonders dann, wenn der Fokus auf die Generierung qualitativ weniger hochwertiger Ideen gelegt wird. Wenn hingegen die Intention darin besteht, eine große Anzahl verschiedener Ideen zu erhalten, Ideen, denen eine unvoreingenommene Außensicht zugrunde liegt, erscheint ein nach außen ausgerichteter Innovationswettbewerb geeigneter. Außerdem ermöglicht die Erkenntnis, dass die Nutzergruppe „Gruppe 3“, charakterisiert durch eine überdurchschnittliche Feedbackproduktion und einer unterdurchschnittlichen Ideenproduktion, die höchste Ideenqualität aufweist, strategische Konsequenzen für die Praxis. So könnten zum Beispiel Maßnahmen zur gezielten Adressierung dieser Nutzergruppen bzw. zur Migration anderer Mitglieder in das bevorzugte Segment getroffen werden. Hierzu könnten weitergehende Ansätze, das Design einer Plattform betreffend, denkbar sein, auf der Funktionen angeboten werden, die eine Steigerung der Vernetzung innerhalb der Community und eine Transparenz in dem Wettbewerbsportal sicherstellen. So könnten Newsfeeds auf der Homepage integriert werden, um Nutzer auf aktuelle hochgeladene Ideen aufmerksam zu machen. Auch die Einbindung einer Initialstruktur könnte a priori die Gruppierung von Ideen zu ähnlichen Themenfeldern ermöglichen. Such- und Filterfunktionen könnten ferner die Identifizierung von Ideen anhand relevanter Kategorien und Suchbegriffe vereinfachen. Ein virtueller Suchagent könnte darüber hinaus den Nutzern auf Basis des individuellen Surfveraltens relevante Ideen zur Kommentierung und Bewertung vorschlagen.

Die aus den untersuchten Interaktionsfunktionen Comments, Ratings, Likes und Messages gewonnenen Erkenntnisse führen zu weiteren bemerkenswerten Gestaltungsempfehlungen für die Praxis. Aus den Ergebnissen konnte festgestellt werden, dass nicht nur positive und signifikante Korrelationen zwischen den Interaktionsfunktionen und der Lösungsqualität besteht, sondern diese auch bei den Interaktionsfunktionen untereinander bestehen. Demnach hat ein Nutzer auch die unterschiedlichen angebotenen Möglichkeiten zur Interaktion mit anderen Nutzern wahrgenommen. Daher wird empfohlen, die sozialen Interaktionen möglichst facettenreich zu gestalten und den Nutzern mehrere Kommunikationsmöglichkeiten anzubieten, um dadurch die Interaktionen zwischen den Nutzern und damit auch die erzielbare Gesamtqualität innerhalb der Community weiter zu fördern.

Das hergeleitete Kombinationsmodell stellt für Unternehmen ebenfalls eine Handlungsempfehlung zur gezielten Ausgestaltung eines integrierten Einsatzes von virtuellen Communities und Innovationswettbewerben dar. Hierzu wurden in der Fallstudie zahlreiche synergetische Einflussfaktoren identifiziert und in das Modell integriert. Es zeigt sich, dass eine Kombination beider virtueller Methoden vielversprechende Synergien ermöglicht und nach Experteneinschätzung gegenüber einem isolierten Einsatz zu bevorzugen wäre.

Die vorliegende Untersuchung leistet zudem einen Beitrag zum theoretischen Verständnis über das Zustandekommen und die erfolgswirksame Ausgestaltung virtueller Nutzerintegrationsmaßnahmen. Die Beantwortung der Forschungsfragen entlang des Regelkreises der internetbasierten Kooperation konnte eine fundierte Grundlage in Richtung der Erfolgsfaktorenforschung legen. Die Heranziehung theoretischer Erklärungsansätze zur Beschreibung der virtuellen Nutzerintegration sowie ihre Eignungsprüfung in dem Untersuchungsfeld konnten die Lücken der theoretischen Fundierung des jungen Forschungsfelds schließen und dadurch neue inhaltliche Beiträge für die akademische Diskussion liefern. Insbesondere der hier verfolgte multiparadigmatische Ansatz, bei der komplementäre Theorien auf das Untersuchungsfeld übertragen wurden, wirft zudem in methodischer Hinsicht eine erweiterte Perspektive gegenüber einer monistisch paradigmengetriebenen forschungsweise auf. Hierbei konnte festgestellt werden, dass die angewandten Theorien unterschiedliche sich ergänzende Erklärungsbeiträge zum Verständnis der virtuellen Nutzerintegration liefern und zugleich durch die Anknüpfung an die empirischen Ergebnisse sowohl ihre Übertragbarkeit als auch neue theoriebezogene Weiterentwicklungspotenziale für die wissenschaftliche Forschung nachvollzogen werden konnten.

Der Erklärungsbeitrag der Interaktionstheorie konnte bei der betrachteten Untersuchung bestätigt werden, da sowohl das Unternehmen als auch Nutzer vor der Durchführung einer virtuellen Nutzerintegration einen Abwägungsprozess zur Ermittlung des interaktionsbedingten Kosten-Nutzen-Verhältnisses durchlaufen und nur bei einem positiven Nettonutzen eine Interaktionsbereitschaft aufweisen. Zudem diente die Interaktionstheorie im Rahmen des multiparadigmatischen Konstrukts als eine geeignete Basistheorie, da sie zugleich Anknüpfungspunkte für weitere Theorien ermöglichte. Hierzu konnte die Heranziehung der fünfstufigen Maslowschen Bedürfnispyramide dazu beitragen, die Teilnahmebereitschaft der Nutzer weitergehend zu erklären und die vom Unternehmen bereitgestellten Anreize zur Nutzeraktivierung zu klassifizieren. Dabei waren vor allem die sozialen Motive durch die implementierten Interaktionsfunktionen sowie die Bedürfnisse nach Anerkennung und Wertschätzung durch die Prämierung von materiellen Preisen gezielt adressiert. Diese kombinierte Betrachtung unterschiedlicher Theorien zeigt neue Anwendungsfelder in der wissenschaftlichen Forschung auf, die gerade für die virtuelle Nutzerintegration einen hohen Erklärungsgehalt aufweisen.

Mit Hinblick auf die Unternehmensbereitschaft zur Organisation und Durchführung von Nutzerinteraktionen lieferten die empirischen Ergebnisse sowohl für das Relational View als auch für die neuen institutionsökonomischen Ansätze erweiternde Einsichten zur theoretischen Diskussion. Trotz der gängigen Auffassung des theoretischen Erklärungsansatzes des Relational Views im Einklang mit der Open-Innovation-Literatur bezüglich der außerordentlichen Bedeutung externer Ressourcen[915] erzielten die unternehmensinternen Nutzer die höchste Ideenqualität. Somit bedarf das Paradigma der Open Innovation einer verstärkten kritischen Auseinandersetzung, um die situationsbezogenen Eignung beispielsweise mit Hinblick auf die übertragenen Aufgabenstellungen oder die teilnehmenden Nutzer näher zu beleuchten. Die hier verfolgte Unterscheidung verschiedener Nutzergruppen und die Ermittlung ihrer Qualitätsbeiträge stellen daher einen wertvollen Beitrag für die nutzerzentrierte Erfolgsfaktorenforschung dar. Diese Relevanz wird zudem aufgrund der bislang noch mangelnden Klassifizierung der Charakteristika und Eignungsprüfung interagierender Nutzergruppen weiter bekräftigt.

Aus Sicht der Transaktionskostenökonomie bestätigten sich die theoretischen Überlegungen, dass die virtuelle Nutzerintegration als hybride Koordinationsform, dem Unternehmen durch die Verlagerung von Aufgaben zur kollaborativen Wertschöpfung eine Reduzierung von Unternehmenstransaktionskosten ermöglicht. Die Transaktionsminimierung beschränkte sich nicht nur auf die Entwicklung innovativer Lösungen, sondern auch auf den Betreuungs- und Administrationsaufwand der Community, da die Nutzer mit zunehmendem Teilnehmerkreis selbstständig moderierende Rollen zur gegenseitigen Unterstützung übernommen haben. Dieser Aspekt stellt für die Transaktionskostenforschung einen erweiternden Erkenntnisgewinn dar, da die in der Fallstudie beobachtete Selbstorganisation einer Vielzahl partizipierender Nutzer neue zu berücksichtigende Wirkungsmechanismen zu Gunsten der Auswahl einer hybriden Koordinationsform darstellt. Hieraus resultieren weitere theoretische Fragestellungen hinsichtlich der optimalen Nutzeranzahl sowie der dynamischen Transaktionskostenentwicklung im Zeitverlauf, die einen Fortschritt bei der komparativen Analyse alternativer Koordinationsformen liefern könnten.

Die Betrachtungsweise des Unternehmens als beauftragender Akteur gegenüber leistungserbringenden Nutzern im Rahmen einer freiwilligen Interaktionsbeziehung konnte übereinstimmend zur Prinzipal-Agenten-Theorie erfolgreich hergeleitet werden und stellt somit für die wissenschaftliche Forschung einen bislang noch nicht betrachteten Anwendungskontext dar. Dabei konnten zahlreiche Maßnahmen von Seiten des Unternehmens identifiziert werden, die nicht nur die eigene Unsicherheitsreduzierung, sondern auch die der Nutzer zum Ziel hatten. Hervorzuheben ist vor allem das Bestreben des Unternehmens mittels des Einsatzes von Innovationswettbewerben und virtuellen Communities Informationsasymmetrien bei der richtigen Auswahl geeigneter Nutzer zu reduzieren. Durch die angewandten virtuellen

[915] Vgl. Chesbrough (2011); Reichwald; Piller (2009).

Methoden wurde angestrebt sogenannte Lead User und Opinion Leader, welche für die Entwicklung und Einführung von Innovationen entscheidende Attribute aufweisen, für Folgemaßnahmen zu identifizieren und zu binden.

Durch die Differenzierung der Nutzeraktivitäten nach der Anzahl ihrer entwickelten Ideen und der Anzahl ihres produzierten Feedbacks konnte zudem eine granulare Sichtweise über die unterschiedlichen gruppeninduzierten Qualitätsbeiträge erarbeitet werden. Diese stellen insbesondere vor dem Hintergrund der Erfolgsfaktorenforschung erste Indikatoren zur Identifizierung leistungsstarker Nutzer für die virtuelle Nutzerintegration dar.

Darüber hinaus konnten bei der Untersuchung der Gestaltungselemente für die Interaktion zwischen Unternehmen und Nutzern weitere Erkenntnisse gewonnen werden. Dabei konnten die theoretischen Annahmen, dass im Rahmen der Innovationsentwicklung eine Feedbackkultur mit besseren Leistungen bzw. einer höheren Qualität der Ideen einhergeht, anhand der durchgeführten Fallstudie bestätigt werden. Der begrenzte Betrachtungshorizont auf den Feedbackempfänger, der üblicherweise in der Literatur eingenommen wird, konnte durch die Analyse des positiven Einflusses des Feedbacks auf die eigene Leistung des Feedbacksenders eine neue und erweiternde Wirkungsperspektive eröffnen.

7.3 Limitationen und weiterer Forschungsbedarf

Die virtuelle Nutzerintegration in Innovationsprozessen ist mit einer hohen Komplexität behaftet, die im Rahmen der Interaktionsgestaltung durch eine Vielzahl einzubeziehender Faktoren begründet ist. Die notwendige Eingrenzung der Untersuchungsgegenstände der vorliegenden Arbeit legt Anknüpfungspunkte für zukünftige Forschungen auf diesem Themengebiet offen. Die Übertragbarkeit der in der untersuchten Fallstudie gewonnenen Erkenntnisse ist auf weitere Anwendungsfälle empirisch zu überprüfen. In diesem Zusammenhang gilt es, in zukünftigen Studien unterschiedliche Unternehmen und Industrien zu analysieren, um generalisierbare Aussagen treffen zu können.

Während in der vorliegenden Untersuchung der Schwerpunkt auf die Unternehmenssicht gelegt wurde, könnten weitere Forschungsbeiträge die drei ermittelten Interaktionsphasen des Regelkreismodells vor allem aus einer primären Nutzersicht beleuchten und so beispielsweise Fragestellungen über die Bedeutung der Anreizsysteme für unterschiedliche Nutzergruppen sowie die Entwicklung der Nutzermotive im Verlauf eines Wettbewerbs detaillierter untersuchen. Darüber hinaus könnte eine Quantifizierung der Kosten-Nutzen-Komponenten beider Interaktionsparteien ein weitergehendes Verständnis über das Zustandekommen der virtuellen

Nutzerintegration fördern. Diese gewonnenen Einsichten könnten Unternehmen zum einen als Grundlage zur Kalkulierung von Investitionsentscheidungen für interaktive Innovationsansätze dienen, und zum anderen eine effektive Nutzeraktivierung und kontinuierliche Verhaltenssteuerung während des gesamten Interaktionsprozesses unterstützen.

In der vorliegenden Arbeit wurde bei der qualitativen Exploration auf Basis von Experteninterviews und der darauf aufbauenden qualitativen Inhaltsanalyse eine Vielzahl an Wirkungseffekten ermittelt. Aufgrund der hier verfolgten singulären Fallstudienanalyse zur Identifizierung tiefgründiger und ganzheitlicher Erkenntnisse erfolgte in dem darauf folgenden Schritt der quantitativen Validierung eine Einschränkung auf Wirkungseffekte bezüglich der Nutzergruppen und der Interaktionsfunktionen, die sich ohne Hinzuziehung weiterer Fallstudien quantitativ bewerten ließen. Weitere Arbeiten könnten hieran anknüpfen und die in der Fallstudie beobachteten Wirkungseffekte der Unternehmensmotive und der Synergien zwischen den Innovationswettbewerben und den virtuellen Communities weiter untersuchen. Hierzu wäre ein fallstudienübergreifender Ansatz erforderlich, bei dem die ermittelten Wirkungseffekte im komparativen Vergleich mit anderen Fallstudien verglichen werden würden. Insbesondere besteht bei der statistischen Validierung der Synergien im kombinatorischen Methodeneinsatz die Notwendigkeit, die aus den Expertenaussagen gewonnenen Wirkungseffekte mit Fallstudien, bei denen ein isolierter Methodeneinsatz angewandt wurde, zur weiteren Validierung gegenüberzustellen. In diesem Zusammenhang könnten beispielsweise auch Identifikationskriterien sowie auch der tatsächliche Erfolgsbeitrag der ermittelten Lead User bei Innovationsentwicklungsmaßnahmen sowie der Multiplikatoreinfluss der identifizierten Opinion Leader innerhalb der Produktdiffusionsphase anhand weiter Fallstudien näher untersucht werden.

Durch den Einsatz des empirischen Verfahrens der Experteninterviews könnten unter Umständen mögliche Verzerrungseffekte durch den Key Informant Bias bestehen. Demnach könnte vermutet werden, dass die in der Studie zugrunde liegende Daten aufgrund subjektiver Ansichten der befragten Experten nicht vollständig die objektive Darstellung des Sachverhalts wiedergeben würden.[916] Diesem Effekt wurde im vorliegenden Untersuchungskontext durch die Einbeziehung unterschiedlicher Perspektiven entgegengewirkt, indem Experten aus unterschiedlichen Organisationen und Abteilungen sowie mit divergierenden Funktionen im Unternehmen und Rollen im betrachteten Projekt berücksichtigt wurden. Darüber hinaus wurde ein Großteil der beobachteten Wirkungseffekte mit der Analyse der Logfiles, die die

Perspektive der Nutzer umfasst, zur weiteren Validierung gegenübergestellt, so dass dadurch sowohl Gemeinsamkeiten als auch Differenzen ersichtlich und interpretiert wurden.

Eine weitere Limitation liegt in der Betrachtung der Qualität einer Idee als aggregiertes Gesamtergebnis. In weiteren Arbeiten könnte die Qualität unterschiedlicher Nutzergruppen auch durch die Heranziehung der Unterkriterien untersucht werden, um differenzierte Einsichten über die gruppenabhängigen Potenziale zu erhalten. So könnten Unterschiede in den Beiträgen der Nutzergruppen im Hinblick auf Aspekte wie Kreativität, technische Realisierbarkeit und Marktpotenzial herausgearbeitet werden. In der Arbeit wurde des Öfteren die hohe Relevanz der Nutzergruppe, mit einer überdurchschnittlichen Feedback- und einer unterdurchschnittlichen Ideenproduktion, für ein Unternehmen betont. Es stellt sich allerdings die Frage, welche Maßnahmen eine Migration der Teilnehmer in die bevorzugten Nutzergruppen besonders wirkungsvoll ermöglichen. Auch könnte eine dynamische Analyse der Interdependenzen der betrachteten Nutzergruppen neue Erkenntnisse zur Etablierung eines Erfolg versprechenden Community-Managements liefern.

Während der Fokus der vorliegenden Arbeit primär auf unternehmensinitiierte Nutzerintegrationsmaßnahmen gelegt wurde, könnte eine Analyse des Einsatzes von Intermediären bzw. Drittanbietern, die bereits über eine erfolgreich etablierte Community zur Innovationsentwicklung verfügen, neue Einsichten mit Blick auf „make or buy"-Entscheidungen liefern. Darüber hinaus könnten die synergetischen Wirkungsbeziehungen mit weiteren Kombinationsformen, wie Toolkits, Prognosebörsen und Marktplätzen, die hier nicht Gegenstand der Untersuchung waren, erforscht werden. So könnten zum Beispiel mittels des kombinierten Einsatzes von Nutzerintegrationsmaßnahmen und Toolkits neben der Ideengenerierungs- und Ideenbewertungsphase auch die Produktentwicklungsphase kollaborativ mit Nutzern vollzogen werden. Gerade die Relevanz der Nutzerintegration in der Produktentwicklungsphase wird durch neue Technologien, wie dreidimensionale Scanner und Drucker, verstärkt, sodass dadurch Barrieren einer dezentralen Partizipation bei der Prototypisierung digitaler Entwürfe behoben werden könnten.

---

[916] Vgl. Ernst (2003), S. 1252 ff.

Anhang

Einleitend zur Person

- Abteilung und Position im Unternehmen
- Dauer Betriebszugehörigkeit zum Unternehmen
- Welche Rolle bzw. Verantwortlichkeit im Rahmen der Fallstudie

1. Analyse

- Worin lag der spezielle Themenfokus der Maßnahme „Ideabird“?
- Welche Meilensteine wurden definiert und wann lagen diese im Projektzeitraum?
- Welche allgemeine Zielsetzung bestand bei der Durchführung der Fallstudie? Zusätzliche abteilungsspezifische Ziele?
- Welche allgemeinen Risiken standen den Zielen gegenüber? Zusätzliche abteilungsspezifische Risiken?
- Wurden Vorkehrungen zur Eingrenzung der Risiken getroffen?
- Wie erfolgte die Entscheidungsfindung zur Durchführung von internetbasierten Maßnahmen?
- Welche Zielgruppe sollte adressiert werden? Besondere Merkmale der eingebundenen Nutzer (bspw. Eigenschaften, Wissen, Fähigkeiten)?
- Welche Rahmenbedingungen bestanden bei der Entscheidungsfindung?

2. Design

- Wie erfolgte die Entscheidungsfindung zum Einsatz und Konzipierung der virtuellen Community in Kombination mit einem Innovationswettbewerb?
- Wie kann die eingesetzte technische Plattform allgemein beschrieben werden?
- Welche Funktionalitäten ermöglichten die gemeinsamen Interaktionen?
- In welcher Form konnten die Interaktionen übermittelt werden?
- Bestanden Maßnahmen zur Optimierung der Interaktionen?

3. Implementierung und Betrieb

- Wie erfolgte die Einführung der Maßnahme bei der Zielgruppe und der Ausbau der Community?
- Wie erfolgte die Gestaltung der Interaktionen zwischen Unternehmen-Nutzer und Nutzer-Nutzer hinsichtlich der Qualitätssicherung und der Vergabe von Rollen und Rechten?
- Welche Anreize zur Nutzeraktivierung und -steuerung wurden verwendet?
- Wurden Isolationsmechanismen eingeführt?
- Werden Ansätze zur Reduzierung der Informationsasymmetrien eingesetzt?
- Wie verlief die Kommunikation vor, während und nach der Zusammenarbeit mit den Nutzern?
- Wie verlief der Interaktionsprozess?

4. Controlling

- Welche Evaluationskriterien wurden definiert und geprüft?
- Welche quantitativen Auswertung der Ergebnisse wurden erfolgt?
- Welche der angebotenen Funktionen wurden am intensivsten genutzt?
- Wie erfolgte die Auswertung und Bewertung der generierten Nutzerinhalte?
- Welchen Einfluss auf die Erreichung der definierten Ziele hatte die virtuelle Community?
- Welchen Einfluss auf die Erreichung der definierten Ziele hatte der Innovationswettbewerb?
- Inwiefern hat sich die Kombination der virtuellen Community und des Innovationswettbewerbs ergänzt bzw. gehemmt?

5. Evolution

- Wie wurden die Zielerreichungsgrade gewertet?
- Erfolgte eine weitere interne Verwertung der Nutzerbeiträge?
- Erfolgte eine Entscheidungsfindung über Neuinitiierung, Fortsetzung oder Beendigung des virtuellen Methodeneinsatzes?
- Wird die Beziehung zu ausgewählten Nutzern weiter fortgeführt?

Anhang A: Teilstrukturierter Leitfaden.

Quelle: Eigene Darstellung.

Literaturverzeichnis

Abels, H. (2004): Einführung in die Soziologie, 2. Aufl., VS Verlag für Sozialwissenschaften, Wiesbaden.

Abernathy, W. J.; Utterback, J. M. (1978): Patterns of Industrial Innovation, Technology Review, Vol. 80 (7), S. 40-47.

Achouri, C. (2011): Human Resources Management: Eine praxisbasierte Einführung, Gabler, Wiesbaden.

Adamczyk, S. (2012): Managing Innovation Contests: Challenges of Attraction and Facilitation, Dissertation, Universität Friedrich-Alexander-Universität Erlangen-Nürnberg.

Adamczyk, S.; Bullinger, A. C.; Möslein, K. M. (2012): Innovation Contests: A Review, Classification and Outlook, Creativity and Innovation Management, Vol. 21 (4), S. 335-360.

Aderhold, J. (2010): Probleme mit der Unscheinbarkeit sozialer Innovationen in Wissenschaft und Gesellschaft, in: Howaldt, J.; Jacobsen, H. (Hrsg.): Soziale Innovation: Auf dem Weg zu einem postindustriellen Innovationsparadigma, VS Verlag für Sozialwissenschaften, Wiesbaden.

Albers, S.; Gassmann, O. (2005): Technologie- und Innovationsmanagement, in: Albers, S.; Gassmann, O. (Hrsg.): Handbuch Technologie- und Innovationsmanagement: Strategie - Umsetzung – Controlling, Gabler, Wiesbaden, S. 3-22.

Albert, H. (1991): Traktat über kritische Vernunft, 5. Aufl., Mohr Siebeck, Tübingen.

Alby, T. (2008): Web 2.0. Konzepte, Anwendungen, Technologien, 3. Aufl., Carl Hanser Verlag, München.

Allen, R. C. (1983): Collective Invention, Journal of Economic Behavior and Organization, Vol. 4 (1983), S. 1-24.

Alparslan, A. (2007): Strukturalistische Prinzipal-Agent-Theorie: Eine Reformulierung der Hidden-Action-Modelle aus der Perspektive des Strukturalismus, Deutscher Universitätsverlag, Wiesbaden.

Amit, R.; Schoemaker, P. (1996): Strategic assets and organizational rent, Strategic Management Journal, Vol. 14 (1), S. 33-46.

Anzelmo, E.; Bassi, A; Caprio, D.; Dodson, S.; van Kranenburg, R.; Ratto, M. (2011): Discussion Paper on the Internet of Things, http://www.theinternetofthings.eu/sites/default/files/Rob%20van%20Kranenburg/Internet

%20of%20Things%20Institute%20for%20Internet%20&%20Society%20Discussion%20Paper.pdf, Abruf: 25.05.2014.

Arndt, D. (2008): Customer Information: Ein Referenzmodell für die Informationsversorgung im Customer Relationship Management, Cuvillier, Göttingen.

Atzoria, L.; Ierab, A.; Morabitoc, G. (2010): The Internet of Things: A survey, Computer Networks, Vol. 54 (15), S. 2787-2805.

Auer-Srnka, K. J. (2009): Hypothesen und Vorwissen in der qualitativen Marktforschung, in: Buber, R.; Holzmüller, H. (Hrsg.): Qualitative Marktforschung: Konzepte - Methoden - Analysen, Gabler, Wiesbaden, 2. Aufl., S. 159-172.

Aufderheide, D. (2004): Institutionsökonomische Fundierung des Industriegütermarketing, in: Backhaus; K.; Voeth, M. (Hrsg): Handbuch Industriegütermarketing: Strategien - Instrumente – Anwendungen, Gabler, Wiesbaden, S. 49-78.

Axelrod, R. (2009): Die Evolution der Kooperation, 7. Aufl., Oldenbourg Wissenschaftsverlag, München.

Barney, J. (1991): Firm Resources and Sustained Competitive Advantage, Journal of Management, Vol. 17 (1), S. 99-120.

Backhaus, K. (2003): Industriegütermarketing, 7. Aufl., Vahlen, Wiesbaden.

Backhaus, K.; Voeth, M. (2009): Industriegütermarketing, 9. Aufl., Vahlen, Wiesbaden.

Backhaus, K.; Schneider, H. (2009): Strategisches Marketing, 2. Aufl., Schäffer Poeschel, Stuttgart.

Bakos, Y.; Brynjolfsson, E. (1998): Organizational Partnerships and the Virtual Corporation, in: Kemerer, C. F. (Hrsg.): Information Technology and Industrial Competitiveness, Kluwer Academic Publishers, Boston, S. 49-66.

Backhaus, K.; Erichson, B.; Plinke, W.; Weiber, R. (2003): Multivariate Analysemethoden: Eine anwendungsorientierte Einführung, 10. Aufl., Springer, Heidelberg.

Bagozzi, R.; Dholakia, U. (2002): Intentional Social Action in Virtual Communities, Journal of Interactive Marketing, Vol. 16 (2), S. 2-21.

Baldwin, C.; von Hippel, E. (2010): Modeling a Paradigm Shift: From Producer Innovation to User and Open Collaborative Innovation, Arbeitspapier Nr. 4764-09, MIT Sloan School of Management.

Bamberger, I.; Wrona, T. (1996): Der Ressourcenansatz und seine Bedeutung für die strategische Unternehmensführung, Zeitschrift für betriebswirtschaftliche Forschung, Jg. 48 (2), S. 130-153.

Barney, J. B. (1997): Gaining and Sustaining Competitive Advantage, Addison-Wesley Publishing Company, New York.

Bartl, M. (2006): Virtuelle Kundenintegration in die Neuproduktentwicklung, Dissertation, WHU – Otto Beisheim School Management Vallendar, Vallendar.

Bartl, M.; Füller, J.; Mühlbacher, H.; Ernst, H. (2012): A Manager's Perspective on Virtual Customer Integration for New Product Development, Journal of Product Innovation Management, Vol. 29 (6), S. 1031-1046.

Bassett-Jones (2005): The Paradox of Diversity Management, Creativity and Innovation, Creativity and Innovation Management, Vol. 14 (2), S. 169-175.

Bays, J.; Chakravorti, B.; Goland, T.; Harris, B.; Jansen; P.; McGaw, D.; Newsum, J.; Simon, A.; Taliento, L. (2009): "And the winner is …" Capturing the promise of philanthrophic prizes, http://www.mckinseyonsociety.com/downloads/reports/Social-Innovation/And_the_winner_is.pdf, Abruf: 12.04.2013.

Bea, F. X.; Haas, J. (2004): Strategisches Management, 3. Aufl., Lucius & Lucius Verlagsgesellschaft, Stuttgart.

Beilharz, F. (2014): Social Media Marketing im B2B – Besonderheiten, Strategien, Tipps, O'Reilly Verlag, Köln.

Benbasat, I.; Goldstein, D. K.; Mead, M. (1987): The Case Research Strategy in Studies of Information Systems, MIS Quarterly, Vol. 11 (3), S. 369-386.

Bergquist, M.; Ljungberg, J. (2001): The power of gifts: organizing social relationships in open source communities, Information Systems Journal, Vol. 11 (4), S. 305-320.

Berekoven, L.; Eckert, W.; Ellenrieder, P. (2006): Marktforschung - Methodische Grundlagen und praktische Anwendung, 11. Aufl., Gabler, Wiesbaden.

Bergmann, R.; Garrecht, M. (2008): Organisation und Projektmanagement, Physica-Verlag, Heidelberg.

Bergmann, G.; Daub, J. (2006): Systemisches Innovations- und Kompetenzmanagement, Gabler, Wiesbaden.

Berthon, P. R.; Pitt, L. F.; Plangger, K.; Shapiro, D. (2012): Marketing Meets Web 2.0, Social Media, and Creative Consumers: Implications for International Marketing Strategy, Business Horizons, Vol. 55 (3), S. 261–271.

Bessant, J. (2003): Challenges in Innovation Management, in: Shavinina, L. V. (Hrsg.): The International Handbook on Innovation, Elsevier Science, Oxford, S. 761-774.

Bessant, J.; Tidd, J. (2011): Innovation and Entrepreneurship, John Wiley & Sons, West Sussex.

Biesecker, A.; Kesting, S. (2003): Mikroökonomik - Eine Einführung aus sozial-ökologischer Perspektive, Oldenbourg Wissenschaftsverlag, München.

Bitkom (2012): Vertrauen und Sicherheit im Netz, http://www.bitkom.org/files/documents/Vertrauen_und_Sicherheit_im_Netz.pdf, Abruf: 03.09.2014.

Blaikie, N. W. H. (1991): A critique of the use of triangulation in social research, Quality & Quantity, Vol. 25 (2), S. 115-136.

Blatter; J.; Janning, F.; Wagemann, C. (2007): Qualitative Politikanalyse, VS Verlag Sozialwissenschaften, Wiesbaden.

Blau, P. M. (1967): Exchange and Power in Social Life, 2nd ed., Transaction Publ, New York.

Bleicher, K. (2004): as Konzept integriertes Management: Visionen - Missionen – Programme, St. Galler Management Konzept, Campus Verlag, Frankfurt/Main, 7. Aufl.

Bleuß, I. (2011): Triangulation – Konzeptionelle Grundlagen und Diskussionen am Beispiel der Organisationsforschung, Arbeitspapier 03/2011, www.hsu-hh.de/download-1.4.1.php?brick_id=O7FaX4UVrXurNFYI, Abruf: 28.10.2014.

Bley, S. (2010): Die frühe Innovationsphase: Methoden und Strategien für die Vorentwicklung, in: Gundlach, C.; Glanz, A.; Gutsche, J. (Hrsg.), Symposion Publishing, Düsseldorf, S. 299-326.

Blohm, I.; Bretschneider, U.; Huber, J. M.; Leimeister, J. M; Krcmar, H. (2009): Collaborative Filtering in Ideenwettbewerben - Evaluation zweier Skalen zur Teilnehmer-Bewertung in Ideenwettbewerben, in: Engelien, M.; Homann, J. (Hrsg.): Virtuelle Organisation und Neue Medien 2009, Konferenzband zur Gemeinschaft in Neuen Medien (GeNeMe'09).

Bogaschewsky,R.; Rollberg, R. (1998): Prozessorientiertes Management, Springer, Heidelberg.

Bogers, M.; Afuah, A.; Bastian,B. (2010): Users as Innovators: A Review, Critique, and Future Research Directions, Journal of Management, Vol. 36 (4), S. 857-875.

Bogner, T. (2006): Strategisches Online-Marketing, DUV Verlag, Wiesbaden.

Böhm-Kasper, O.; Weishaupt, H. (2008): Quantitative Ansätze und Methoden in der Schulforschung, in: Helsper · Jean, W.; Böhme, J. (Hrsg.): Handbuch der Schulforschung, VS Verlag für Sozialwissenschaften, Wiesbaden, 2. Aufl., S. 91.124.

Bone, S. A.; Fombelle, P. W.; Ray, K. R.; Lemon, K. N. (2015): How Customer Participation in B2B Peer-to-Peer Problem-Solving Communities Influences the Need for Traditional Customer Service, Journal of Service Research, Vol. 18 (1) S. 23-38.

Bössmann, E. (1982): Volkswirtschaftliche Probleme der Transaktionskosten, Zeitschrift für die gesamte Staatswissenschaften, Vol. 138 (4), S. 664-679.

Borgmann, J. (2012): Dynamic Capabilities als Einflussfaktoren des Markteintrittstimings, Dissertation, Universität Handelshochschule Leipzig.

Borowiak, Y.; Herrmann, T. (2010): Web 2.0 zur Unterstützung von Innovationsarbeit, in: Howaldt, J.; Kopp, R.; Beerheide, E. (Hrsg.): Innovationsmanagement 2.0, Gabler, Wiesbaden, S. 131-155.

Bortz, J.; Döring, N. (2006): Forschungsmethoden und Evaluation: Für Human- und Sozialwissenschaftler, Springer Medizin Verlag, Heidelberg, 4. Aufl.

Boudreau, K. J.; Lakhani, K. R. (2009): How to Manage Outside Innovation, MIT Sloan Management Review, Vol. 69 (Summer), S. 63-68.

Boudreau, K. J.; Lacetera, N.; Lakhani, K. R. (2011): Incentives and Problem Uncertainty in Innovation Contests: An Empirical Analysis, Management Science, Vol. 57 (5), S. 843-863.

Boudreau, K. J.; Lacetera, N.; Lakhani, K. R. (2008): Parallel Search, Incentives and Problem Type: Revisiting the Competition and Innovation Link, Harvard Business Press, Arbeitspapier Nr. 09-041. http://www.hbs.edu/faculty/Publication%20Files/09-041_145bb20b-48dc-42ef-b230-5f1c523a19e0.pdf, Abruf: 07.11.2013.

Brand, A. (2009): Softwareentwicklung im Netzwerk: Kooperation, Hierarchie und Wettbewerb in einem Open Source-Projekt, Rainer Hampp Verlag, Mering.

Brandt, B. (2010): Make-or-Buy bei Anwendungssystemen: Eine empirische Untersuchung der Entwicklung und Wartung betrieblicher Anwendungssoftware, Gabler, Wiesbaden, Dissertation, Technische Universität Darmstadt.

Bretschneider, U. (2012): Die Ideen Community zur Integration von Kunden in die frühen Phasen des Innovationsprozesses: Empirische Analysen und Implikationen, Gabler, Wiesbaden.

Bretschneider, U.; Ebner, W.; Leimeister, J. M.; Krcmar, H. (2007): Internetbasierte Ideenwettbewerbe als Instrument der Integration von Kunden in das Innovationsmanagement von Software-Unternehmen, http://www.winfobase.de/lehrstuhl/publikat.nsf/ff45643437394bdc41256609006259fe/e394d01a620d7e3ec125736a003d229d/$FILE/07-22.pdf, Abruf: 20.12.2012.

Bretschneider, U.; Zogaj, S.; Leimeister, J. M. (2012): Wettbewerb vs. Kollaboration: Wie verhalten sich Teilnehmer in Ideenwettbewerben und Ideen Communities?, 74. Wissenschaftliche Jahrestagung des Verbandes der Hochschullehrer für Betriebswirtschaft (VHB 2012), Mai 30 - June 2, 2012, Bozen, Südtirol/Italy, https://www.alexandria.unisg.ch/export/DL/221561.pdf, Abruf: 17.02.2013.

Brockhoff, K. (1998): Wenn der Kunde stört - Differenzierungsnotwendigkeiten bei der Einbeziehung von Kunden in die Produktentwicklung, in: Bruhn, M.; Steffenhagen, H. (Hrsg.): Marktorientierte Unternehmensführung: Reflexionen, Denkanstöße, Perspektiven, Gabler, Wiesbaden, S. 351-370.

Brockmeier, T. (1998): Wettbewerb und Unternehmertum in der Systemtransformation: Das Problem des institutionellen Interregnums im Prozeß des Wandels von Wirtschaftssystemen, Lucius & Lucius Verlag, Stuttgart.

Brosius, F. (2011): SPSS 19, Hüthig Jehle Rehm GmbH, Heidelberg,

Bruhn, M. (2009): Kundenintegration und Relationship Marketing, in: Bruhn, M.; Stauss, B. (Hrsg): Kundenintegration: Forum Dienstleistungsmanagement, Gabler, Wiesbaden, S. 112-132.

Buchholz, W. (1998): Timingstrategien - Zeitoptimale Ausgestaltung von Produktentwicklungsbeginn und Markteintritt, Zeitschrift für betriebswirtschaftliche Forschung, Heft 01, S. 21-40.

Bullinger, A. C.; Neyer, A.-K.; Rass, M.; Möslein, K. M. (2010): Community-Based Innovation Contests: Where Competition Meets Cooperation, Creativity and Innovation Management, Vol. 19 (3), S. 290-303.

Bullinger, H.-J.; Warnecke, H.-J.; Westkämper, E. (2003): Neue Organisationsformen im Unternehmen: ein Handbuch für das moderne Management, Springer, Heidelberg, 2. Aufl.

Bundesnetzagentur (2013): Tätigkeitsbericht 2012/2013, http://www.bundesnetzagentur.de/SharedDocs/Downloads/DE/Allgemeines/Bundesnetzagentur/Publikationen/Berichte/2013/131216_TaetigkeitsberichtTelekommunikation2012-2013.pdf?__blob=publicationFile, Abruf: 04.11.2014.

Bühner, R. (2004): Betriebswirtschaftliche Organisationslehre, 10. Aufl., Oldenbourg Wissenschaftsverlag, München.

Büttgen, M. (2007): Kundenintegration in den Dienstleistungsprozess. Eine verhaltenswissenschaftliche Untersuchung, Gabler, Wiesbaden.

Büttgen, M.; Ates, Z. (2009): Customer participation and its effects on service organisations: An institutional economics perspective, Proceedings of the 2009 Naples Forum on Service, S. 1-45.

Büttgen, M. (2009a): Kundenintegration in Innovationsprozesse unter Einsatz von Web 2.0-Anwendungen, in: Gelbrich, K.; Souren, R. (Hrsg): Kundenintegration und Kundenbindung – Wie Unternehmen von ihren Kunden profitieren, Gabler, Wiesbaden, S. 55-66.

Büttgen, M. (2009b): Kundenintegration in Innovationsprozesse unter Einsatz von Web 2.0-Anwendungen, in: Bruhn, M.; Stauss, B. (Hrsg): Kundenintegration: Forum Dienstleistungsmanagement, Gabler, Wiesbaden, S. 235-261.

Büttgen, M.; Grimm, K.; Haberkorn, S. (2009): Web 2.0: grundlegende Technologien und Anwendungsformen, in: Büttgen, M. (Hrsg): Web 2.0-Anwendungen zur Informationsgewinnung von Unternehmen, Gabler, Wiesbaden, S. 9-54.

Caramia, M.; Felici, G. (2006): Data Mining Special Issue: Mining relevant information on the web: a clique-based approach, http://peer.ccsd.cnrs.fr/docs/00/51/29/06/PDF/PEER_stage2_10.1080%252F00207540600693713.pdf, Abruf: 07.03.2014.

Chakravorti, B. (2010): Stakeholder Marketing 2.0, Journal of Public Policy & Marketing, Vol. 29 (1), S. 97-103.

Chanal, V.; Caron-Fasan, M-L. (2010): The Difficulties involved in developing Business Models open to Innovation Communities: The Case of a Crowdsourcing Platform, http://www.cairn.info/revue-management-2010-4-page-318.htm, Abruf: 09.03.2014.

Chandler; A. D. (1962): Strategy and Structure: Chapters in the History of the American Industrial Enterprise, MIT Press, Cambridge.

Chen, M.; Mao, S.; Zhang, Y.; Leung, V. CM. (2014): Big Data: Related Technologies, Challenges and Future Prospects, Springer, Heidelberg.

Chesbrough, H. W. (2003a): Open Innovation – The New Imperative for Creating and Profiting from Technology, Harvard Business School Press, Boston.

Chesbrough, H. W. (2003b): The Era of Open Innovation, MIT Sloan Management Review, Vol. 44 (3), S. 34-42.

Chesbrough, H. W. (2006): Open Business Models - How to Thrive in the New Innovation Landscape, Harvard Business Review Press, Massachusetts.

Chesbrough, H. W. (2011): Open Services Innovation: Rethinking Your Business to Grow and Compete in a New Era, Jossey-Bass, San Francisco.

Chesney, T.; Chuah, S.-H.; Hoffmann, R.; Hui, W.; Larner, J. (2014): A Study of Gamer Experience and Virtual World Behaviour, Interacting with Computers, Vol. 26 (1), S. 1-11.

Chip (2014a): WhatsApp: Messenger überholt die SMS, http://www.chip.de/news/WhatsApp-Messenger-ueberholt-die-SMS_63781720.html, Abruf: 06.11.2014.

Chip (2014b): WhatsApp: Messenger knackt Nutzerrekord, http://www.chip.de/news/WhatsApp-Messenger-knackt-Nutzerrekord_72187657.html, Abruf: 06.11.2014.

Chiu, C. M.; Wang, E. T. G.; Shih, F.J.; Fan, Y.-W. (2011): Understanding knowledge sharing in virtual communities, Online Information Review, Vol. 35 (1), S. 134 - 153.

Christensen, J. F. (2010): Towards a Framework of Open Business Dynamics, Summer Conference 2010, Imperial College London Business School, June 16 - 18, 2010.

Christensen, J. F. (2011): The Innovator's Dilemma: The Revolutionary Book That Will Change the Way You Do Business, HarperBusiness, New York.

Christensen, C. M.; Raynor, M. E. (2003): The Innovator's Solution, Harvard Business School Press, Boston.

Christensen, C. M. (2003): The Innovator's Dilemma, Harper Paperbacks, New York.

Clement, R.; Schreiber, D. (2010): Internet-Ökonomie: Grundlagen und Fallbeispiele der vernetzten Wirtschaft, Physica-Verlag, Heidelberg.

Clemons, E. K.; Reddi, S. P.; Row, M. C.: (1993): The Impact of Information Technology on the Organization of Economic Activity, Journal of Management Information Systems, Vol. 10 (2), S.9-35.

Coase, R. H. (1937): The Nature of the Firm, Economica, Vol. 4 (16), S. 386-405.

Commons, J. R. (2009): Institutional economics: Its place in political economy, Macmillan, New York, 3. Aufl.

Cooper, R. G. (2001): Winning at New Products: Accelerating the Process from Idea to Launch, Perseus Books Publishing, New York, 3. Auflage.

Cooper, R. G.; Edgett, S. J. (2009): Product Innovation and Technology Strategy, Stage-Gate International, United States.

Cooper, R. G.; Edgett, S. J. (2007): Generating Breakthrough New Product Ideas – Feeding the Innovation Funnel, Product Development Institute, Ancaster.

Corsten, H. (1989): Überlegungen zu einem Innovationsmanagement - Organisationale und personale Aspekte, in: Corsten, H. (Hrsg.): Die Gestaltung von Innovationsprozessen: Hindernisse und Erfolgsfaktoren im Organisations- Finanz,- und Informationsbereich, Erich Schmidt Verlag, Berlin, S. 1-56.

Cyganski, P.; Hass, B. H. (2011): Potenziale sozialer Netzwerke für Unternehmen, in: Walsh, G.; Hass, B. H.; Kilian, T. (Hrsg.): Web 2.0 - Neue Perspektiven für Marketing und Medien, 2. Aufl., Springer, Heidelberg, S. 81-96.

Daecke, J. (2009): Nutzung virtueller Welten zur Kundenintegration in die Neuproduktentwicklung Eine explorative Untersuchung am Beispiel der Automobilindustrie, Dissertation, Universität Bamberg, Gabler, Wiesbaden.

Dahan, E.; Soukhoroukova, A.; Spann, M. (2010): New Product Development 2.0: Preference Markets—How Scalable Securities Markets Identify Winning Product Concepts and Attributes, Journal of Product Innovation Management, Vol. 27 (7), S. 937-954.

Dahan, E.; Hauser, J. (2002): The Virtual Customer, Journal of Product Innova-tion Management, Vol. 19 (5), S. 332-353.

Dahlander, L.; Wallin, M. W. (2006): A Man on the inside: Unlocking Communities as complementary Assets, Research Policy, Vol. 35 (8), S. 1243-1259.

Dahlander, L.;Gann, D. M. (2010): How open is innovation?, Research Policy, Vol. 39 (6), S. 699-709.

Dahlin, K. B.; Behrens, D. M. (2005): When is an Invention really Radical?: Defining and Measuring Technological Radicalness, Research Policy, Vol. 34 (5), S. 717-737.

Dawnson, S. (2010): 'Seeing' the learning community: An exploration of the development of a resource for monitoring online student networking, British Journal of Educational Technology, Vol. 41 (5), S. 736 - 752.

De Wolf, T.; Holvoet, T. (2005): Emergence Versus Self-Organisation: Different Concepts but Promising When Combined, http://citeseerx.ist.psu.edu/viewdoc/download?doi =10.1.1.59.2913&rep=rep1&type=pdf, Abruf: 02.03.2014.

Demski, S. J.; Sappington, D. E. M. (1991): Resolving Double Moral Hazard Problems with Buyout Agreements, The RAND Journal of Economics, Vol. 22 (2), S.232-240.

Destatis (2014): Preisindex für Telekommunikationsdienstleistungen Veränderungsraten zum Vorjahresmonat in %, https://www.destatis.de/DE/ZahlenFakten/Gesamtwirtschaft Umwelt/Preise/Verbraucherpreisindizes/Tabellen_/Telekommunikationspreise.html; jsessionid=76DFB02D0594863B9B9A22F5162BF36A.cae3?cms_gtp=146544_list %253D2&https=1, Abruf: 02.11.2014.

Dewar, R. D.; Dutton, J. E. (1986): The Adoption of Radical and Incremental Innovations: An Empirical Analysis, Management Science, Vol. 32 (11), S. 1422-1433.

Diefenbach, T. (2003): Kritik und Neukonzeption der Allgemeinen Betriebswirtschaftslehre auf sozialwissenschaftlicher Basis, Deutscher Universitätsverlag, Wiesbaden.

Dierickx, I.; Cool, K. (1989): Asset Stock Accumulation and Sustainability of Competitive Advantage, Management Science, Vol. 35 (12), S. 1504-1511.

Dietrich, L.; Schirra, W. (2006): Innovationen durch IT: Erfolgsbeispiele aus der Praxis: Produkte - Prozesse – Geschäftsmodelle, Springer, Heidelberg.

Dittler, U.; Kindt, M.; Schwarz, C. (2007): Online-Gemeinschaften als soziale Systeme – Erneuerung und Bedrohung institutioneller Bildung, in: Dittler, U. (Hrsg.): Online-Communities als soziale Systeme: Wikis, Weblogs und Social-Software im E-Learning, Hubert & Co., Göttingen.

Dombrowski, B.; (2011): Potenziale und Herausforderungen des Geschäftsprozessmanagements im Enterprise 2.0 unter Berücksichtigung der Dynamik unternehmerischer Systeme, Logos Verlag, Berlin.

Dresing, T.; Pehl, T. (2013): Praxisbuch Interview, Transkription & Analyse - Anleitungen und Regelsysteme für qualitativ Forschende, Eigenverlag, Marburg, 5. Aufl.

Drews, P. (2010): Veränderungen in der Arbeitsteilung und Gewinnverteilung durch Open Innovation und Crowdsourcing, http://edoc.sub.uni-hamburg.de/informatik/volltexte/2010/136/pdf/drews_arbeitsteilung.pdf, Abruf: 25.03.2014.

Drucker, P. F. (1988): The coming of the new organization, Harvard Business Review, Vol. 66 (1), S. 45-53.

Duschek, S. (2002): Innovation in Netzwerken. Renten - Relationen – Regeln, Deutscher Universitäts-Verlag, Wiesbaden.

Duschek, S. (2004): Inter-firm resources and substainable competitive advantage, Management Revue, Vol .15 (1): S. 53-73.

Dyer, J. H. (1996): Specialized Supplier Networks as a Source of Competitive Advantage: Evidence from the Auto Industry, Strategic Management Journal, Vol. 17 (4), S. 271-291.

Dyer, J. H.; Singh, H. (1998): The Relational View: Cooperative Strategy and Sources of Interorganizational Competitive Advantage, Academy of Management Review, Vol. 23 (4) S. 660-679.

Ebers, M.; Gotsch, W. (2002): Institutionsökonomische Theorien der Organisation, in: Kieser, A. (Hrsg): Organisationstheorien, 5. Aufl., Kohlhammer, Stuttgart, S. 199-249.

Ebner, W. (2008): Community Building for Innovations - Der Ideenwettbewerb als Methode für die Entwicklung und Einführung einer virtuellen Innovations-Gemeinschaft, Dissertation, Technische Universität München, München.

Ebner, W.; Leimeister, J. M.; Krcmar, H. (2009): Community engineering for innovations: the ideas competition as a method to nurture a virtual community for innovations, R&D Management, Vol. 39 (4), S. 342-356.

Eisenbeiss, M.; Blechschmidt, B.; Backhaus, K.; Freund, P. A. (2012): "The (Real) World Is Not Enough:" Motivational Drivers and User Behavior in Virtual Worlds, Journal of Interactive Marketing, Vol. 26 (1), S. 4-20.

Eisenhardt, M. E. (1989): Agency Theory: An Assessment and Review, Academy of Management Review, Vol. 14 (1), S. 57- 74.

Eisenhardt, K. M. (1989): Building Theories from Case Study Research, The Academy of Management Review, Vol. 14 (4), S. 532-550.

Eisenhardt, K. M.; Martin, J. E. (2000): Dynamic Capabilities: What are they?, Strategic Management Journal, Vol. 21 (10-11), S. 1105–1121.

Ellermann, D. P. (2004): Parallel Experimentation and the Problem of Variation, Knowledge, Technology, & Policy, Vol. 16 (4), S. 77-90.

Emrich, C. (2009): Multichannel-Management: Gestaltung einer multioptionalen Medienkommunikation, Kohlhammer, Stuttgart.

Engel, B. (2008): Nachhaltige Gewinne Durch Gebundene Kunden: Eine Analyse des transaktionskostentheoretischen Hold-up, Gabler, Wiesbaden, Dissertation, Humboldt-Universität Berlin.

Engstler, M.; Nohr, H.; Bendler, F. (2014): Webbasiertes Kundenmonitoring in der Kreativwirtschaft, in: Jähnert, J. (Hrsg.): Technologien für digitale Innovationen: Interdisziplinäre Beiträge zur Informationsverarbeitung, Springer, Wiesbaden, S. 119-146.

Enkel, E. (2006): Chancen und Risiken der Kundenintegration, in: Gassmann, O.; Kobe, C. (Hrsg.): Management von Innovation und Risiko: Quantensprünge in der Entwicklung erfolgreich managen, 2. Aufl., Springer, Berlin, S. 171-186.

Erdi, P. (2007): Complexity Explained, Springer, Berlin.

Erlei, M. (1998): Institutionen, Märkte und Marktphasen, Mohr Siebeck, Tübingen.

Erlei, M.; Jost, P. J. (2001): Theoretische Grundlagen des Transaktionskostenansatzes, in Jost, P. J. (Hrsg.): Der Transaktionskostenansatz in der Betriebswirtschaftslehre, Schäffer-Pöschel, Stuttgart, S. 35-75.

Erlei, M.; Leschke, M.; Sauerland, D. (2007): Neue Institutionenökonomik, 2. Aufl., Schäffer-Poeschel, Stuttgart.

Ernst (2003): Ursachen eines Informant Bias und dessen Auswirkungen auf die Validität empirischer betriebswirtschaftlicher Forschung, Zeitschrift für Betriebswirtschaft, Vol. 73 (12), S. 1249-1275.

Ernst, H. (2004): Virtual Customer Integration – Maximizing the Impact of Customer Integration on New Product Performance, in: Albers, S. (Hrsg.): Cross-functional Innovation Management: Perspectives from Different Disciplines, Gabler, Wiesbaden, S. 192-208.

Ernst, H. (2001): Erfolgsfaktoren neuer Produkte: Grundlagen für eine Valide Empirische Forschung, Gabler, Wiesbaden.

Ernst, H.; Soll, J. H.; Spann, M. (2004): Möglichkeiten der Lead-User-Identifikation in Online-Medien, in: Herstatt, C.; Sander, J. G. (Hrsg.): Produktentwicklung mit virtuellen Communities - Kundenwünsche erfahren und Innovationen realisieren, Gabler, Wiesbaden, S. 122-136.

Ernst, M.; Voigt, K.-I.; Neumann, S. (2012): Integration of Lead Users in the Sporting Goods Industry: Potentials of Virtual Customer Integration, Proceedings of PICMET '12: Technology Management for Emerging Technologies, S. 2577-2588.

Ertl, M. (2010): Strategiebildung für die Umsetzung von Open Innovation, in: Ili, S. (Hrsg.): Open Innovation umsetzen: Prozesse, Methoden, Systeme, Kultur, Symposion, Düsseldorf, S. 61-84.

Euteneuer, M.; Niederbacher, A. (2009): Die dialogische Praxis an der Dienstleister-Kunden-Schnittstelle als Element innovativer Unternehmenskulturen und –milieus, in: Herrmann,T. A.; Kleinbeck,U.; Ritterskamp, C. (Hrsg.): Innovationen an der Schnittstelle zwischen technischer Dienstleistung und Kunden, Physica-Verlag, Heidelberg, S. 107-130.

Faller, C.; Schmit, K. (2013): Social Media Shitstorms: Origins, Case Studies and Facts about Social Media Crises and their Consequences for Crisis Management, Books on Demand.

Fehr, E.; Fischbacher, U. (2002): Why Social Preferences Matter - The Impact of Nonselfish Motives on Competition, Cooperation, and Incentives, The Economic Journal, Vol. 112 (478), S. 1-33.

Feyerabend, P. (1970): Wie wird man ein braver Empirist? Ein Aufruf zur Toleranz in der Erkenntnistheorie, in: Krüger, L: (Hrsg.): Erkenntnisprobleme der Naturwissenschaften, Berlin, S. 302-335.

Feyerabend, P. (2008): Problems of Empiricism v2: Philosophical Papers, Cambridge University Press, New York.

Fichter, K. (2005): Modelle der Nutzerintegration in den Innovationsprozess, www.izt.de/fileadmin/downloads/pdf/IZT_WB75.pdf, Abruf: 08.07.2012.

Fink, A.; Schneidereit, G.; Voß, S. (2001): Grundlagen der Wirtschaftsinformatik, 2. Aufl., Physica-Verlag, Heidelberg.

Finzen, J.; Kasper, H.; Kintz, M. (2010): Innovation Mining - Effektive Recherche unternehmensstrategisch relevanter Informationen im Internet, http://wiki.iao.fraunhofer.de/index.php/Innovation_Mining:_effektive_Recherche_unternehmensstrategisch_relevanter_Informationen_im_Internet, Abruf: 07.03.2014.

Fischer, B. (2006): Vertikale Innovationsnetzwerke - Eine theoretische und empirische Analyse, Dissertation Universität Mainz, Deutscher Universitäts-Verlag, Wiesbaden.

Fischer, M. (1993): Make-or-Buy-Entscheidungen im Marketing: Neue Institutionenlehre und Distributionspolitik (Neue Betriebswirtschaftliche Forschung, Gabler, Wiesbaden.

Fischer, E. (2008): Das kompetenzorientierte Management der touristischen Destination: Identifikation und Entwicklung kooperativer Kernkompetenzen, Dissertation Katholische Universität Eichstätt-Ingolstadt, Gabler, Wiesbaden.

Fire, M.; Kagan, D.; Elyashar, A.; Elovici, Y. (2014): Friend or foe? Fake profile identification in online social networks, in: Social Network Analysis and Mining, Social Network Analysis and Mining, Vol. 4 (1), S. 1 - 23.

Flick, U. (2007): Triangulation - Eine Einführung, VS Verlag für Sozialwissenschaften, Wiesbaden, 2. Aufl.

Flick, U.; von Kardorff, E.; Steinke, I (2005): Qualitative Forschung: Ein Handbuch, Rowohlt, Reinbek.

Fließ, S. (2000): Industrielles Kaufverhalten, in: Kleinaltenkamp, M.; Plinke, W. (Hrsg): Technischer Vertrieb, Grundlagen des Business to Business Marketing, 2. Aufl., Springer, Berlin, S. 251-370.

Fließ, S. (2009): Dienstleistungsmanagement: Kundenintegration gestalten und steuern, Gabler, Wiesbaden.

Fraas, Meier, Pentzold (2011): Online-Kommunikation: Grundlagen, Praxisfelder und Methoden, Oldenbourg Wissenschaftsverlag.

Franke; N.; Hienerth, H. (2006): Prädikatoren der Qualität von Geschäftsideen: Eine empirische Analyse eines Online-Ideen-Forums, http://epub.wu.ac.at/3114/, Abruf: 04.05.2013.

Franke, N.; Piller, F. (2004): Value Creation by Toolkits for User Innovation and Design: The Case of the Watch Market, Journal of Product Innovation Management, Vol. 21 (6), S. 401-415.

Franke, N.; Shah, S. (2003): How communities support innovative activities: an exploration of assistance and sharing among end-users, Research Policy, Vol. 32 (1), S. 157-178.

Fraunhofer IKP (2004): IT-Services: Neue Wege zur professionellen Dienstleistungsentwicklung, http://www.ipk.fraunhofer.de/presse-und-medien/medieninformationen/2004/142004-studie-it-services-neue-wege-zur-professionellen-dienstleistungsentwicklung, Abruf: 11.11.2014.

Freiling, J. (2001): Ressourcenorientierte Reorganisationen: Problemanalyse und Change Management auf Basis der Resource-based View, Gabler, Wiesbaden.

Freiling, J.; Welling, M. (2005): Isolationsmechanismen als Herausforderung im Management so genannter „intangibler Potenziale" eine kompetenzorientierte Analyse, in: Matzler, K. (Hrsg.): Immaterielle Vermögensgegenstände: Handbuch der intangible Assets, Erich Schmidt Verlag, Berlin, S. 103-132.

Friese, M.; Hoffmann, W.; Naumann, E. (2004): Quantitative Methoden – Band 1, Springer, Heidelberg.

Friedmann, M. (1970): The Social Responsibility of Business Is to Increase Its Profits, New York Times Magazine, September 13, 1970.

Fritz, W. (1992): Marketing-Management und Unternehmenserfolg: Grundlagen und Ergebnisse einer empirischen Untersuchung, Schäffer-Poeschel, Stuttgart.

Füller, J. (2008): Das kreative Potenzial von Online-Communities für das Marketing - das Fallbeispiel Hyve AG, in: Diller, H. (Hrsg): Web 2.0: Hype oder Substanz?, Wissenschaftliche Gesellschaft für Innovatives Marketing e. V., Nürnberg, S. 49-62.

Füller, J. (2010): Refining Virtual Co-Creation from a Consumer Perspective, California Management Review, Vol. 52 (2), S. 98-122.

Füller, J.; Jawecki G.; Bartl, M. (2006): Produkt- und Serviceentwicklung in Kooperation mit Online Communities, in: Hinterhuber, H. H.; Matzler, K. (Hrsg.): Kundenorientierte Unternehmensführung, Kundenorientierung - Kundenzufriedenheit - Kundenbindung, 4. Aufl., Gabler, Wiesbaden S. 436-454.

Fuchß, C.; Schütz, B.; Stieglitz, S. (2011): Erweiterung virtueller Welten für den unternehmensinternen Einsatz, Proceedings of the Gesellschaft für Informatik Jahrestagung, Berlin, 41. Jahrestagung der Gesellschaft für Informatik , 4.-7.10.2011, Berlin

Gabler (2014): Gabler Wirtschaftslexikons, http://wirtschaftslexikon.gabler.de/Definition/innovationsstrategie.html, Abruf: 24.03.2014.

Gabriel, R.; Gluchowski, P.; Pastwa, A. (2009): Datawarehouse und Data Mining, W3L-Verlag, Herdecke.

Galasso, A.; Schankerman, M. (2013): Patents and Cumulative Innovation: Causal Evidence from the Courts, http://ideas.repec.org/p/cep/cepdps/dp1205.html, Abruf: 21.02.2014.

Gales, L.; Mansour-Cole, D. (1995): User involvement in innovation projects: Toward an information processing model, Journal of Engineering and Technology Management, 12. Jg. (1), S. 77-109.

Gängl-Ehrenwerth, C.; Faullant, R.; Schwarz, E. J. (2013): Kundenintegration in den Neuproduktentwicklungsprozess, in: Kause, D. E. (Hrsg.): Kreativität, Innovation, Entrepreneurship, Gabler, Wiesbaden, S. 371-383.

Gaßner, R.; Richter, M. (2007): F+E-Outsourcing– Innovationschance oder Risiko?, Arbeitspapier Nr. 88, Institut für Zukunftsstudien und Technologiebewertung, Berlin.

Gassmann, O. (2012): Crowdsourcing - Innovationsmanagement mit Schwarmintelligenz, 2. Aufl., Carl Hanser Verlag, München.

Gassmann, O. (2006): Opening up the innovation process: towards an agenda, R&D Management, Vol. 36 (3), S. 223-228.

Gassmann, O.; Friesike, S.; Häuselmann, C. (2012): Crowdsourcing: Eine kurze Einführung, in: Gassmann, O. (Hrsg.): Crowdsourcing Innovationsmanagement mit Schwarmintelligenz - Interaktiv Ideen finden Kollektives Wissen effektiv nutzen Mit Fallbeispielen und Checklisten, 2. Aufl., Carl Hanser Verlag, München, S. 1-21.

Gassmann, O.; Enkel, E. (2006): Die Öffnung des Innovationsprozesses erhöht das Innovationspotenzial, zfo wissen, 75. Jg. (3), S. 132-138.

Gassmann, O.; Sutter, P. (2013): Praxiswissen Innovationsmanagement: Von der Idee zum Markterfolg, Carl Hanser Verlag, München.

Geier, F. (2013): Das größte Potenzial der Digitalisierung ist die Vernetzung mit Datenkapital, in: Keuper, F.; Hamidian, K.; Verwaayen, E.; Kalinowski, T.; Kraijo, C. (Hrsg.): Digitalisierung und Innovation: Planung - Entstehung - Entwicklungsperspektiven, Springer, Heidelberg, S. 231-242.

Gelbmann, U.; Vorach, S. (2007): Strategisches Innovationsmanagement, in: Strebel, H. (Hrsg.): Innovations- und Technologiemanagement, Facultas Verlags- und Buchhandels AG, Wien, 2. Aufl., S. 158-210.

Gerybadze, A. (2007): Gruppendynamik und Verstehen in Innovation Communities, in: Herstatt, C.; Verworn, B. (Hrsg.): Management der frühen Innovationsphasen - Grundlagen - Methoden - Neue Ansätze, 2. Aufl., Gabler, Wiesbaden, S. 199-215.

Gerdon, R. (2009): Einfluß der Unternehmenskultur auf die Innovationsfähigkeit der von Dienstleistungsunternehmen, in: Schmidt, K.; Glich, R.; Richter, A. (Hrsg.): Gestaltungsfeld Arbeit und Innovation: Perspektiven und Best Practices aus dem Bereich Personal und Innovation, Haufe-Lexware, München, S. 153-166.

Gershenson, C. (2007): Design and Control of Self-organizing Systems, http://cogprints.org/5442/1/thesis.pdf , Abruf: 28.02.2014, Dissertation, Universität Brüssel.

GfK (2006): 70 Prozent Innovationsflops – Das vermeidbare Fehlinvestment von 10 Milliarden Euro im Jahr, http://presse.serviceplan.de/uploads/tx_sppresse/301.pdf, Abruf: 16.01.2013.

Ghoshal, S.; Moran, P. (1996): Bad for Practice: A Critique of the Transaction Cost Theory, The Academy of Management Review, Vol. 21 (1), S. 13-47.

Giesa, C.; Schiller Clausen, L. (2014): New Business Order: Wie Start-ups Wirtschaft und Gesellschaft verändern, Carl Hanser Verlag, München.

Gioia, D. A.; Pitre, E. (1990): Multiparadigm Perspectives on Theory Building, The Academy of Management Review, Vol. 15 (4), S. 584-602.

Glanz, A.; Jung, O. (2010): Machine-to-Machine-Kommunikation, Campus Verlag, Frankfurt.

Glanz, A.; Büsgen, M. (2013): Machine-to-Machine-Kommunikation, Campus Verlag, Fraunkfurt.

Göbel, E. (2002): Neue Institutionenökonomik – Konzeption und betriebswirtschaftliche Anwendungen, UTB, Stuttgart.

Götz, P. (1995): Key - Account - Management im Zuliefergeschäft, Eine theoretische und empirische Untersuchung, Duncker & Humblot, Berlin.

Goffin, K.; Herstatt, C.; Mitchell, R. (2009): Innovationsmanagement – Strategien und effektive Umsetzung von Innovationsprozessen mit dem Pentathlon-Prinzip, FinanzBuch Verlag, München.

Granig, P.; Hartlieb, E. (2012): Strategische Aspekte des Innovationsmanagements, in: Granig, P.; Hartlieb, E. (Hrsg.): Die Kunst der Innovation: Von der Idee zum Erfolg, Springer Verlag, Wiesbaden, S. 15-24.

Graubner-Müller, A. (2011): Web Mining in Social Media: Use Cases, Business Value, and Algorithmic Approaches for Corporate Intelligence, Social Media Verlag, Books on Demand, Norderstedt.

Grether, M. (2003): Marktorientierung durch das Internet: Ein wissensorientierter Ansatz für Unternehmen, DUV Verlag, Wiesbaden.

Griese, K.-M.; Bröring, S. (2011): Marketing-Grundlagen – Eine fallstudien-basierte Einführung, Gabler, Wiesbaden.

Grimm, K.; Büttgen, M. (2009): Einsatzpotenziale von Web 2.0-Anwendungen zur Kundenintegration in Innovationsprozesse, in: Büttgen, M. (Hrsg.): Web 2.0-Anwendungen zur Informationsgewinnung von Unternehmen, Logos Verlag, Berlin, S. 105-267.

Großklaus, R. (2008): Neue Produkte einführen: Von der Idee zum Markterfolg Neue Produkte einführen: Von der Idee zum Markterfolg, Gabler, Wiesbaden.

Gruner, K. E.; Homburg, C. (1999): Innovationserfolg durch Kundeneinbindung – Eine empirische Untersuchung, Zeitschrift für Betriebswirtschaft, 67. Jg., Ergänzungsheft 1/1999, S. 119-142.

Gruner, K. E.; Homburg, C. (2000): Does Customer Interaction Enhance New Product Success?, Journal of Business Research, Vol. 49 (1), S.1-14.

Gruner, K. E.; (1997): Kundeneinbindung in den Produktinnovationsprozeß: Bestandsaufnahme, Determinanten und Erfolgsauswirkungen, Gabler, Wiesbaden.

Grupp, H. (1997): Messung und Erklärung des Technischen Wandels: Grundzüge Einer Empirischen Innovationsökonomik, Springer, Wiesbaden.

Grün, O.; Brunner, J.-C. (2002): Der Kunde als Dienstleister – Von der Selbstbedienung zur Co-Produktion, Gabler, Wiesbaden.

Gort, M.; Klepper, S. (1982): Time Paths in the Diffusion of Product Innovations, The Economic Journal, Vol. 92 (367), S. 630-653.

Gotthardt, C. (2007): Innovationsmanagement in der deutschen Luftfahrtindustrie unter dem Einfluss europäischer und deutscher Innovationspolitik, EUL Verlag, Köln, Dissertation, Georg-August-Universität Göttingen.

Gourville, J, T. (2006): Eager Sellers and Stony Buyers: Understanding the Psychology of New-Product Adoption, Harvard Business Review, Vol. 84 (6), S. 98-106.

Gläser, J; Laudel, G. (2010): Experteninterviews und Qualitative Inhaltsanalyse, VS Verlag für Sozialwissenschaften, Wiesbaden, 4. Aufl.

Habicht, H.; Möslein, K. M.; Reichwald, R. (2011): Open Innovation: Grundlagen, Werkzeuge, Information Management und Consulting, Vol. 26 (1), S. 44-51.

Hacker, W. (2007): Funktionalstrategieformation, Joseph Eul Verlag, Köln, Dissertaion, Universität Bayreuth.

Hagenhoff, S. (2004): Kooperationsformen: Grundtypen und spezielle Ausprägungen, Arbeitsbericht Nr. 4/2004, Georg-August-Universität Göttingen, S. 1-30.

Haller, J. (2013): Open Evaluation: Integrating Users into the Selection of New Product Ideas, Dissertation, Universität Erlangen-Nürnberg.

Haller, J. B. A.; Bullinger, A. C.; Möslein, K. M. (2011): Innovationswettbewerbe: ein IT-gestütztes Instrument des Innovationsmanagements, Wirtschaftsinformatik, Vol. 53 (2), S. 105 - 107.

Hallerstede, S., Bullinger, A. C.; Möslein, K. M. (2012): Community-basierte Open Innovation von der Suche bis zur Implementierung – der Fall des Innovationsintermediärs innosabi, Multikonferenz Wirtschaftsinformatik 2012 – Tagungsband der MKWI 2012, GITO Verlag, Braunschweig, S. 1735-1736.

Hass, B. H.; Kilian, T. (2011): Web 2.0: Neue Perspektiven Für Marketing und Medien, 2. Aufl., Springer, Heidelberg.

Hans, A. (1980): Traktat über kritische Vernunft, 4. Aufl., Mohr Paul Siebeck, Tübingen.

Hansen, H. (2009): Gründungserfolg wissensintensiver Dienstleister: Theoretische und empirische Überlegungen aus Sicht der Competence-based Theory of the Firm, Gabler, Wiesbaden.

Hartleb, V. (2009): Brand Community Management – eine empirische Analyse am Beispiel der Automobilbranche, Gabler, Wiesbaden.

Hauschildt, J.; Salomo, S. (2011): Innovationsmanagement, Vahlen, München, 5. Aufl.

Hauser, J. R. (2008): Note on Product Development, http://ocw.iti.im/courses/sloan-school-of-management/15-810-introduction-to-marketing-spring-2005/readings/1note7.pdf, Abruf: 05.08.2012.

Heger, O.; Reuter, C. (2013): IT-basierte Unterstützung virtueller und realer Selbsthilfegemeinschaften in Katastrophenlagen, 11th International Conference on Wirtschaftsinformatik, S. 1861-1875.

Heimerl, P. (2009): Fallstudien als forschungsstrategische Entscheidung, in: Buber, R.; Holzmüller, H. (Hrsg.): Qualitative Marktforschung: Konzepte - Methoden – Analysen, Gabler, Wiesbaden, 2. Aufl. S. 381-400.

Heinemann, G. (2014): Der neue Online-Handel: Geschäftsmodell und Kanalexzellenz im E-Commerce, 5. Aufl., Springer Gabler, Wiesbaden.

Heinze, T. (2001): Qualitative Sozialforschung: Einführung, Methodologie und Forschungspraxis, Oldenbourg Wissenschaftsverlag, Oldenbourg.

Helm, R.; Möller, M.; Rosenbusch, J. (2011): Zur Persönlichkeitsstruktur von Multiplikatoren im On- und Offline-Bereich: Steigt deren Zahl durch die Online-Kommunikation?, Zeitschrift für Betriebswirtschaft, Volume 81 (5), S. 147-177.

Hemetsberger, A. (2008): The Wisdom of Consumer Crowds - Collective Innovation in the Age of Networked Marketing, Journal of Macromarketing, Vol. 28 (4), S. 339-354.

Hemetsberger, A.; Godula, G. (2005): Customer Integration in New Product Development - The QLL ("cool") – Framework, Proceedings of 34th EMAC conference, Milan.

Hemetsberger, A.; Godula, G. (2007): Integrating Expert Customers in New Product Development in Industrial Business – Virtual Routes to Success, Innovative Marketing, Vol. 3 (3), S. 28-39.

Hemetsberger, A. (2001): Fostering Cooperation on the Internet, Advances in Consumer Research, Vol. 29, S. 354-356.

Hemetsberger, A.; Füller, J. (2009): Qual der Wahl - Welche Methode führt zu kundenorientierten Innovationen?, in: Hinterhuber, H. H.; Matzler, K. (Hrsg.): Kundenorientierte Unternehmensführung, Kundenorientierung - Kundenzufriedenheit - Kundenbindung, 6. Aufl., Gabler, Wiesbaden, S. 414-447.

Hemetsberger, A.; Füller, J. (2006): Qual der Wahl - Welche Methode führt zu kundenorientierten Innovationen?, in: Hinterhuber, H. H.; Matzler, K. (Hrsg.): Kundenorientierte Unternehmensführung, Kundenorientierung - Kundenzufriedenheit - Kundenbindung, 5. Aufl., Gabler, Wiesbaden, S. 399-434.

Henkel (2014): Henkel Innovation Challenge: Interview, http://www.henkel.de/blob/61844/594705a2e30ef74a7892be81310b6a79/data/interview-hic-jens-plinke-deutsch.pdf, Abruf: 08.11.2014.

Henkel, J.; von Hippel, E. (2005): Welfare Implications of User Innovation, Journal of Technology Transfer, Vol. 30 (1), 73-87.

Heo, G. M.; Lee, R. (2013): Blogs and Social Network Sites as Activity Systems: Exploring Adult Informal Learning Process through Activity Theory Framework, Educational Technology & Society, Vol 16 (4), S. 133-145.

Herstatt, C. (1991): Anwender als Quellen für die Produktinnovation, ADAG, Zürich.

Herzog, P. (2011): Open and Closed Innovation – Different Cultures for Different Strategies, 2. Aufl. Gabler, Wiesbaden.

Hettler, U. (2010): Social Media Marketing: Marketing mit Blogs, Sozialen Netzwerken und weiteren Anwendungen des Web 2.0, Oldenbourg Wissenschaftsverlag, München.

Hill, C. W. L. (2006): International Business. Competing in the Global Marketplace, 6th ed., McGraw-Hill Professional, New York.

Hinterhuber, H. H. (2004): Strategische Unternehmungsführung, Walter de Gruyter GmbH, Berlin.

Hippner, H.; Merzenich, M.; Wilde, K. D. (2004): Web Mining – Grundlagen und Einsatzpotenziale im CRM, in: Hippner, H.; Wilde, K. D. (Hrsg.): IT-Systeme im CRM: Aufbau und Potenziale, Gabler, Wiesbaden, S. 269-301.

Hirsch-Kreinsen, H. (2010): Die „Hightech-Obsession" der Innovationspolitik, in: Howaldt, J.; Jacobsen, H. (Hrsg.): Soziale Innovation: Auf dem Weg zu einem postindustriellen Innovationsparadigma, VS Verlag für Sozialwissenschaften, Wiesbaden.

Hirschmann, A. O. (1974): Abwanderung und Widerspruch, Mohr Siebeck, Tübingen.

Hofmann, J.; Hoberg, A.; Rickermann, T. (2012): Roadmapping für eCollaboration und eCommunication, HMD Praxis der Wirtschaftsinformatik, Vol. 49 (2), S. 64-74.

Hogrefe, M. (2013): Crowdsourcing – Erfolgspotenziale in der Modebranche, in: Ceyp, M. H.; Scupin, J.-P. (Hrsg.): Erfolgreiches Social Media Marketing: Konzepte, Massnahmen und Praxisbeispiele, Springer Gabler, Wiesbaden, S. 163-175.

Holling, H.; Gediga, G. (2011): Statistik - Deskriptive Verfahren, Hogrefe Verlag, Göttingen.

Holsing, C. (2012): Kaufverhaltensforschung in Social Shopping Communities: Dargestellt unter Berücksichtigung einer Logfile-Analyse, Josef EUL Verlag, Lomar.

Holtbrügge, D. (2005): Personalmanagement, 2. Aufl., Springer, Wiesbaden.

Holzmüller, H. H.; Buber, R. (2007): Optionen für die Marktforschung durch die Nutzung qualitativer Methodologie und Methodik, in: Buber, R.; Holzmüller, H. H. (Hrsg.): Qualitative Marktforschung, Gabler, Wiesbaden, S. 3-20.

Homans, G. C. (1958): Social Behavior as Exchange, American Journal of Sociology, Vol. 63 (6), S. 597-606.

Homans, G. C. (1960): Theorie der sozialen Gruppe, Westdeutscher Verlag, Köln.

Homans, G. C. (1961): Social Behaviour: Its Elementary Forms, Routledge and Kegan Paul, London.

Homans, G. C. (1972): Grundlegende soziale Prozesse, in: Homans, G. C.; Liedke, B. (Hrsg.): Grundfragen soziologischer Theorie, Westdeutscher Verlag, Köln, S. 59-105.

Homburg, C.; (2000): Kundennähe von Industriegüterunternehmen: Konzeption - Erfolgsauswirkungen – Determinanten, 3. Aufl., Gabler, Wiesbaden.

Horsch, J. (2003): Innovations- und Projektmanagement - von der strategischen Konzeption bis zur operativen Umsetzung, Gabler, Wiesbaden.

Howells, J.; James, A.; Malik, K. (2003): The sourcing of technological knowledge: distributed innovation processes and dynamic change. R&D Management, Vol. 33 (4), S. 395-409.

Howe, J. (2008): Crowdsourcing: Why the Power of the Crowd Is Driving the Future of Business, Crown Business, New York.

Howe, J. (2006): Crowdsourcing: A Definition, http://www.wired.com/wired/archive/14.06/crowds.html, Abruf: 24.02.2014.

Huber, F.; Regier, S.; Kissel , P. (2009): Kunden zu Fans machen: Markenloyalität in virtuellen Brand-Communities, EU-Verlag, Lohmar.

Hüner, A. K. (2013): Der Wissenstransfer in User-Innovationsprozessen: Empirische Studien in der Medizintechnik, Gabler, Wiesbaden.

Hungenberg (2005): Anreizsysteme für Führungskräfte – Theoretische Grundlagen und praktische Ausgestaltungsmöglichkeiten, in: Hahn, D.; Taylor, B. (Hrsg.): Strategische Unternehmungsplanung - Strategische Unternehmungsführung: Stand und Entwicklungstendenzen, 9. Aufl., Springer, Berlin, S. 353 - 364.

Hungenberg, H.; Wulf, T. (2011): Grundlagen der Unternehmensführung, 4. Aufl., Springer, Heidelberg.

Hussy, W.; Schreier, M.; Echterhoff, G. (2010): Forschungsmethoden in Psychologie und Sozialwissenschaften, Springer, Heidelberg.

Hüsig, S.; Kohn, S. (2011): ''Open CAI 2.0'' – Computer Aided Innovation in the era of open innovation and Web 2.0, Computers in Industry, Vol. 62 (2011), S. 407–413.

Hutter, K. (2012): Dynamic Capabilities und Innovationsstrategien: Interdependenzen in Theorie und Praxis, Springer Gabler, Wiesbaden, Dissertation, Johannes Kepler Universität Linz.

Hutter, K.; Hautz, J.; Füller, J.; Mueller, J.; Matzler, K. (2011): Communitition: The Tension between Competition and Collaboration in Community-Based Design Contests, Creativity and Innovation Management, Vol. 20 (19, S. 3-21.

Hrastinski, S.; Edenius, M.; Kviselius, N. (2010): A Review of Technologies for Open Innovation: Characteristics and Future Trends, Proceedings of the 43rd Hawaii International Conference on System Sciences – 2010, http://ieeexplore.ieee.org/ielx5/5428222/5428274/05428751.pdf?tp=&arnumber=5428751&isnumber=5428274, Abruf: 07.11.2013.

Ideabird (2014): Homepage der Webseite Ideabird, http://ideabird.de/start.php, Abruf: 11.05.2014.

Ili, S.; Albers, A. (2010): Chancen und Risiken von Open Innovation, in Ili, S. (Hrsg.): Open Innovation umsetzen: Prozesse, Methoden, Systeme, Kultur, Symposium Publishing, Düsseldorf, S. 43-59.

Ili, S. (2009): Open Innovation im Kontext der Integrierten Produktentwicklung Strategien zur Steigerung der FuE-Produktivität, http://d-nb.info/1014223083/34, Abruf: 18.02.2014.

Ihl, C.; Piller, F. (2010): Von Kundenorientierung zu Customer Co-Creation im Innovationsprozess, Marketing Review St. Gallen, Vol. 27 (4), S. 8-13.

INNOFACT (2009): Erstellung eigener Produktrezensionen im Internet, http://de.statista.com/statistik/daten/studie/77183/umfrage/erstellung-eigener-produktrezensionen-im-internet/, Abruf: 01.12.2013.

Islam, N.; Ekekwe, N. (2012): Disruptive Technologies, Innovation and Global Redesign, in: Ekekwe, N.; Islam, N. (Hrsg.): Disruptive Technologies, Innovation and Global Redesign, Premier Reference Source, Hershey, S. 1-11.

Jacobides, M. G.; Winter, S. G. (2005): The co-evolution of capabilities and transaction costs: explaining the institutional structure of production, Strategic Management Journal, Vol. 26 (5), S. 395-413.

Jain, R. (2010): Investigation of Governance Mechanisms for Crowdsourcing Initiatives, AMCIS 2010 Proceedings, http://www.virtual-communities.net/mediawiki/images/f/fd/Jain.pdf, Abruf: 11.01.2013.

Janzik, L., Herstatt, C., Raasch, A.-C. (2011): Warum Kunden in Online-Communities innovieren: Ergebnisse einer Motivanalyse, Zeitschrift für Betriebswirtschaft, Vol. 81 (5), S. 47–81.

Jemili, H. (2011): Business Process Offshoring: Ein Vorgehensmodell Zum Globalen Outsourcing IT-basierter Geschäftsprozesse, Gabler, Wiesbaden.

Jensen, M. C.; Meckling, W. H. (1976): Theory of the Firm: Managerial Behavior, Agency Costs and Ownership Structure, Journal of Financial Economics, Vol. 3 (4), S. 305-360.

Jones, C. I. (2005): Growth and Ideas, in: Aghion, P.; Durlauf, S. (Hrsg.): Handbook of Economic Growth, Elsevier, Amsterdam, S. 1064-1108.

Jones, G. R.; Bouncken, R. B. (2008): Organisation - Theorie, Design und Wandel, 5. Aufl., Addison-Wesley Verlag, München.

Jost, P. J. (2001): Die Prinzipal-Agenten-Theorie im Unternehmenskontext, in: Jost, P. J. (Hrsg.): Die Prinzipal-Agenten-Theorie in der Betriebswirtschaftslehre, Schäffer-Pöschel, Stuttgart, S. 11-44.

Karle-Komes, N. (1997): Anwenderintegration in die Produktentwicklung – Generierung von Innovationsideen durch die Interaktion von Herstellern und Anwendern innovativer industrieller Produkte, Peter Lang Verlagsgruppe, Berlin.

Katz, R.; von Hippel, E. (2002): Shifting Innovation to Users via Toolkits, http://userinnovation.mit.edu/papers/10.pdf, Abruf: 23.06.2009.

Kaune, A. (2010): Change-Management mit Organisationsentwicklung: Veränderungen erfolgreich durchsetzen, Erich Schmidt Verlag, Berlin, 2. Aufl.

Kavanaugh, A. L. (2014): Web Communities Versus Physical Communities, in: Alhajj, R.; Rokne, J. (Hrsg.): Encyclopedia of Social Network Analysis and Mining, Springer, Heidelberg, S. 2344 – 2355.

Kahnemann, D.; Tversky, A. (1979): Prospect Theory: An Analysis of Decision under Risk, Econometrica, Vol. 47 (2), S. 263-292.

Kerres, M.; Rehm, M. (2015): Soziales Lernen im Internet: Plattformen für das Teilen von Wissen in informellen und formellen Lernkontexten, HMD - Praxis der Wirtschaftsinformatik, Vol. 52 (301), S. 33-45.

Kressin, J. (2012): Symphony of Disruption: Geschäftsmodelle und Innovationen in der digitalen Welt, Diplomica Verlag, Hamburg.

Kilian, T.; Langner, S. (2010): Online-Kommunikation: Kunden zielsicher verführen und beeinflussen, Gabler, Wiesbaden.

Kirchgässner, G. (2000): Homo Oeconomicus, 2. Aufl., Mohr Siebeck, Tübingen.

Keinz, P.; Hienerth, C.; Lettl, C. (2012): Designing the Organization for User Innovation, Journal of Organization Design, Vol. 1 (3), S. 20-36.

Kernbach, S. (2008): Structural Self-organization in Multi-Agents and Multi-Robotic Systems, Logos Verlag, Berlin.

Kilian, T.; Hass, B. H.; Walsh, G. (2008): Grundlagen des Web 2.0, in: Kilian, T.; Hass, B. H.; Walsh, G. (Hrsg.): Web 2.0 - Neue Perspektiven für Marketing und Medien, S. 4-19, Springer, Heidelberg.

Kittur, A., Chi, E., Pendleton, B.A., Suh, B., Mytkowicz, T. (2007): Power of the few vs. wisdom of the crowd: Wikipedia and the rise of the bourgeoisie, http://www-users.cs.umn.edu/~echi/papers/2007-CHI/2007-05-altCHI-Power-Wikipedia.pdf, Abruf: 27.10.2014.

Kim, C. W.; Mauborgne, R. (2005): Der Blaue Ozean als Strategie: Wie man neue Märkte schafft, wo es keine Konkurrenz gibt, Hanser Fachbuchverlag, München.

Kirchler, E. (2008): Arbeits- und Organisationspsychologie, 2. Aufl., Facultas Verlags. und Buchhandels, Wien.

Kirchmann, E. M. W. (1994): Innovationskooperation zwischen Herstellern und Anwendern, Deutscher Universitäts-Verlag, Wiesbaden.

Kleemann, F.; Eismann, C.; Beyreuther, T.; Hornung, S.; Duske, K.; Voß, G. G. (2012): Unternehmen im Web 2.0: Zur strategischen Integration von Konsumentenleistungen durch Social Media, Campus Verlag, Frankfurt.

Kleinaltenkamp, M.; Plinke, W.; Jacob, F.; Söllner, A. (2006): Markt- und Produktmanagement: Die Instrumente des Business-to-Business-Marketing, Gabler, Wiesbaden, 2. Aufl.

Kleinaltenkamp, M.; Marra, A. (1995): Institutionenökonomische Aspekte der "Customer Integration". in: Kaas, K. P. (Hrsg.): Kontrakte, Geschäftsbeziehungen, Netzwerke - Marketing und Neue Institutionenökonomik, Verlagsgruppe Handelsblatt, Düsseldorf, S. 101-117.

Kleinaltenkamp, M.; Plinke, W. (2002): Strategisches Business-To-Business Marketing, Springer, Berlin, 2. Aufl.

Knack, R. (2006): Wettbewerb und Kooperation: Wettbewerberorientierung in Projekten radikaler Innovation, Dissertation, Technische Universität Berlin, Berlin.

Koba, T. (2008): Personalentwicklung als Aufgabe der strategischen Unternehmensführung: Eine Untersuchung auf der Grundlage ressourcenbasierter und agencytheoretischer Ansätze, Rainer Hampp Verlag, Mering.

Koberg, C. S.; Detienne, D. R.; Heppard, K. A. (2003): An empirical test of environmental, organizational, and process factors affecting incremental and radical innovation, The Journal of High Technology Management Research, Vol. 14 (1), S. 21-45.

Kohler, T.; Matzler, K.; Füller, F.; Stieger, D. (2011): Avatar-based innovation: Consequences of virtual co-creation experiences, Computers in Human Behavior, Vol. 27 (1), S. 160-168.

Kohler, T.; Matzler, K.; Füller, J.; Stieger, D. (o.A.): Online-Games als neue Form der Marktforschung, unveröffentlicht.

Kogut, B.; Zander, U. (1992): Knowledge of the Firm, Combinative Capabilities, and the Replication of Technology, Organization Science, Vol. 3 (3), S. 383-397.

Kolb, M. (2010): Personalmanagement: Grundlagen und Praxis des Human Resources Managements, 2. Aufl., Gabler, Wiesbaden.

Kollmann, T. (2011): E-Entrepreneurship: Grundlagen der Unternehmensgründung in der Net Economy, 4. Aufl., Gabler, Wiesbaden.

Kopetz, H. (2011): Real-Time Systems: Design Principles for Distributed Embedded Applications, Springer, Heidelberg, 2. Aufl.

Kotler, P.; Armstrong, G.; Wong, V.; Saunders, J. (2011): Grundlagen des Marketing, 5. Aufl., Pearson Studium, München.

Kotler, P.; Keller, K. L.; Bliemel, F. (2007): Marketing-Management: Strategien für wertschaffendes Handeln, Pearson, München, 12. Aufl.

Kozinets, R. V. (2010): Netnography: Doing Ethnographic Research Online, Sage Publications, London.

Kozinets, R. V. (2002): The Field Behind the Screen: Using Netnography For Marketing Research in Online Communities, http://www.nyu.edu/classes/bkg/methods/netnography.pdf, Abruf: 07.03.2014.

König, C.; Stahl, M.; Wiegang, E. (2014): Soziale Medien: Gegenstand und Instrument der Forschung, Springer, Wiesbaden.

Kranz, J.; Janello,, C.; Picot, ,A. (2009): Die Rolle von Web 2.0-Prinzipien im Innovationsprozess, Information Management and Consulting, Vol. 24, 2/2009, S. 39-47.

Kraus, R. (2005): Strategisches Wertschöpfungsdesign: Ein Konzeptioneller Ansatz zur innovativen Gestaltung der Wertschöpfung, Deutscher Universitäts-Verlag, Wiesbaden, Dissertation, Technische Universität Berlin.

Krausz, S. (2002): Strategische Unternehmenspolitik von Erstversicherern unter Verbindung von Zielgruppen-Marketing und Kernkompetenz-Management, Verlag Versicherungswirtschaft, Karlsruhe.

Kräkel, M. (2007): Organisation und Management, 3. Aufl., Mohr Siebeck, Tübingen.

Kremer, M.; Janneck, M. (2013): Kommunikation und Kooperation in virtuellen Teams, Gruppendynamik und Organisationsberatung, Vol. 44 (4), S. 361-371.

Kristensson, P.; Gustafsson, A.; Archer, T. (2004): Harnessing the Creative Potential among Users, Journal of Product Innovation Management, Vol. 21 (1), S. 4-14.

Kruse, P. (2012): Externes Wissen in offenen Innovationsprozessen - Ein systematischer Literatur-Review, Multikonferenz Wirtschaftsinformatik 2012 – Tagungsband der MKWI 2012, GITO Verlag, Braunschweig, S. 1221-1233.

Kuhn T. S. (2003): Die Struktur wissenschaftlicher Revolutionen, Suhrkamp Verlag, Frankfurt am Main.

Kuckartz, U. (2007): Computergestützte Analyse qualitativer Daten, in: Buber, R.; Holzmüller, H. H. (Hrsg.): Qualitative Marktforschung - Konzepte – Methoden – Analysen, Gabler, Wiesbaden, S. 713-730.

Kuckartz, U. (2010): Einführung in die computergestützte Analyse qualitativer Daten, VS Verlag für Sozialwissenschaften, Wiesbaden, 3. Aufl.

Kuckartz, U. (2014): Mixed Methods: Methodologie, Forschungsdesigns und Analyseverfahren, Springer VS, Wiesbaden.

Kupke, S. (2009): Allianzfahigkeit Von Unternehmen: Konzept und Fallstudie, Gabler Wiesbaden.

Kühne, B. (2007): Asymmetrische Bindungen in Geschäftsbeziehungen: Einflussfaktoren im Business-to-Business-Bereich, Gabler, Wiesbaden, Dissertation, Freie Universität Berlin.

Kühling, J.; Schall, T.; Biendl, M. (2014): Telekommunikationsrecht, 2. Aufl., Hüthig Jehle Rehm GmbH, Heidelberg.

Lai, H.-M; Chen, T. T. (2014): Knowledge sharing in interest online communities: A comparison of posters and lurkers, Computers in Human Behavior, Vol. 35, S. 295–306.

Lakhani, K. R. (2006): Broadcast Search in Problem Solving: Attracting Solutions from the Periphery, PICMET 2006 Proceedings, Vol. 6, S. 2450-2468.

Lattemann, C.; Fetscherin, M.; Lang, G. (2008): Kundenintegration zur Produktentwicklung in Second Life, Eine Bestandsaufnahme, HMD - Praxis der Wirtschaftsinformatik, Heft 261, S. 51-60.

Lamb, C.; Hair, J.; McDaniel, C. (2011): MKTG 5, Cengage Learning, Mason.

Lamm, H.; Trommsdorff; G. (1973): Group versus individual performance on tasks requiring ideational proficiency (brain storming): A review, European Journal of Social Psychology, Vol. 3 (4), S. 361-388

Lamnek, S. (1995): Qualitative Sozialforschung: Methodologie, 3. Aufl., Psychologie Verlags Union, Weinheim.

Langer, G (2011): Unternehmen und Nachhaltigkeit: Analyse und Weiterentwicklung aus der Perspektive der wissensbasierten Theorie der Unternehmung, Gabler, Wiesbaden, Dissertation, Universität Stuttgart.

Lappas, T.; Liu, K.; Terzi, E. (2011): A Survey of Algorithms and Systems for Expert Location in Social Networks, in: Aggarwal, C. C. (Hrsg.): Social Network Data Analytics, Springer, Heidelberg, S. 215–241.

Laroche, M.; Habibi, M. R.; Richard, M.-O.; Sankaranarayanan, R. (2012): The effects of social media based brand communities on brand community markers, value creation practices, brand trust and brand loyalty, Computers in Human Behavior, Vol. 28 (5), S. 1755-1767.

Lavie, D. (2006): The Competitive Advantage of Interconnected Firms: An Extension of the Resource-Based, The Academy of Management Review, Vol. 31 (3), S. 638-658.

Leboff, G. (2014): Stickier Marketing: How to Win Customers in a Digital Age, Kogan Page, London.

Levin, R. C. (1982): The Semiconductor Industry, in: Nelson, R. R. (Hrsg.): Government and Technical Progress: A Cross-Industry Analysis, Peagmon Press, Oxford, S. 9-100.

Leader, W. G.; Kyritsis, N. (1990): Fundamentals of Marketing, Hutchinson Education, Stanley Thornes, Cheltenham.

Leiponen, A.; Helfat, C. E. (2010): Innovation Objectives, Knowledge Sources, and the Benefits of Breadth, Strategic Management Journal, Vol. 31 (2), S. 224-236.

Leker, J. (2000): Die Neuausrichtung der Unternehmensstrategie, Mohr Siebeck, Tübingen.

Leigh, C. (2009): Lurkers and Lolcats: An Easy Way From Out To, in: Journal of Digital Research & Publishing Vol. 2, S. 131-141.

Leimeister, J. M. (2012): Crowdsourcing: Crowdfunding, Crowdvoting, Crowdcreation, Zeitschrift für Controlling & Management, 56. Jg., Heft 6, S. 388-392.

Leimeister, J. M.; Krcmar, H.; Koch, M.; Möslein, K. (2011): Gemeinschaftsgestützte Innovationsentwicklung für Softwareunternehmen, Josef EUL Verlag, Lohmar.

Leimeister, J. M.; Krcmar, H. (2006): Community Engineering - Systematischer Aufbau und Betrieb Virtueller Communitys im Gesundheitswesen, Wirtschaftsinformatik, Vol. 48 (6), S. 418-429.

Leimeister, J. M.; (2014): Collaboration Engineering: IT-gestützte Zusammenarbeitsprozesse systematisch entwickeln und durchführen, Springer, Heidelberg.

Leonard-Barton, D. (1992): Core Capabilities and Core Rigidities: A Paradox in Managing New Product Development, Strategic Management Journal, Vol. 13, S. 111-125.

Leonard-Barton, D. (1998): Wellsprings of Knowledge: Building & Sustainint the Sources of Innovation, Building and Sustaining the Sources of Innovation, Harvard Business School Press, Boston.

Lerner, J.; Tirole, J. (2000): The Simple Economics of Open Source, Arbeitspapier, National Bureau of Economic Research, Cambridge.

Lettmann, S. (2013): Marktorientierte Innovation, in: Abele, T. (Hrsg.): Suchfeldbestimmung und Ideenbewertung Methoden und Prozesse in den frühen Phasen des Innovationsprozesses, Springer Gabler, Wiesbaden, S. 111-142.

Li; Z.; Penard, T. (2014): The Role of Quantitative and Qualitative Network Effects in B2B Platform Competition, Managerial and Decision Economics, Vol. 35 (1), S. 1-19.

Lieberman, M. B.; Montgomery, D. B. (1988): First-Mover Advantages, Strategic Management Journal, Vol. 9, Special Issue Summer, S. 41-58.

Lietke, B. (2009): Efficient Consumer Response: Eine agency-theoretische Analyse der Probleme und Lösungsansätze, Gabler, Wiesbaden.

Lienemann, C.; Reis, T. (1996): Der ressourcenorientierte Ansatz: Struktur und Implikation für das Dienstleistungsmarketing, WiSt, 25. Jg., Heft 5, S. 257-260.

LIFE (2009): Digitales Leben - die Studie, http://www.studie-life.de/wp-content/uploads/2011/11/studie-LIFE_digitales-leben.pdf, Abruf: 28.11.2013.

Lohrenz, L., Ozga, M., Berkhoff, S. (2012): Der Einsatz von Web 2.0 Techniken zur Wissensbewertung im Unternehmen, Multikonferenz Wirtschaftsinformatik. Tagungsban, S. 1235-1246.

Loncar, M.; Barrett, N. E.; Liu, G.-Z. (2014): Towards the refinement of forum and asynchronous online discussion in educational contexts worldwide: Trends and investigative approaches within a dominant research paradigm, Computers & Education, Vol. 73, S. 93-110.

Löhr, K. (2013): Innovationsmanagement für Wirtschaftsingenieure, Oldenbourg Wissenschaftsverlag, München.

Lüthje, C.; Herstatt, C. (2004): The Lead User Method: An Outline of Empirical Findings and Issues for Future Research, R&D Management, Vol. 34 (5), S. 553-568.

Lütters, H. (2004): Online-Marktforschung: Eine Positionsbestimmung im Methodenkanon der Marktforschung unter Einsatz eines webbasierten Analytic Hierarchy Process, Gabler, Wiesbaden.

Lüttgens, D.; Gross, U. (2008): Open Innovation trifft Innovationsmanagement: Mit der Software WiPro wird externes Wissen in den Innovationsprozess inte-griert, Wissenschaftsmanagement, 14. Jg. (4), S. 30-37.

Lüttgens, D.; Antons, D.; Pollock, P.; Piller, F. (2012): Implementing Open Innovation Beyond the Pilot Stage: Barriers and Organizational Interventions, Arbeitspapier, S. 1-24, http://ssrn.com/abstract=2161264, Abruf: 17.01.2013.

Luzar, K: (2004): Inhaltsanalyse von webbasierten Informationsangeboten: Framework für die inhaltliche und strukturelle Analyse, Books on Demand, Norderstedt.

Macharzina, L.; Wolf, J. (2005): Unternehmensführung: Das internationale Managementwissen - Konzepte - Methoden – Praxis, Gabler, Wiesbaden, 5. Aufl.

Macharzina, L.; Wolf, J. (2008): Unternehmensführung: Das internationale Managementwissen - Konzepte - Methoden – Praxis, Gabler, Wiesbaden, 6. Aufl.

Madlberger, M. (2002): Electronic Retailing: Marketinginstrumente und Marktforschung im Internet, DUV Verlag, Wiesbaden.

Mahr, D.; Lievens, A. (2012): Virtual lead user communities: Drivers of knowledge creation for innovation, Research Policy, Vol. 41 (1), S. 167-177.

Majchrzak, A.; Malhotra, A. (2013): Towards an information systems perspective and research agenda on crowdsourcing for innovation, Journal of Strategic Information Systems, Vol. 22 (4), S. 257-268.

Marwaha, S.; Seth, P.; Tanner, D. W. (2005): What global executives think about technology and innovation, McKinsey on IT, Vol. 5, S. 18-21.

Markus, U. (2002): Integration der virtuellen Community in das CRM: Konzeption, Rahmenmodell, Realisierung, Josef Eul Verlag, Köln.

Marschall, N. (2001): Analyse von Logfile-Statistiken zur absatzpolitischen Auswertung von Internetpräsenzen, Diplomica Verlag, Hamburg.

Malone, T.; Yates, J.; Benjamin, R. I. (1989): The Logic of Electronic Markets, Harvard Business Review, Vol. 67 (3), S. 166-170.

Malone, T.; Yates, J.; Benjamin, R. I. (1987): Electronic Markets and Electronic Hierarchies, Communication of the ACM, Vol. 30 (6), S. 484-497.

Mansfeld, M. (2011): Innovatoren: Individuen im Innovationsmanagement, Gabler, Wiesbaden.

Maslow, A. H. (1943): A Theory of Human Motivation, Psychological Review, Vol. 50 (4), S. 370-396.

Martin, W.; Nußdorfer, R. (2006): Portale in einer service-orientierten Architektur (SOA) - Prozesse und Menschen - Präsentations- und Kollaborations-Services, http://cache.at/ensemble/whitepapers/pdf/WP_Portale%20in%20 SOA.pdf, Abruf: 15.01.2013.

Maurice, F. (2007): Web-2.0-Praxis: AJAX, Newsfeeds, Blogs, Microformats, Markt+Technik Verlag, Peason Education Deutschland, München.

Mayring, P. (2010a): Qualitative Inhaltsanalyse: Grundlagen und Techniken, Beltz Verlag, Basel, 11. Aufl.

Mayring, P. (2010b): Qualitative Inhaltsanalyse, in: Mey, G.; Mruck, K. (Hrsg.): Handbuch Qualitative Forschung in Der Psychologie, VS Verlag für Sozialwissenschaften, Wiesbaden, S. 601-613.

Mayring, P. (2012): Qualitative Inhaltsanalyse – ein Beispiel für Mixed Methods, in: Gläser-Zikuda,M.; Seidel, T.; Rohlfs, C.; Gröschner, A.; Ziegelbauer, S. (Hrsg.): Mixed Methods in der empirischen Bildungsforschung, Waxmann Verlag, Münster, S. 27-36.

Mayring, P.; Brunner, E. (2009): Qualitative Inhaltsanalyse, in: Buber, R.; Holzmüller, H. H. (Hrsg.): Qualitative Marktforschung: Konzepte - Methoden - Analysen, 2. Aufl., Gabler, Wiesbaden, S. 669-680.

McAfee, A.; Brynjolfsson, E. (2012): Big Data: The Management Revolution, Harvard Business Review, Vol. 90 (10), S. 59-68.

Meffert, H.; Burmann, C.; Kirchgeorg, M. (2012): Marketing: Grundlagen marktorientierter Unternehmensführung. Konzepte - Instrumente - Praxisbeispiele, 11. Aufl., Gabler, Wiesbaden.

Meffert, C. (2002): Profilierung von Dienstleistungsmarken in vertikalen Systemen: Ein präferenzorientierter Beitrag zur Markenführung in der Touristik, DUV Verlag, Wiesbaden.

Mertens, P.; Bodendorf, F.; König, W.; Picot, A.; Schumann, M.; Hess, T. (2005): Grundzüge der Wirtschaftsinformatik, 9. Aufl., Springer, Heidelberg.

Meuser, M.; Nagel, U. (1991): ExpertInneninterviews - vielfach erprobt, wenig bedacht: ein Beitrag zur qualitativen Methodendiskussion, http://www.ssoar.info/ssoar/bitstream/

handle/document/2402/ssoar-1991-meuser_et_al-expertinneninterviews_-_vielfach_erprobt.pdf?sequence=1, Abruf: 17.10.2014.

Meyen, M.; Löblich, M.; Pfaff-Rüdiger, S.; Riesmeyer, C. (2011): Qualitative Forschung in Der Kommunikationswissenschaft: Eine praxisorientierte Einführung, VS Verlag für Sozialwissenschaften, Wiesbaden.

Meyer, J.-A.; Kittel-Wegner, E. (2002): Die Fallstudie in der betriebswirtschaftlichen Forschung und Lehre, Schriften zu Management und KMU, Universität Flensburg, Stiftungslehrstuhl für ABWL, insb. Kleine und Mittlere Unternehmen, Nr. 3/2002.

Miebach, B. (2010): Soziologische Handlungstheorie: Eine Einführung, 3. Aufl., VS Verlag für Spzialwissenschaften, Wiesbaden.

Miller; D. (1999): Selection Processes Inside Organizations, The Self-Reinforcing Consequences of Success, in: Campbell, D. T.; Baum, J. A. C.; McKelvey, B. (Hrsg.): Variations in Organization Science, SAGE Publications, Thousand Oaks, S. 93-110.

Mintzberg, H. (1978): Patterns in Strategy Formation, Management Science, Vol. 24 (9), S. 934-948.

MIT Sloan (2014): Virtual Customer, http://mitsloan.mit.edu/vc, Abruf: 03.03.2014.

Mortara, L.; Ford, S. J.; Jaeger, M. (2013): Idea Competitions under scrutiny: Acquisition, intelligence or public relations mechanism? Technological Forecasting & Social Change, Vol. 80 (8), S. 1563–1578.

Möller, S. (2004): Interaktion bei der Erstellung von Dienstleistungen: Die Koordination der Aktivitäten von Anbieter und Nachfrager, Deutscher Universitats Verlag, Wiesbaden.

Möller, S. (2002): Theoretische Grundlagen zur Koordination des Interaktionsverhaltens bei der Erstellung integrativer Leistungen, Diskussionsbeitrag N. 321, FernUniversität Hagen.

Möslein, K. M.; Neyer, A. K. (2009): Open Innovation - Grundlagen, Herausforderungen, Spannungsfelder, Möslein, K. M.; Zerfaß, A. (Hrsg.): Kommunikation als Erfolgsfaktor im Innovationsmanagement - Strategien im Zeitalter der Open Innovation, Gabler, Wiesbaden, S. 85-104.

Möslein, K. M.; Haller, J. B. A.; Bullinger, A. C. (2010): Open Evaluation: Ein IT-basierter Ansatz für die Bewertung innovativer Konzepte, http://wi1img.wi1projects.com/sites/wi1.uni-erlangen.de/files/2010-04-08_HMD_Open_Evaluation_final_ext.pdf, Abruf: 13.01.2013.

Murray, F.; O'Mahony, S. (2007): Exploring the Foundations of Cumulative Innovation: Implications for Organization Science, Organization Science, Vol. 18 (6), S. 1006-1021.

Mühlbacher, H.; Füller, J.; Jawecki, G. (2007): Online Communities und Innovation, in: Bayón, Herrmann, Huber (Hrsg.): Vielfalt und Einheit in Der Marketingwissenschaft: Ein Spannungsverhältnis, Gabler, Wiesbaden.

Müller, M. (2007): Integrationskompetenz von Kunden bei individuellen Leistungen: Konzeptualisierung, Operationalisierung und Erfolgswirkung, Dissertation, Technische Universität München, München.

Müller, E. B. (2013): Innovative Leadership – Die fünf wichtigsten Führungstechniken der Zukunft, Haufe-Lexware, Freiburg.

Müller, W. (2009): Innovationsstrategien - Konzeption und Best Marketing Practices, Arbeitspapier Nr. 19, Fachhochschule Dortmund.

Naderer, G. (2011): Standortbestimmung aus theoretischer Perspektive, in: Naderer, G.; Balzer, E. (Hrsg.): Qualitative Marktforschung in Theorie und Praxis, Gabler, Wiesbaden, 2. Aufl., S. 25-40.

Nelson, R. R. (1961): Uncertainty, learning, and the economics of parallel research and development efforts, Review of Economics and Statistics Vol. 43 (4), S. 351-364.

Nerdinger, F. W. (2008): Grundlagen des Verhaltens in Organisationen, 2. Aufl., W. Kohlhammer Druckerei, Stuttgart.

Ney, M. (2006): Wirtschaftlichkeit von Interaktionsplattformen - Effizienz und Effektivitat an der Schnittstelle zum Kunden, Dissertation, Technische Universität München.

Noé, M. (2013): Innovation 2.0 – Unternehmenserfolg durch intelligentes und effizientes Innovieren, Gabler, Wiesbaden.

North, D. C. (1992): Institutionen, institutioneller Wandel und Wirtschaftsleistung, Mohr Siebeck, Tübingen.

Normann, R.; Ramirez, R. (1993): From Value Chain to Value Constellation: Designing Interactive Strategy, Harvard Business Review, Vol. 71 (4), S. 65–77.

North, K.; Friedrich, P.; Brahtz, M. (2005): Innovationskompetenz - Bestandsaufnahme, Modell, Ebenen, in: Arnold, H. (Hrsg.): Kompetenzentwicklung 2005. Kompetente Menschen - Voraussetzung für Innovationen, Waxmann Verlag, Münster, S. 69-119.

Noor, A. K. (2010): Potential of virtual worlds for remote space exploration, Advances in Engineering Software, Vol. 41 (4), S. 666–673.

Olson, J.; Waltersdorff, K.; Forr, J.; Zaltman, O. (2009): Incorporating Deep Customer Insights in the Innovation Process, in: Hinterhuber, H. H.; Matzler, K. (Hrsg.): Kundenorientierte Unternehmensführung, Kundenorientierung - Kundenzufriedenheit - Kundenbindung, 5. Aufl., Gabler, Wiesbaden, S. 508-527.

Paier, D. (2010): Quantitative Sozialforschung: eine Einführung, Facultas Verlags- und Buchhandels AG, Wien.

Panciera, K., Priedhorsky, R. (2010): Lurking? cyclopaths?: a quantitative lifecycle analysis of user behavior in a geowiki, in: Proceedings of ACM CHI 2010 Conference on Human, S. 1917–1926.

Panten, G. (2005): Internet-Geschäftsmodell Virtuelle Community - Analyse zentraler Erfolgsfaktoren unter Verwendung des Partial-Least-Squares (PLS)-Ansatzes, Dissertation, Christian-Albrechts-Universität Kiel, Kiel.

Papsdorf, C. (2013): Internet und Gesellschaft: Wie das Netz unsere Kommunikation verändert, Campus Verlag, Frankfurt am Main.

Pearson, A.; Hauschildt, J. (1992): Uncertainty, experience and the phase theorem, European Journal of Operational Research, Vol. 60 (1), S. 45-51.

Pechlaner, H.; Fischer, E. (2007): Die touristische Destination aus kompetenztheoretischer Perspektive, in: Freiling, J.; Gemünden, H. G. (Hrsg.): Dynamische Theorien der Kompetenzentstehung und Kompetenzverwertung im strategischen Kontext, Jahrbuch strategisches Kompetenzmanagement, Rainer Hampp Verlag, S. 291-322.

Pegasystems (2011): Telekommunikation: Agilität steigern & Innovationen fördern, http://www.competence-site.de/filedownload/cns-i?id=i_file_337057, Abruf: 03.11.2014

Penrose, E. T. (1995): The Theory of Grow of the Firm, 3. Aufl., Oxford University Press, New York.

Pepels, W. (2004): Marketing: Lehr- und Handbuch, Oldenbourg Wissenschaftsverlag, München, 4. Aufl.

Perillieux, R. (2006): Integriertes Technologie- und Innovationsmanagement: Konzepte zur Stärkung der Wettbewerbskraft von High-Tech-Unternehmen, in: Booz Allen Hamilton (Hrsg.): Integriertes Technologie- und Innovationsmanagement, Erich Schmidt Verlag, Münster, S. 23-45.

Perlitz, N.; Schrank, R. (2013): Internationales Management, 6. Aufl., UVK Verlagsgesellschaft, München.

Peters, S.; Brühl, R.; Stelling, J. N. (2005): Betriebswirtschaftslehre: Einführung, 12. Aufl., Oldenbourg Wissenschaftsverlag, München.

Picot, A. (1990): Organisation von Informationssystemen und Controlling, Controlling, Nr. 2, S. 296-305.

Picot, A.; Reichwald, R.; Wigand, T. (2003): Die grenzenlose Unternehmung: Information, Organisation und Management, 5. Aufl., Gabler, Wiesbaden.

Picot, A.; Dietl, H.; Franck, E. (2008): Organisation: Theorie und Praxis aus ökonomischer Sicht, 5. Aufl., Schäffer-Poeschel, Stuttgart.

Picot, A.; Maier, M. (1993): Information als Wettbewerbsfaktor, in: Preßmar, D. B. (Hrsg.): Informationsmanagement - Schriften zur Unternehmensführung, Bd. 49, Gabler, Wiesbaden, S. 31-53.

Pikkemaat, B.; Weiermair, K. (2009): Diensleistungsinnovationen durch neue Formen der Kundeninetgration bei touristischen Dienstleistungen, in: Bruhn, M. Stauss, B. (Hrsg.): Kundenintegration: Forum Dienstleistungsmanagement, Gabler, Wiesbaden, S. 157-176

Piller, F.; Klein-Bölting, U.; Lüttgens, D.; Neuber, S. (2008): Die Intelligenz der Märkte nutzen: Open Innovation, http://www.batten-company.com/uploads/media/BBDO8_Insights8_X_.pdf, Abruf: 05.12. 2013.

Piller, F. (2006): Mass Customization: Ein wettbewerbsstrategisches Konzept im Informationszeitalter, 4. Aufl., Deutscher Universitäts-Verlag, Wiesbaden.

Piller, F.; Wagner, P.; Antons, D. (2012): Innovationsmanagement in der Energiebranche – Anwendung des Open-Innovation-Ansatzes, in: Servatius, H.-G.; Schneidewind, U.; Rohlfing, D. (Hrsg.): Smart Energy, Wandel zu einem nachhaltigen Energiesystem, Springer, Heidelberg, S. 173-192.

Pine, B. J.; Gilmore, J. H. (1999): The Experience Economy: Work is Theater an Every Business a Stage, Harvard Business Review Press, United States of America.

Plagens, H (2001): Innovationsprozesse in der Medizintechnik in Deutschland, Dissertation, Bayerischen Julius-Maximilians-Universität Würzburg, opus.bibliothek.uni-wuerzburg.de/files/33/plagens.pdf, Abruf: 20.02.2014.

Poetz, M. K.; Schreier, M. (2012): The Value of Crowdsourcing: Can Users Really Compete with Professionals in Generating New Product Ideas?, Journal of Product Innovation Management, Vol. 29 (2), S. 245-256.

Porter, M. E. (1985): Competitive Advantage: Creating and Sustaining Superior Performance, First Free Press, New York.

Prahalad, C. K.; Ramaswamy, V. (2004): The Future of Competition - Co-Creating Uniquue Value with Customers, Harvard Business School Press, Boston.

Prahalad, C. K.; Ramaswamy, V. (2013): The Future of Competition - Co-Creating Uniquue Value with Customers, Google eBook.

Ramaswamy, V.; Gouillart F. (2010): The Power of Co-Creation, Free Press, New York.

Richter, S.; Perkmann Berger, S.; Koch, G.; Füller, J. (2013): Online Idea Contests: Identifying Factors for User Retention, Proceedings of the 5th International Conference on Online Communities and Social Computing, OCSC 2013, S. 76-85, Springer, Berlin.

Riedl, C.; Blohm, I.; Leimeister, J. M.; Krcmar, H. (2013): The Effect of Rating Scales on Decision Quality and User Attitudes in Online Innovation Communities, International Journal of Electronic Commerce, Vol. 17 (3), S. 7-36.

Pratt; Zeckhauser (1985): Principals and Agents: The Structure of Business, Harvard Business School Press, Boston.

Preece, J. (2000): Online Communities: Supporting Sociability, Designing Usability, John Wiley & Sons, Chichester.

Prügl, R.; Schreier, M. (2005): Learning from leading-edge customers at The Sims: Opening up the innovation process using toolkits, http://userinnovation.mit.edu/papers/SIMS_R&D_final.pdf, Abruf: 24.06.09.

PwC (2011): Demystifying innovation Take down the barriers to new growth, http://preview.thenewsmarket.com/Previews/PWC/DocumentAssets/206523_v2.pdf, Abuf: 02.11.2014.

Radnitzky, G. (1971): Theorienpluralismus - Theorienmonismus, in: Diemer, A. (Hrsg.): Methoden- und Theorienpluralismus in den Wissenschaften, Anton Hain, Meisenheim am Glan, S. 135 - 184.

Raisch, S.; Probst, G.; Gomez, P. (2010): Wege zum Wachstum: Wie Sie nachhaltigen Unternehmenserfolg erzielen, 2. Aufl., Gabler ,Wiesbaden.

Reichart, S. V. (2002): Kundenorientierung im Innovationsprozess – Die erfolgreiche Integration von Kunden in den frühen Phasen der Produktentwicklung, Dissertation, Universität München, München.

Reichwald, R.; Piller, F. (2006): Interaktive Wertschöpfung. Open Innovation, Individualisierung und neue Formen der Arbeitsteilung, Gabler, Wiesbaden. **Reichwald, R.; Piller, F. (2009):** Interaktive Wertschöpfung. Open Innovation, Individualisierung und neue Formen der Arbeitsteilung, 2. Aufl., Gabler, Wiesbaden.

Reichwald, R.; Seifert, S.; Walcher, D.; Piller, F. (2004): Customers as part of value webs: Towards a framework for webbed customer innovation tools, http://wwwkrcmar.in.tum.de/public/webcoach/wsw/attachments/WINserv_Arbeitsbericht_Value-webs.pdf, Abruf: 03.03.2014.

Reichwald, R.; Meyer, A.; Engelmann, M.; Walcher, D. (2007): Der Kunde Als Innovationspartner: Konsumenten Integrieren, Flop-Raten reduzieren, Angebote verbessern, Gabler, Wiesbaden.

Reimers, K.; Li, M.; Xie, B.; Guo, X. (2014): How do industry-wide information infrastructures emerge? A life cycle approach, Information Systems Journal 24 (5), S. 375-424.

Reing, B.; Briggs, R.; Nunamaker, J. (1998): Flaming in the electronic classroom, Journal of ManagementInformation Systems, Vol. 14 (3), S. 45-59.

Rheingold, H. (1993): The Virtual Community. Homesteading at the Electronic Frontier, MIT Press, Massachusetts.

Richter, R. (1990): Sichtweise und Fragestellungen der Neuen Institutionenökonomik, Zeitschrift für Wirtschafts- und Sozialwissenschaften, 110. Jg., S. 571-591.

Richter; R.; Furubotn, E. (2003): Neue Institutionenökonomik, Eine Einführung und kritische Würdigung, 3. Aufl., Mohr Siebeck, Tübingen.

Rohrbeck, R.; Hölzle, K.; Gemünden, H. G. (2009): Opening Up for Competitive Advantage – How Deutsche Telekom Creates an Open Innovation Ecosystem, R&D Management, Vol. 39 (4), S. 420-430.

Ross; S. A. (1973): The Economic Theory of Agency: The Principal's Problem, The American Economic Review Vol. 63 (2), S. 134-139.

Roth, Y. (2012): Crowdsourcing by World's Best Global Brands, http://www.tiki-toki.com/timeline/entry/52997/Crowdsourcing-by-Worlds-Best-Global-Brands/#vars!date=2010-12-12_14:50:42!, 13.01.2013.

Rothermund, K.; Eder, A. (2011): Motivation und Emotion, Verlag für Sozialwissenschaften, Wiesbaden.

Rosenkopf, L.; Nerkar, A. (2001): Beyond Local Search: Boundary-Spanning, Exploration, and Impact in the Optical Disk Industry, Strategic Management Journal, Vol. 22 (4), S. 287-306.

Ruhnke, T. (2014): Innovationsstrategien aus Sicht von Marktorientierung und sozialer Verantwortung, EHV Academicpress, Bremen, Dissertation, Universität Ostfinnland.

Rüdiger, M. (2001): "E-Customer-Innogration" - Potenziale der internetbasierten Kundeneinbindung in Innovationsprozesse, Arbeitspapier Nr. 20, Wissenschaftliche Hochschule für Unternehmensführung.

Saam, N. J. (2002): Prinzipale, Agenten und Macht: Eine machttheoretische Erweiterung der Agenturtheorie und ihre Anwendung auf Interaktionsstrukturen in der Organisationsberatung, Mohr Siebeck, Tübingen.

Safadi, H.; Faraj, S. (2014): The Power of Words Online: Explaining Tie Formation of New Members in Open-Source Online Communities, Academy of Management Proceedings 2014.

Saggau, B. (2007): Organisation Elektronischer Beschaffung: Entwurf eines transaktionskostentheoretischen Beschreibungs- und Erklärungsrahmens, Deutscher Universitäts-Verlag, Wiesbaden, Dissertation, Universität Lüneburg.

Sakkab, N. Y. (2002): Connect & Develop complements Research and Develop at P&G, Research Technology Management, Vol. 45 (2), S. 38-45.

Salman, R. (2004): Kostenerfassung und Kostenmanagement von Kundenintegrationsprozessen, Deutscher Universitäts-Verlag, Berlin.

Salomann, H. (2008): Internet Self-Service in Kundenbeziehungen - Gestaltungselemente, Prozessarchitektur und Fallstudien aus der Finanzdienstleistungsbranche, Gabler, Wiesbaden.

Sauer, J. (2004): Intelligente Ablaufplanung in lokalen und verteilten Anwendungsszenarien, Teubner Verlag, Wiesbaden.

Saxton, G. D.; Oh, O.; Kishore, R. (2013): Rules of Crowdsourcing: Models, Issues, and Systems of Control, Information Systems Management, Vol. 30 (1), S. 2-20.

Schaumburg, H. (2004): Die fünf Ws der Evaluation von E-Learning, in: Löhrmann, I. (Hrsg.): Alice im www.underland. E-Learning an deutschen Hochschulen. Vision und Wirklichkeit, Bertelsmann, Bielefeld, S. 75-83.

Scheckenburger, T.; Boysen; A.; Reineke, T. (2007): Innovationen aus gesellschaftlichen Entwicklungen, in: Belz, C.; Schögel, M.; Tomczak, T. (Hrsg.): Innovation Driven Marketing: Vom Trend zur innovativen Marketinglösung, Gabler, Wiesbaden, S. 205-232.

Scheffer, D.; Heckhausen, H. (2010): Eigenschaftstheorien der Motivation, in: Heckhausen, J.; Heckhausen, H. (Hrsg.): Motivation und Handeln, Springer, Heidelberg, S. 45-69.

Scheffer, D.; Kuh, J. (2006): Erfolgreich motivieren: Mitarbeiterpersönlichkeit und Motivationstechniken, Hogrefe Verlag, Göttingen.

Scheiner, C. W.; Witt, M.; Voigt, K.-I.; Robra-Bissantz, S. (2012): Einsatz von Spielmechaniken in Ideenwettbewerben: Einsatzmotive, Wirkungen und Herausforderungen, Multikonferenz Wirtschaftsinformatik 2012 – Tagungsband der MKWI 2012, GITO Verlag, Braunschweig, S. 781-792.

Scherm, E.; Pietsch, G. (2007): Organisation - Theorie, Gestaltung, Wandel, Oldenbourg Wissenschaftsverlag, München.

Schlaak, T. M. (1999): Der Innovationsgrad als Schlüsselvariable: Perspektiven für das Management von Produktentwicklung, Deutscher Universitäts-Verlag, Springer Wiesbaden.

Schloten, P. (2008): Mass Customization Als Wettbewerbsstrategie in der Finanzdienstleistungsbranche, Gabler, Wiesbaden, Dissertation, Technische Universität Darmstadt.

Schnell, R.; Hill, P. B.; Esser, E. (2008): Methoden der empirischen Sozialforschung, Oldenbourg Wissenschaftsverlag, München.

Schottmüller-Einwag, U. (2009): Der Kunde im Mittelpunkt der Wertschöpfung: Muss oder Mythos?, Diplomica Verlag, Hagen.

Schisler, P. (2011): Planung und Entwicklung von Lernangeboten in der Praxis, in: Klimsa, P.; Issing, L. (Hrsg.): Online-Lernen: Planung, Realisation, Anwendung und Evaluation von Lehr- und Lernprozessen online, Oldenbourg Wissenschaftsverlag, München, S. 255-262.

Schrader, M. F. (2008): Das Management einer Innovationskooperation zwischen einem Investitionsgüterhersteller und einem Lead User im Rahmen des Beziehungsmarketing, Rainer Hampp Verlag, München.

Schrage, M. (1995): No More Teams!: Mastering the Dynamics of Creative Collaboration, Currency Doubleday, New York.

Schreier, M. (2005): Wertzuwachs durch Selbstdesign: Die erhöhte Zahlungsbereitschaft von Kunden beim Einsatz von "Toolkits for User Innovation and Design", Dissertation, Wirtschaftsuniversität Wien.

Schreier, M. (2006): The value increment of mass-customized products: an empirical assessment, Journal of Consumer Behaviour, Vol. 5 (4), S. 317-327.

Schroll, A.; Römer, S. (2011): Open Innovation heute: Instrumente und Erfolgsfaktoren, Information Management und Consulting, Vol. 01/2011, S. 58-63.

Schröder, K. (2003): Mitarbeiterorientierte Gestaltung Des Unternehmensinternen Wissenstransfers, Deutscher Universitats-Verlag, Wiesbaden.

Schröder, K.; Hölzle, K. (2010): Virtual Communities for Innovation: Influence Factors and Impact on Company Innovation, Creativity and Innovation Management, Vol. 19 (3), S. 257-268.

Schubert, P. (1999): Virtuelle Transaktionsgemeinschaften im Electronic Commerce: Management, Marketing und Soziale Umwelt, Josef Eul Verlag, Köln.

Schuh, G. (2012): Innovationsmanagement, Springer, Heidelberg.

Schulze, P. M. (2007): Beschreibende Statistik, 6. Aufl., Oldenbourg Wissenschaftsverlag, München.

Schurz, G. (1993): Koexistenzweisen rivalisierender Paradigmen. Ein begriffsklärende und problemtypologisierende Studie, IPS-Preprints, Vorveröffentlichungsreihe am Institut für Philosophie der Universität Salzburg.

Schumpeter, J. A. (1908): Das Wesen und der Hauptinhalt der theoretischen Nationalökonomie, Duncker und Humblot, Leipzig.

Schumpeter, J. A. (1947): The Creative Response in Economic History, Journal of Economic History, Vol. 7, S. 149-159.

Schuurman, D.; Baccarne, B.; De Marez, L.; Mechant, P. (2012): Smart Ideas for Smart Cities: Investigating Crowdsourcing for Generating and Selecting Ideas for ICT Innovation in a City Context, Journal of Theoretical and Applied Electronic Commerce Research, Vol. 7 (3), S. 49-62.

Schütze, R. (1992): Kundenzufriedenheit: After-Sales-Marketing auf industriellen Märkten, Gabler, Wiesbaden.

Schwenk, M. (2008): Crowdsourcing und Wisdom of Crowds: Eine Unterscheidung, http://www.bwlzweinull.de/index.php/2008/01/30/crowdsourcing-und-wisdom-of-crowds-eine-unterscheidung, Abruf: 02.03.2014.

Schweizer, F. M.; Buchinger, W.; Gassmann, O.; Obrist, M. (2012): Crowdsourcing - Leveraging Innovation through Online Idea Competitions, Research-Technology Management, Vol. 55 (3), S. 32-38.

Scotchmer, S. (2004): Innovation and Incentives, MIT Press, Cambridge.

Scotchmer, S. (1991): Standing on the Shoulders of Giants: Cumulative Research and the Patent Law, The Journal of Economic Perspective, Vol. 5 (1), S. 29-41.

Scott, M. D. (2007): The New Rules of Marketing and PR: How to Use News Releases, Blogs, Podcasting, Viral Marketing & Online Media to reach Buyers directly, John Wiley & Sons, New Jersey.

Shah, S. L.; Tripsas, M. (2007): The accidental entrepreneur: The emergent and collective process of user entrepreneurship, Strategic Entrepreneurship Journal, Vol. 1 (1), S. 123-140.

Simon, H. A. (1956): Rational Choice and the Structure of the environment, Psychological Review, Vol. 63 (2), S. 129-138.

Simon, H. A. (1957): Models of Man: Social and Rational - Mathematical Essays on Rational Human Behavior in a Social Setting, Wiley, New York.

Sisak, D. (2009): Multiple-prize contests – the optimal allocation of prizes, Journal of Economic Surveys, Vol. 23 (1), S. 82-114.

Soll, J. H. (2006): Ideengenerierung mit Konsumenten im Internet, Dissertation, Ruhr-Universität, WHU - Otto Beisheim School of Management, Koblenz.

Spann, M.; Skiera, B. (2005): Einsatzmöglichkeiten virtueller Börsen in der Marktforschung, http://link.springer.com/chapter/10.1007/978-3-663-12115-2_2#page-1, Abruf: 08.03.2014.

Spann, M. (2002): Virtuelle Börsen als Instrument zur Marktforschung, Deutscher Universitats-Verlag, Wiesbaden, Dissertation, Universität Frankfurt am Main.

Spengler, G. (2009): Strategie- und Organisationsentwicklung: Konzeption und Umsetzung eines integrierten dynamischen Ansatzes zum strategischen Management, Gabler, Wiesbaden, Dissertation, Technische Universität Chemnitz.

Spencer, R.W., Woods, T.J. (2010): The long tail of idea generation, in: International Journal of. Innovation Science, Vol. 2, S. 53–63.

Spieß, E. (2005): Wirtschaftspsychologie: Rahmenmodell, Konzepte, Anwendungsfelder, Oldenburg Wissenschaftsverlag, München.

Steinhauser, S.; Ramin, P.; Hüsig, S. (2015): Disruptive Prescription for the German Health Care System?, in: Gurtner, S.; Soyez, K. (Hrsg.): Challenges and Opportunities in Health Care Management, Springer, Heidelberg, S. 259-275.

Stock-Homburg, R. (2010): Personalmanagement: Theorien - Konzepte - Instrumente, 2. Aufl., Gabler, Wiesbaden.

Spinner, H. F. (1974): Pluralismus als Erkenntnismodell, Suhrkamp Verlag, Frankfurt am Main.

Stampfl, N. S. (2012): Neue Wertschöpfungsoptionen für Unternehmen am Beispiel von Crowdsourcing, in: Lembke, G.; Soyez, N. (Hrsg.): Digitale Medien im Unternehmen: Perspektiven des betrieblichen Einsatzes von neuen Medien, Springer, Berlin, S. 103-128.

Stampfl, N. S. (2011): Die Zukunft der Dienstleistungsökonomie: Momentaufnahme und Perspektiven, Springer, Berlin.

Stanoevska-Slabeva, K. (2008): Die Potenziale des Web 2.0 für das Interaktive Marketing, in: Belz, C.; Schögel, M.; Arndt, O.; Walter, V, (Hrsg.): Interaktives Marketing Neue Wege zum Dialog mit Kunden, Gabler, Wiesbaden, S. 221-236.

Statista (2014): Anzahl der verschickten SMS- und MMS-Nachrichten in Deutschland von 1999 bis 2013 und Prognose für 2014 (in Millionen pro Tag), http://de.statista.com/statistik/daten/studie/3624/umfrage/entwicklung-der-anzahl-gesendeter-sms--mms-nachrichten-seit-1999/, Abruf: 04.11.2014.

Stanoevska-Slabeva, K. (2008b): Web 2.0 – Grundlagen, Auswirkungen und zukünftige Trends, in: Meckel, M.; Stanoevska-Slabeva, K. (2008): Web 2.0. Die nächste Generation Internet, Nomis, Baden-Baden, S. 13-38.

Stern, T.; Jaberg, H. (2007): Erfolgreiches Innovationsmanagement Erfolgsfaktoren - Grundmuster – Fallbeispiele, 3. Aufl., Gabler, Wiesbaden.

Steinhoff, F. (2006): Kundenorientierung bei hochgradigen Innovationen, Dissertation, Technische Universität Berlin.

Stieglitz, S. (2008): Steuerung Virtueller Communities - Instrumente, Mechanismen, Wirkungszusammenhänge, Gabler, Wiesbaden.

Stieglitz, S.; Lattemann, C.; Fohr, G. (2010): Learning Arrangements in Virtual Worlds, Proceedings of the 43rd Hawaii International Conference on System Sciences, S. 1-7, http://ieeexplore.ieee.org/stamp/stamp.jsp?tp=&arnumber=5428766, Abruf: 01.04.2013.

Stieglitz, S.; Brockmann, T. (2011): Virtuelle Welten als Plattform für Virtual Customer Integration, INFORMATIK 2011 - Informatik schafft Communities, 41. Jahrestagung der Gesellschaft für Informatik, http://www.user.tu-berlin.de/komm/CD/paper/070514.pdf, Abruf: 03.05.2013.

Stoller-Schai, D. (2003): E-Collaboration: Die Gestaltung internetgestützter kollaborativer Handlungsfelder, Dissertation, Universität St. Gallen, St. Gallen.

Storm van's Gravesande, B. (2006): Internetbasierte Anwendungen in der FuE-Kooperation, Dissertation, Universität Witten/Herdecke.

Stummer, C.; Günther, M.; Köck, M. (2010): Grundzüge des Innovations- und Technologiemanagements, Facultas Verlags- und Buchhandels AG, Wien.

Surowiecki, J. (2004): The Wisdom of Crowds: Why the Many Are Smarter Than the Few and How Collective Wisdom Shapes Business, Economies, Societies and Nations, Doubleday, New York.

Swoboda, D. (2005): Kooperationen: Erklärungsperspektiven grundlegender Theorien, Ansätze und Konzepte im Überblick, in: Zentes, J.; Swoboda, B.; Morschett, D. (Hrsg.): Kooperationen, Allianzen und Netzwerke. Grundlagen – Ansätze – Perspektiven, 2. Aufl., Gabler, Wiesbaden, S. 35-64.

Taylor, F. W.; Roesler, R. (2011): Die Grundsätze Wissenschaftlicher Betriebsführung, Nachdruck der Originalausgabe von 1913, Paderborn, Salzwasser Verlag.

Taylor, C. R. (1995): Digging for Golden Carrots: An Analysis of Research Tournaments, The American Economic Review, Vol. 85, (4), S. 872-890.

Thibaut, J. W.; Kelley, H. H. (1959): The Social Psychology of Groups, New York.

Thiele, M. (1997): Kernkompetenzorientierte Unternehmensstrukturen: Ansätze zur Neugestaltung von Geschäftsbereichsorganisationen, Deutscher Universitäts-Verlag, Wiesbaden.

Thomas, P. (2008): Mass Customization Als Wettbewerbsstrategie in Der Finanzdienstleistungsbranche, Gabler, Wiesbaden.

Thomke, S. (2003): Experimentation matters: unlocking the potential of new technologies for innovation, Harvard Business School Press, Boston.

Technorati Media (2011): State of the Blogosphere 2011: Introduction and Methodology, http://technorati.com/social-media/article/state-of-the-blogosphere-2011-introduction, Abruf: 09.03.2014.

Teece; D. J.; Pisano; G.; Shuen, A. (1997): Dynamic Capabilities and Strategic Management, Strategic Management Journal, Jg. 18 (7), S. 509-553.

Teece, D. J. (1999): Design Issues for Innovative Firms: Bureaucracy, Incentives and Industrial Structure, in: Chandler, A. D.; Hagström, P.; Solvell, O. (Hrsg.): The Dynamic Firm: The Role of Technology, Strategy, Organization, and Regions, Oxford University Press, New York.

Telekom (2012): M2M-Innovationen gemeinsam im offenen Ideenwettbewerb vorantreiben, http://www.telekom.com/medien/konzern/107604, Abruf: 02.05.2014.

Telekom (2013a): Anatomie der digitalen Zukunft – Das Geschäftsbericht 2013, http://www.e-paper.telekom.com/reports/2013/epaper-GB_2013_de/page168.html#/0, Abruf: 02.11.2014.

Telekom (2013b): Industrie 4.0: M2M-Kommunikation bringt das Geschäft auf ein höheres Niveau, http://www.telekom.com/medien/loesungen-fuer-unternehmen/182956, Abruf: 02.05.2014.

Telekom (2014a): Benefits of M2M, http://m2m.telekom.com/disover-m2m/benefits-of-m2m, Abruf: Abruf: 02.05.2014.

Telekom (2014b): Vertical Industries, http://m2m.telekom.com/verticals, Abruf: 02.05.2014.

Terwiesch; C.; Xu, Y. (2008): Innovation Contests, Open Innovation, and Multiagent Problem Solving, Management Science Vol. 54 (9), S. 1529-1543.

Theuvsen, L. (2001): Kernkompetenzorientierte Unternehmensführung, Das Wirtschaftsstudium, Zeitschrift für Ausbildung, Prüfung, Berufseinstieg und Fortbildung, Vol. 30 (12) S. 1644-1650.

TNS (2013a): Auf dem Weg in ein digitales Deutschland?!, http://www.initiatived21.de/wp-content/uploads/2013/04/digitalindex.pdf, Abruf: 28.11.2013.

TNS (2013b): Relevanz der Medien für die Meinungsbildung, http:// www.blm.de/ apps/press/data/pdf1/Studie_Relevanz_der_Medien_fuer_die_Meinungsbildung_2013.pdf, Abruf: 28.11.2013.

Tschirky, H. (1998): Konzept und Aufgaben des Integrierten Technologie-Managements, in: Tschirky, H.; Koruna, S. (Hrsg.): Technologiemanagement: : Idee und Praxis, Verlag Industrielle Organisation, S. 193-395.

Unterschütz, A. (2004): Einfluss unternehmensübergreifender Informationssysteme auf industrielle Geschäftsbeziehungen – Untersuchung der Automobilbranche, Deutscher Universitäts-Verlag, Wiesbaden, Dissertation, Wissenschaftliche Hochschule für Unternehmensführung Vallendar.

Urban, G.; Hauser, J. (2003): Listening in' to find unmet customer needs and solutions, http://www.mit.edu/~hauser/Papers/LI010303.pdf, Abruf: 23.06.2012.

Urban, G.; von Hippel, E. (1988): Lead User Analyses for the development of new industrial products, Management Science, 34. Jg. (5), S. 569-582.

Vandenbosch, M.; Dawar, N. (2002): Beyond Better Products: Capturing Value in Customer Interactions, MIT Sloan Management Review, Vol. 43 (4), S. 35-42.

van Bebber, Kira (2013): Warum soziale Netzwerke für Kinder und Jugendliche eine Herausforderung darstellen: Ein Beitrag aus medienpädagogischer Perspektive, http://deposit.fernuni-hagen.de/2948/1/Kira_van_Bebber_Kinder_und_Jugendliche.pdf, Abruf: 11.04.2014.

Veer, T. H.; Lorenz, A.; Blind, K. (2012): How open is too open? The 'dark side' of openness along the innovation value chain, Working Paper September 2012.

Veßhoff, J.; Freiling, J. (2009): Kundenintegration im Innovationsprozess - Eine kompetenztheoretische Analyse, in: Bruhn, M.; Stauss, B. (Hrsg): Kundenintegration: Forum Dienstleistungsmanagement, Gabler, Wiesbaden, S. 112-132.

Velasquez, A., Wash, R., Lampe, C., Bjornrud, T. (2014): Latent users in an online user-generated content community, Computer Supported Cooperative Work (CSCW) Vol 23 (1), S. 21-50.

Vinkemeier, R. (1998): Unternehmenszusammenschlüsse und Organisation von Innovationen, Deutscher Universitäts-Verlag, Wiesbaden.

Vollmann, S.; Lindemann, T.; Huber, F. (2012): Open Innovation: Eine empirische Analyse zur Identifikation, Josef EUL Verlag, Köln.

von Foerster, H. (1960): On self-organizing systems and their environments, http://e1020.pbworks.com/f/fulltext.pdf, Abruf: 28.02.2014.

von Hayek, F. A. (2007): Wirtschaftstheorie und Wissen – Aufsätze zur Erkenntnis- und Wissenschaftslehre, Gesammelte Schriften in deutscher Sprache, Teil 1, Band 1, Mohr Siebeck, Tübingen.

von Hayek, F. A.; Kerber, W. (1996): Die Anmaßung von Wissen, Mohr Siebeck Verlag, Tübingen.

von der Oelsnitz, D. (1997): Werturteilsstreit und theoretischer Pluralismus, Überlegungen zu zwei ungelösten Problemen sozialwissenschaftlicher Forschung, Arbeitspapier Nr. 97/04, Technische Universität Braunschweig.

von Hippel, E. (1988): The Sources of Innovation, Oxford University Press, Oxford.

von Hippel, E. (1978a): Successful Industrial Products From Customer Ideas: A Paradigm, Evidence and Implications, Journal of Marketing, Vol. 42 (1), S. 39-49.

von Hippel, E. (1978b): A customer-active paradigm for industrial product idea generation, Research Policy, Vol. 7 (3), S. 240-266.

von Hippel, E. (1976): The Dominant Role of Users in the Scientific Instrument Innovation Process, Research Policy, Vol. 5 (3), S. 212-239.

von Hippel, E.; Ogawa, S.; Jong, J. P. J. (2011): The Age of the Consumer-Innovator, MIT Sloan Management Review, Vol. 53 (1), S. 1-16.

Walcher, D. (2006): Der Ideenwettbewerb als Methode der aktiven Kunden-integration: Theorie, empirische Analyse und Implikationen für den Innovationsprozess, Dissertation, Technische Universität München, München.

Walter, T.; Back, A. (2011): Towards Measuring Crowdsourcing Success: An Empirical Study on Effects of External Factors in Online Idea Contest, https://www.alexandria.unisg.ch/export/DL/214389.pdf, Abruf: 11.11.2013.

Wang, E. S.-T.; Chen, L. S.-L. (2012): Forming relationship commitments to online communities: The role of social motivations, Computers in Human Behavior, Vol. 28 (2), S. 570 – 575.

Warburton, S. (2009): Second Life in higher education: Assessing the potential for and the barriers to deploying virtual worlds in learning and teaching, British Journal of Educational Technology, Vol. 40 (3), S. 414-426.

Wathne, K.; Heide, J. B. (2000): Opportunism in Interfirm Relationships: Forms, Outcomes and Solutions, Journal of Marketing, Vol. 64 (4), S. 36-51.

Weber, S. (2003): Theorien der Medien: Von der Kulturkritik bis zum Konstruktivismus, UVK, Konstanz.

Weber, R. H.; Weber, R. (2010): Internet of Things, Legal Perspectives, Springer, Heidelberg.

Weibler, J.; Kuhn, T.; Rapsch, A.; Endres, S.; Weischer, A. (2012): Personalführung, 2. Aufl., Vahlen, München.

Weichbold, M.; Bacher, J.; Wolf, C. (2009): Umfrageforschung: Herausforderungen und Grenzen, Österreichische Zeitschrift für Soziologie, Sonderheft 9/2009.

Weis, X. W. (2012): Praxishandbuch Innovation, Gabler, Wiesbaden.

Welge, M. K.; Al-Laham, A. (2003): Strategisches Management, Grundlagen - Prozess – Implementierung, 4. Aufl., Gabler, Wiesbaden.

Wendelken, A.; Danzinger, F.; Rau, C.; Moeslein, K. M. (2014): Innovation without me: why employees do (not) participate in organizational innovation communities, R&D Management, Vol. 44 (2), S. 217-236.

Wenger, J. E. (2013): Gewinngestaltung bei Innovationswettbewerben - Theoretische und praktische Betrachtung, Springer Gabler, Wiesbaden.

Wernerfelt, B. (1984): A Resource-based View of the Firm, Strategic Management Journal, Vol. 5 (2), S. 171-180

West, J.; O'Mahon, S. (2008): The Role of Participation Architecture in Growing Sponsored Open Source Communities, Industry & Innovation, Vol. 15 (2), S. 145-168, http://www.joelwest.org/Papers/WestOMahony2008-WP.pdf, Abruf: 16.01.2012.

West, J.; Bogers, M. (2010): Contrasting Innovation Creation and Commercialization within Open, User and Cumulative Innovation, http://www.joelwest.org/Papers/WestBogers 2010.pdf, Abruf: 20.02.2014.

Wiener , N. (1961): Cybernetics or Control and Communication in the Animal and the Machine, MIT Press, Cambridge, 2. Aufl.

Wiens, M. (2012): Vertrauen in der ökonomischen Theorie: Eine mikrofundierte und verhaltensbezogene Analyse, Lit Verlag, Münster, Dissertation, Universität der Bundeswehr.

Wikström, S. (1996): Value Creation by Company-Consumer Interaction, Journal of Marketing Management, Vol. 12 (5), S. 359.374.

Wilkinson, D. M. (2008): Strong Regularities in Online Peer Production, Proceedings of the 9th (ACM) Conference on Electronic Commerce, S. 302–309. ACM.

Williamson, O. E. (1991): Comparative Economic Organization - The Analysis of Discrete Structural Alternatives, Administrative Science Quarterly, Vol. 36 (2), S. 269-296.

Williamson, O. E. (1985): The Economic Institution of Capitalism – Firms, Markets, Relational Contracting, Free Press, New York.

Williamson, O. E. (1981): The Economics of Organization: The Transaction Cost Approach, The American Journal of Sociology, Vol. 87 (3), S. 548-577.

Williamson, O. E. (1990): Die ökonomischen Institutionen des Kapitalismus – Unternehmen, Märkte, Kooperationen, Mohr Siebeck, Tübingen.

Wippermann, P.; Jelden, J. (2007): Neue Prinzipien für das Marketing - Dein Freund die Marke, in: Belz, C.; Schögel, M.; Tomczak, T. (Hrsg.): Innovation Driven Marketing, Gabler, Wiesbaden, S. 37-41.

Wiltinger; A.; Wiltinger, K. (2005): Marketing: Systematische Darstellung inÜbersichten, Cuvillier Verlag, Göttingen.

Winkelhage, J.; Winkel, S.; Schreier, M.; Heil, S.; Lietz, P.; Diederich A. (2008): Qualitative Inhaltsanalyse: Entwicklung eines Kategoriensystems zur Analyse von Stakeholderinterviews zu Prioritäten in der medizinischen Versorgung, http://www.priorisierung-in-der-medizin.de/documents/FOR655_Nr15_Winkelhage.pdf, Abruf: 20.11.2013.

Wirbelauer; E.; Gehrke, H.-J. (2010): Antike, Oldenbourg Wissenschaftsverlag, München.

Wirtz, B. W. (2001): Electronic Business, 2. Aufl., Gabler, Wiesbaden.

Wobser, G. (2003): Produktentwicklung in Kooperation mit Anwendern: Einsatzmöglichkeiten des Internets, Dissertation, Technische Universität Bergakademie Freiberg, Freiberg.

Woratschek; Roth (2005): Kooperation: Erklärungsperspektive der Neuen Institutionenökonomik, in: Zentes, J.; Swoboda, B.; Morschett, D. (Hrsg.): Kooperationen, Allianzen und Netzwerke. Grundlagen – Ansätze – Perspektiven, 2. Aufl., Gabler, Wiesbaden, S. 141-166.

Wolf, J. (2012): Organisation, Management, Unternehmensführung: Theorien, Praxisbeispiele und Kritik, 5. Aufl., Gabler, Wiesbaden.

Wolf, M (2006): Vertrauen in virtualisierten Arbeitsbeziehungen und Vertrauen in medial unterstützte Bildungsprozesse, in: Schweer, M. K. W. (Hrsg.): Bildung und Vertrauen, Europäischer Verlag der Wissenschaften, Frankfurt am Main.

Wülfing, T. (2010): Vertragsdesign in hierarchischen Projektbeziehungen, Logos Verlag, Berlin.

Wycisk, C. (2009): Flexibilität durch Selbststeuerung in logistischen Systemen, Dissertation Universität Bremen, Gabler, Wiesbaden.

Yin, R. K. (2009): Case Study Research: Design and Methods, Sage Publications, London, 4. Aufl.

Yin, R. K. (2013): Case Study Research: Design and Methods, Sage Publications, London, 5. Aufl.

Zenger, T. R.; Argyres; N. S. (2008): Capabilities, Transaction Costs, and Firm Boundaries: A Dynamic Perspective and Integration, http://papers.ssrn.com/sol3/papers.cfm?abstract_id=1081857, Abruf: 07.11.2013.

Zentes, J.; Swoboda, B; Morschett, D. (2005): Kooperationen, Allianzen und Netzwerke: Grundlagen - Ansätze – Perspektiven, Gabler, Wiesbaden, 2. Aufl.

Zerfaß, A. (2005): Corporate Blogs: Einsatzmöglichkeiten und Herausforderungen, http://www.zerfass.de/CorporateBlogs-AZ-270105.pdf, Abruf: 08.03.2014.

Zernott, C. (2004): Kundenintegration in die Produktentwicklung – Empirische Analyse und Gestaltungsempfehlungen, Dissertation, Technische Universität München, München.

Zerres, C.; Zerres, M. P. (2006): Marketing - Die Grundlagen, Kohlhammer, Stuttgart, 2. Aufl.

Zobolski, A. (2008): Kooperationskompetenz im dynamischen Wettbewerb - Eine Analyse im Kontext der Automobilindustrie, Dissertation Universität Potsdam, Gabler, Wiesbaden.

Zwass, V. (2014): Series Editor's Introduction, in Leimeister, J. M.; Rajagopalan, B. (Hrsg.): Virtual Communities, M. E. Sharpe, New York, S. ix – xiii.